职业教育提质培优行动化工技术类专业系列教材

化工单元操作

张　晓　乔伟艳　孟　涛　主编

化学工业出版社
·北京·

内容简介

《化工单元操作》根据职业院校学生的特点，为化工技术类专业的学生学习化工基础知识而编写。在编写时注重科学严谨、深入浅出、图文并茂、形式多样，内容包括了化工单元操作的基本项目：流体流动、流体输送机械、非均相物系的分离、传热、蒸发、吸收、蒸馏、萃取、干燥，每个项目都有实训部分，使用3D仿真工厂进行单元操作故障分析和应急事故演练，提高学生对化工岗位的认识，提升学生沉着冷静处理突发问题的能力。

《化工单元操作》可作为职业教育阶段化工技术类专业学生的教材，也可作为化工类企业职业培训的参考书。

图书在版编目（CIP）数据

化工单元操作/张晓，乔伟艳，孟涛主编.—北京：化学工业出版社，2023.8

职业教育提质培优行动化工技术类专业系列教材

ISBN 978-7-122-43669-6

Ⅰ.①化… Ⅱ.①张… ②乔… ③孟… Ⅲ.①化工单元操作-中等专业学校-教材 Ⅳ.①TQ02

中国国家版本馆CIP数据核字(2023)第105248号

责任编辑：汪　靓　刘俊之　　文字编辑：汪　靓
责任校对：李露洁　　装帧设计：张　辉

出版发行：化学工业出版社（北京市东城区青年湖南街13号　邮政编码100011）
印　　装：河北京平诚乾印刷有限公司
787mm×1092mm　1/16　印张24¼　字数608千字　2024年3月北京第1版第1次印刷

购书咨询：010-64518888　　售后服务：010-64518899
网　　址：http：//www.cip.com.cn
凡购买本书，如有缺损质量问题，本社销售中心负责调换。

定　　价：78.00元　

前言

职业教育提质培优行动计划（2020—2023 年）中提出要根据职业学校学生特点创新教材形态，推行科学严谨、深入浅出、图文并茂、形式多样的活页式、工作手册式、融媒体教材。在该时代背景下，结合现在中职生学习特点，根据“中等职业学校化学工艺专业教学标准”，上海应用技术大学和上海信息技术学校联合编写了《化工单元操作》。

教材在编写过程中广泛征求了化工企业专家的意见，本着“源于企业，用于企业”的原则，具有较强的实用性。

本教材在“课程思政”理念的指引下，充分发掘专业课中的思政元素，在教材编写中把专业课教学与思想政治教育结合起来，促进学生的“成才”和“成人”。

教材在编写上力求深入浅出，浅显易懂，在学习的过程中将公式背后的人物故事编成故事系列融入本门课的学习中来提升学生的学习兴趣，让学生从人物故事中感受到化工前辈等科学巨匠不畏艰苦、勤奋钻研的精神。实训部分使用 3D 仿真工厂提高学生对化工岗位的认识，提升学生沉着冷静处理突发问题的能力。本书注意培养读者的工程观点，注意启迪思维，解决实际问题，并将生产生活中常见的现象融入教材中，让学生运用所学知识解决实际问题，章节中设置若干问题和小组讨论，便于自学和小组学习。《化工单元操作》是化学工程学的基础，是学习化学工程与工艺专业其他专业课的入门书。每章均有复习题，部分章节附有练习题和答案。书末有附录，供解题时查询数据使用。

本教材由上海信息技术学校张晓、乔伟艳，上海应用技术大学孟涛主编，其中张晓编写项目四、项目五、项目七、项目八；乔伟艳编写项目一至项目三、项目六、项目九；孟涛编写附录并提供部分章节的动画、录像、视频；单元操作事故分析由高志新编写；动画资源由浙江中控科教仪器设备有限公司提供技术支持；部分项目中的图、表由胡珺博绘制。

本书是上海信息技术学校化工教研组集体的教学经验与成果，在此向全体同事在编写工作中给予的帮助和支持表示衷心感谢。本书的不断完善离不开读者们的认可与支持，在此向全国选用本书作为教材的广大师生表示感谢。

本书有配套的电子课件、练习题，订购本书的读者可登录化学工业出版社有限公司教学资源网 (http://www.cipedu.com.cn) 免费下载。

编者

2022 年 10 月

目 录

项目一　流体流动

PROJECT 01

任务一　流体输送的主要物理量

任务二　流体输送的相关方程及计算

任务三　流量计的测量原理和应用

任务四　流体输送实训操作

项目导入

随着科技的发展，居民楼越建越高，那么自来水公司是如何给高层建筑的居民供水的呢？图 1-1 为高层建筑的给水系统。在化工生产中，也往往需要将各种物料输送到指定的设备中。这些化工物料往往是流动状态的，而且化工生产中的很多操作例如吸收、蒸馏、换热都是流体流动下进行的，可见流体的流动状态与生活和生产关系密切。为了深入理解这些生产操作中的各种单元操作，就必须掌握流体流动的基本原理。

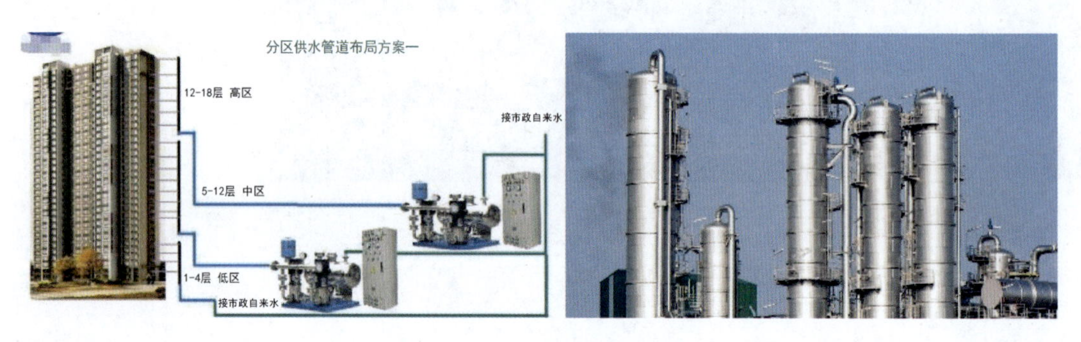

图1-1 社区供水示意图

项目目标

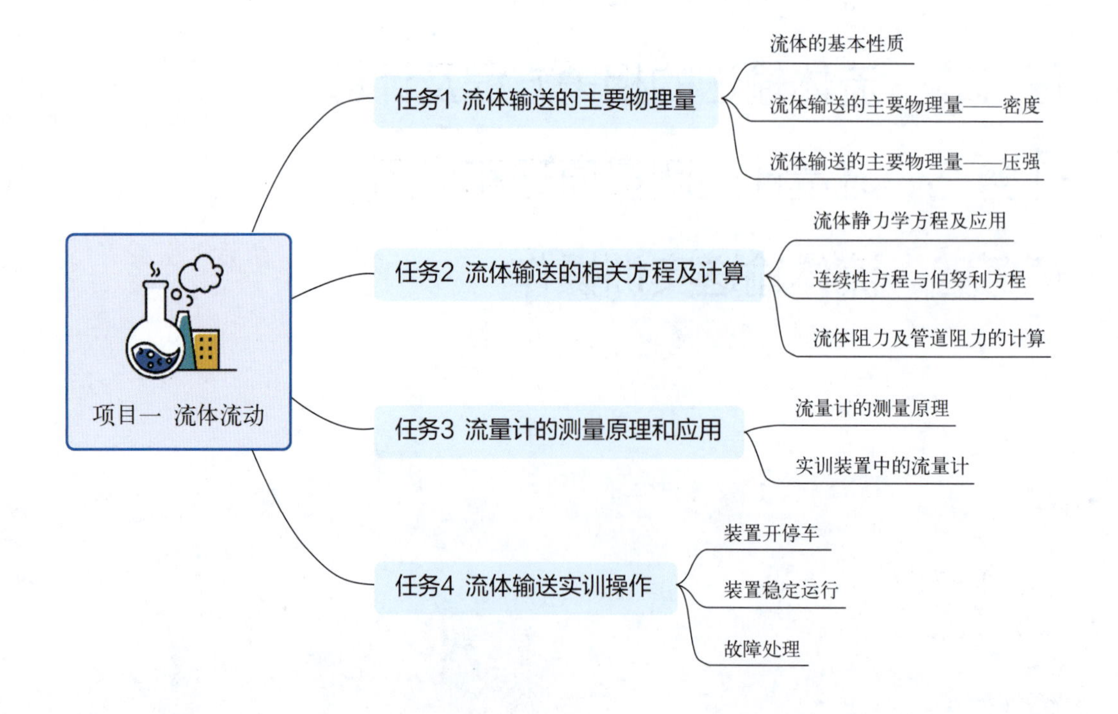

任务实施

任务一　流体输送的主要物理量

学习目标

1. 了解流体的基本性质。
2. 了解流体输送的主要物理量——密度。
3. 了解流体输送的主要物理量——压强。

一、流体的基本性质

（一）流体

【定义】流体是指具有流动性的物质，包括液体和气体。

想一想

岩浆属于流体吗？研究流体有什么用呢？

1. 流体的可压缩性

想一想

充满空气的气球，当气球内温度升高时，气球怎么变化呢？如果把气球放在水下一万米的地方，气球又怎么变化呢？

通过大量的研究我们发现，流体具有以下性质。

① 流体是可以压缩的。

② 流体的体积随压强和温度的变化而变化的性质称为流体的压缩性。

③ 实际流体都是可压缩性流体，但是液体由温度、压力引起的体积变化极小，工程上认为是不可压缩流体。

流体分为“理想液体”和“理想气体”。图 1-2 为各种形式的流体。

理想液体：体积不随温度和压强变化，分子之间没有摩擦力。

理想气体：高温、低压下的气体。

图1-2　各种形式的流体

2. 流体力学

① 流体力学是研究流体平衡和运动宏观规律的科学。

② 流体力学分为流体静力学和流体动力学。

流体静力学在化工生产中有着广泛的应用，例如水银压力计（图 1-3）。流体动力学在生产中的应用，例如空气动力学在航天领域的应用（图 1-4）。

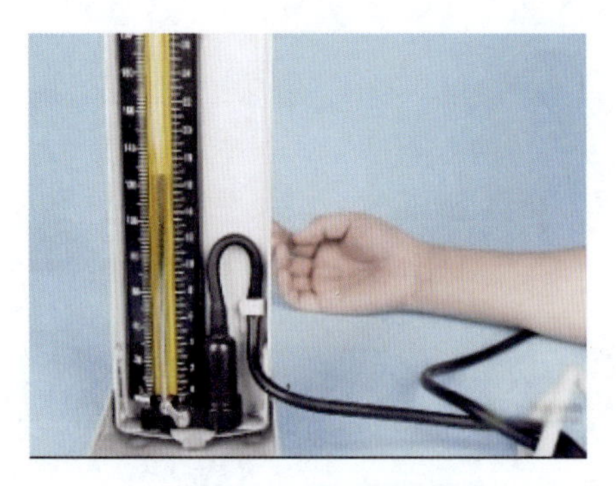

图1-3 流体静力学

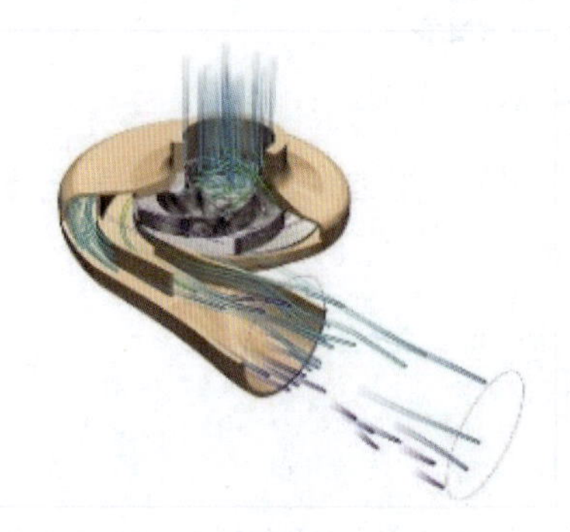

图1-4 流体动力学

（二）流体的主要物理量——流体的密度

1. 流体的密度

物理学上把某种物质单位体积的质量，叫作这种物质的密度。每种物质都有一定的密度，工程上我们常常接触到的物料为流体，那么流体的密度如何表示呢？

【定义】单位体积的流体所具有的质量，符号为 ρ；国际制单位为 kg/m^3。

$$\rho=\frac{m}{V} \tag{1-1}$$

式中 m——流体所具有的质量，kg；

V——流体的体积，m^3。

2. 影响流体密度的主要因素

化工生产中生产的产品不同，涉及的化学反应不同，反应条件也各不相同，那么流体的密度也会随着生产条件的变化而变化，本节中我们主要研究的反应条件为流体的温度和压力。当反应条件改变时，气体的密度和液体的密度是不是发生相同的变化呢？下面我们分别研究温度和压力对流体的影响。

（1）对液体的密度的影响

压力对液体密度的影响很小（除了压力极高时），因此工程上常常忽略压力对液体的影响，常称为不可压缩流体。对大多数液体来说，温度升高，密度就会降低。例如水在 277K 时的密度是 $1000kg/m^3$，在 293K 时是 $998.2kg/m^3$，在 373K 时是 $958.4kg/m^3$。

（2）对气体的密度的影响

气体的体积在温度升高时会增大，这是气体的热膨胀性；在压力增大时体积会明显减小，这是气体的可压缩性。那么当温度或压力发生变化时，气体的密度将发生怎样的变化呢？通过下面的计算式，我们就能找到答案。

想一想

当气体的压力增大时，密度就会____________，当温度升高时，密度就会____________。

3. 气体密度的计算

由于气体的密度随温度和压强变化，因此气体的密度在计算时必须标明其状态。气体的密度可以通过以下方式获取：

（1）从手册中查密度

液体和气体纯净物的密度通常可以从《化学工程手册》或《物理化学手册》中查取。本书附录中也列出了部分的物质的密度数据。

（2）计算气体密度（标准状况）

小知识

标准状况（standard temperature and pressure，STP，标准温度与标准压强），简称“标况”或“STP”，是物理学与化学的理想状态之一。 在物理和化学中，表示温度为0℃、压强为101.325kPa时的状况。

理想气体在标准状况下的密度为：

$$\rho^{\ominus}=\frac{M}{22.4\text{m}^3/\text{mol}} \tag{1-2}$$

式中　$\rho^{\ominus}$——标准状况下气体密度，kg/m^3；

M——气体的摩尔质量，kg/mol。

例如，标况下的空气：

$$\rho^{\ominus}=\frac{M}{22.4\text{m}^3/\text{mol}}=\frac{29}{22.4}=1.29\text{kg/m}^3$$

想一想

实际化工生产中往往都不是标准状况，那么任意温度和压力的气体的密度如何计算呢？通过下面的计算式，我们就能找到答案。

当压力不高、温度不太低时，气体的密度可近似地按理想气体状态方程计算。由：

$$pV=nRT=\frac{m}{M}RT \tag{1-3}$$

$$\rho=\frac{m}{V}=\frac{pM}{RT} \tag{1-4}$$

式中　p——气体的绝对压力，kPa；

M——气体的摩尔质量，kg/kmol；

T——气体的热力学温度，K；

R——通用气体常数，8.314kJ/（kmol·K）；

n——气体的物质的量，kmol。

想一想

从这个密度计算公式，你能得出温度和压力对气体密度的影响吗？完成下面的练习。

【例题1-1】求甲烷在50℃和0.5MPa时的密度。

解：由气体密度计算公式 $\rho=\dfrac{pM}{RT}$

已知：$T=50℃=(273+50)\text{K}=323\text{K}, p=0.5\text{MPa}=500\text{kPa}$

$R=8.314\text{kJ/kmol}\cdot\text{K}$，$M=16\text{kg/kmol}$

代入上式

$$\rho=\frac{500\times16}{8.314\times323}\text{kg/m}^3=2.98\text{kg/m}^3$$

（3）气体混合物的密度

生产中遇到的流体常常不是单一组分，而是由若干组分所构成的混合物。当气体混合物接近理想气体时，其密度可由式（1-5）计算，式中的M用气体混合物的平均摩尔质量$M_{均}$代替，$M_{均}$由下式计算：

$$M_{均}=M_1y_1+M_2y_2+\cdots+M_iy_i+\cdots M_ny_n=\sum_{i=1}^{n}M_iy_i \tag{1-5}$$

式中 M_1、M_2、M_i、M_n——构成气体混合物的各纯组分的摩尔质量，kg/kmol；

y_1、y_2、y_i、y_n——混合物中各组分的体积分数，理想气体的体积分数等于其压力分数，也等于其摩尔分数。

4. 液体密度的计算

液体的密度的获取方法有以下几种：

（1）实验方法确定

液体混合物的密度通常由实验测定，例如比重瓶法、韦氏天平法及波美度比重计法等。比重瓶和比重计见图1-5、图1-6。

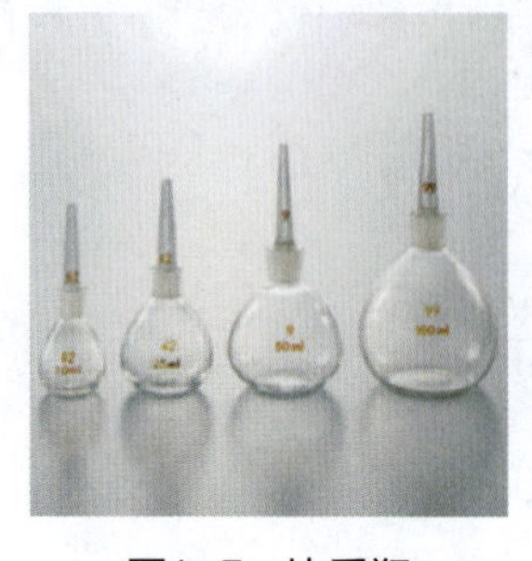

图1-5 比重瓶

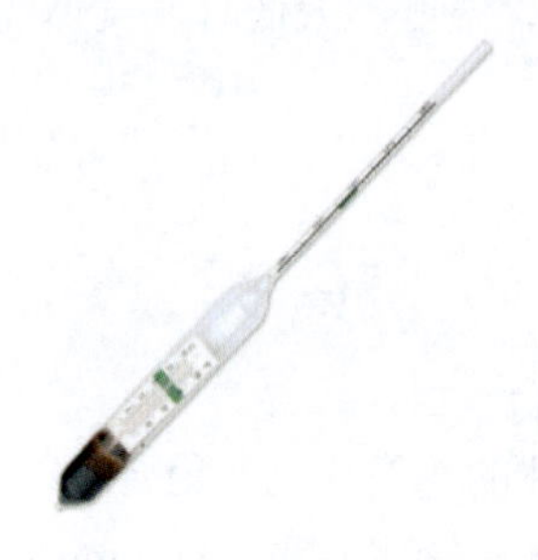

图1-6 比重计实物图

（2）手册查询

液体和气体纯净物的密度通常可以从《化学工程手册》或《物理化学手册》中查取，在查液体密度时，注明温度、液体浓度。

（3）液体混合物的密度 $\rho_{混}$

液体混合物密度计算式

$$\frac{1}{\rho_{混}}=\frac{w_1}{\rho_1}+\frac{w_2}{\rho_2}+\cdots+\frac{w_n}{\rho_n}=\sum_{i=1}^{n}\frac{w_i}{\rho_i} \tag{1-6}$$

式中　ρ_1、ρ_2、ρ_i、ρ_n——混合物中各组分的密度，kg/m^3；

w_1、w_2、w_i、w_n——混合物中各组分的质量分数。

想一想

请在附录中查出以下数据并填写在空格内：50℃水的密度是________；50℃干空气的密度是________。

5. 与密度相关的几个物理量

（1）比重（相对密度）

某物质的密度与4℃时水的密度的比值，用d_4^{20}表示。

$$d_4^{20}=\frac{\rho}{\rho_{4℃水}}\quad \rho_{4℃水}=1000kg/m^3 \tag{1-7}$$

式中　ρ——某物质的密度，kg/m^3；

$\rho_{4℃水}$——4℃时水的密度。

根据物质的相对密度，可推测其特性，采取相应措施。如相对密度<1的易燃和可燃液体发生火灾不应用水扑救，因为它会浮在水面上，非但扑不灭，反而随水流散，扩大了损失。因此应使用泡沫、干粉灭火。

（2）比容

单位质量的流体所具有的体积，用 v 表示，单位为 m^3/kg。

在数值上：

$$v=\frac{1}{\rho} \tag{1-8}$$

【例题 1-2】 20℃ 10t 95% 乙醇的体积为多少立方米？

解： 从附录中查得 20℃ 95% 乙醇的密度为 $804kg/m^3$

由式

$$\rho=\frac{m}{V}$$

由已知：$m=10t=10000kg$

代入数据

$$V=\frac{10000}{804}\text{m}^3=12.4\text{m}^3$$

二、流体输送主要物理量——压力

（一）压强

【定义】我们把流体垂直作用于单位面积上的力称为流体的压强，工程上常常称为压力。

$$p=\frac{F}{A} \tag{1-9}$$

式中 p——作用在该表面 A 上的压力，N/m^2，即 Pa；

F——垂直作用于表面的力，N；

A——作用面的面积，m^2。

在法定的单位制中，压力的单位是 N/m^2，以 Pa 表示，称为帕斯卡，1 个标准大气压 =101325Pa。

想一想

如何知道管道内的流体存在压强呢？

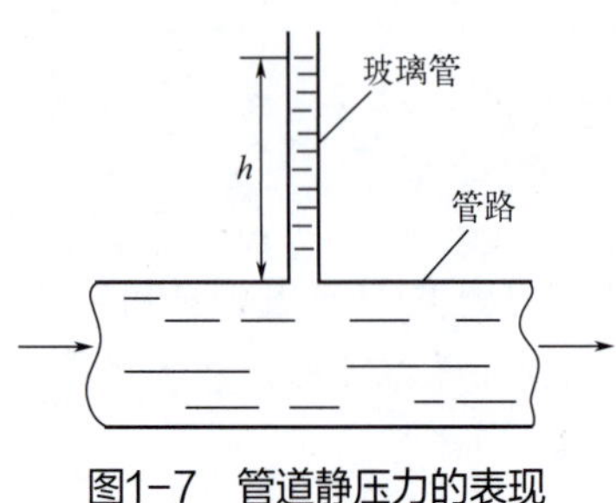

图1-7　管道静压力的表现

我们来看这样一个现象：如图 1-7 所示，在管路上安装一根垂直的玻璃管，这时可以看到管路中的流体进入了玻璃管内，并且上升到一定的高度，这个上升的液柱高度就表明液体是有压力的。

流体的压力可以有不同的表示方法，实际生产中经常采用以某液体的液柱高度表示流体压强，例如某地的大气压为 750mmHg。

它的原理是作用在液柱单位底面积上的液体重力。设 h 为液柱高度，A 为液柱的底面积，ρ 为液体的密度，则由 h 液柱高度所表示的流体压强为

$$p=\rho gh \tag{1-10}$$

式中 p——高度为 h 的流体产生的压强，Pa；

ρ——流体的密度，kg/m^3；

h——液柱的高度，m；

g——重力加速度，m/s^2。

由此可见，流体液柱的压强 p 等于液柱高度 h 乘以液体的密度 ρ 和重力加速度 g。如果已知流体的压强为 p，密度为 ρ，与它相当的液柱高度 h 可由下式求得

$$h=p/\rho g \tag{1-11}$$

小知识

需要注意的是，用液柱高度表示液体压强时，必须注明流体的名称及温度，才能确定液体的密度 ρ，否则即失去了表示压强的意义。

例如某地的大气压为 750mmHg，也可以表示成 10.19mH_2O。

（二）压强的单位和换算关系

1. 压强的单位

在 SI 制中，压强的法定计量单位是 Pa 或 N/m^2，工程上常使用 MPa 作为压强的计量单位。在工程单位制中，压强的单位用 at（工程大气压）或 kgf/cm^2 来表示。

其他常用的压强表示方法还有：标准大气压，atm；米水柱，mH_2O；毫米汞柱，mmHg；毫米水柱，mmH_2O（流体处于低压状态时常用）。

2. 各压强单位的换算关系

$$1\text{atm}=1.033\text{kgf/cm}^2=760\text{mmHg}=10.33\text{mH}_2\text{O}=1.01325\text{bar}=1.01325\times10^5\text{Pa}$$

$$1\text{工程大气压}=1.0\text{kgf/cm}^2=735.7\text{mmHg}=10\text{mH}_2\text{O}=0.9807\text{bar}=9.807\times10^4\text{Pa}$$

（三）压力的表示方法

工程上为了使用的方便，常常以不同参照基准表示流体的压力，即：绝对压强、表压强和真空度。

【绝对压强】简称绝压，它是以绝对真空为基准测得的流体压强。

【表压强】简称表压，以当时、当地大气压强为基准测得的流体压强值。它是流体的绝对压强与外界大气压强的差值。工程上用压力表（图 1-8）测得的流体的压力就是表压。

【真空度】当被测流体内的绝对压强小于外界大气压强时，测量流体的压力则使用真空表（图 1-9）进行测量，真空表上的读数称为真空度，又称负压。

图1-8 压力表

图1-9 真空表

想一想

试着用公式表示绝对压强、表压和真空度的关系？

根据表压强和真空度概念的表述，可知：

表压 = 绝对压强 –（外界）大气压强

真空度 =（外界）大气压强 – 绝对压强

用图 1-10 表示绝对压强、表压强和真空度之间的关系：

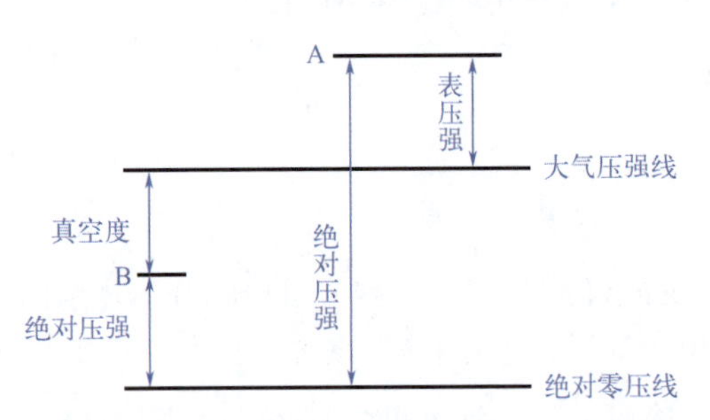

图1–10 绝对压强、表压强和真空度之间的关系

图1–11 用压力表测压强

认一认

读出图 1-11 压力表的数值并表示出来。

当用表压或真空度来表示压强时，应分别注明。如：4×10^3Pa（真空度）、200kPa（表压）。如果没有注明，即为绝压。

【例题 1–3】 在兰州操作的苯乙烯精馏塔塔顶的真空度为 620mmHg。在天津操作时，若要求塔内维持相同的绝对压力，真空表的度数应该是多少？兰州地区的大气压力为 640mmHg，天津地区的大气压力为 760mmHg。

解： 根据兰州地区的条件，求得操作时塔顶的绝对压强：

绝对压强 = 大气压强 – 真空度 =640–620=20mmHg

在天津操作时，维持同样的绝对压强，则：

真空度 = 大气压强 – 绝对压强 =760–20=740mmHg

 思考与练习

选择题

当地大气压为 100kPa 时，若某设备上的真空表读数为 20mmHg，则该设备中的（　　）。

A. 表压为 20mmHg　　　　B. 绝压为 740mmHg

C. 绝压为 10.06mmHg　　　　D. 绝压为 97.33kPa

简答题

1. 求甲烷在 50℃和 0.5MPa 时的密度。

2. 20℃ 10t 95% 乙醇的体积为多少立方米？

3. 已知甲醇水溶液中，甲醇的组成为 90%，水为 10%（均为质量数）。求此甲醇水溶液在 20℃时的密度近似值。

4. 压力的法定单位是什么？工程上常用的压力单位是什么？换算关系是什么？

5. 绝对压、表压和真空度与大气压的关系是什么？

拓展阅读

水银气压计的发明

埃万杰利斯塔·托里拆利（Evangelista Torricelli，1608—1647，图 1-12），意大利物理学家、数学家。托里拆利是伽利略的学生和晚年的助手（1641—1642），1642 年继承伽利略任佛罗伦萨学院数学教授。

托里拆利的首要发明是水银气压计（图 1-13）。

图1-12 托里拆利

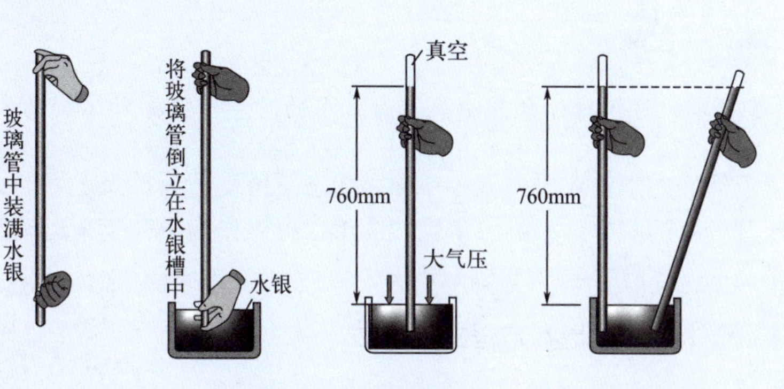

图1-13 水银气压计

当时学术界对空气是否有重量和真空是否可能存在的问题还认识不清，主要是受亚里士多德思想的影响，坚持自然界“害怕真空”的说法。按照这种说法，水泵能够把水抽到任意高度，但事实上水至多可以抽升到离水面大约 10 米左右。伽利略认为自然对真空的厌恶有一定限度，但这个限度有多大？为什么会有限度？伽利略至死都没有回答出来。

1643 年，35 岁的托里拆利做了一个著名的实验。他在长约 1 米、一端封闭的玻璃管（后称托里拆利管）内，装满密度为水的 13.5 倍的水银，用手指封住管口而将管倒立于水银槽内，然后放开手指，则原来达到管顶的水银柱将下降到高于槽中水银面 760 毫米左右处，以与管外大气压强的作用相平衡。管的上端这一部分空间，除极稀薄的水银蒸气外，可看作真空。这是人类最早用人工方法获得的真空，曾轰动一时，至今人们还把它叫做托里拆利真空。

托里拆利还发现管中水银柱的高度会因地面的高度、天气阴晴及气温的变化而变化，由此得出大气压强会随高度、阴晴及气温的变化而变化的结论。根据这个原理，他发明了水银气压器，可以直接用水银柱的高度表示气压的大小。现在，人们把相当于 1 毫米水银柱的压强叫做 1 个托里拆利，以纪念他的伟大贡献。

任务二　流体输送的相关方程及计算

学习目标

1. 了解流体静力学方程及应用。
2. 了解连续性方程与伯努利方程。
3. 了解流体阻力及管道阻力的计算。

一、流体静力学方程

想一想

游泳的时候有什么感受？深海潜水的时候需要穿什么样的衣服？

流体静力学主要研究流体在静止状态下所受的各种力之间的关系，其实质是讨论流体内部压强变化的规律。影响因素比较简单，可以作为研究复杂运动问题的基础，且多数测压仪表都是以流体静力学原理为依据。

（一）流体静力学基本方程式的形成

静止的流体是在重力和压力的作用下达到受力平衡，如图 1-14 所示，敞口容器内盛有密度为 ρ 的静止流体，液面上方受外压强 p_0 的作用。取任意一个垂直流体液柱，上下底面积均为 A（m^2）。任意选取一个水平面作为基准水平面，今选用容器底面积为基本水平面，并设液柱上、下底与基准面的垂直距离分别为 Z_1（m）和 Z_2（m）。作用在上、下端面上并指向此两端面的压强分别为 p_1 和 p_2。

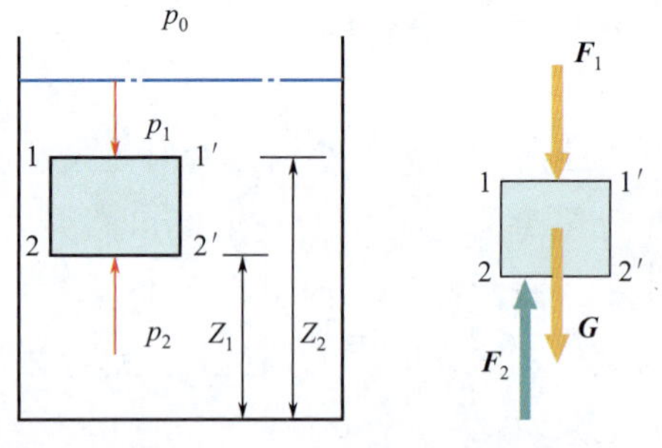

图1-14　流体静力学方程的推导

因为小液柱处于静止状态，所受合力为 0

$$F_2 - F_1 - G = 0$$

（二）流体静力学基本方程

1. 方程的推导

在 1-1′ 截面受到垂直向下的压力 $F_1 = p_1 A$

在 2-2′ 截面受到垂直向上的压力 $F_2 = p_2 A$

小液柱本身所受的重力：

$$G = mg = \rho Vg = \rho A(Z_2 - Z_1)g$$

代入公式：$F_2 - F_1 - G = 0$

$$p_2A - p_1A - \rho gA(Z_2 - Z_1) = 0$$

方程两边消掉 A

$$p_2 - p_1 - \rho g(Z_2 - Z_1) = 0$$

令$Z_2 - Z_1 = h$ 则得：

$$p_2 = p_1 + \rho gh \tag{1-12}$$

若液柱的上端取在液面上，如图 1-15 所示，设液面上方的压强为 p_0，取下底面在距离液面 h 处，作用在它上面的压强为 p。

即可得到流体的静力学方程：

$$p = p_0 + \rho gh \tag{1-13}$$

该方程表明在重力作用下，静止液体内部压强的变化规律，称为**流体静力学方程**。

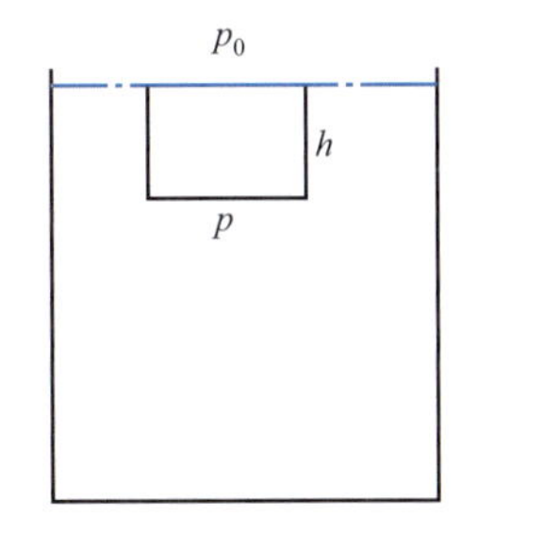

图1-15　流体静力学方程的推导

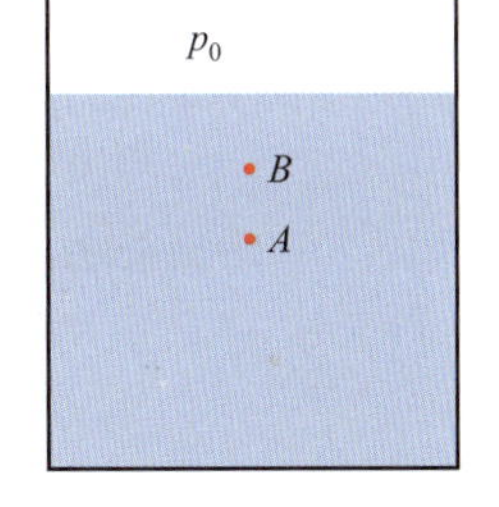

图1-16　水槽示意图

2. 方程的讨论

① 在静止液体中，液体任一点的压力与液体密度和其深度有关。液体密度越大，深度越深，则该点的压力越大。

静止的、连通的、同一种流体的内部，处于同一水平面上的各点的压力均相等，此压力相等的截面称为等压面。

想一想

① 试着比较一下图 1-16 中 A 点和 B 点压强的大小?

② 如果这个容器从上海移到西藏，A、B 两点的压力如何变化?

② 当液体上方的压力 p_0 有变化时，液体内部各点的压力 p 也发生同样大小的变化。

③ 液体内部任一点的压强等于液面压强加上液面到该点的液柱高度所产生的压强，压强差的大小可以用液柱高度来表示，压强差与液柱高度和密度 ρ 大小有关。

④ 方程是以不可压缩流体推导出来的，对于可压缩性的气体，只适用于压强变化不大的情况。

想一想

为什么大气压可以托起 10m 水柱，但是只能托起 760mm 汞柱？

因在化工容器中不同高度的气体产生的压强变化不大，气体的密度也可认为是常数。值得注意的是，静力学基本方程式只能用于静止的连通着的同一种流体内部，因为它们是根据静止的同一种连续的液柱导出的。

【例题 1-4】图 1-17 中开口的容器内盛有油和水，油层高度 h_1=0.7m，密度 $\rho_1=800\text{kg/m}^3$，水层高度 h_2=0.6m，密度为 $\rho_2=1000\text{kg/m}^3$。

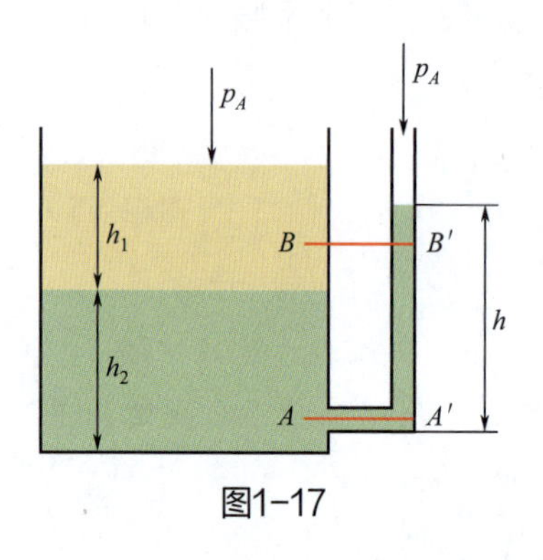

图1-17

（1）判断下列两关系是否成立。

$$p_A=p'_A,\ p_B=p'_B$$

（2）计算玻璃管内水的高度 h。

解：（1）判断题给两关系是否成立

因 A，A' 在静止的连通着的同一种液体的同一水平面上

则
$$p_A=p'_A$$

因 B，B' 虽在同一水平面上，但不是连通着的同一种液体，即截面 B-B' 不是等压面，故 $p_B=p'_B$ 不成立。

（2）计算水在玻璃管内的高度 h

因
$$p_A=p'_A$$

p_A 和 p'_A 又分别可用流体静力学方程表示，设大气压为 p_a

$$p_A=p_a+\rho_{油}gh_1+\rho_{水}gh_2$$

$$p'_A=\rho_{水}gh+p_a$$

则
$$p_a+\rho_{油}gh_1+\rho_{水}gh_2=p_a+\rho_{水}gh$$

$$800\text{kg/m}^3\times0.7\text{m}+1000\text{kg/m}^3\times0.6\text{m}=1000\text{kg/m}^3h$$

$$h=1.16\text{m}$$

二、流体静力学的应用

在化工生产中，很多化工测量仪表的制作原理是以流体静力学基本方程为依据的，下面将重点介绍流体静力学方程在压力和液位测量中的应用。

（一）测量流体的压力或压差

1. U 形管液柱压差计

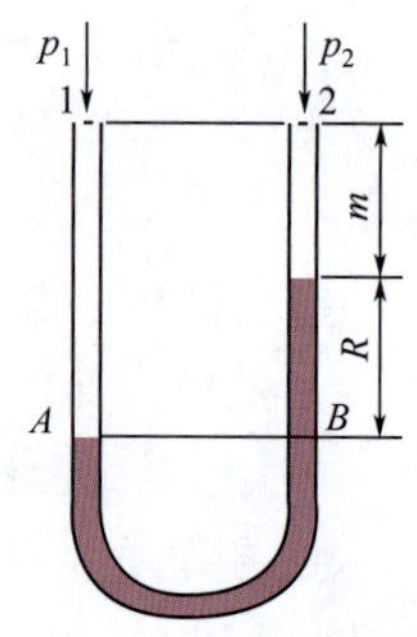

图1–18　U形管压力计

结构：如图 1-18 所示，它是两端开口的 U 形玻璃管，内部装有指

示液，中间配有读数标尺。

测量原理：U 形管两个端口分别与管路上两个测压口连接，指示液会出现高度差，说明左右两截面受到流体压力不相等，两点之间的压力差可以通过指示液的高度差来测算。

① 判断 p_1，p_2 压力大小：$p_1 > p_2$

② 找等压面：$p_A = p_B$。

③ 根据流体静力学公式，列等压面两侧的方程：

$$p_A = p_1 + \rho_{流} g(R+m)$$

$$p_B = p_2 + \rho_{指} gR + \rho_{流} gm$$

根据 $p_A = p_B$

$$p_1 = \rho_{流} g(R+m) = p_2 + \rho_{指} gR + \rho_{流} gm$$

$$p_1 - p_2 = (\rho_{指} - \rho_{流})gR$$

当被测的流体为气体时，$\rho_{指} \gg \rho_{气}$，$\rho_{气}$可忽略，则

$$p_1 - p_2 = \rho_{指} gR$$

讨论

（1）U 形压差计可测系统内两点的压力差，当将 U 形管一端与被测点连接、另一端与大气相通时，也可测得流体的表压或真空度（图 1-19，图 1-20）。

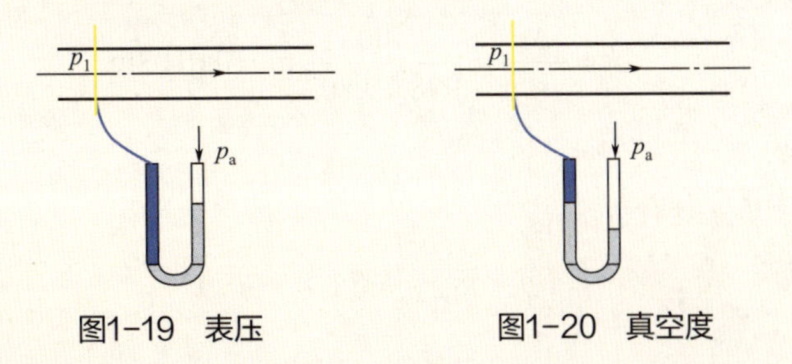

图1-19　表压　　图1-20　真空度

（2）指示液的选取：

指示液与被测流体不互溶，不发生化学反应；其密度要大于被测流体密度。

应根据被测流体的种类及压差的大小选择指示液。

$$p_1 - p_2 = (\rho_{指} - \rho_{流})gR$$

想一想

当 $p_1 - p_2$ 值较小时，R 值也较小，若希望测量误差不太大，那应该如何测量呢？（例如 $p_1 - p_2$ 压差为 100Pa，指示剂为水银，$\rho_{水银} = 13.6 \times 10^3 kg/m^3$，$R = 0.00075m$。）

2. 微差压差计（双液体 U 形管压差计）

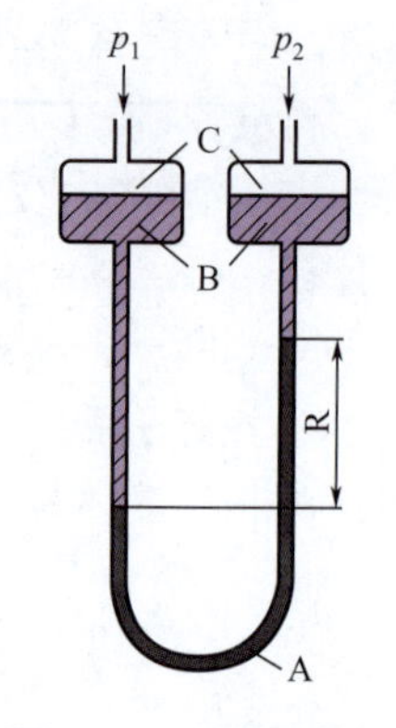

图1-21 微差压差计

如图 1-21 所示，U 型管的两侧管的顶端增设两个小扩大室，其内径与 U 形管的内径之比＞ 10，装入两种密度接近且互不相溶的指示液 A 和 C，且指示液 C 与被测流体 B 亦不互溶。适用于压差较小的场合。

① 密度接近但不互溶的两种指示液 A 和 C；

② 扩大室内径与 U 形管内径之比应大于 10。

$$p_1 - p_2 = Rg(\rho_A - \rho_B)$$

$\rho_A - \rho_B$值越小，则读数 R 放大。

【例题 1-5】 用 U 形管压差计测量气体管路上两点的压力差，测得压力差为 100Pa，指示液为水，为了放大读数，改用微差压差计，指示液 A 是含有 40% 乙醇的水溶液，指示液 B 是苯，$\rho_{苯}$=879kg/m^3，$\rho_{水}$=998kg/m^3，$\rho_{溶液}$=920kg/m^3。

试问：

（1）用普通压差计，以水为指示液，其读数 R 为多少？

（2）若用微差压差计，其中加入苯和乙醇水溶液两种指示液，扩大室截面积远远大于 U 形管截面积，此时读数 R'' 为多少？ R'' 为 R 的多少倍？

解：（1）普通管 U 形管压差计

根据普通 U 形管压差计计算公式，待侧流体为气体

$$p_1 - p_2 = \rho_{指} gR$$

$$\Delta p = \rho_{水} gR$$

$$R = \frac{\Delta p}{\rho_{水} g} = \frac{100}{998 \times 9.807}\,\text{m} = 0.0102\text{m}$$

（2）微差压差计

根据普通 U 形管压差计计算公式

$$p_1 - p_2 = R''g(\rho_A - \rho_B)$$

$$R'' = \frac{\Delta p}{(\rho_A - \rho_B)g} = \frac{100}{(920 - 879) \times 9.807}\,\text{m} = 0.249\text{m}$$

故：

$$\frac{R''}{R} = \frac{0.249}{0.0102} = 24.4$$

（二）液位的测定

在化工生产中，特别是在油气集输储运系统中，石油、天然气与伴生污水要在各种生产设备和反应器中分离、存储与处理，液位的测量与控制，对于保证正常生产和设备安全是至关重要的，否则会产生重大的事故。

化工设备上的液位测量也是根据流体静力学原理制作出来的。

（1）玻璃管液位计

【结构】玻璃管液位计（图 1-22、图 1-23），多用于密闭的容器。其主要构造为一玻璃管，管的上下两端分别与容器内液面的上下两部分相连。容器内液面的高低即在玻璃管内显示出来。

【液位计的原理】遵循静止液体内部压强变化的规律，是静力学基本方程的一种应用。

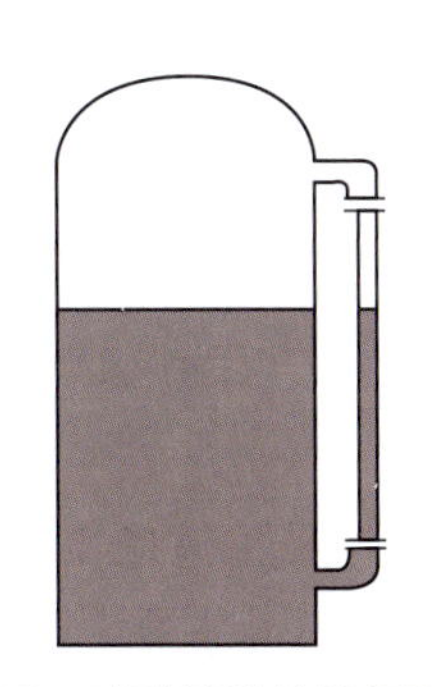

图1-22　玻璃管液位计原理图

图1-23　玻璃管液位计实物图

【优点】这种液位计构造简单、测量直观、使用方便。

【缺点】玻璃管易破损，被测液面升降范围不应超过 1m，而且不便于远处观测。

【适用范围】多用于中、小型容器的液位计量。

（2）液柱压差计

化工生产中的很多反应器和储罐根据生产任务的需求往往设计的比较大，在测量容器的液位时就不能采用玻璃管液位计时，常常使用液柱压差计测量液位。

【结构】如图 1-24 所示，将一装有指示液 A 的 U 形管压差计的两端，分别与容器底部和上部相连，连通管中放入的指示液的密度 $\rho_{指}$远大于容器内液体密度 ρ。这样可利用较小的指示液液位读数来计量大型容器内贮藏的液体高度。

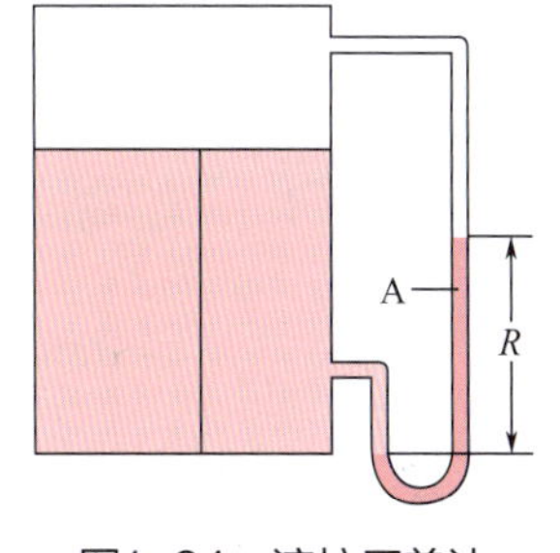

图1-24　液柱压差计

【液位计的原理】遵循静止液体内部压强变化的规律，是静力学基本方程的一种应用。

写一写

试着找出液柱压差计的等压面，然后分别列出等压面两侧的压力。

由压差计指示液的读数 R 可以计算出容器内液面的高度（液体密度 ρ）。

$$h=\frac{\rho_{指}}{\rho}R \tag{1-14}$$

式中　h——容器内被测液体的液位，m；

$\rho_{指}$——指示液的密度，kg/m^3；

ρ——被测液体的密度，kg/m^3；

R——U 形管中压差计的读数，m。

【结论】压差计的读数 R 指示容器里的液面高度，液面越高，读数越大。

（三）液封高度的计算

化工生产中，为了控制设备内气体压力不超过规定数值时，常常在设备上装如图 1-25 所示的安全液封装置，液封的作用就是：当气体压力超过这个限度时，气体冲破液封流出，又称为安全性液封。

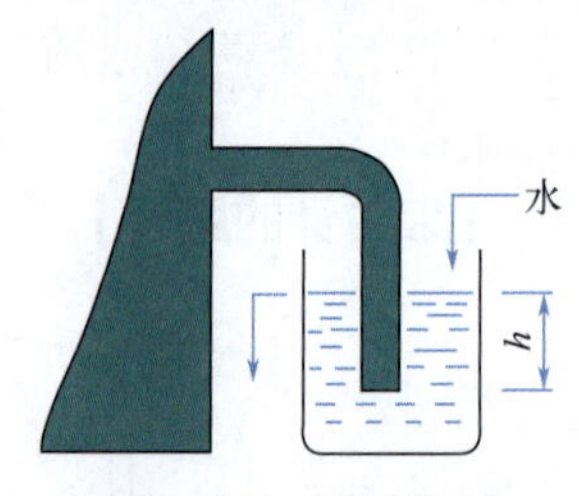

图1-25　液封高度

若设备内为负压操作，其作用是：防止外界空气进入设备内。

液封需有一定的液位，其高度 h 的确定就是根据流体静力学基本方程式。

$$h=\frac{p}{\rho_{指}g} \tag{1-15}$$

式中　h——液封的高度，m；

$\rho_{指}$——指示液的密度，kg/m^3；

p——大气压，Pa。

【例题 1-6】如图 1-26 所示的容器内存有密度为 $800kg/m^3$ 的油，U 形管压差计中的指示液为水银，读数 200mm。求容器内油面高度。

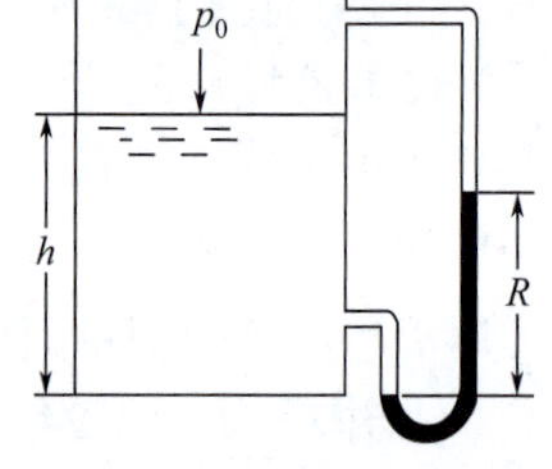

图1-26　例题1-6图

解：设容器上方气体压力为 p_0，油面高度为 h，则

$$p_0+h\rho_{油}g=p_0+R\rho_{指}g$$

即　$$h=R\rho_{指}/\rho_{油}$$

已知　$$\rho_{油}=800kg/m^3, \rho_{指}=13600kg/m^3$$

故　$$h=0.2\times13600/800=3.4m$$

【例题 1-7】如图 1-27 所示，某厂为了控制乙炔发生炉内的压强不超过 10.7×10^3Pa（表压），需在炉外装有安全液封，其作用是当炉内压强超过规定，气体就从液封管口排出，试求此炉的安全液封管应插入槽内水面下的深度 h。（$\rho_{水}=1000kg/m^3$）

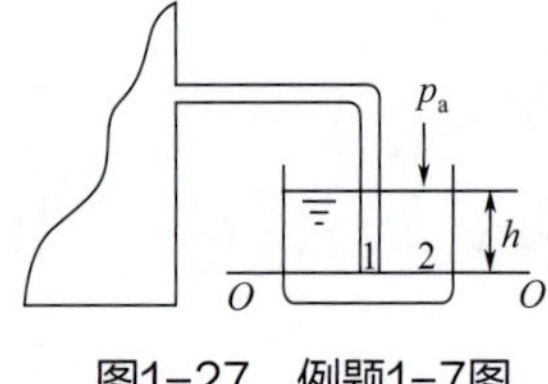

图1-27　例题1-7图

解：过液封管口作基准水平面 $O—O'$，在其上取 1，2 两点。

$$p_1=炉内压强=p_a+10.7\times10^3$$

$$p_2=p_a+\rho_{水}gh$$

因　$$p_1=p_2$$

$$p_a+10.7\times10^3\,Pa=p_a+\rho_{水}gh$$

$$h=1.09m$$

三、管内流体流动的基本方程

前面提到流体输送在化工生产中占据举足轻重的地位，因此了解流体在管内流动的运动规律及其与管壁的相互作用非常必要，反映管内流体流动规律的基本方程式有连续性方程和伯努利方程，在学习两个基本方程之前，我们先学习几个与方程相关的基础知识。

（一）流体的流量与流速

1. 流量

【定义】单位时间内流过管道任一截面的流体的量，称为流量。流量可以用体积流量也可以用质量流量进行计算。

【体积流量】单位时间内流经管道任意截面的流体的体积，以 q_V 表示，其单位为 m^3/s 或 m^3/h。

【质量流量】单位时间内流经管道任意截面的流体的质量。以 q_m 表示，其单位为 kg/s 或 kg/h。

体积流量和质量流量的关系是

$$q_m = q_V \rho \tag{1-16}$$

式中　ρ——流体的密度，kg/m^3。

2. 流速

【定义】单位时间内流体质点在流动方向上所流经的距离。

注意：实验发现，流体质点在管道截面上各点的流速并不一致，而是形成某种分布。如图 1-28 所示，这是因为流体具有黏性，靠近管壁的质点黏附在管壁上，其流速等于零，越远离管壁，质点流速越大，管轴中心线处的流速最大，但工程上，通常用质点的平均流速进行计算，习惯上，平均流速简称为流速。

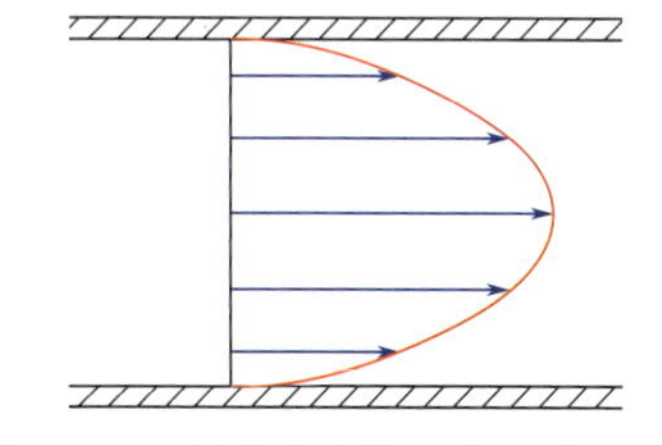

图1-28　圆管中流体质点的速度分布

【平均流速】流体的体积流量与管道截面积之比，以 u 来表示，即：

$$u = \frac{q_V}{A} \tag{1-17}$$

式中　u——管道内流体的平均流速，m/s；

q_V——流体的体积流量，m^3/s；

A——管道的横截面积，m^2。

管径为 d 的圆形管道的平均流速：

$$A = \frac{\pi}{4}d^2 \Rightarrow u = \frac{4q_V}{\pi d^2}$$

【质量流速】单位时间内流经管道单位截面积的流体质量，以 w 表示，单位为 $kg/(m^2 \cdot s)$。

数学表达式为：

$$w = \frac{q_m}{A} \tag{1-18}$$

质量流速与流速的关系：

$$w=\frac{q_m}{A}=\frac{q_V\rho}{A}=u\rho \tag{1-19}$$

式中　ρ——被测流体的密度，kg/m^3。

由于气体的体积与温度、压力有关，因此，当温度、压力发生变化时，气体的体积流量与其相应的流速也将发生变化，但是质量流量保持恒定，因此，在做物料衡算的时候采用用质量流速比较方便。

3. 管径的估算

管道是流体输送的载体，输送不同的物料选择不同材质的化工管道，合适的管径也是实现高效输送的前提，一般我们在确定管径时遵循以下原则。

（1）管径的选择原则

管径的影响：

① 选用的管径太大，可以降低操作费用，但材料费用太大；

② 选用较小管径，可以降低材料费，但流动阻力也随之增大，能耗也将相应增大，操作费用增加。

选择原则：

如图 1-29 所示，选择两项费用之和最低所对应的管径。即：材料费＋能耗费＝最低

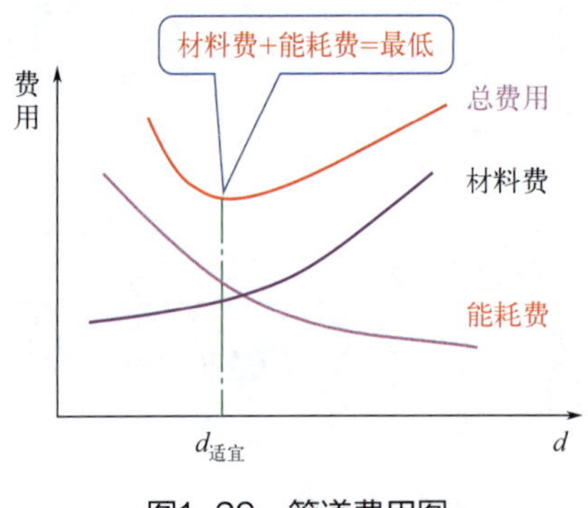

图1-29　管道费用图

图1-30　化工管道

（2）管径的确定

基本方法：一般化工管道为圆形（图 1-30），以 d 表示管道的内径，

则
$$d=\sqrt{\frac{4q_V}{\pi u}} \tag{1-20}$$

小知识

① 流量 q_V 一般由生产任务决定；

② 适宜流速 u 的选择应根据经济核算确定，通常可选用经验数据；

③ 用式（1-20）估算出管径；

④ 圆整到标准规格。

（3）流速 u 的选定

适宜流速的选择应根据经济核算确定，通常可选用经验数据。表 1-1 给出了某些流体在

管路中的常用流速范围。

表1-1　某些流体在管路中的常用流速范围

流体的类型及情况	流速范围/（m/s）	流体的类型及情况	流速范围/（m/s）
自来水（0.3MPa左右）	1～1.5	过热蒸汽	30～50
水及低黏度液体（0.1～1.0MPa）	1.5～3.0	蛇管、螺旋管内的冷却水	＜1.0
高黏度液体	0.5～1.0	低压空气	12～15
工业供水（0.8MPa以下）	1.5～3.0	高压空气	15～25
锅炉供水（0.8MPa以下）	＞3.0	一般气体（常压）	10～20
饱和蒸汽	20～40	真空操作下气体流速	＜10

（4）管径的选择步骤

① 确定对象（输送的是何种流体）。

选管材：

清水、常压气　——　水煤气管

带压的液、气　——　无缝钢管

污水、下水　——　铸铁管

有腐蚀性　——　陶铸管、塑料管

② 选择流速（查数据手册，或者表 1-1）。

③ 计算管径（使用公式 1-20）。

④ 查找规格查附录十六。

⑤ 核算流速（是否在正常范围）。

【例题 1-8】 某厂要求安装一根输水量为 $30\text{m}^3/\text{h}$ 的管道，试选择一合适的管子。

解：取水在管内的流速为 1.8m/s，得

$$d=\sqrt{\frac{4q_{\text{V}}}{\pi u}}=\sqrt{\frac{4\times 30/3600}{3.14\times 1.8}}\text{m}=0.077\text{m}=77\text{mm}$$

查附录十六低压流体输送用焊接钢管规格，选用公称直径 DN80（英制 3″）的管子，或表示为 $\Phi 88.5\text{mm}\times 4\text{mm}$，该管子外径为 88.5mm，壁厚为 4mm，则内径为

$$d=(88.5-2\times 4)\text{mm}=80.5\text{mm}$$

水在管中的实际流速为

$$u=\frac{q_{\text{V}}}{\frac{\pi}{4}d^2}=\frac{30/3600}{0.785\times 0.0805^2}\text{m/s}=1.64\text{m/s}$$

在适宜流速范围内，所以该管子合适。

（二）定态流动与非定态流动

1. 定态流动

【定义】流体流动系统中，若各截面上的温度、压力、流速等物理量仅随位置变化，不随时间变化，这种流动称之为定态流动，又叫稳态流动；如图 1-31，贮槽上方有一进水管持续进水，贮槽的左上方有溢流管保持贮槽的液位维持恒定，贮槽底部连接一根管径不等的排水管。

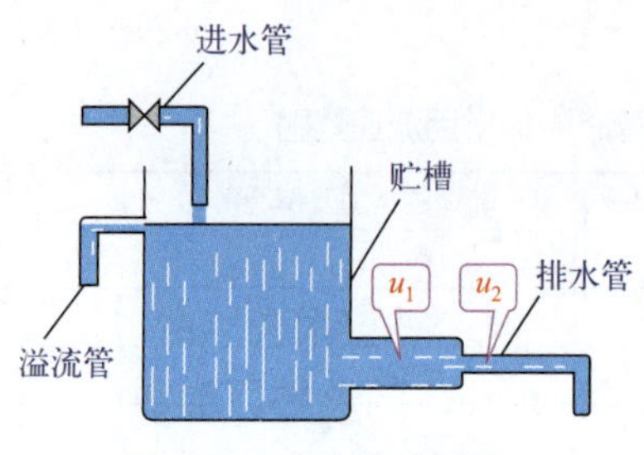

图1-31　定态流动过程

图1-32　非定态流动过程

想一想

u_1 和 u_2 的流速会随时间发生变化吗？

u_1 和 u_2 的流速相等吗？

2. 非定态流动

【定义】若流体在各截面上的有关物理量既随位置变化，也随时间变化，则称为非定态流动（图 1-32），或者非稳态流动。

说明：①在化工生产中，正常运行时，系统流动近似为稳态流动。各点各处的流量不随时间变化，近似为常数。

② 只有在出现波动或是开、停车时，为非稳态流动。

（三）稳定流动的物料衡算

如图 1-33 所示的一段管路，流体从 1-1′ 截面流入，从 2-2′ 截面流出，若在两截面之间流体没有漏损的情况下，物料衡算应遵循质量守恒定律，即从 1-1′ 截面进入的流体的质量流量 q_{m1} 等于从 2-2′ 截面流出的流体的质量流量 q_{m2}。

【衡算范围】取管内壁截面 1-1′ 与截面 2-2′ 间的管段。

【衡算基准】1s。

【物料衡算式】$q_{m1}=q_{m2}$

根据

$$q_m = uA\rho$$

得

$$u_1 A_1 \rho_1 = u_2 A_2 \rho_2$$

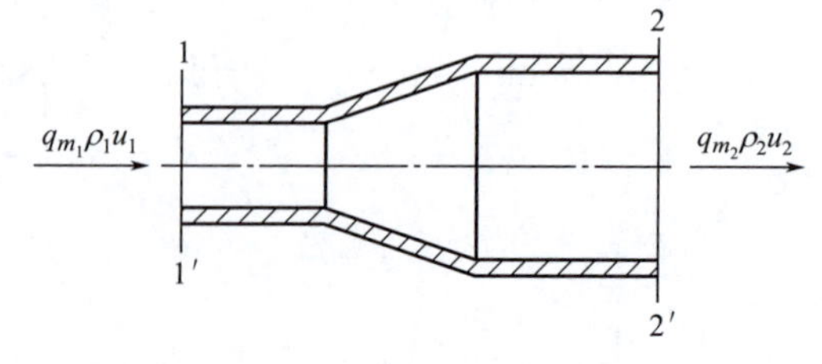

图1-33　连续性方程的推导

其中，ρ_1 为 1-1′ 截面处流体的密度，ρ_2 为 2-2′ 截面处流体的密度。

如果把这一关系推广到管路系统的任一截面，有：

$$q_m = u_1 A_1 \rho_1 = u_2 A_2 \rho_2 = \cdots = uA\rho = \text{常数}$$

上式称为连续性方程。若流体为不可压缩流体，ρ= 常数，则有：

$$q_V = \frac{q_m}{\rho} = u_1 A_1 = u_2 A_2 = \cdots = uA = \text{常数}$$

对于圆形管道：将$A=\dfrac{\pi}{4}d^2$，代入连续性方程得

$$u_1\frac{\pi}{4}d_1^{\ 2}=u_2\frac{\pi}{4}d_2^{\ 2}$$

即：

$$\frac{u_1}{u_2}=\left(\frac{d_2}{d_1}\right)^2 \tag{1-21}$$

【结论】当体积流量 q_V 一定时，管内流体的流速与管道直径的平方成反比。

【例题1-9】 如图1-34所示，一管路由内径为100mm和200mm的钢管连接而成。已知密度为1186kg/m^{3}的液体在大管中的流速为0.5m/s，试求：（1）小管中的流速（m/s）；（2）管路中液体的体积流量（m^3/h）和质量流量（kg/h）。

解：（1）已知$u_2=\dfrac{0.5m}{s}$，根据连续性方程$\dfrac{u_1}{u_2}=\left(\dfrac{d_2}{d_1}\right)^2$，代入数据$\dfrac{u_1}{0.5}=\left(\dfrac{200}{100}\right)^2$，求得

$$u_1=2\text{m/s}$$

（2）根据截面1-1′求体积流量和质量流量，根据

$q_V=uA$，$A=\dfrac{\pi}{4}\times d_1^2=\left(\dfrac{3.14}{4}\times 0.1^2\right)\text{m}^2=0.00785\text{m}^2$。

则，$q_V=u_1A=0.00785\times 2=0.0157\text{m}^3/\text{s}$

$q_m=q_V\rho=0.0157\times 1186=18.6\text{kg/s}$

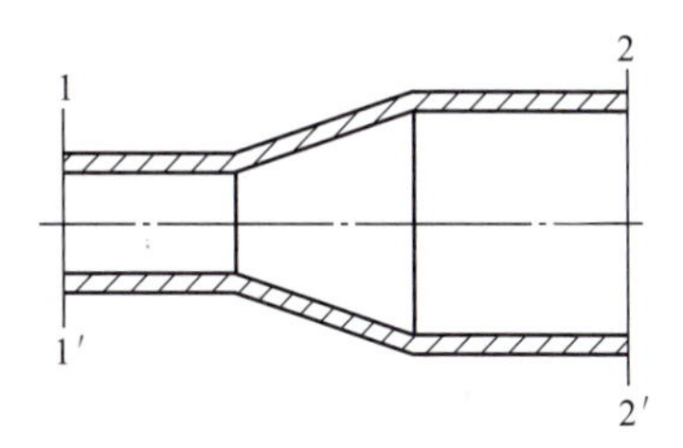

图1-34　例题1-9图

（四）伯努利方程

1. 稳态流动的能量守恒定律

流体在稳态流动时，不仅要遵循质量守恒定律，还应服从能量守恒定律。依据这一定律，单位时间内输入管路系统的能量应等于从管路系统中输出的能量。

对于定态流动系统：∑输入能量 = ∑输出能量

系统的总能量分为系统本身的能量、与外界交换的能量。系统本身的能量又分为内能、动能、位能、静压能；与外界交换的能量分为外功、热。

（1）流体本身具有的能量

【内能】指流体内部所包含的一切能量，内能与温度有关，一般认为在流体输送过程中温度变化不大，流体的内能也认为不变。

【位能】流体受重力作用在不同高度处所具有的能量。

质量为 m 流体的位能 $=mgZ$，单位为J；

单位质量流体的位能 $=gZ$，单位为J/kg。

【动能】流体以一定的流速流动而具有的能量。

质量为 m，流速为 u 的流体所具有的动能 $=\frac{1}{2}mu^2$，单位为 J；

单位质量流体所具有的动能 $=\frac{1}{2}u^2$，单位为 J/kg。

【静压能】流体有一定静压力而具有的能量。

我们常常将流体的动能、位能和静压能称为机械能。流体流动时的能量形式主要是机械能。

想一想

你能想想生活中有哪些静压能（图 1-35）的表现？

质量为 m 流体的静压能 $=\frac{mp}{\rho}$，单位为 J；

单位质量的流体的静压能 $=\frac{p}{\rho}$，单位为 J/kg。

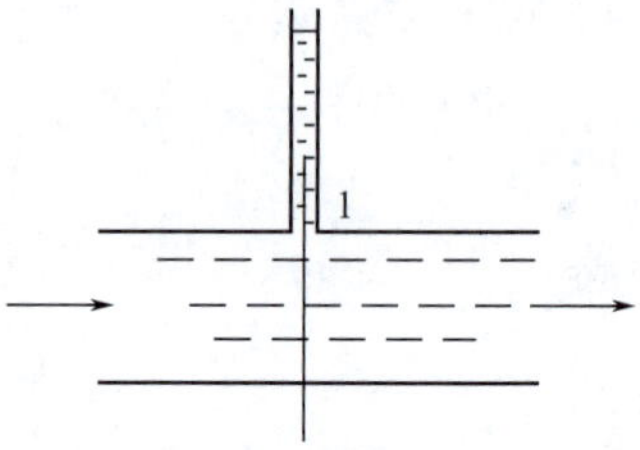

图1-35　流体存在静压能的示意图

位能、静压能及动能均属于机械能，三者之和称为总机械能。因此，1kg 流体的总机械能为：

$$\frac{1}{2}u^2+gZ+\frac{p}{\rho}=\text{定值}，\text{单位为J/kg} \tag{1-22}$$

（2）与外界交换的能量

由于流体具有黏度，所以流体在输送的过程中会有能量损失，为了实现流体的远距离输送，需要给流体输入外界的能量，例如用泵给流体能量。化工生产中外界输入的能量有外功和热。

热：有些流体在输送过程根据工艺要求需要控制流体的温度时，此时流体需要与外界（换热器）交换热量。

外功：将外加设备（泵）（图 1-36、图 1-37）供应给流体的能量称为外功；给单位质量的流体供应的能量用符号 W_e 来表示，单位：J/kg。

图1-36　离心泵

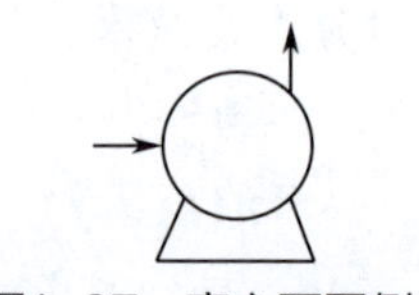
图1-37　离心泵图例

2. 总能量衡算过程（伯努利方程）

① 根据题意画出流程示意图，在图上用箭头标出物料的流向，并用数字和符号说明物料的数量和单位。

② 圈出衡算范围。

③ 定出衡算基准。

连续操作：以单位时间为基准

④ 确定衡算对象。

下面我们对图 1-38 流体输送系统进行能量衡算，列出如下衡算过程：

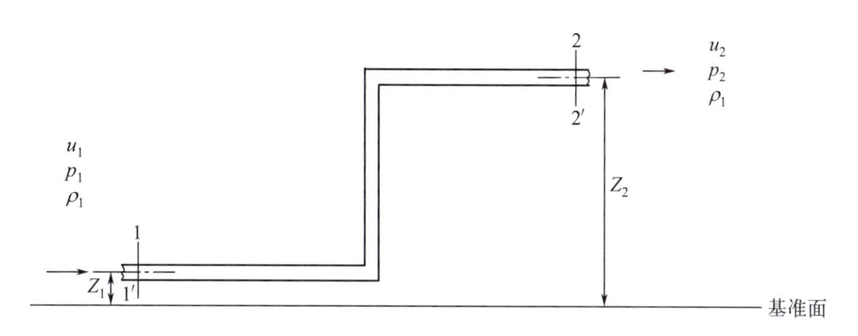

图1-38　能量衡算过程图

【衡算范围】截面 1-1′ 和截面 2-2′ 间的管道和设备。

【衡算基准】1kg 流体。

设 1-1′ 截面的流体流速为 u_1，压强为 p_1，截面积为 A_1，密度为 ρ；

设 2-2′ 截面的流体流速为 u_2，压强为 p_2，截面积为 A_2，密度为 ρ；

取地面为基准水平面，截面 1-1′ 和截面 2-2′ 中心与基准水平面的距离为 Z_1，Z_2。

对于定态流动系统：$\sum$输入能量 $=\sum$输出能量。

输入的能量为 1-1′ 截面流体的能量，输出的能量为 2-2′ 截面的流体的能量。

由题意，输入的能量为

$$gZ_1+\frac{u_1^2}{2}+\frac{p_1}{\rho} \tag{1-23}$$

输出的能量为

$$gZ_2+\frac{u_2^2}{2}+\frac{p_2}{\rho} \tag{1-24}$$

对于理想流体，当没有外功加入时：

$$gZ_1+\frac{u_1^2}{2}+\frac{p_1}{\rho}=gZ_2+\frac{u_2^2}{2}+\frac{p_2}{\rho} \tag{1-25}$$

对于实际流体，因为流体具有黏性，在流动的过程中会产生能量损失，单位质量流体的能量损失用 Σh_f 表示。

想一想

实际化工生产中，如何把水送到高位槽？

图 1-39 所示的流体输送系统如何进行能量衡算？

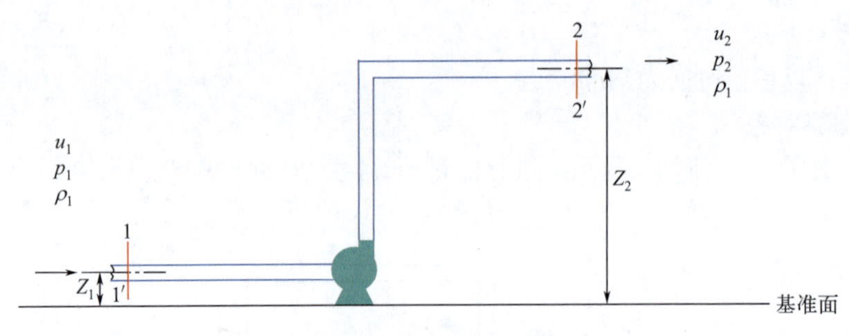

图1-39　伯努利方程推导

对于定态流动系统：Σ输入能量＝Σ输出能量

$$\Sigma输入能量=gZ_1+\frac{u_1^2}{2}+\frac{p_1}{\rho}+W_e$$

$$\Sigma输出能量=gZ_2+\frac{u_2^2}{2}+\frac{p_2}{\rho}+\Sigma h_{损}$$

对于实际流体，有离心泵做功的管路，伯努利方程修正为

$$gZ_1+\frac{u_1^2}{2}+\frac{p_1}{\rho}+W_e=gZ_2+\frac{u_2^2}{2}+\frac{p_2}{\rho}+\Sigma h_f$$

3. 伯努利方程式的讨论

① 伯努利方程式表明理想流体在管内做稳定流动，没有外功加入时，任意截面上单位质量流体的总机械能即动能、位能、静压能之和为一常数，用 E 表示。

即：1kg 理想流体在各截面上的总机械能相等，但各种形式的机械能却不一定相等，可以相互转换。

$$gZ_1+\frac{u_1^2}{2}+\frac{p_1}{\rho}=gZ_2+\frac{u_2^2}{2}+\frac{p_2}{\rho}$$

写一写

试着分析图 1-40 中 0-0′截面、1-1′截面、2-2′截面机械能是否相等。

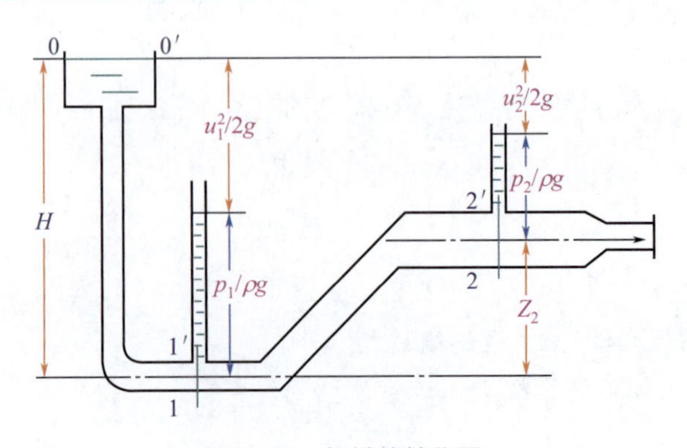

图1-40　机械能转化图

② 对于实际流体，在管路内流动时，且没有外功加入时，应满足：上游截面处的总机械能大于下游截面处的总机械能。

$$gZ_1+\frac{u_1^2}{2}+\frac{p_1}{\rho}=gZ_2+\frac{u_2^2}{2}+\frac{p_2}{\rho}+\Sigma h_f$$

想一想

为何水往低处流？

③ 对于可压缩流体的流动，当所取系统两截面之间的绝对压强变化小于原来压强的20%，即 $\frac{p_1-p_2}{p_1}<20\%$ 时，仍可使用伯努利方程。式中流体密度应以两截面之间流体的平均密度 ρ_m 代替 。

想一想

当体系无外功，且处于静止状态时，伯努利方程变成什么样？

④ 当体系无外功，且处于静止状态时，不流动 u=0；没有流动，没有阻力 $\Sigma h_f=0$；无外加功 $W_e=0$，则

$$gZ_1+\frac{u_1^2}{2}+\frac{p_1}{\rho}+W_e=gZ_2+\frac{u_2^2}{2}+\frac{p_2}{\rho}+\Sigma h_f$$

$$\Rightarrow gZ_1+\frac{p_1}{\rho}=gZ_2+\frac{p_2}{\rho}\quad \text{(静力学方程)} \tag{1-26}$$

静力学方程是伯努利方程的一种特殊形式。

⑤ 伯努利方程的不同形式

a. 若以单位质量的流体为衡算基准（J/kg）

$$gZ_1+\frac{u_1^2}{2}+\frac{p_1}{\rho}+W_e=gZ_2+\frac{u_2^2}{2}+\frac{p_2}{\rho}+\Sigma h_f \tag{1-27}$$

b. 若以单位体积为衡算基准（pa）

$$g\rho Z_1+\frac{\rho u_1^2}{2}+p_1+W_e=g\rho Z_2+\frac{\rho u_2^2}{2}+p_2+\Sigma\rho h_f \tag{1-28}$$

静压强项 p 可以用绝对压强值代入，也可以用表压强值代入。

c. 若以单位质量流体为衡算基准（m）

$$Z_1+\frac{u_1^2}{2g}+\frac{p_1}{\rho g}+\frac{W_e}{g}=Z_2+\frac{u_2^2}{2g}+\frac{p_2}{\rho g}+\frac{\Sigma h_f}{g}$$

$$\text{令}\quad H_e=\frac{W_e}{g},H_f=\frac{\Sigma h_f}{g}$$

$$Z_1+\frac{u_1^2}{2g}+\frac{p_1}{\rho g}+H_e=Z_2+\frac{u_2^2}{2g}+\frac{p_2}{\rho g}+H_f \tag{1-29}$$

式中　Z、$\frac{u^2}{2g}$、$\frac{p}{\rho g}$、H_f——位压头，动压头，静压头、压头损失；

H_e——输送设备对流体所提供的有效压头。

（五）伯努利方程的应用

1. 应用伯努利方程的注意事项

（1）作图并确定衡算范围

根据题意画出流动系统的示意图，并指明流体的流动方向，定出上下截面，以明确流动系统的衡算范围。

（2）截面的截取

① 两截面都应与流动方向垂直；

② 两截面的流体必须是连续的；

③ 所求得未知量应在两截面或两截面之间，截面的有关物理量 Z，u，p 等除了所求的物理量之外，都必须是已知的或者可以通过其他关系式计算出来。

④ 两截面上的 Z，u，p 与两截面间的Σh_f，都应相互对应一致。

（3）基准水平面的选取

① 必须与地面平行；

② 为了计算方便，通常取基准水平面通过衡算范围的两个截面中的任意一个截面；

③ 如该截面与地面平行，则基准水平面与该截面重合，Z=0；

④ 如衡算系统为水平管道，则基准水平面通过管道中心线，ΔZ=0。

（4）单位必须一致

在应用伯努利方程之前，应把有关的物理量换算成一致的单位，然后进行计算。两截面的压强除要求单位一致外还要求表示方法一致。

2. 伯努利方程计算步骤

① 选择截面；

② 选择基准面；

③ 根据题目中给出的能量损失的单位列方程；

④ 根据题目给出的已知条件简化方程，找出方程中已知量和未知量以及所求量。

一般认为贮水槽的流速为 0，一般截面选在有 U 形管的测压点处。

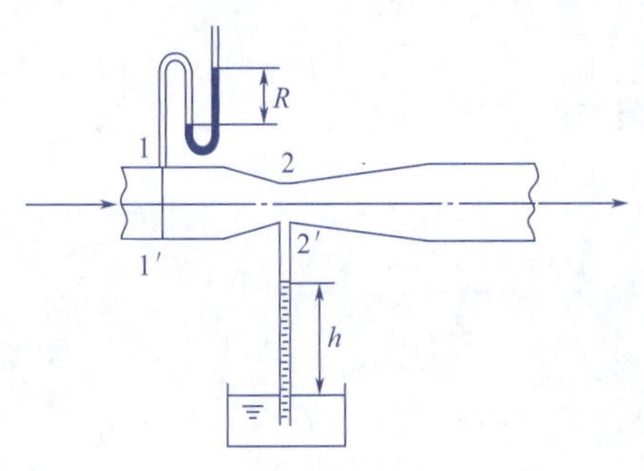

图1-41　例题1-10图

3. 伯努利方程的应用

（1）确定流体的流量

【例题 1-10】 20℃的空气在直径为 80mm 的水平管中流过，现于管路中接一文丘里管，如图 1-41 所示，文丘里管的上游接一水银 U 形管压差计，在直径为 20mm 的喉径处接一细管，其下部插入水槽中。空气流入文丘里管的能量损失可忽略不计，当U形管压差计读数为R=25mm，h=0.5m时，试求此时空气的流量为多少（m^3/h）?

当地大气压强为101.33×10^3Pa

分析：

求流量V_h —已知d，$V_h=3600u\cdot\frac{\pi}{4}d^2$→ 求$u$ —直管，任取一截面→ 伯努利方程 —气体→ 判断能否应用?

解：取测压处及喉颈分别为截面1-1′和截面2-2′

截面1-1′处压强：$p_1=\rho_{Hg}gR=13600\times9.81\times0.025\text{Pa}=3335\text{Pa}$（表压）

截面2-2′处压强：$p_2=\rho gh=1000\times9.81\times0.5\text{Pa}=4905\text{Pa}$（真空度）

流经截面1-1′与2-2′的压强变化为：

$$\frac{p_1-p_2}{p_1}=-\frac{(101330+3335)\text{Pa}-(10330-4905)\text{Pa}}{(101330+3335)\text{Pa}}=0.079=7.9\%<20\%$$

在截面1-1′和2-2′之间列伯努利方程式。以管道中心线作基准水平面。

由于两截面无外功加入，$W_e=0$。

能量损失可忽略不计$\Sigma h_f=0$。

伯努利方程式可写为：

$$gZ_1+\frac{u_1^2}{2}+\frac{p_1}{\rho}=gZ_2+\frac{u_2^2}{2}+\frac{p_2}{\rho}$$

式中：$Z_1=Z_2=0$。

$p_1=3335\text{Pa}$（表压），$p_2=-4905\text{Pa}$（表压）

$$\rho=\rho_m=\frac{M}{22.4}\frac{T_0p_m}{Tp_0}=\frac{29}{22.4}\times\frac{273[101330+1/2(3335-4905)]}{293\times101330}\text{kg/m}^3=1.20\text{kg/m}^3$$

$$\frac{u_1^2}{2}+\frac{3335}{1.20}\text{m}^2/\text{s}^2=\frac{u_2^2}{2}-\frac{4905}{1.2}\text{m}^2/\text{s}^2$$

化简得：

$$u_2^2-u_1^2=13733\text{m}^2/\text{s}^2$$

由连续性方程有：$u_1A_1=u_2A_2$

$$u_2=u_1\left(\frac{d_1}{d_2}\right)^2=u_1\left(\frac{0.08}{0.02}\right)^2$$

$$u_2=16u_1$$

$$(16u_1)^2 - u_1^2 = 13733\text{m}^2/\text{s}^2$$

$$u_1 = 7.34\text{m/s}$$

$$q_V = 3600 \times \frac{\pi}{4} d_1^2 u_1 = 3600 \times \frac{\pi}{4} \times 0.08^2 \times 7.34\text{m}^3/\text{h} = 132.8\text{m}^3/\text{h}$$

（2）确定容器间的相对位置

【例题 1-11】 如图 1-42 所示，密度为 850kg/m^3 的料液从高位槽送入塔中，高位槽中的液面维持恒定，塔的管入口处压力表读数为 $9.81 \times 10^3\text{Pa}$，进料量为 $5\text{m}^3/\text{h}$，连接管直径为 $\varphi 38\text{mm} \times 2.5\text{mm}$，料液在连接管内流动时的能量损失为 30J/kg（不包括出口的能量损失），试求高位槽内液面应比塔内的进料口高出多少？

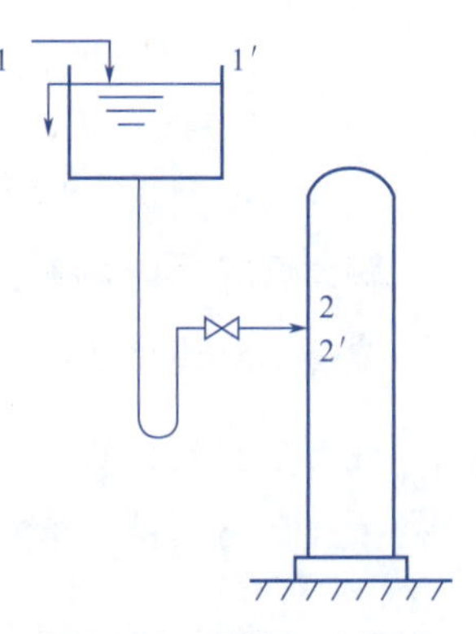

图1-42 例题1-11图

分析：

高位槽、管道出口两截面 $\xrightarrow{u、p_{已知}}$ 求 $\Delta Z \longrightarrow$ 伯努利方程

解： 取高位槽液面为截面 1-1′，连接管出口内侧为截面 2-2′，并以截面 2-2′的中心线为基准水平面，在两截面间列伯努利方程式：

$$gZ_1 + \frac{u_1^2}{2} + \frac{p_1}{\rho} + W_e = gZ_2 + \frac{u_2^2}{2} + \frac{p_2}{\rho} + \Sigma h_f$$

$Z_2 = 0$；$Z_1 = ?$

$p_1 = 0$ (表压)；$p_2 = 9.81 \times 10^3\text{Pa}$ (表压)

$$u_2 = \frac{q_V}{A} = \frac{q_V}{\frac{\pi}{4} d^2} = \frac{5}{3600 \times \frac{\pi}{4} \times 0.033^2}\text{m/s} = 1.62\text{m/s}$$

由连续性方程 $u_1 A_1 = u_2 A_2$ 因 $A_1 \gg A_2$

则 $u_1 \ll u_2$，可忽略，$u_1 \approx 0$。

$$W_e = 0，\Sigma h_f = 30\text{J/kg}$$

将上列数值代入伯努利方程式，并整理得：

$$Z_1 = \left[\left(\frac{1.62^2}{2} + \frac{9.81 \times 10^3}{850} + 30\right) / 9.81\right] = 4.37\text{m}$$

（3）确定输送设备的有效功率

【例题 1-12】 如图 1-43 所示，用泵将河水打入洗涤塔中，喷淋下来后流入下水道，已知管道内径均为 0.1m，流量为 $84.82\text{m}^3/\text{h}$，水在塔前管路中流动的总摩擦损失（从管子口至喷头，进入管子的阻力忽略不计）为 10J/kg，喷头处的压强 8230Pa（表压），水从塔中流到下水道的阻力损失可忽略不计，泵的效率为 65%，求泵所需的功率。

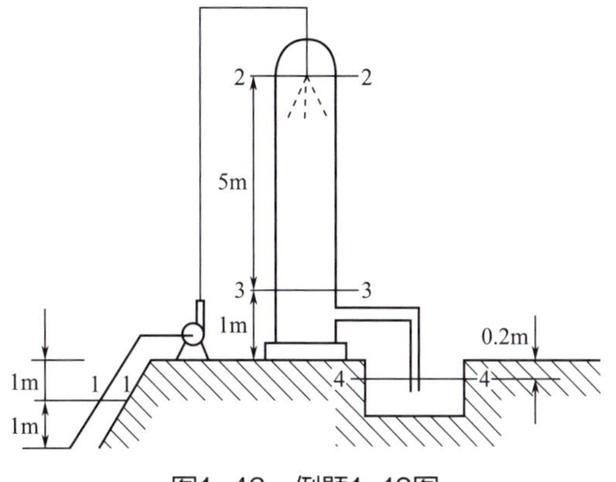

图1-43　例题1-12图

分析：

$$\text{求}N_e \xrightarrow{N_e=W_e q m} \text{求}W_e \xrightarrow{\text{伯努利方程}} gZ_1+\frac{u_1^2}{2}+\frac{p_1}{\rho}+W_e=gZ_2+\frac{u_2^2}{2}+\frac{p_2}{\rho}+\Sigma h_f$$

计算塔前管路，取河水表面为1-1′截面，喷头内侧为2-2′截面，在1-1′和2-2′截面间列伯努利方程。

解： $gZ_1+\frac{u_1^2}{2}+\frac{p_1}{\rho}+W_e=gZ_2+\frac{u_2^2}{2}+\frac{p_2}{\rho}+\Sigma h_f$

式中：$Z_1=-1\text{m}$，$Z_2=6\text{m}$

$$u_1\approx 0，\ u_2=\frac{V_s}{A}=\frac{84.82}{3600\times\frac{\pi}{4}\times 0.1^2}=3\text{m/s}$$

$p_1=0$(表压)；$p_2=0.02\times10^6+(-11770)=8230\text{Pa}$(表压)

$\sum h_f=10\text{J/kg}$，$W_e=?$

将已知数据代入伯努利方程式

$$g\times 1\text{m}+W_e=g\times 6\text{m}+\frac{(3\text{m/s})^2}{2}+\frac{8230}{1000}\text{J/kg}+10\text{J/kg}$$

$$W_e=91.4\text{J/kg}$$

$$N_e=W_e q_m=W_e\cdot q_V\,\rho=91.4\times\frac{84.82}{3600}\times 1000\text{W}=2153\text{W}$$

泵的功率：$N=\frac{N_e}{\eta}=\frac{2153}{0.65}\text{W}=3313\text{W}=3.3\text{kW}$

化工好故事系列——丹尼尔·伯努利人物故事

丹尼尔·伯努利（图1-44）1700年生于荷兰格罗宁根，1782年卒于巴塞尔。1721年获巴塞尔大学医学博士学位。1725年任俄国彼得堡科学院数学教授。后又回巴塞尔，

图1-44　丹尼尔·伯努利

教授解剖学、植物学和自然哲学。1728 年与欧拉一起研究弹性力学，1738 年出版《流动力学》，给出“伯努利定理”等流体动力学的基础理论。1725 ～ 1749 年间他曾 10 次获得法国科学院颁发的奖金，贡献涉及天文、重力、潮汐、磁学等多个方面。

丹尼尔的数学研究包含微积分、微分方程、概率、弦振动理论，在气体运动论方面的尝试和应用数学领域中的许多其他问题。丹尼尔被称为数学物理的奠基人。

伯努力家族的成员，至少超过 120 人以上的伯努力家族后裔，在法律、学术、科学、文学等方面享有名望。

丹尼尔·伯努利在 1726 年首先提出：“在水流或气流里，如果速度小，压强就大；如果速度大，压强就小”。我们称之为“伯努利原理”。

我们拿着两张纸，往两张纸中间吹气，会发现纸不但不会向外飘去，反而会被一种力挤压在一起。因为两张纸中间的空气被我们吹得流动的速度快，压力就小，而两张纸外面的空气没有流动，压力就大，所以外面力量大的空气就把两张纸“压”在了一起。这就是“伯努利原理”原理的简单示范。

四、流体阻力

想一想

① 什么叫阻力？
② 阻力在管道内是怎么表现出来的？
③ 流体流动为什么会有阻力？

（一）流体在管内的流动阻力损失

1. 阻力的存在

如图 1-45 所示在实际生活中，我们发现一个管路上的几个水龙头的流速并不相同，离进水口近的水龙头水的流速比较大，离得越远，流速越小。这主要是因为流体具有黏性，在流动的过程中产生了阻力损失，有时候表现为静压能降低，有时候表现为流速降低。

图1-45　流体阻力在生活中的表现

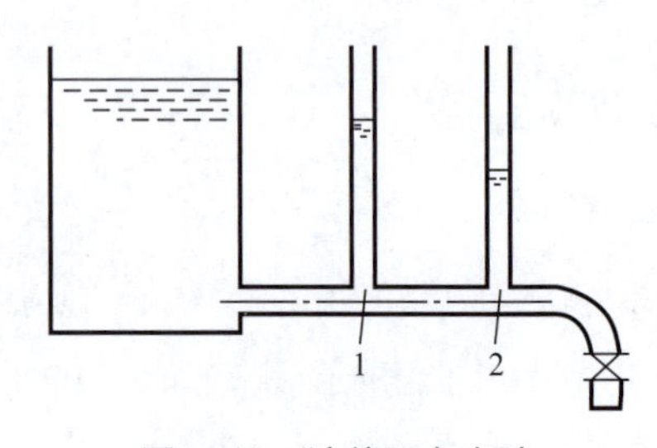

图1-46　流体阻力实验

【小实验】

如图 1-46 所示，在一水槽的底部接出一段直径均匀的水平管，在截面 1、2 两处安装两根直立的玻璃管，用来观测当水流经管道时两截面处的静压力。

实验发现 1 截面处水的液面高度高于 2 截面的液面高度。我们用理论公式进行推导，在 1 截面和 2 截面之间列伯努利方程得，

$$gZ_1 + \frac{u_1^2}{2} + \frac{p_1}{\rho} + W_e = gZ_2 + \frac{u_2^2}{2} + \frac{p_2}{\rho} + \Sigma h_f \tag{1-30}$$

伯努利方程化简得

$$\Sigma h_{损} = \frac{p_1 - p_2}{\rho} \tag{1-31}$$

结论：由式（1-31）可见，存在流体阻力致使静压能下降。阻力越大，静压能下降越多。这种压力降就是流体阻力的表现。

写一写

试着画一画图 1-47 中三根管内水的高度。

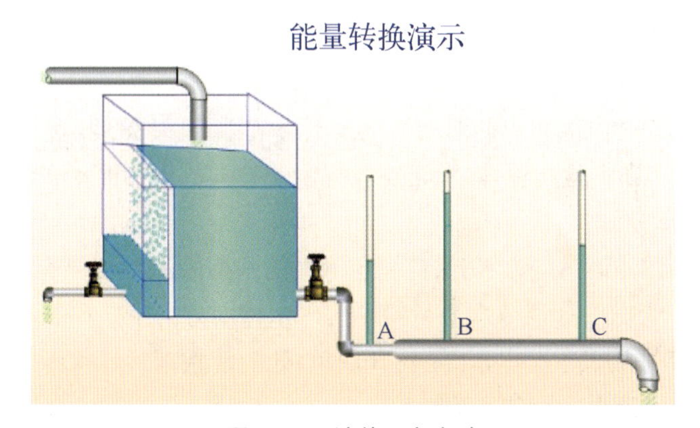

图1-47　流体阻力实验

2. 流体流动阻力产生的原因

想一想

绑腿跑游戏中，你左边的同学跑得比你快，你右边的同学跑得比你慢，那么他们两个对你有什么影响？

流动阻力的大小与流体本身的物理性质、流动状况及壁面的形状等因素有关。

① 流体具有黏性，流动时存在内部摩擦力，这是流动阻力产生的条件（内因）。

② 固定的管壁或其他形状的固体壁面，这是流动阻力产生的根源（外因）。

（二）流体的黏度

流体的典型特征是具有流动性，但不同流体的流动性能不同，这主要是因为流体内部质点间作相对运动时存在不同的内摩擦力。流体流动时流层之间产生内摩擦力的这种特性称为黏性。

【定义】 衡量流体黏性大小的物理量称为黏性系数或动力黏度，简称黏度，用符号 μ 表示。

说明：① 黏度是反映流体黏性大小的物理量；

② 黏度是流体的物性常数，其值由实验测定。

【单位】 在 SI 制中黏度的单位为 $N \cdot s/m^2$ 或 $Pa \cdot s$，在一些工程手册中，黏度的单位常常用 cP（厘泊）表示，其换算关系为：

（1）黏度单位的换算关系为：

$$1Pa \cdot s = 1000cP(\text{厘泊}) = 10P(\text{泊})$$

（2）影响黏度的因素

① 液体的黏度，随温度的升高而降低，压力对其影响可忽略不计；

② 气体的黏度，随温度的升高而增大，一般情况下也可忽略压力的影响，但在极高或极低的压力条件下需考虑其影响。

【注意】 确定流体的黏度时，需根据其温度查找相应的数据手册。

（三）流体的流动形态与雷诺数

1. 关于雷诺实验

为了研究流体流动时内部质点的运动情况及其影响因素，1883 年奥斯本·雷诺（Osborne Reynolds）设计了“雷诺实验装置”。雷诺实验揭示了重要的流体流动机理，即流体在流动过程中，存在着两种流动形态。

雷诺实验装置如图 1-48 所示。在保持恒定液面的水槽侧面，安装一根玻璃管，玻璃管的液体入口为喇叭状，管出口有调节水流量的阀门，水槽上方的小瓶内充有有色液体作为指示剂。实验时，有色液体从瓶中流出，经喇叭口中心处的针状细管流入管内。从指示剂的流动情况可以观察到管内水流中质点的运动情况。

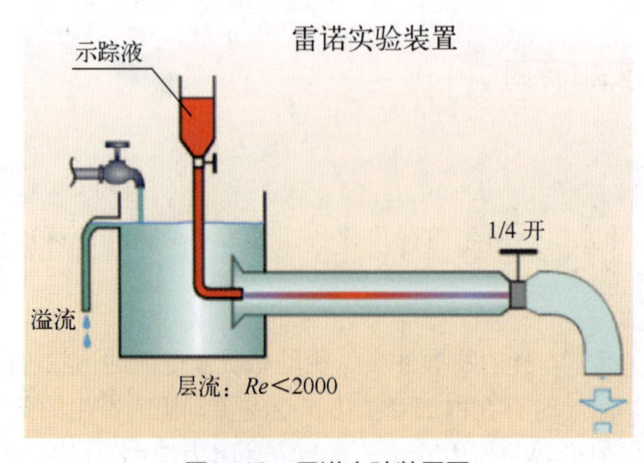

图1-48　雷诺实验装置图

【现象】

流速很小时，管中心的有色液体在管内沿轴线方向成一条轮廓清晰的细直线，平稳地流过整根玻璃管，与旁侧的水丝毫不相混合，如图 1-49 所示，此实验现象表明，水的质点在管内都是沿着与管轴平行的方向作直线运动。

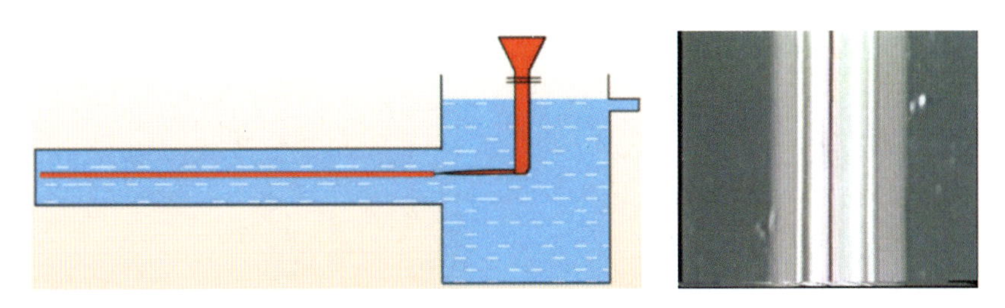

图1-49　雷诺实验的流动型态

当开大阀门，流速开始增大到一定数值时，呈直线流动的有色细流便开始不规则地波动，变成波浪型细线，如图 1-50 所示。

流速再增加，管内的细线波动加剧，然后细线被冲断而向四周散开，最后整个玻璃管中的水呈现均匀的颜色，如图 1-51 所示。显然，此时流体的质点的运动情况发生了显著的变化。

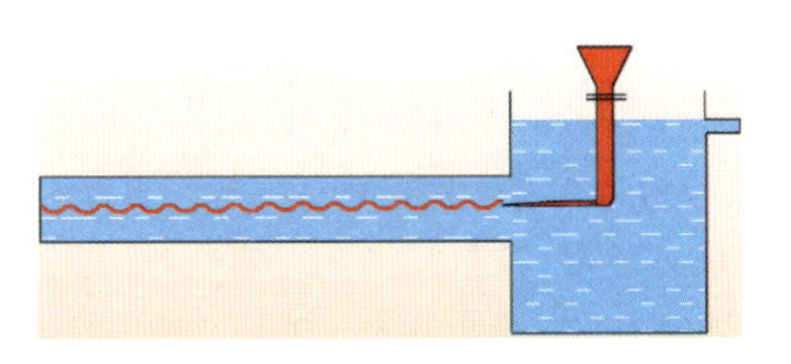

图1-50　雷诺实验流动型态

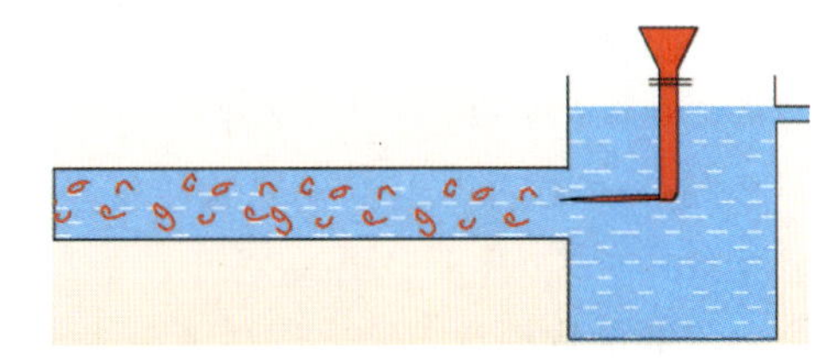

图1-51　雷诺实验的流动型态

2. 流体流动类型

上述实验表明：流体在管内的流动会有两种不同的流动类型。

【层流】

当流体在管内流动时，质点始终沿着与管轴平行的方向作直线运动，质点之间互不混合。这种流动状态称为层流或滞流。

【湍流】

当流体在管内流动时，流体质点除了沿管路向前流动外，各质点的运动速度大小和方向都随时发生变化，质点间相互碰撞，相互混合，这种流动状态称为湍流或者紊流。

（四）流体流动类型的区别

【层流（或滞流）】流体质点仅沿着与管轴平行的方向作直线运动，质点无径向脉动，质点之间互不混合。

【湍流（或紊流）】流体质点除了沿管轴方向向前流动外，还有径向脉动，各质点的速度在大小和方向上都随时变化，质点互相碰撞和混合。

1. 流动型态的判别依据——雷诺数

雷诺做了大量实验后发现，引起流体流动状态改变的原因除了流速，还有管径 d、流体的黏度μ和密度ρ。雷诺将上述影响因素综合成一个特征数，该特征数就称为雷诺数，用Re表示。

$$Re = \frac{du\rho}{\mu} \tag{1-32}$$

式中 d——管道的直径，m；

u——流体的平均流速，m/s；

ρ——流体的密度，kg/m^3；

μ——流体的黏度，Pa · s。

2. 流动型态的判别方法

想一想

据雷诺数不同得出的三种流动形式及其性质如何？

当$Re<2000$时，流体的流动类型属于层流，称为**层流区**；

当$Re>4000$时，流体的流动类型属于湍流，称为**湍流区**；

当Re的数值在2000～4000之间时，流动状态是不稳定的，称为**过渡区**，这种流动受外界条件的影响，易促成湍流的发生。

① $Re=2000$，$Re=4000$是临界值。

② Re是一个数群，无论采用何种单位制，只要数群中各物理量单位一致，所算出的Re数值必相等。

③ 雷诺数的物理意义：Re反映了流体流动中惯性力与黏性力的对比关系，标志流体流动的湍动程度。其值越大，流体的湍动越剧烈，内摩擦力也越大。需要指出的是，流动虽然分为层流区、湍流区和过渡区，但流动类型只有层流和湍流。在实际生产中，流体的流动类型多属于湍流。

【例题1-13】 20℃的水在内径为50mm的管内流动，流速为2m/s，试计算Re的数值。

解：从附录二查得，20℃时，$\rho=998.2kg/m^3$，$\mu=1.004mPa \cdot s$，管径$d=0.05m$，流速$u=2m/s$，

$$Re = \frac{du\rho}{\mu} = \frac{0.05 \times 2 \times 998.2}{1.005 \times 10^{-3}} = 99323$$

（五）流体在圆管内的速度分布

流体在圆管内的速度分布是指流体流动时，管截面上质点的轴向速度沿管半径的变化情况，由雷诺实验发现，流体在做层流流动和湍流流动时，质点运动方式完全不同，因此层流和湍流时流体质点的速度分布也不同。

1. 流体在圆管内的速度分布

图1-52为流体在层流流动时的运动情况，沿着管径测量不同半径处质点的流速，绘制在图1-53上，我们发现质点的速度分布呈抛物线形状。但是流体的抛物线分布并不是流体刚流入管口就立刻形成的，而是要流过一段距离才能发展成抛物线形状。

$$u = \frac{u_{max}}{2} \tag{1-33}$$

式中　u——流体的平均流速，m/s；

u_{max}——流体质点的最大流速，m/s。

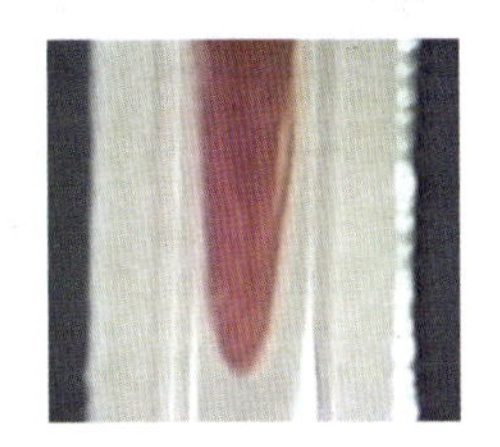

图1-52　层流时流体流动情况

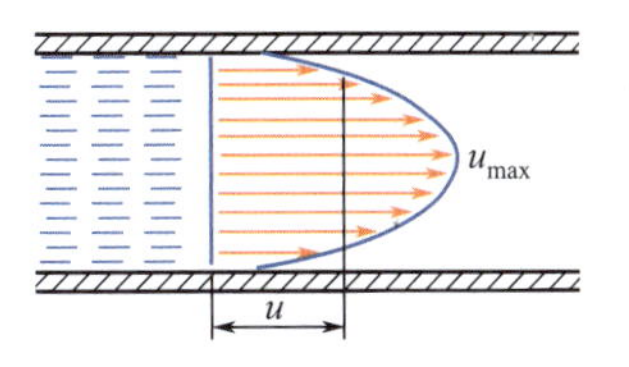

图1-53　层流时的速度分布

【结论】流体在圆管内做层流流动时的平均速度为管中心最大速度的一半。

2. 圆管内湍流流动的速度分布特点

湍流流动时，流体中充满着各种大小的漩涡，流体质点的运动状况较层流要复杂得多，截面上某一固定点的流体质点在沿管轴向前运动的同时，还有径向上的运动，使速度的大小与方向都随时变化。湍流时的速度分布目前尚不能利用理论推导获得，只能通过实验研究，由实验测得的速度分布如图 1-54：

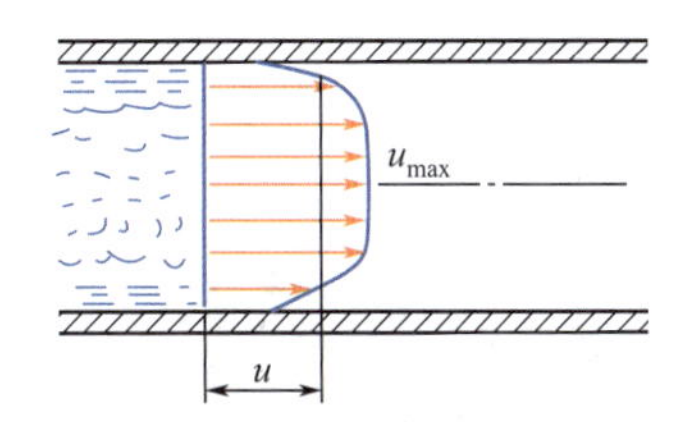

图1-54　湍流时流体在圆管中速度分布

$$u = 0.82u_{max}$$

【特点】相对于层流的速度分布较为均匀，曲线较为平坦。

实验发现，雷诺数 *Re* 越大，即流体湍动程度越剧烈，速度分布曲线顶部区域越平坦。

（六）边界层的概念

由湍流和层流的速度分布图可以看出，越靠近管壁，流体质点的速度下降，且速度梯度较大，将流速降为未受影响流速的 99% 以内的区域称为**边界层**，如图 1-55 所示。

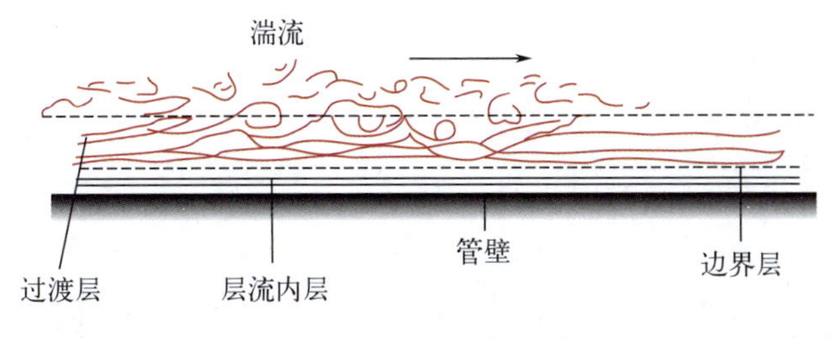

图1-55　湍流流动的边界层

由于流体具有黏性，邻近管壁处的流体受管壁处流体层的约束作用，其流速不大，仍然保持一层做层流流动的流体薄层，称为层流底层，实验发现，*Re* 越大，湍动程度越高，层流内层厚度越薄。

湍流主体区域与层流内层之间存在着过渡层。

五、管道阻力的计算

由于流体具有黏性，流体流动时产生内摩擦使一部分机械能转化为热能而损失掉。通常把流体的机械能损失称为摩擦阻力损失。简称为摩擦损失或阻力损失。

图1-56　化工常见管路

（一）流体阻力的分类

如图 1-56 所示，流体输送的管路中一部分是直管，另一部分是管件、阀门及流体输送机械等。两部分产生的阻力损失的原因不同，因此我们将阻力损失进行如下分类。

【直管阻力（沿程阻力）】流体流经一定管径的直管时所产生的阻力，是由于内部的黏性力导致的能量消耗。

【局部阻力】流体流经管路中的管件、阀门及管截面的突然扩大及缩小等局部所引起的阻力。流道的急剧变化使流动边界层分离，所产生的大量漩涡，使流体质点运动受到干扰，因而消耗能量，产生阻力。图 1-57、图 1-58、图 1-59 为几种管道流动状态。

管道的总阻力损失为直管阻力损失与局部阻力损失之和。

图1-57　弯曲管道流动状态

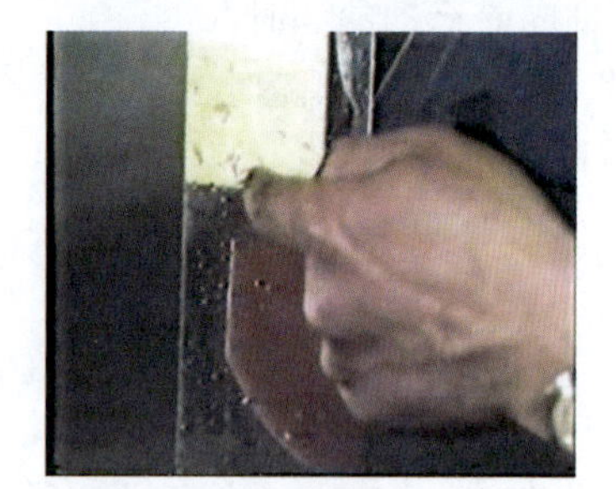

图1-58　直角弯管流动状态

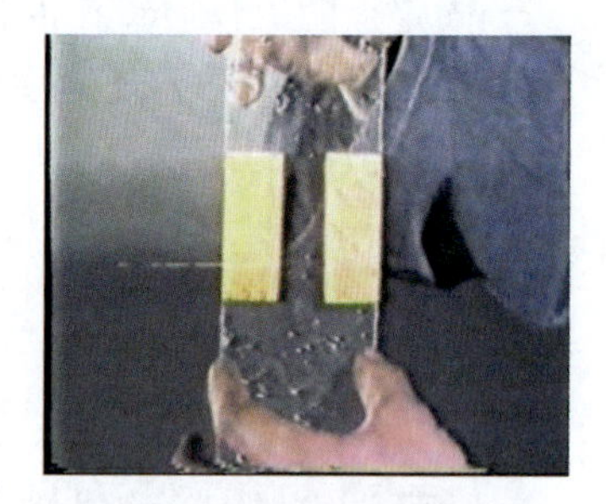

图1-59　直通管道流动状态

（二）流体在直管中的流动阻力

流体在直管的阻力损失可以经实验测得也可以经计算测得。

1. 流动阻力的实验测定

如图 1-60 所示，流体在水平等径直管中作定态流动。

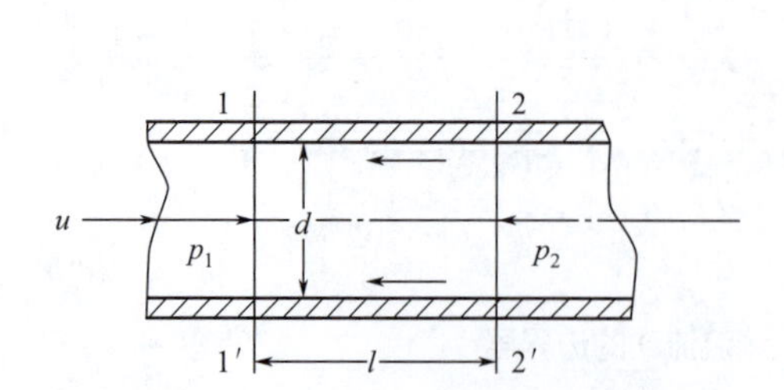

图1-60　流体在水平等径直管中的流动

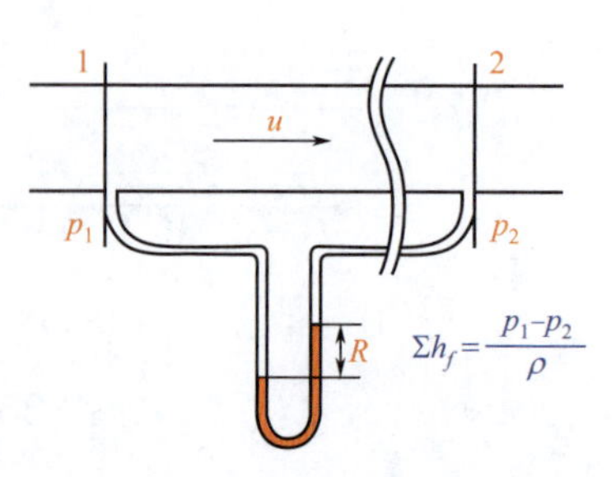

图1-61　流动阻力的实验测定

在 1-1′ 和 2-2′ 截面间列伯努利方程：

$$gZ_1+\frac{u_1^2}{2}+\frac{p_1}{\rho}+W_e=gZ_2+\frac{u_2^2}{2}+\frac{p_2}{\rho}+\Sigma h_f$$

因是直径相同的水平管：$u_1=u_2$，$Z_1=Z_2$，$W=0$

$$\Sigma h_f=\frac{p_1-p_2}{\rho}$$

结论：只需测定两截面处的压强差（通常使用 U 形管压差计，图 1-61），即可计算出阻力的大小。

2. 圆形直管阻力的计算

流体在直管内做层流或者湍流流动时，因其流动状态不同，所以两者产生摩擦损失也不同。层流流动时，摩擦损失计算式可以由理论推导得出，而湍流流动时，由于质点运动的复杂性，阻力损失的计算式需要用实验和理论相结合的方法求得。

（1）层流流动的摩擦阻力计算

层流流动时，对流动的流体截面间进行受力分析导出如下流体阻力的计算公式。经实验证明该公式与实际完全相符。

$$h_f=\lambda\frac{l}{d}\frac{u^2}{2}\qquad(单位：J/kg)\tag{1-34}$$

讨论

① 此式为流体在直管内流动阻力的计算通式，称为范宁（Fanning）公式。

式中 λ 是量纲为 1 的系数，称为摩擦系数或摩擦因数，与流体流动的 Re 及管壁状况有关。

【物理意义】 表示单位质量的流体克服流动阻力所消耗的能量。

② 根据伯努利方程的其他形式，也可写出相应的范宁公式表示式。

我们将单位质量的流体克服流动阻力所消耗的能量称为压头损失，用 H_f 表示。

$$\Sigma H_f=\lambda\frac{lu^2}{2dg}\qquad(单位：m)$$

又将单位体积的流体克服流动阻力所消耗的能量称为压力损失，或者压力降，用 Δp_f 表示。

$$\Delta p_f=\rho\Sigma h_f=\lambda\frac{l\rho u^2}{2d}\qquad(单位：Pa)$$

Δp_f 是流体流动能量损失的一种表示形式，与两截面间的压力差 $\Delta p=p_1-p_2$ 意义不同，只有当管路为水平、管径不变时，二者才相等。

③ 范宁公式对层流与湍流均适用，只是两种情况下摩擦系数 λ 不同。

（2）层流时摩擦系数 λ 的求算方法

当雷诺数 Re 比较小的时候，即流体在管道内做层流流动时，λ 只与雷诺数有关。经理论

推导得出

$$\lambda=\frac{64}{Re}=\frac{64}{\dfrac{du\rho}{\mu}} \tag{1-35}$$

写一写

流体在圆形管道中做层流流动，如果只将流速增加一倍，则阻力损失为原来的________倍；如果只将管径增加一倍，流速不变，则阻力损失为原来的________倍。

3. 湍流流动的摩擦阻力计算

由于湍流流动时流体质点运动的复杂性，目前还不能完全用理论分析法建立摩擦阻力的计算公式，而是通过量纲分析法与实验相结合综合得出摩擦阻力计算公式。

通过量纲分析法得出层流流动时的摩擦阻力计算公式仍然适用于湍流，但是摩擦系数 λ 的计算与层流时不同，研究发现湍流流动时，摩擦系数 λ 不仅与雷诺数有关，还与管道的相对粗糙度有关。

（1）管壁的粗糙度

在湍流流动时，摩擦阻力损失与管壁的粗糙情况有关，我们用粗糙度来衡量管壁的粗糙的程度。将管壁面凸出部分的平均高度称为绝对粗糙度，用 ε 表示 。将绝对粗糙度与管道直径的比值，即 ε/d 称为相对粗糙度 。

化工生产中的管道根据材质和加工情况的不同大致可以分为光滑管与粗糙管。通常将玻璃管、铜管、铅管和塑料管称为光滑管，把铸铁管和钢管称为粗糙管。实际上管壁的粗糙情况会随着使用时间的不同、腐蚀及沾污程度发生很大的差异（表 1-2）。

表1-2　某些工业管路的绝对粗糙度

管路类别		绝对粗糙度 ε/mm	管路类别		绝对粗糙度 ε/mm
金属管	无缝黄铜管、铜管及铝管	0.01～0.05	非金属管	干净玻璃管	0.0015～0.01
	新的无缝钢管或镀锌铁管	0.1～0.2		橡皮软管	0.01～0.03
	新的铸铁管	0.3		木管	0.25～1.25
	具有轻度腐蚀的无缝钢管	0.2～0.3		陶土排水管	0.45～6.0
	具有显著腐蚀的无缝钢管	0.5以上		平整的水泥管	0.33
	旧的铸铁管	0.85以上		石棉水泥管	0.03～0.8

（2）湍流流动时摩擦系数

摩擦系数 λ 与雷诺数及相对粗糙度的关系是由实验确定的，为了使用方便，将实验结果与层流时摩擦系数与雷诺数的关系绘制在一张图上，如图 1-62 所示。

由摩擦系数图我们发现，根据雷诺数的大小可以将图分为 4 个区域。

① 层流区（$Re\leqslant 2000$） λ 与 Re 为直线关系，即 $\lambda=\dfrac{64}{Re}$，而与 $\dfrac{\varepsilon}{d}$ 无关。h_f 与 u 的一次方成正比。

② 过渡区（$2000<Re<4000$） 流动类型不稳定，通常按湍流计算 λ。

③ 湍流区　光滑管曲线到虚线区域。λ与Re及ε/d均有关系。在此区域内，不同$\frac{\varepsilon}{d}$值，对应一条λ与Re的关系曲线。最下一条曲线是光滑管曲线。

④ 完全湍流区　图中虚线以上的区域。在此区域内，对于一定的$\frac{\varepsilon}{d}$值，λ与$Reh_f = \lambda \frac{l}{d}\frac{\rho u^2}{2}$的关系趋近于水平线，可看作$\lambda$与$Re$无关，只与$\frac{\varepsilon}{d}$有关。在此区域内，根据公式，流体的摩擦阻力损失与速度u的平方成正比，此区域又称为阻力平方区。

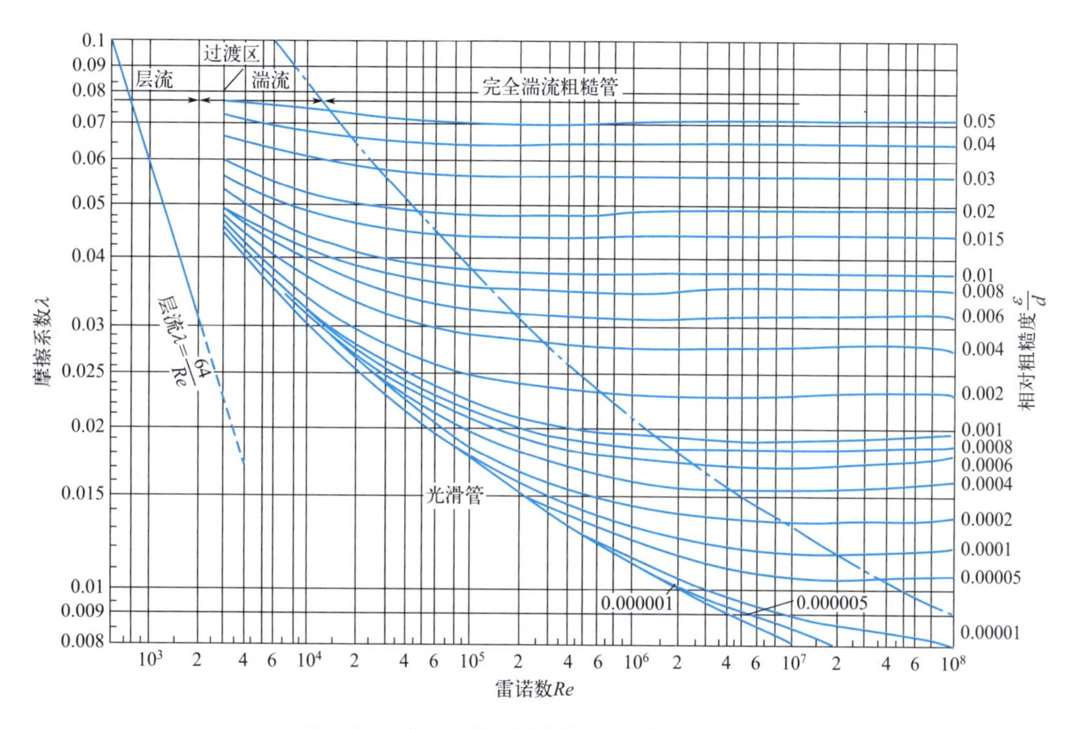

图1-62　摩擦系数与雷诺数及相对粗糙度的关系

写一写

1. 找出相对粗糙度为0.004，$Re=6\times10^4$时的摩擦系数λ。

2. 米糠油在管中流动，若流量不变，管径不变，管长增加一倍，则摩擦阻力损失为原来的______倍。

（3）湍流时摩擦系数的经验公式

这些经验公式的形式虽有差别，但在各自的适用范围内，计算结果均很接近实际。

① 柏拉修斯（Blasius）公式

$$\lambda = \frac{0.316}{Re^{0.25}} \tag{1-36}$$

该式适用于$Re=2.5\times10^3 \sim 2.5\times10^5$光滑管。

② 顾毓珍公式

$$\lambda = 0.0056 + \frac{0.500}{Re^{0.32}} \qquad (1\text{-}37)$$

该式适用于 $Re=3\times10^3 \sim 3\times10^6$ 和光滑管。

$$\lambda = 0.01227 + \frac{0.7543}{Re^{0.38}} \qquad (1\text{-}38)$$

该式适用于 $Re=3\times10^3 \sim 3\times10^6$ 和内径为 50 ～ 200mm 的钢管和铁管。

③ 对于湍流区的光滑管、粗糙管，直到完全湍流区，都能适用的经验公式有考莱布鲁克经验公式。

化工好故事系列——顾毓珍人物故事

顾毓珍（1907 — 1968）（图 1-63），教授。江苏无锡人。1927 年毕业于清华学校。1932 年获美国马萨诸塞理工学院化学工程学科博士学位。曾任中央工业试验所所长，金陵大学、清华大学、华东化工学院教授。三十年代初从事流体力学及传热研究，流体在管内流动时的摩擦系数关联式被广泛采用。在化学工程、油脂工业方面研究液态燃料代用品以及喷动床谷物干燥的新技术，成功地应用于工业生产。编著《化工计算》《油脂制备学》《湍流传热导论》，合编《化学工业过程及设备》等。

图1-63 顾毓珍

佩里主编的《化学工程师手册》认为，顾毓珍提出的关于流体在圆管中流动时的流动阻力计算公式基础理论可靠且便于实际应用，特予采纳，并称之为“顾氏公式”，得到国际学术界的公认。这是我国科学家在化学工程领域的杰出贡献之一。

（三）局部阻力损失的计算

1. 局部阻力定义及形成的原因

【定义】化工管路中的管件种类繁多。流体流过各种管件、阀门所产生阻力损失称为局部阻力损失。

【局部阻力损失形成的原因】

① 与管路的壁面发生碰撞（如流过弯头）；

② 由于流道的急剧变化而产生的大量漩涡，使流体质点运动受到干扰，因而消耗能量，产生阻力（如流过阀门）。

局部阻力损失的计算方法有两种：局部阻力系数法和当量长度法。

2. 局部阻力的计算方法

（1）阻力系数法

$$h_{局} = \zeta\frac{u^2}{2} \qquad （单位：J/kg） \qquad (1\text{-}39)$$

式中　ζ——局部阻力系数；

u——管内流体的流速，m/s。

【注】ζ 值由实验测得。常用的阀门和管件的 ζ 值列于表 1-3 中。

表1-3　管件和阀门的局部阻力系数与当量长度值（用于湍流）

名称	阻力系数ζ	当量长度与管径之比 l_e/d	名称	阻力系数ζ	当量长度与管径之比 l_e/d
弯头（45°）	0.35	17	闸阀		
弯头（90°）	0.75	35	全开	0.17	9
三通	1	50	半开	4.5	225
回弯头	1.5	75	截止阀		
管接头	0.04	2	全开	6	300
活接头	0.04	2	半开	9.5	475
止逆阀			角阀（全开）	2	100
球式	70	3500	水表（盘式）	7	350
摇板式	2	100			

流体从小管径管路流进大管径管路的突然扩大或者从大管径管路流进小管径管路的突然缩小，这两种情况如图 1-64、图 1-65 所示，其 ζ 可分别用下列二式计算。

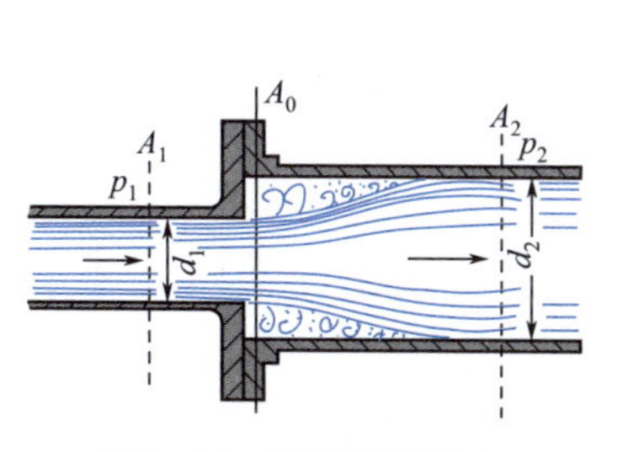

图1-64　管道突然扩大

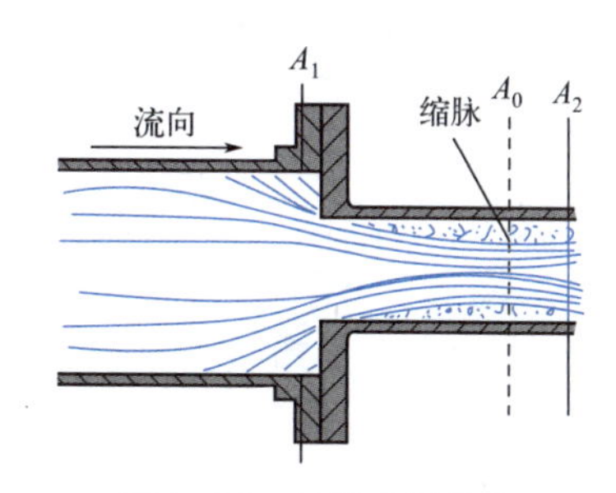

图1-65　管道突然缩小

① 突然扩大

由于流道突然扩大，下游压强上升，流体在逆压强梯度下流动，射流与壁面间出现边界层分离，产生漩涡，因此有能量损失。

$$\xi=\left(1-\frac{A_1}{A_2}\right)^2 \qquad (\xi=0\sim1)$$

$$h_f'=\xi\frac{u_1^2}{2} \qquad (u_1\text{为小管径时的流速})$$

② 突然缩小

突然缩小时，由于流体有惯性，流道将继续收缩至 A_0 后又扩大。这时，流体在逆压强梯度下流动，也就产生了边界层分离和漩涡。

$$\xi=\left(\frac{A_2}{A_0}-1\right)^2 \qquad (\xi=0\sim0.5)$$

$$h'_f = \xi \frac{u_2^2}{2} \qquad (u_2\text{为小管径时的流速})$$

③ 管进口及出口

【进口】流体自容器进入管内，相当于突然缩小

$$A_2/A_1 \approx 0,\ \xi_{进口} = 0$$

【出口】流体自管子进入容器或从管子排放到管外空间，相当于突然扩大。

$$\xi_{出口} = 1，\text{出口阻力系数}$$

（2）当量长度法

将流体流过管件或阀门的局部阻力，折合成直径相同、长度为 l_e 的直管所产生的阻力。所折算的直管长度称为该管件或阀门的当量长度，以 l_e 或者 $l_{当}$ 表示，单位为m。那么局部阻力损失为：

$$h_{局} = \lambda \frac{l_e}{d} \frac{u^2}{2} \qquad (1\text{-}40)$$

表1-4列出了某些管件和阀门的 l_e/d 值。

表1-4　各种管件、阀门及流量计等以管径计的当量长度

名称	$\frac{l_e}{d}$	名称	$\frac{l_e}{d}$
45°标准弯头	15	截止阀（标准式）（全开）	300
90°标准弯头	30～40	角阀（标准式）（全开）	145
90°方形弯头	60	闸阀（全开）	7
回弯头	50～75	闸阀（3/4开）	40
止回阀（旋启式）（全开）	135	闸阀（1/2开）	200
蝶阀（6°以上）（全开）	20	闸阀（1/4开）	800
盘式流量计（水表）	400	带有滤水器的底阀（全开）	420
文氏流量计	12	由容器入管口	20
转子流量计	200～300		

例如，45°标准弯头的 $\frac{l_e}{d}$ 值为15，如这种弯头配置在108mm×4mm的管路上，则它的当量长度 l_e=15×（108−2×4）=1500mm=1.5m。

（3）管路系统中的总能量损失

管路系统的总阻力包括了所取两截面间的全部直管阻力和所有局部阻力之和，若管路系统中的管径 d 不变，即伯努利方程中。

$$\Sigma h_{损} = h_{直} + h_{局}$$

$$h_{直} = \lambda \frac{l}{d} \frac{u^2}{2}，\ h_{局} = \lambda \frac{l_{当}}{d} \frac{u^2}{2}，$$

$$\Sigma h_f=\lambda\frac{l}{d}\frac{u^2}{2}+\lambda\frac{l_{当}}{d}\frac{u^2}{2}=\lambda\frac{l+l_{当}}{d}\frac{u^2}{2}$$

想一想

减少流动阻力的途径有哪些？

管路尽可能短，尽量走直线，少拐弯；
尽量不安装不必要的管件和阀门等；
管径适当大些。

认一认

图 1-66 中的管路的管道阻力包含几个部分，分别在什么位置？

小结

直管阻力的摩擦系数 λ 求算：$h_{直}=\lambda\frac{l}{d}\frac{u^2}{2}$

$Re=\frac{du\rho}{\mu}$，求出 Re，在图 1-62 找出 ε/d，根据 Re 和 ε/d 查到 λ。

局部阻力的局部阻力系数 ξ 求算：

$\xi_{进口}=0.5$，$\xi_{出口}=1$　　　　$h_{局}=\xi\frac{u^2}{2}$

管件阀门 ξ 查表 1-3 找出$\frac{l_e}{d}$　　　　$h_{局}=\lambda\frac{l_e}{d}\frac{u^2}{2}$

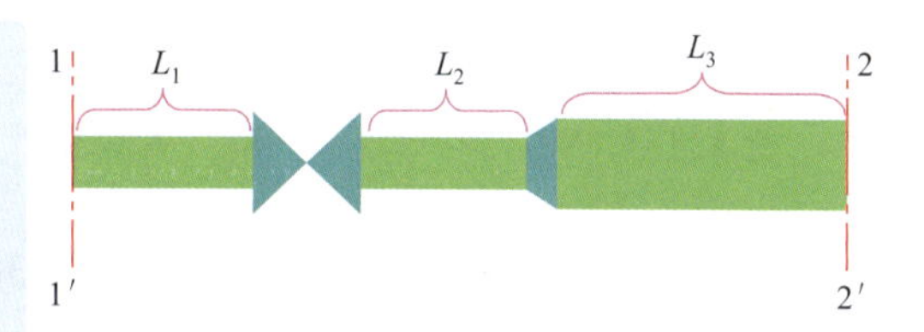

图1-66　管道阻力

【例题 1-14】 以 36m³/h 流量的常温水在 108mm×4mm 的钢管中流过，管路上装有 90° 标准弯头两个，闸阀（全开）一个，直管长度为 30m。试计算水流过该管路的总阻力损失。常温下水的密度 ρ=1000kg/m³，黏度 μ=1mN·s/m²=1×10⁻³N·s/m²。

解： 取常温下水的密度 $\rho=1000\text{kg/m}^3$，黏度 $\mu=1\text{mN}\cdot\text{s/m}^2=1\times10^{-3}\text{N}\cdot\text{s/m}^2$。管子内径 $d=(108-4\times2)\text{mm}=100\text{mm}=0.1\text{m}$。

根据，

$$q_V=uA=u\frac{\pi}{4}d^2$$

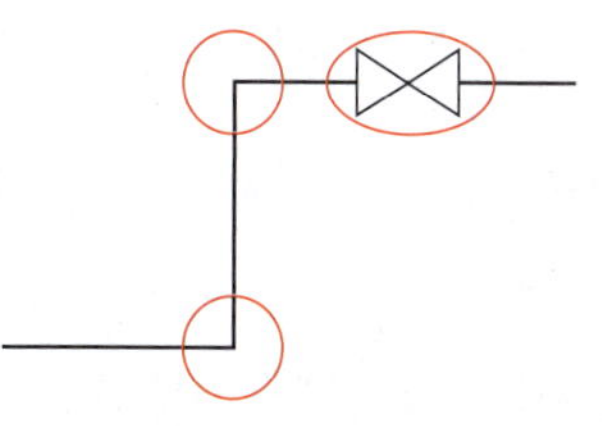

图1-67　例题1-14图

$$u=\frac{q_V}{\frac{\pi}{4}d^2}=\frac{36}{\frac{3.14}{4}\times0.1^2\times3600}\text{m/s}=1.27\text{m/s}$$

$$Re=\frac{du\rho}{\mu}=\frac{du\rho}{1\times10^{-3}\text{N}\cdot\text{s/m}^2}=127000$$

Re>4000，管内流动为湍流

该管道为钢管，钢管为粗糙管，查1-62，$\lambda = 0.022$

$$H_{直} = \lambda \frac{l}{d}\frac{u^2}{2} = 0.022 \times \frac{30}{0.1} \times \frac{1.27^2}{2} \text{J/kg} = 5.32\text{J/kg}$$

局部阻力计算，第一种方法

$$h_{局} = \xi \frac{u^2}{2}$$

查表1-3，查得90°弯头$\xi = 0.75$，闸阀全开$\xi = 0.17$

$$h_{局} = (0.75 \times 2 + 0.17) \times \frac{1.27^2}{2} = 1.35\text{J/kg}$$

第二种方法

$$h_{局} = \lambda \frac{l_{当}}{d}\frac{u^2}{2}$$

查表1-4，90°弯头 $l_{当}/d$=60，闸阀全开 $l_{当}/d$=7

$$h_{局} = \lambda \frac{l_{当}}{d}\frac{u^2}{2} = \left[0.022 \times (30 + 30 + 7) \times \frac{1.27^2}{2}\right] \text{J/kg} = 1.19\text{J/kg}$$

$$\sum h_{损} = h_{直} + h_{局} = (5.32 + 1.19)\text{J/kg} = 6.51\text{J/kg}$$

$$\sum h_{损} = h_{直} + h_{局} = (5.32 + 1.35)\text{J/kg} = 6.67\text{J/kg}$$

思考与练习

选择题

1. 在静止流体内部各点的静压强相等的必要条件是（　　）

A. 同一流体内部　　B. 连通着的两种流体

C. 同一种连续流体　　D. 同一水平面，同一种连续流体

2. 层流和湍流的本质区别是（　　）

A. 湍流的速度大于层流　　B. 湍流的 Re 大于层流的

C. 层流无径向脉动，湍流有径向脉动　　D. 湍流时边界层较薄

填空题

1. 当容器内的液体静止时，越深的地方液体的压力________；深度相同时，越重的液体（密度越大的液体）产生的压力________。所以，在静止的液体内，压力的大小与液体的________和深度有关。

2. 当液面上方的压力 p_0 改变时，这个压力会向液体内部传递，使各点的压力发生同样大小的改变，这正是液压传递的基本原理。所以在静止的同一流体内部，p_0 改变时，p 会发生________的变化。

3. 在静止的、连续的同一液体内，处于同一水平面上各点压力均___________。此压力相等的截面称为等压面。

4. 在静止的同一连续流体内部，各截面上___________与___________之和为常数。

5. 实际流体在直管内流过时，各截面上的总机械能___________守恒，因为实际流体流动时有___________。

计算题

图1-68　计算题图

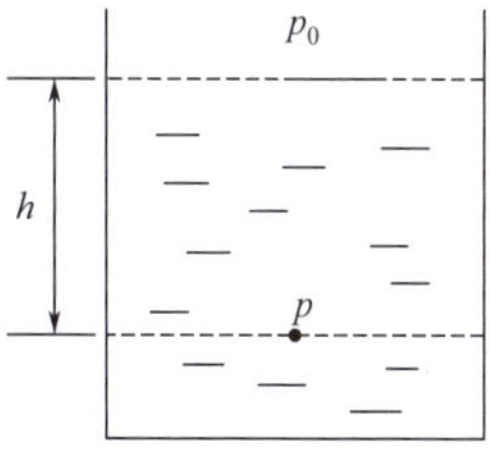

已知图 1-68 中的容器中装有 20℃的水，水面上的压力为大气压，数值为 101300Pa，请计算在深度为 2m 处的压力 p（Pa）。

计算向导：

（1）查附录中的数据表，得到 20℃时的水的密度为___________；

（2）g 是重力加速度，数值为___________；

（3）将已知数据代入流体静力学方程式，计算出 2m 深的地方压力 p 等于___________Pa（此数值是___________）。

想一想：此处的压力 p 比大气压大多少 Pa？（此数值即为___________）

简答题

1. 静止流体内部压力变化规律是什么？如何判断等压面？

2. 流体的稳定流动和非稳定流动有什么区别？

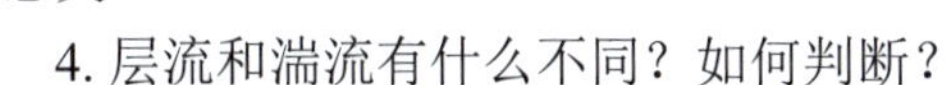

3. 流体流动有哪些机械能？说明伯努利方程式的意义及各项的物理意义。

4. 层流和湍流有什么不同？如何判断？

5. 如图 1-69 所示，从图中可以看出 U 形管只有一个端口与管路连接，在这种情况下指示液也形成了高度差 R，请回答：

（1）管路内流体的压力 p______101.325kPa。（“大于”或“小于”）

（2）压力差公式中 p_1 相当于管路中流体的压力 p，那么 p_2 应该用哪个压力来代替？

（3）你算出的压力 p 是真空度还是绝对压力？

（4）对图中出现的现象，你会有什么样的分析？

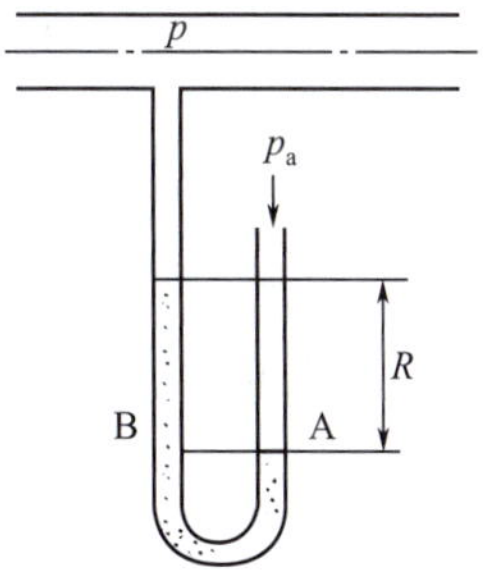

图1-69　简答题5图

拓展阅读

远距离控制液位的方法

图 1-70 中压缩氮气自管口经调节阀通入，调节气体的流量使气流速度极小，只要在鼓泡观察室内看出有气泡缓慢逸出即可。压差计读数 R 的大小，反映出贮罐内液面的高度。

1—调节阀；2—鼓泡观察器；3—U形管压差计；4—吹气管；5—贮罐

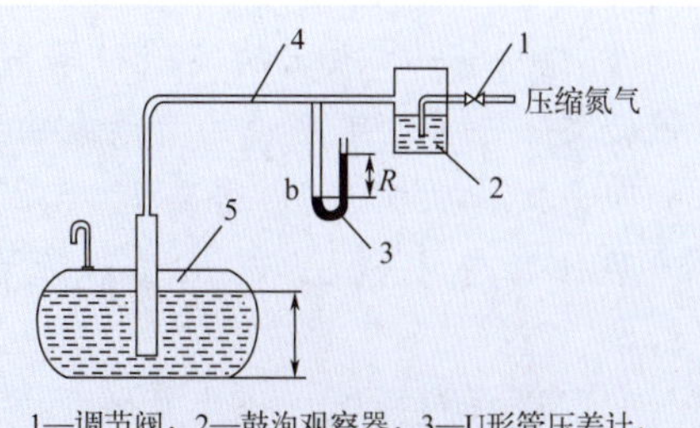

图1-70　远距离控制液位

21世纪科学家面临的几大难题之一——湍流研究

湍流现象普遍存在于行星和地球大气、海洋、江河、火箭尾流、锅炉燃烧室、血液流动等自然现象和工程技术中。

湍流的出现将使流体中的质量、动量和能量的输运速度大大加快，从而引起各种机械的阻力骤增，效率下降，能耗加大，噪音增强，结构震颤加剧乃至破坏，如使飞机坠落，输油管阻塞。另一方面，湍流又可能加速喷气发动机内油料的混合和充分燃烧，提高燃烧效率和热交换效率，加快化学反应的速率和混合过程。

所以湍流的研究对工程技术的进步有重要意义。同时湍流本身也是物理学领域中尚未取得重大突破的基础研究课题之一。因此长期以来湍流的研究一直受到各方面的重视。

管材规格的三种表示方法

（1）外径 × 壁厚（Φxmm×ymm）

如：（Φ108mm×4mm）外径为108mm，壁厚为4mm。

（2）英制【英寸inch，in（缩写）、分】

尺寸大小：接近于管子的内径。

英制单位换算：

1码=3英尺；1英尺=12英寸；

1英寸=8分；1英寸=25.399998毫米。

（3）公称直径（D_g）——近似内径的名义尺寸

例如：D_g = 50mm的普通管，其外径为60mm，壁厚为3.5mm，故内径为53mm。

说明：公称直径又称名义直径。既不是外径也不是内径，是人们规定的为了实现标准化而产生的，使得同一直径的管道与配件均能实现相互连接，具有互通性、互换性而规定。

化工好故事系列——雷诺人物故事

雷诺（O.Reynolds，1842 — 1912）（图1-71）。力学家、物理学家和工程师。1842年生于北爱尔兰。1867年毕业于剑桥大学王后学院。1868年出任曼彻斯特欧文学院（后改名为维多利亚大学）的首席工程学教授。1877年当选为皇家学会会员。1888年获皇家勋章。他是一位杰出的实验科学家。他于1883年发表了一篇经典性论文——《决定水流为直线或曲线运动的条件以及在平行水槽中的阻力定律的探讨》。这篇文章以实验结果说明水流分为层流与紊流两种形态，并提出以*Re*（后称为雷诺数）作为判别两种流态的标准。

图1-71　雷诺

雷诺兴趣广泛，一生著作很多，其中近70篇论文都有很深远的影响。这些论文研究的内容包括力学、热力学、电学、航空学、蒸汽机特性等。他的成果曾汇编成《雷诺力学和物理学课题论文集》两卷。

公称直径的特点

① 是近似内径的名义尺寸，并非真实直径；

② 以 mm 为单位，并且是整数；

③ 按规格分成不同的等级，不能连续变化；

④ 封头、法兰的公称直径是指与它相配的筒体或管子的公称直径；

⑤ 对容器的筒体及封头来讲，公称直径是指它的内径。

化工管路的颜色

在化工生产中，输送不同介质的管路常被漆成特定的颜色，见表 1-5。

表1-5 化工管道的油漆颜色

介 质	颜 色	介 质	颜 色
一次用水	深绿色	冷冻盐水	银灰色
二次用水	浅绿色	压缩空气	深蓝色
清下水	淡蓝色	真空	黄色
酸性下水	黑色	物料	深灰色
蒸汽	白点红圈色	排气	黄色
冷凝水	白色	油管	橙黄色
软水	翠绿色	污水	黑色

任务三 流量计的测量原理和应用

学习目标

1. 了解流量计的测量原理。
2. 了解实训装置中的流量计。

想一想

生活中有哪些控制流量的办法？

化工生产中常常需要控制管道中物料的流量以完成对液位或者其他工艺参数的控制，常用的流量计有差压式流量计、孔板流量计、文丘里流量计、转子流量计、涡轮流量计、电磁流量计、超声波流量计、涡街流量计等，这些流量计都是利用机械能转化原理设计而成。

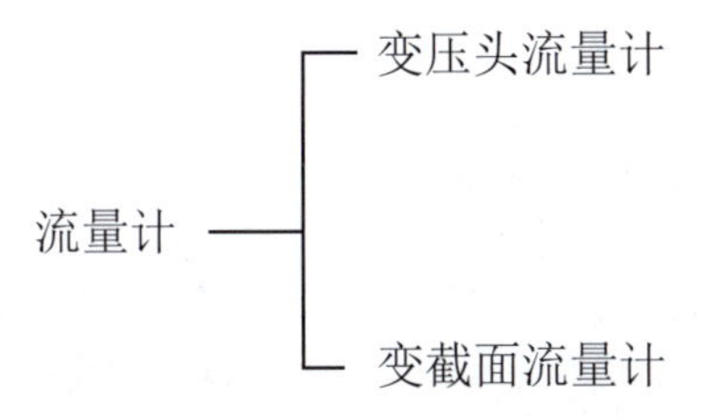

变压头流量计 将流体的动压头的变化以静压头的变化的形式表示出来。一般，读数指示由压强差换算而来。如：测速管、孔板流量计和文丘里流量计。

变截面流量计 流体通过流量计时的压力降是固定的，流体流量变化时流道的截面积发生变化，以保持不同流速下通过流量计的压强降相同。如：转子流量计。

一、孔板流量计

（一）结构

孔板流量计在管路中安装一片中央带圆孔的金属板构成的，其构造如图 1-72 所示。

① 节流元件为孔板；

② 垂直安装在管道中；

③ 孔板前后分别引出两个测压口，分别与压差计相连。

（二）原理

如图 1-73 所示，流体流到孔口时，流股截面收缩，通过孔口后，流股还继续收缩，到一定距离（约等于管径的 1/3 至 2/3）达到最小，然后才转而逐渐扩大到充满整个管截面，流股截面最小处，速度最大，而相应的静压强最低，称为缩脉。因此，当流体以一定的流量流经小孔时，就产生一定的压强差，流量越大，所产生的压强差越大。所以利用测量压强差的方法就可测量流体流量。图 1-74 为各种孔板流量计。

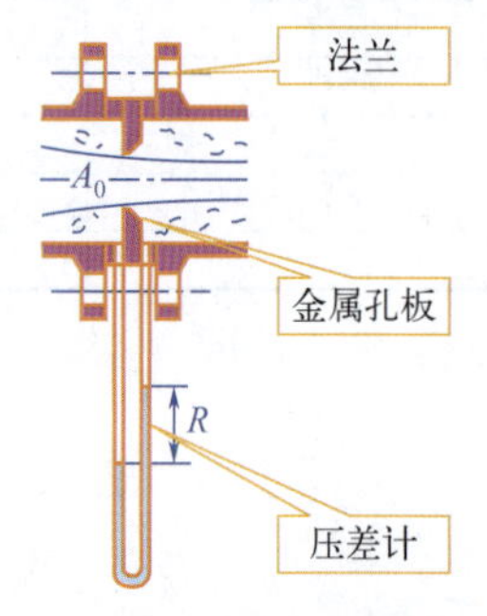

图1-72　孔板流量计的结构

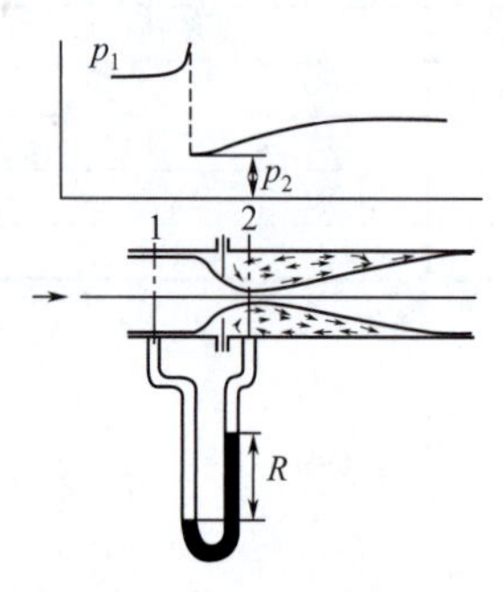

图1-73　孔板流量计的原理

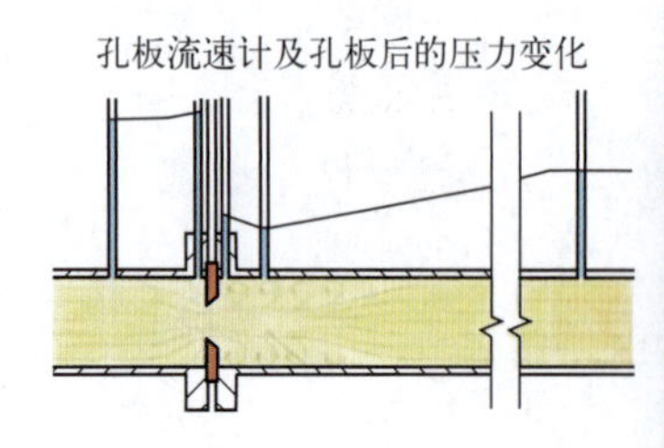

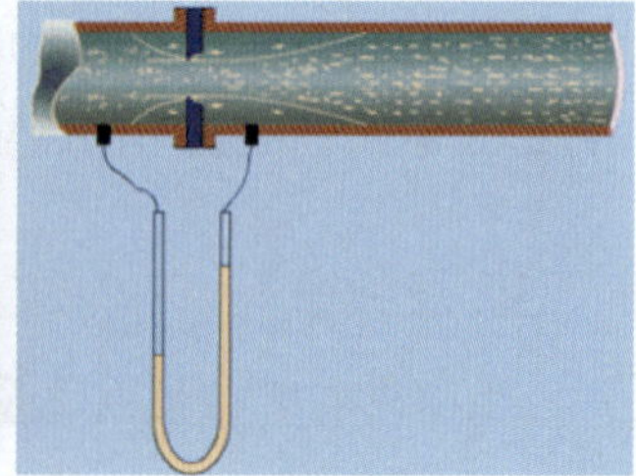

图1-74　各种孔板流量计

（三）流量计算

【体积流量】

$$q_V = C_0 A_0 \sqrt{\frac{2Rg(\rho_{指} - \rho)}{\rho}} \tag{1-41}$$

式中　C_0——流量系数（孔流系数），实验测得，当 Re 超过某个限定值之后，C_0 趋于定值，一般 C_0=0.6 ～ 0.7；

A_0——孔面积，m^2；

ρ——被测流体的密度，kg/m^3；

$\rho_{指}$——U 形管中指示剂的密度，kg/m^3。

（四）孔板流量计的优缺点

【优点】结构简单，安装方便，价格低廉。测量条件变化时，更换方便。

【缺点】能量损失较大。

【安装】①水平安装在管路上；②孔板流量计安装时，上、下游需要有一段内径不变的直管作为稳定段，上游长度至少为管径的 10 倍，下游长度为管径的 5 倍。

孔板流量计的特点不适宜在流量变化很大的场合使用，而且不能直接得到流量数值，需要经过计算才能得到流量。

目前这种类型的产品还有：楔形流量计、文丘里管流量计、平均皮托管流量计等。

二、文丘里（Venturi）流量计

（一）文氏流量计的结构及特点

【结构】用一段渐缩、渐扩管代替孔板，所构成的流量计称为文丘里流量计或文氏流量计。图 1-75、图 1-76 为文氏流量计的结构示意图和实物图。

【特点】当流体经过文丘里管时，由于均匀收缩和逐渐扩大，流速变化平缓，涡流较少，故能量损失比孔板流量计大大减少。

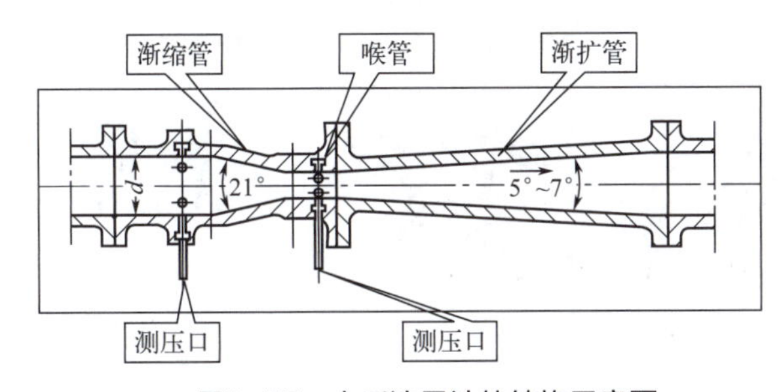

图1-75　文氏流量计的结构示意图

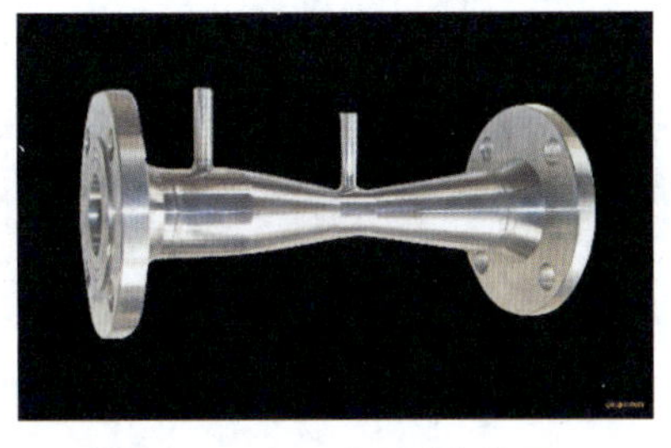

图1-76　文氏流量计实物图

（二）文丘里流量计的测量原理

文丘里流量计的测量原理与孔板流量计相同，如图 1-77，也属于差压式流量计。根据所连接的 U 形管压差计确定 R，然后使用公式计算体积流量。

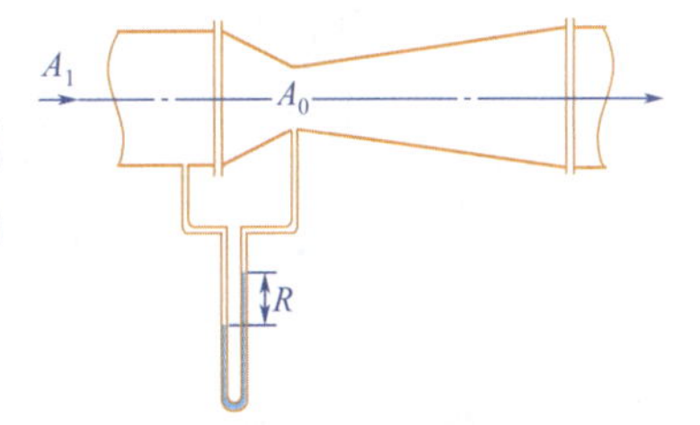

图1-77　文丘里流量计

（三）文丘里流量计的流量计算

由于文丘里流量计的测量原理与孔板流量计相同，其流量计算公式也与孔板流量计相似，即：

$$q_V = C_V A_0 \sqrt{\frac{2gR(\rho_{指} - \rho)}{\rho}} \tag{1-42}$$

式中　C_V——文丘里流量计的流量系数（约为 0.98 ～ 0.99）；

A_0——喉管处截面积，m^2；

ρ——被测流体的密度，kg/m³；

$\rho_{指}$——U 形管中指示剂的密度，kg/m³。

【优点】阻力损失小，大多数用于低压气体输送中的测量；

【缺点】加工精度要求较高，造价较高，并且在安装时流量计本身占据较长的管长位置。

三、转子流量计

（一）转子流量计的结构

图 1-78、图 1-79 为转子流量计实物图、示意图。

① 金属外壳；

② 上粗下细的锥形玻璃管（锥角约在 4° 左右）；

③ 固体转子（或称浮子）；

④ 流体自玻璃管底部流入，经过转子和管壁之间的环隙，再从顶部流出。

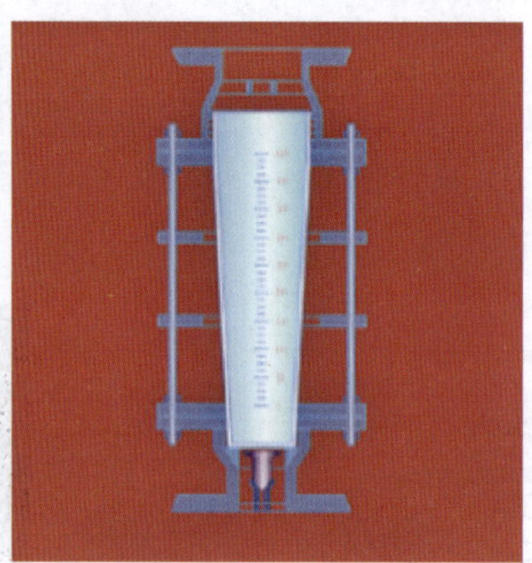

图1-78　转子流量计实物图和工作原理

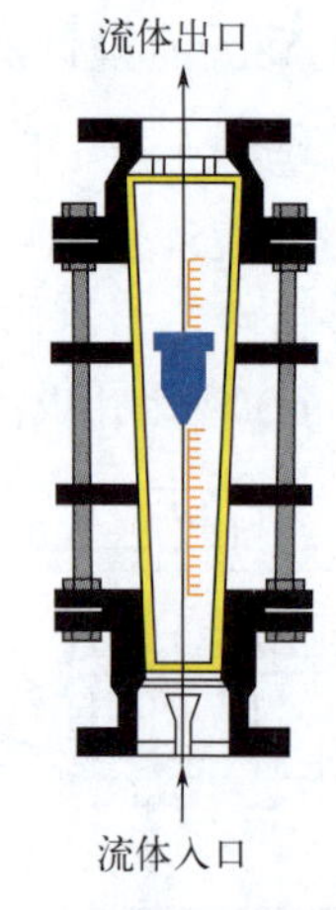

图1-79　转子流量计示意图

（二）转子流量计的工作原理

① 如图 1-80，当被测流体以一定的流量流经转子与管壁之间的环隙时，在转子上、下端面形成一个压力差，压力差将转子托起，使转子上浮最终转子停在相应位置。此时转子受三个力——重力、浮力、压力差使转子的上浮力，三个力平衡时，转子的位置不动。

② 当流速增大时，压差变大，平衡破坏，转子位置上升；

③ 转子停留的位置可确定流量的大小。

④ 转子流量计玻璃管外表面上刻有流量值，根据转子平衡时其上端平面（最大截面）所处的位置，即可读取相应的流量。

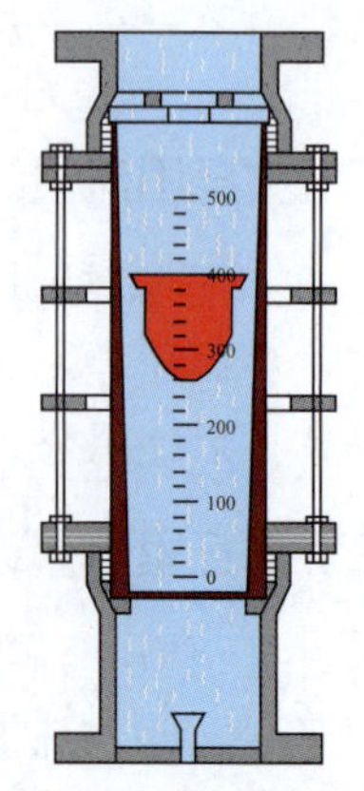

图1-80　转子流量计原理图

（三）转子流量计的流量方程

由此可推得转子流量计的体积流量为：

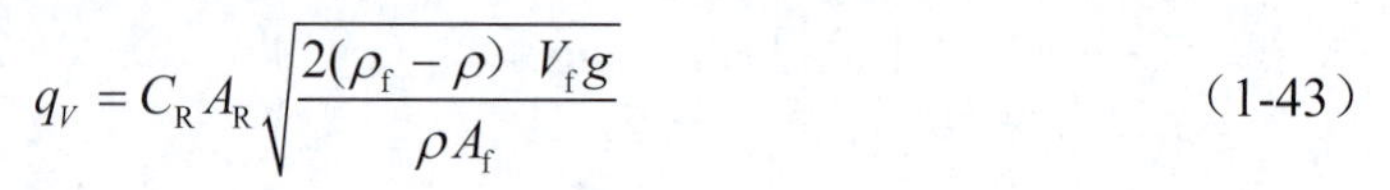

$$q_V = C_R A_R \sqrt{\frac{2(\rho_f - \rho)\ V_f g}{\rho A_f}} \tag{1-43}$$

式中　A_R——转子上端面处环隙面积，m^2；

A_f——转子最大直径处的截面积，m^2；

C_R——转子流量系数；

V_f——转子的体积，m^3；

ρ——被测流体的密度，kg/m^3；

ρ_f——转子材料密度，kg/m^3。

（四）转子流量计的标定

【转子流量计】如图1-81，转子流量计上的刻度，是在出厂前用某种流体进行标定的。

【液体流量计】用20℃的水（密度约为$1000kg/m^3$）标定。

【气体流量计】用20℃和101.3kPa下的空气（密度为$1.2kg/m^3$）标定。

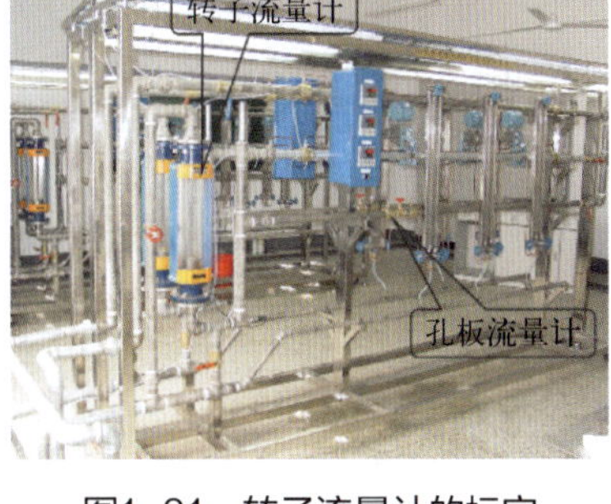

图1-81　转子流量计的标定

（五）转子流量计的安装与特点

（1）转子流量计的安装

① 转子流量计必须垂直安装在管路上；

② 为便于检修，应设置如图1-82所示的支路。

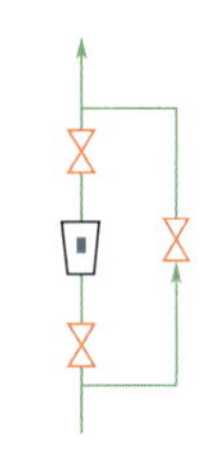

图1-82　转子流量计的安装

（2）转子流量计的特点

【优点】转子流量计读数方便，流动阻力很小，测量范围宽，测量精度较高，对不同的流体适用性广。

【缺点】玻璃管不能经受高温和高压，在安装使用过程中玻璃容易破碎。

【结论】

孔板流量计与转子流量的原理：

孔板流量计是一种差压式流量计，是依靠安装在管道中的流量检测件产生的压差来测量流量的。不适宜在流量很大的场合使用，需要经过计算才能得到流量。

转子流量计由一个截面积自下而上逐渐扩大的锥形玻璃管构成，管内装有一个由金属或其他材料制成的转子，当转子受到流体流动的力与转子自身的重力平衡时，这时转子对应的刻度就是流量的大小。

孔板流量计与转子流量计的区别：

孔板流量计，文丘里流量计称为差压式流量计；

转子流量计称为截面流量计。

思考与练习

填空题

表1-6将6种流量计的有关知识进行了归纳，请在空格内填上你的答案。

表1-6　几种流量计的测量原理及特点

序号	流量计名称	测量原理	特点
1	孔板流量计		优点：结构简单，安装方便，价格低廉。缺点：流体能量损失大，不宜在流量变化很大的场合使用，且不能直接得到流量数值
2		电磁感应原理，即导电体在磁场中运动时产生感应电动势，而感应电动势又和流量大小成正比	
3	涡街流量计		
4	转子流量计	转子受到流动流体的作用力时开始向上移动，当向上的推力与转子的重力平衡时，转子就不再移动，转子停止的位置与流量的大小有关	
5			优点：测量精度高，反应速率快，测量范围广，价格低廉，安装方便
6	超声波流量计		

简答题

1. 涡轮流量计的工作原理是什么？
2. 电磁流量计的作用原理是什么？
3. 涡街流量计的工作原理是什么？
4. 超声流量计的工作原理是什么？

 拓展阅读

常用的流量计

流量测量技术日益发展，由此发展而来的流量测量计在市场上也有许多种。多种流量计让人们有了多种选择，你知道在不同的场合，面对不同的介质，该选用哪种流量计吗？

图1-83　容积式流量计

图1-84　超声流量计

图1-85　电磁流量计

1. 容积式流量计（图1-83）

它又称定排量流量计，简称PD流量计，在流量仪表中是精度最高的一类，它利用机械测量元件把流体连续不断地分割成单个已知的体积部分，根据测量室逐次重复地充满和排放该体积部分流体的次数来测量流体体积总量。

容积式流量计与差压式流量计、浮子流量计并列为三类使用量最大的流量计，常应用于昂贵介质（油品、天然气等）的总量测量。

2. 超声流量计（图 1-84）

超声流量计主要是通过检测流体活动对超声束（或超声脉冲）的作用以测量流量的仪表。传播时间法和多普勒效应法是超声流量计常采用的方法，用以测量流体的平均速度。像其他速度测量计一样，是测量体积流量的仪表。它是无阻碍流量计，如果超声变送器安装在管道外测，就无须插入。它适用于几乎所有的液体，包括浆体，精确度高，但管道的污浊会影响精确度。

3. 电磁流量计（图 1-85）

电磁流量计是根据法拉第电磁感应定律制成的一种测量导电性液体的仪表。具有传导性的流体在流经电磁场时，通过测量电压可得到流体的速度。电磁流量计没有移动部件，不受流体的影响。在满管时测量导电性液体精确度很高。电磁流量计可用于测量浆状流体的流速。

任务四　流体输送实训操作

任务概述

任务 1：某高位槽的容积为 100L，通过型号为 P=0.5kW，流量 Q_{max}=6m^3/h，U=380V 的离心泵，在 5 分钟内将 80L 的水输送到高位槽，并控制液位稳定 10 分钟。

任务 2：在 30 分钟内，完成吸收塔真空送液实训，并稳定吸收塔内压力和液位 10 分钟。

任务 3：管道阻力的测定，完成光滑管、粗糙管和局部阻力管道阻力的测定。测得光滑管和粗糙管层流时的摩擦阻力系数值。

学习目标

1. 本装置模拟工艺生产系统，设置流量比值调节系统，训练学生实际化工生产的操作能力。

2. 通过在规定时间内的单泵、双泵并联和双泵串联的液体输送，让学生进一步地了解离心泵的性能特点。

3. 测量管道阻力实训操作，可以让学生了解粗糙管和光滑管以及局部阻力管的流体在输送过程中的能量损失情况，进一步思考在布置化工管路时如何减少阻力损失。

4. 在实训操作中培养团队合作精神，锻炼学生判断和排除故障的能力。

一、工艺流程认知

小组活动

根据前面课程认识的工艺流程，小组到实训现场对着装置（图 1-86）熟悉流程，小组代表讲解，教师点评。

图1-86　流体输送现场装置

二、流体输送装置开停车

（一）开车前准备

小组活动

小组讨论制定开停车步骤，教师点评并补充细节。

1. 穿戴好个人防护装备并相互检查。
2. 小组分工，各岗位熟悉岗位职责。
3. 明确工艺操作指标：

【压力控制】

① 离心泵进口压力：-15 ～ -6kPa；

② 1 号泵单独运行时出口压力：0.15 ～ 0.27MPa（流量为 0 ～ 6m^3/h）；

③ 高位槽液位：

④ 压降范围：光滑管阻力压降：0 ～ 7kPa（流量为 0 ～ 3m^3/h）；

局部阻力管阻力压降：0 ～ 22kPa（流量为 0 ～ 3m^3/h）；

⑤ 离心泵特性流体流量：2 ～ 7m^3/h；

⑥ 阻力特性流体流量：0 ～ 3m^3/h；

⑦ 吸收塔液位：1/3 ～ 1/2。

4. 由相关岗位人员对本装置所有设备、管道、阀门、仪表、电气、保温等按工艺流程图（图 1-87）要求和专业技术要求进行检查。

（二）开车

1. 输送过程

（1）流体输送

单泵实验

① 高位槽送液循环。

② 吸收塔送液循环。

（2）真空输送实验

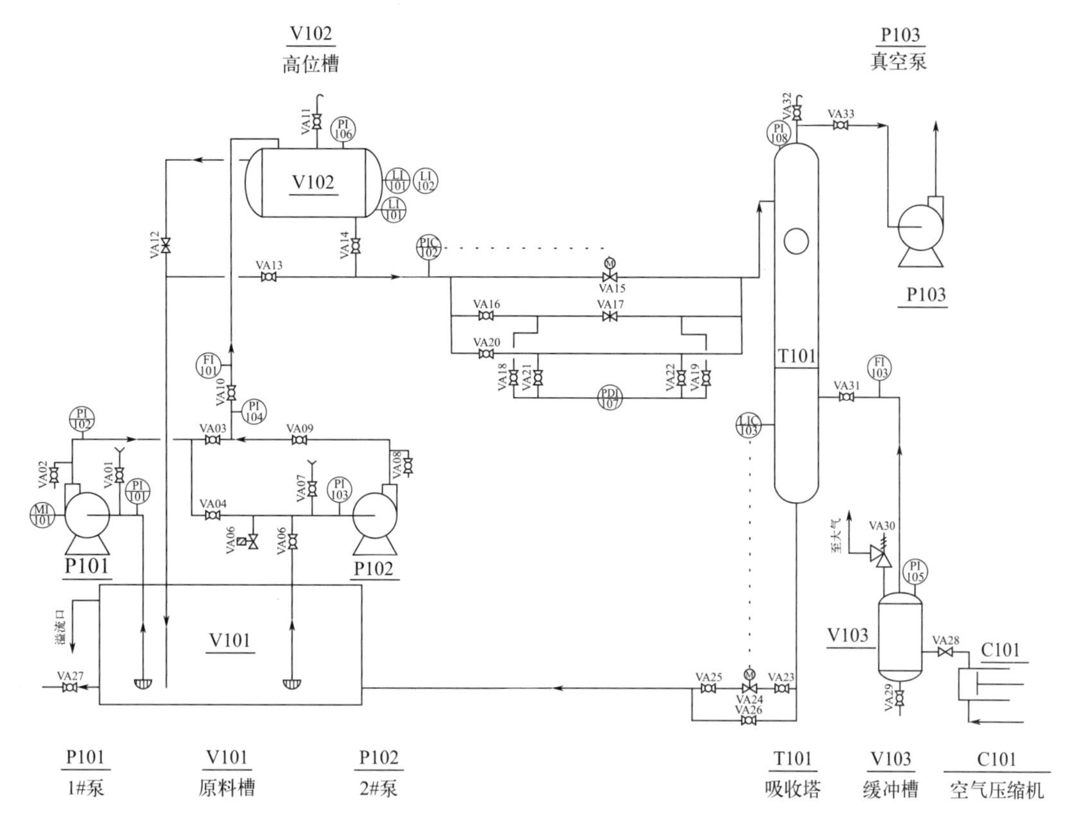

图1-87　工艺流程图

2. 管阻力实验

（1）光滑管阻力测定

打通原料槽→光滑管→吸收塔的循环回路，启动 1# 泵，电动调节阀 VA15 调节流量分别为 $1m^3/h$、$1.5m^3/h$、$2m^3/h$、$2.5m^3/h$、$3m^3/h$，记录光滑管阻力测定数据。

（2）局部阻力管阻力测定

打通原料槽→局部阻力管→吸收塔的循环回路，启动 1# 泵，电动调节阀 VA15 调节流量分别为 $1m^3/h$、$1.5m^3/h$、$2m^3/h$、$2.5m^3/h$、$3m^3/h$，记录光滑管阻力测定数据。

（三）停车

① 按操作步骤分别停止所有运转设备。

② 打开阀 VA11、VA13、VA14、VA16、VA20、VA32、VA23、VA25、VA26、VA24，将高位槽 V102、吸收塔 T101 中的液体排空至原料水槽 V101。

③ 检查各设备、阀门状态，做好记录。

④ 关闭控制柜上各仪表开关。

⑤ 切断装置总电源。

⑥ 清理现场，做好设备、电气、仪表等防护工作。

（四）紧急停车

遇到下列情况之一者，应紧急停车处理：

① 泵内发出异常的声响；

② 泵突然发生剧烈振动；

③ 电机电流超过额定值持续不降；

④ 泵突然不出水；

⑤ 空压机有异常的声音；

⑥ 真空泵有异常的声音。

三、流体输送实训操作报表

序号	时间	高位槽液位/mm	泵出口流量/（L/h）	1号泵进口压力/MPa	1号泵出口压力/MPa	缓冲罐压力/MPa	压缩空气流量/（L/h）	高位槽液位/mm	吸收塔压力/MPa	进吸收塔流量/（L/h）	吸收塔液位/mm	泵功率/kW	泵转速/（r/min）	操作记事
1														
2														
3														
4														
5														
6														
7														
8														
9														
10														
11														
12														

任务评价

<table>
<tr><td colspan="2">任务名称</td><td colspan="4">流体输送实训操作</td></tr>
<tr><td colspan="2">班级</td><td>姓名</td><td></td><td>学号</td><td></td></tr>
<tr><td>序号</td><td>任务要求</td><td colspan="2"></td><td>占分</td><td>得分</td></tr>
<tr><td rowspan="2">1</td><td rowspan="2">实训准备</td><td colspan="2">正确穿戴个人防护装备</td><td>5</td><td></td></tr>
<tr><td colspan="2">熟练讲解实训操作流程</td><td>5</td><td></td></tr>
<tr><td rowspan="3">2</td><td rowspan="3">流体输送开车</td><td colspan="2">单泵实验1开停车</td><td>10</td><td></td></tr>
<tr><td colspan="2">单泵实验2开停车</td><td>10</td><td></td></tr>
<tr><td colspan="2">真空输送</td><td>10</td><td></td></tr>
<tr><td rowspan="4">3</td><td rowspan="4">管道阻力实验</td><td colspan="2">光滑管阻力测定</td><td>10</td><td></td></tr>
<tr><td colspan="2">粗糙管阻力测定</td><td>10</td><td></td></tr>
<tr><td colspan="2">局部阻力管阻力测定</td><td>10</td><td></td></tr>
<tr><td colspan="2">停车操作</td><td>10</td><td></td></tr>
<tr><td>4</td><td>故障处理</td><td colspan="2">能针对操作中出现的故障正确判断原因并及时处理</td><td>10</td><td></td></tr>
<tr><td>5</td><td>小组合作</td><td colspan="2">内操外操分工明确，操作规范有序</td><td>5</td><td></td></tr>
<tr><td>6</td><td>结束后清场</td><td colspan="2">恢复装置初始状态，保持实训场地整洁</td><td>5</td><td></td></tr>
<tr><td colspan="2">实训总成绩</td><td colspan="4"></td></tr>
<tr><td colspan="2">教师点评</td><td colspan="4">教师签名</td></tr>
<tr><td colspan="2">学生反思</td><td colspan="4">学生签名</td></tr>
</table>

思考与练习

简答题

1. 离心泵在启动和停止运行时泵的出口阀应处于什么状态？为什么？

2. 离心泵出口压力过高或过低应如何调节？

3. 离心泵启动前为什么必须灌水排气？气蚀和气缚相同吗？

4. 离心泵振动原因及处理办法是什么？

5. 水以 2m/s 的速度在内径为 41mm 长 200m（直管长度与当量长度之和）的管内流动，摩擦系数为 0.02，问损失多少压头？

项目评价

<table>
<tr><th colspan="6">项目实训评价</th></tr>
<tr><td colspan="2" rowspan="2">评价项目</td><td colspan="4">评价</td></tr>
<tr><td>A</td><td>B</td><td>C</td><td>D</td></tr>
<tr><td colspan="6">任务1　流体输送的主要物理量</td></tr>
<tr><td rowspan="3">学习目标</td><td>流体输送的主要物理量——密度</td><td></td><td></td><td></td><td></td></tr>
<tr><td>流体输送的主要物理量——压力</td><td></td><td></td><td></td><td></td></tr>
<tr><td>流量</td><td></td><td></td><td></td><td></td></tr>
<tr><td colspan="6">任务2　流体输送的相关方程及计算</td></tr>
<tr><td rowspan="3">学习目标</td><td>流体静力学方程及应用</td><td></td><td></td><td></td><td></td></tr>
<tr><td>连续方程与伯努利方程</td><td></td><td></td><td></td><td></td></tr>
<tr><td>流体阻力与管道阻力</td><td></td><td></td><td></td><td></td></tr>
<tr><td colspan="6">任务3　流量计的测量原理和应用</td></tr>
<tr><td rowspan="2">学习目标</td><td>流量计的测量原理</td><td></td><td></td><td></td><td></td></tr>
<tr><td>实训装置中的流量计</td><td></td><td></td><td></td><td></td></tr>
<tr><td colspan="6">任务4　流体输送实训操作</td></tr>
<tr><td rowspan="3">学习目标</td><td>装置开停车</td><td></td><td></td><td></td><td></td></tr>
<tr><td>装置稳定运行</td><td></td><td></td><td></td><td></td></tr>
<tr><td>故障处理</td><td></td><td></td><td></td><td></td></tr>
<tr><td colspan="6">教师点评：</td></tr>
</table>

PROJECT 02

项目二　流体输送机械

任务一　离心泵

任务二　化工常用的液体输送泵

任务三　常用的气体输送泵

任务四　离心泵的仿真操作

任务五　流体输送实训操作

项目导入

中国水资源空间分布严重不均匀，黄、淮、海三流域耕地占全国40%，但水资源只占8%，南水北调工程可实现我国水资源优化配置，工程从长江下游、中游、上游，规划了东、中、西三条调水线路，干线总长4350千米，规划调水总规模448亿立方米。远距离的水资源输送是如何实现的，中间需要哪些工程设备呢？

项目目标

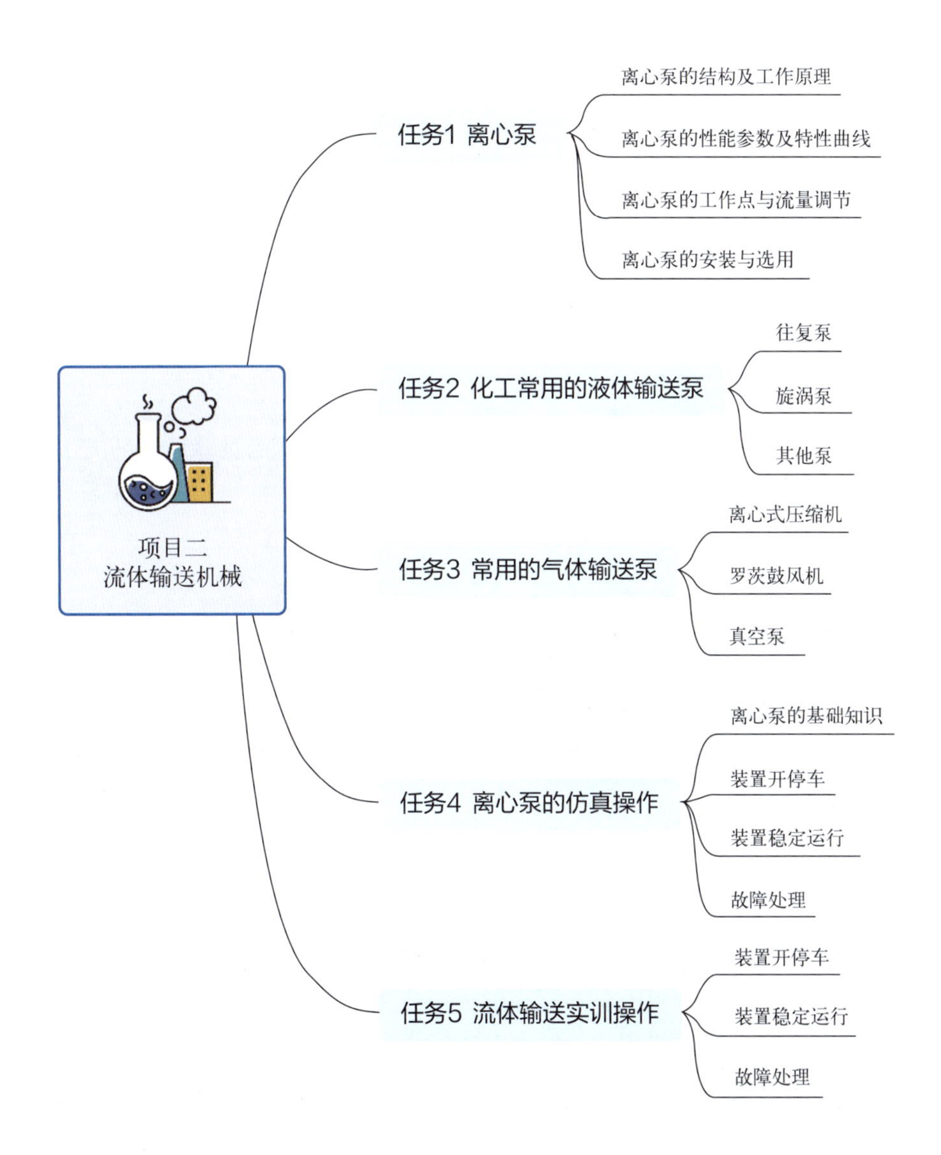

任务实施

在化工生产过程中，流体输送是最常见的，甚至是不可缺少的单元操作。流体输送机械就是向流体做功以提高流体机械能的装置，因此流体在经过输送机械后即可获得能量，以用于克服流体输送沿程中的机械能损失，提高位能以及提高液体压强（或负压等）。通常，将输送液体的机械称为泵；将输送气体的机械按其产生的压力高低分别称为通风机、鼓风机、压缩机和真空泵。

任务一　离心泵

学习目标

1. 了解离心泵的结构及工作原理。
2. 了解离心泵的性能参数及特性曲线。
3. 了解离心泵的工作点与流量调节。
4. 了解离心泵的安装与选用。

一、离心泵结构

液体输送机械有多种类型，离心泵、旋涡泵、往复泵、隔膜泵、计量泵、柱塞泵、齿轮泵、螺杆泵、轴流泵等。离心泵是最常用的一种输送液体的机械。

想一想

图 2-1 展示的是离心泵与电机配套的装置。从外形看，离心泵与电机的大小差不多。那么离心泵是由哪些部件组成的呢？

图2-1　离心泵实物图

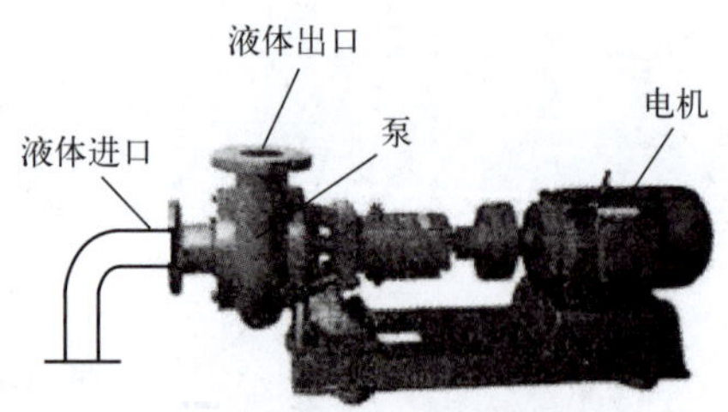

图2-2　离心泵的外部组成

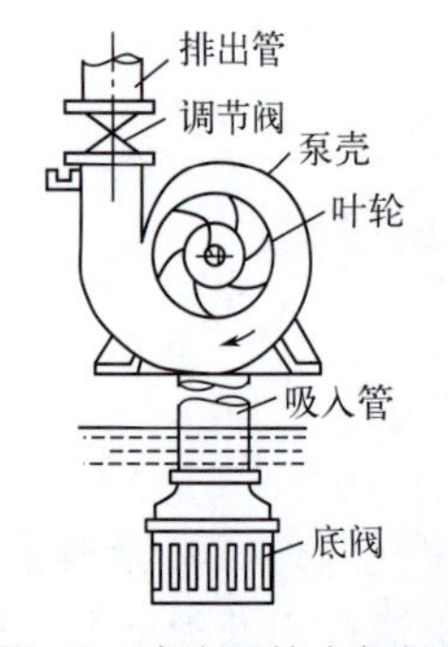

图2-3　离心泵的内部组成

离心泵是指靠叶轮旋转时产生的离心力来输送液体的泵。从图 2-2、图 2-3 中可以看出，由若干个弯曲的叶片组成的叶轮置于具有蜗壳通道的泵壳之内。叶轮紧固于泵轴上，泵轴与电机相连，可由电机带动旋转。

离心泵的主要部件有叶轮、泵壳、底阀、调节阀、吸入管和排出管。

1. 叶轮

（1）叶轮的作用

将电动机的机械能传给液体，使液体的动能和静压能有所提高。

（2）叶轮的分类

叶轮通常由 6 ～ 12 片的后弯叶片组成，按照其机械结构可分为闭式、开式、半闭式三种叶轮。

闭式叶轮（图 2-4）：叶片的内侧带有前后盖板，适于输送干净流体，效率较高。

开式叶轮（图 2-5）：没有前后盖板，仅由叶片和轮毂组成，制造简单，清洗方便，适宜输送含有固体颗粒或有漂浮物的液体。

半闭式叶轮（图 2-6）：只有后盖板，可用于输送浆料或含固体悬浮物的液体。

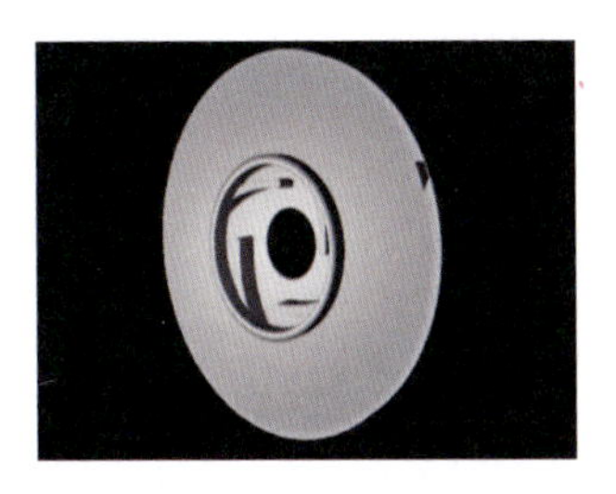

图2-4　闭式叶轮

图2-5　开式叶轮

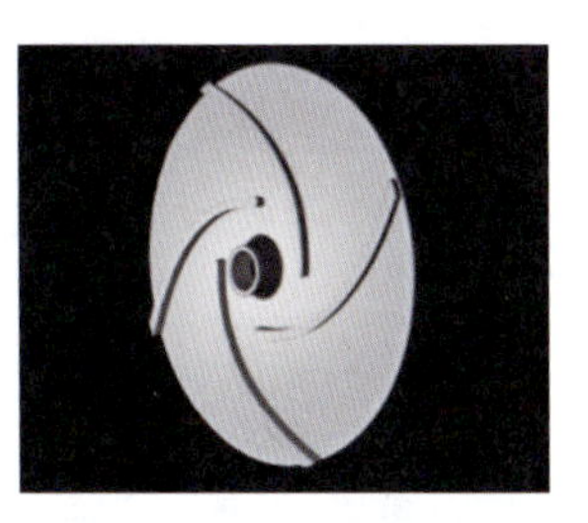

图2-6　半闭式叶轮

开式和半闭式叶轮由于没有盖板，液体在叶片间流动时，容易产生倒流，因此这类泵的效率较低。

2. 泵壳和导叶轮

（1）泵壳

泵壳将叶轮封闭在一定的空间内，以便由叶轮的作用吸入和压出液体。泵壳（图 2-7）多做成蜗壳形，故又称蜗壳。叶轮在泵壳内沿着蜗形通道逐渐扩大的方向旋转，越接近液体的出口，流道截面积越大。

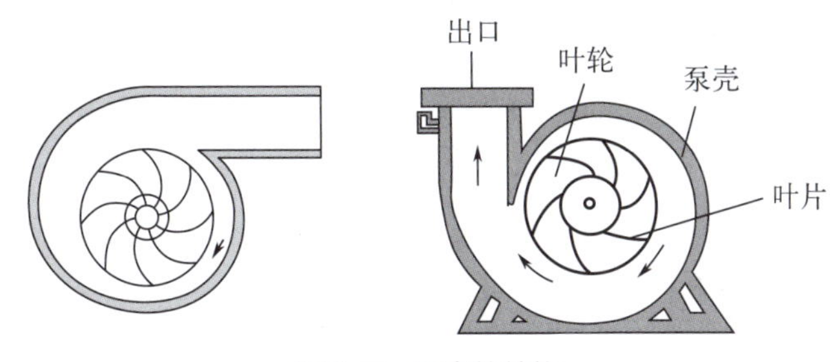

图2-7　泵壳的结构

想一想

仔细观察泵壳中流体的流道，你发现流通截面积是怎么变化的？
流体的流速又是怎么变化的？

作用：泵壳不仅汇集由叶轮甩出的液体，同时又是一个能量转换装置。由于流体流过泵壳蜗形通道时流道截面积逐渐扩大，故从叶轮四周甩出的高速液体逐渐降低流速，因此减少了流动能量的损失，使部分动能有效地转换为静压能。

图2-8 导叶轮

（2）导叶轮

为了减少液体直接进入蜗壳时的碰撞，在叶轮与泵壳之间有时还装有一个固定不动的带有叶片的圆盘，称为导叶轮（图 2-8）。

作用：引导液体在泵壳的通道内平缓地改变方向，使能量损失减小，使动能向静压能的转换更为有效。

想一想

离心泵中的叶轮旋转需要电机带动，观察离心泵的结构，一边是泵壳内的液体，一边是电机，那么如何保证泵壳内的液体不带电呢？

（3）轴封装置

由于泵轴转动而泵壳固定不动，泵轴穿过泵壳处必定会有间隙。在旋转轴和固定壳体之间安装密封装置，称为轴封。

轴封的作用：为了防止高压液体从泵壳内沿轴的四周漏出，或者外界空气漏入泵壳内。

轴封分为：填料密封（图 2-9）和机械密封（图 2-10）。

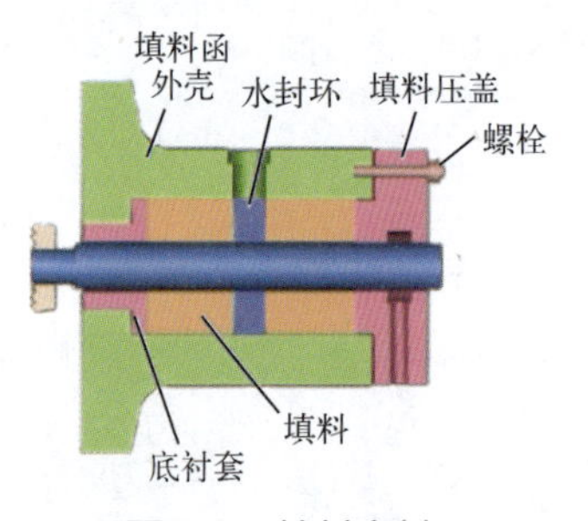

图2-9 填料密封

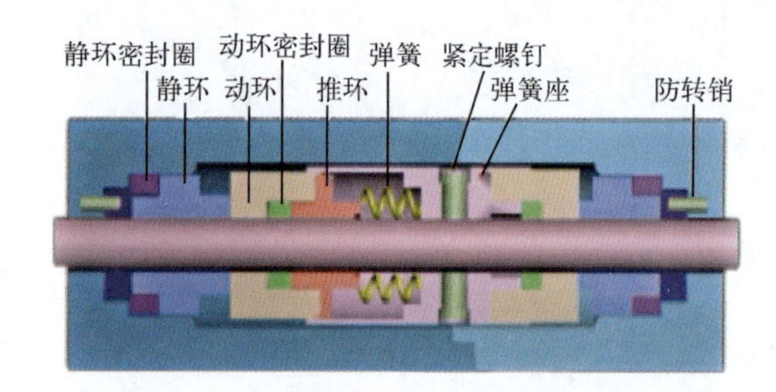

图2-10 机械密封

填料密封装置结构简单，但需要经常维修，且功率较大。因此这种装置不能完全避免泄漏，故填料密封不宜输送易燃、易爆和有毒的液体。

机械密封性能优良、使用寿命长、功率消耗较少，但部件的加工、安装要求高，它适用于输送酸、碱及易燃、易爆和有毒液体。

二、离心泵的工作原理

（一）离心泵安装

如图 2-11 所示安装在管路中的单级离心泵，泵的吸水口与吸入管路相连，泵轴高于吸水池液面，在吸入管底部装一止逆阀（单向阀门）。泵壳的侧边为排出口，与排出管路相连，其上装有调节阀。

（二）工作原理

如图 2-12，开泵前，先在泵内灌满要输送的液体。

开泵后，泵轴带动叶轮一起高速旋转产生离心力。液体在离心力作用下被抛出后，叶轮的中心形成了真空，在液面压强（大气压）与泵内压力（负压）的压差作用下，液体经吸入管路进入泵内，填补了被排除液体的位置。

离心泵之所以能输送液体，主要是依靠高速旋转叶轮所产生的离心力，因此称为离心泵。

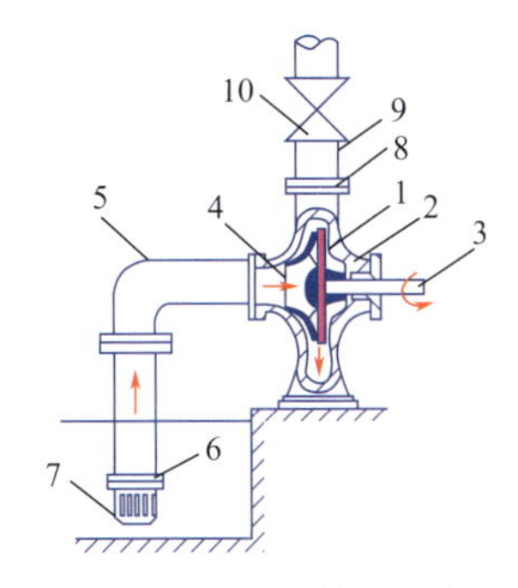

图2-11　离心泵装置示意图

1—叶轮；2—泵壳；3—泵轴；4—吸入口；5—吸入管；6—底阀；7—滤网；8—排出口；9—排出管；10—调节阀

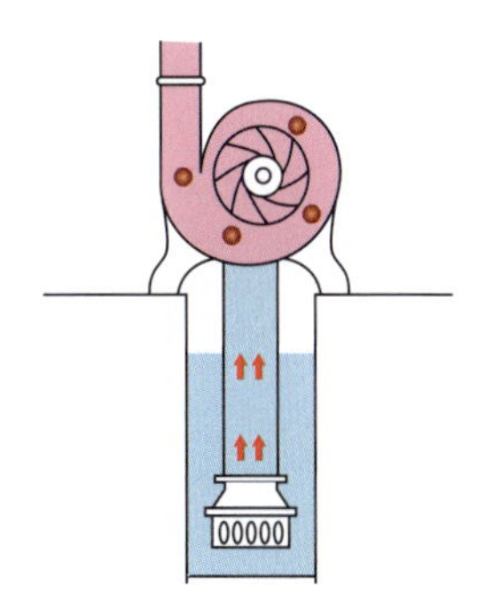

图2-12　离心泵的工作原理

想一想

离心泵启动前为什么要灌满液体呢？

（三）气缚现象

离心泵启动时，如果泵壳内存在空气，由于空气的密度远小于液体的密度，叶轮中心处产生的低压不足以将贮槽内的液体吸入泵内，这样，离心泵就无法工作，这种现象称作“气缚”（图 2-13）。

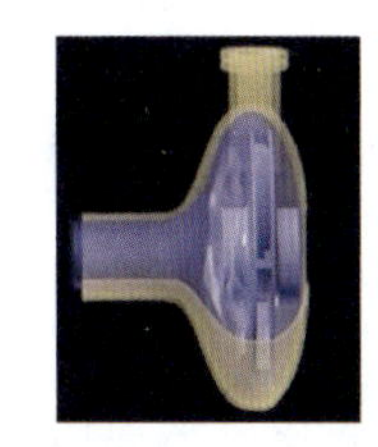

图2-13　气缚现象

为了使启动前泵内充满液体，在吸入管道底部装一止逆阀。此外，在离心泵的出口管路上也装一调解阀，用于开停车和调节流量。

三、离心泵的性能参数与特性曲线

（一）性能参数

泵的主要性能包括流量、扬程、功率和效率，这些参数表征泵的性能。

1. 流量 q_V

指在单位时间里排到管路系统的液体体积，一般用 q_V 表示，单位为 m^3/h。又称为泵的送液能力。其大小主要取决于泵的结构、尺寸和转速等，泵的实际送液能力是由实验测定的。

2. 扬程 H

泵对单位重量的液体所提供的有效能量，以 H 表示，单位为 m。离心泵的扬程取决于：泵的结构（叶轮的直径、叶片的弯曲情况等），转速，流量，可以通过实验测定离心泵的扬程。

离心泵的扬程又称压头。必须注意，扬程并不等于升举高度 ΔZ，升举高度只是扬程的一部分。

3. 轴功率及有效功率

轴功率：当泵需要电机带动时，电机传给泵轴的功率，用 $P_{轴}$ 表示，单位为 J/s 或 W、kW。

有效功率：液体从叶轮处获得的能量，即泵在单位时间内对输出液体所做的功，称为有效功率，用符号 $P_{有}$ 表示，单位为 W、kW。

因为离心泵排出的液体质量流量为 $q_V\rho$，所以泵的有效功率为：

$$P_{有} = q_m \times W_e = q_V \rho H g \quad (2\text{-}1)$$

式中 $P_{有}$——泵的有效功率，W；

q_V——泵的实际流量，m^3/s；

ρ——液体密度，kg/m^3；

H——泵的有效扬程，即单位重量的液体自泵处净获得的能量，m；

g——重力加速度，m/s^2。

由于离心泵运转时，泵内高压液体部分回流到泵入口或漏到泵外；液体在泵内流动时要克服泵自身的摩擦阻力和局部阻力而消耗一部分能量；泵轴转动时，有机械摩擦而消耗能量。上述三方面的能量损失，使轴功率大于有效功率。

轴功率和有效功率之间的关系为：

$$P_{轴} = P_{有} / \eta \quad (2\text{-}2)$$

式中 η——离心泵的效率。

4. 效率 η

离心泵输送液体时，通过电机的叶轮将电机的能量传给液体。在这个过程中，不可避免地会有能量损失，也就是说泵轴转动所做的功不能全部为液体所获得，通常用效率 η 来反映能量损失的大小。

$$\eta = \frac{P_{有}}{P_{轴}} \times 100\% \quad (2\text{-}3)$$

η 值由实验测得。离心泵效率与泵的尺寸、类型、构造、加工精度、液体流量和所输送液体性质有关，一般小型泵效率为 50%～70%，大型泵可达到 90%左右，图 2-14 为常见离心泵的铭牌。

$$P_{轴} = \frac{q_V \rho H g}{\eta} \quad (2\text{-}4)$$

【注意】泵铭牌上注明的轴功率是以常温 20℃的清水为测试液体，其密度 ρ 按照 $1000kg/m^3$ 计算。出厂的新泵一般都配有电机，如泵输送液体的密度较大，应看原配电机是否适用。若需要自配电机，为防止电机超负荷，常按实际工作的最大流量 q_V 计算轴功率，取（1.1～1.2）$P_{轴}$ 作为选电机的依据。

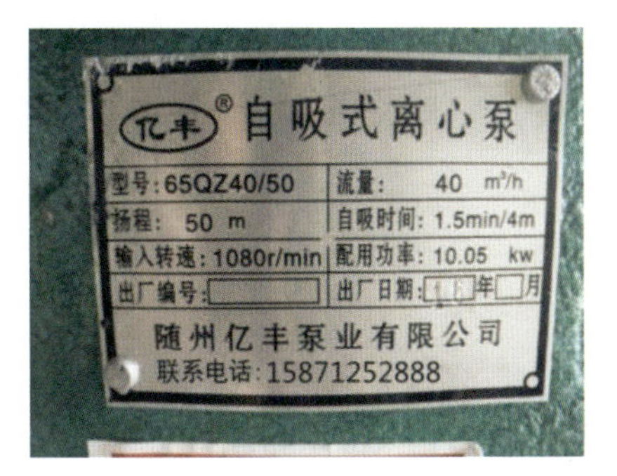

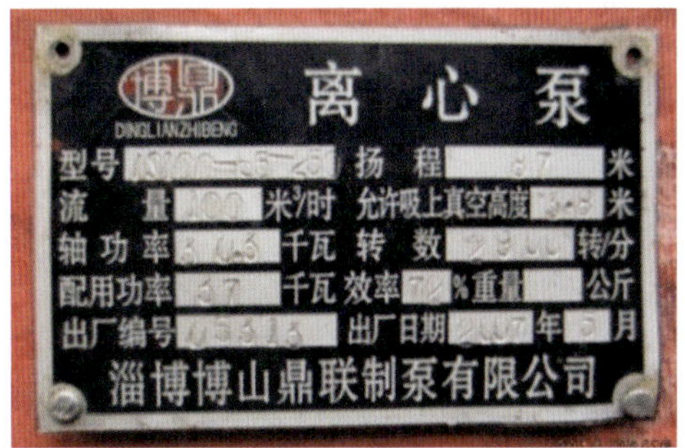

图2-14　离心泵的铭牌

写一写

1. 离心泵的主要部件有__________、__________和__________。
2. 离心泵的泵壳制成蜗壳状，其作用是____________________。
3. 离心泵的主要性能有哪些，分别用什么表示？

（二）离心泵的特性曲线

1. 离心泵的特性曲线

对一台特定的离心泵，在转速固定的情况下，其扬程（H）、轴功率（P）和效率（η）都与其流量（q_V）有一一对应的关系，其中以扬程与流量之间的关系最为重要。这些关系的图形表示就称为离心泵的特性曲线（图2-15）。

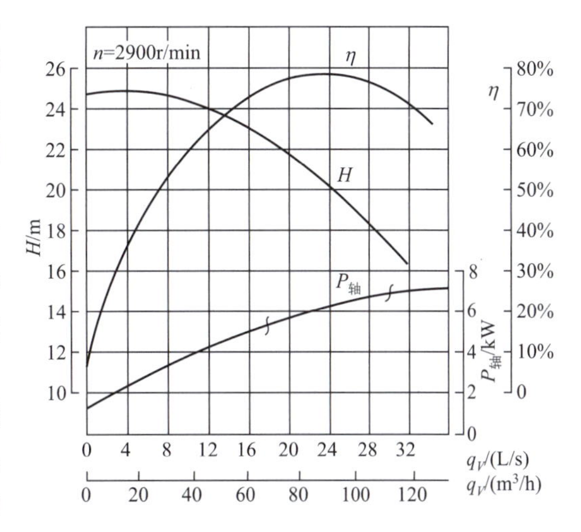

图2-15　离心泵的特性曲线

离心泵的特性曲线一般由离心泵的生产厂家提供，标绘于泵产品说明书中，其测定条件一般是20℃的清水（101.325kPa），转速也固定（在图中给出转速）。

① H-q_V 曲线　随着流量的增加，泵的扬程是下降的，即流量越大，泵向单位重量流体提供的能量越小。但是，这一规律对流量很小的情况可能不适用。

② $P_{轴}$-q_V 曲线　轴功率随着流量的增加而增大，所以大流量输送一定配套大功率的电机。

【注意】当流量为0时，此时的轴功率最小，因此，离心泵应在关闭出口阀的情况下启动，这样可以使电机的启动电流最小，保护电机。待运转正常后，再打开出口阀，调到所需流量。

③ η-q_V 曲线　泵的效率先随着流量的增加而上升，达到最大值后便下降，根据生产任务选泵时，应使泵在最高效率点（设计工况点）附近工作，其范围内的效率一般不低于最高效率点的92%。最高效率以下7%范围内为高效区。

工程上也将离心泵最高工作效率点定为**额定点**，与该点对应的流量称为**额定流量**。

④ 离心泵的铭牌上标有一组性能参数，它们都是在离心泵效率最高时测得的性能参数。

想一想

离心泵的特性曲线是由实验测得的，那么如何通过实验绘制离心泵的特性曲线呢？

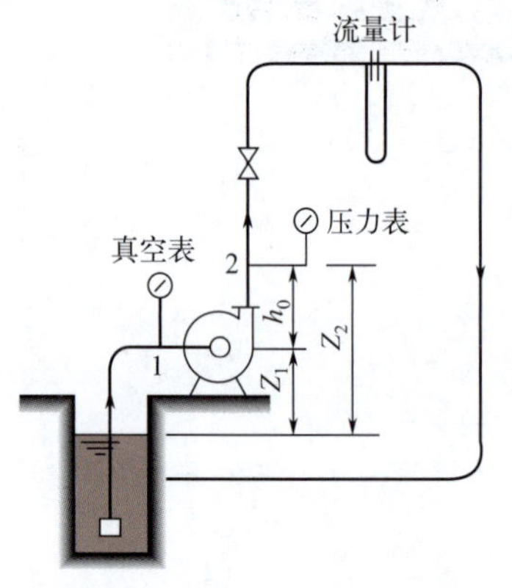

图2-16　测定离心泵特性曲线

2. 离心泵特性曲线的测定

测定离心泵特性曲线的实验装置如图 2-16 所示，泵的吸入管内径为 100mm，排出管内径为 80mm，吸入管上的测压点和排出口的测压点之间垂直距离为 0.6m，泵的转速为 2900r/min，实验中流体为 20℃的水。

当调整水的流量为 q_V=0.014m^3/s 时，测得：

入口处的真空表读数为：$p_{真}$=2.65×10^{4}Pa

出口处的压力表读数为：$p_{表}$=2.50×10^{5}Pa

功率表测得电机输出功率为：5.77kW

试求该泵在此流量下的扬程 H、有效功率和效率。忽略两测压口之间的管道阻力。

解：以真空表和压力表所在截面作为 1-1 和 2-2 截面，如图所示，在两截面间列以单位质量液体为衡算基准的伯努利方程式，即

$$Z_1+\frac{u_1^2}{2g}+\frac{p_1}{\rho g}+H=Z_2+\frac{u_2^2}{2g}+\frac{p_2}{\rho g}+H_f$$

$$Z_1=0,Z_2=0.6\text{m},p_1=-2.65\times10^4\,\text{Pa}(表),p_2=2.65\times10^5\,\text{Pa}(表)$$

$$d_1=0.1\text{m},d_2=0.08\text{m}$$

其中，
$$u_1=\frac{q_V}{A}=\frac{4\times0.015}{3.14\times0.1^2}=1.91\text{m/s}$$

$$u_2=\frac{q_V}{A}=\frac{4\times0.015}{3.14\times0.08^2}=2.98\text{m/s}$$

由于$H_f=0$，查附录二得 20℃清水的密度 ρ=998.2kg/m^3，将已知条件代入伯努利方程式得：

$$0\text{m}+\frac{1.91^2}{2\times9.81}\text{m}-\frac{2.65\times10^4}{998.2\times9.81}\text{m}+H=0.5\text{m}+\frac{2.98^2}{2\times9.81}\text{m}+\frac{2.50\times10^5}{998.2\times9.81}\text{m}+0\text{m}$$

$$H=29.0\text{m}$$

根据公式　$$P_{有}=q_V\rho Hg=0.015\times998.2\times29.0\times9.81\text{W}=4260\text{W}$$

$$P_{轴}=5.77\text{kW}$$

$$\eta = \frac{P_{有}}{P_{轴}} \times 100\% = \frac{4260}{5770} \times 100\% = 73.8\%$$

小知识

只要测得不同流量下的实验数据，就可以计算出不同流量下对应的 H、$P_{有}$和 η 值，将数据绘制到表格中，就可以得到离心泵在某一转速下的特性曲线图。

【注意】绘制离心泵特性曲线时，要在图中标注出转速。

离心泵特性曲线都是在一定的转速下输送常温水时测得的。而实际生产中所输送的液体是多种多样的，即使采用同一泵输送不同的液体，由于被输送液体的物理性质（密度、黏度）不同，泵的性能亦随之发生变化。此外，若改变泵的转速和叶轮直径，泵的性能也会发生变化。因此，需要根据使用情况，对厂家提供的特性曲线进行重新换算。

3. 影响离心泵特性曲线的因素

（1）密度

泵送液体的密度对泵的体积流量、扬程及效率无影响。但液体密度越大，则功率越大，液体的出口压力越大。所以，当泵送液体的密度比水大时，泵的轴功率需按式（2-4）重新计算。

（2）黏度

泵送液体的黏度越大，则液体在泵内的能量损失越大，导致泵的流量、扬程减小，效率下降，而轴功率增大，即泵的特性曲线发生变化。当输送黏度大的液体时，泵的特性曲线要进行校正。

（3）离心泵转速

离心泵的特性曲线都是在一定转速下测定的，对同一台离心泵仅转速变化，在转速变化小于 20% 时，叶轮转速对泵性能的影响可以近似地用比例定律进行计算，即

$$\frac{q_{V_1}}{q_{V_2}} \approx \frac{n_1}{n_2}\ \frac{H_1}{H_2} \approx \left(\frac{n_1}{n_2}\right)^2\ \frac{p_{轴1}}{p_{轴2}} \approx \left(\frac{n_1}{n_2}\right)^3 \tag{2-5}$$

式中　q_{V_1}、H_1、$p_{轴1}$——转速为 n_1 时泵的流量、扬程、轴功率；

q_{V_2}、H_2、$p_{轴2}$——转速为 n_2 时泵的流量、扬程、轴功率。

（4）叶轮直径

为了扩大离心泵的使用范围，一个泵体配有几个直径不同的叶轮，以供选用。叶轮直径对泵性能的影响，可用切割定律作近似计算，即

$$\frac{q_{V_1}}{q_{V_2}} \approx \frac{d_1}{d_2}\ \frac{H_1}{H_2} \approx \left(\frac{d_1}{d_2}\right)^2\ \frac{p_{轴1}}{p_{轴2}} \approx \left(\frac{d_1}{d_2}\right)^3 \tag{2-6}$$

式中　q_{V_1}、H_1、$p_{轴1}$——叶轮直径为 d_1 时泵的流量、扬程、轴功率；

q_{V_2}、H_2、$p_{轴2}$——叶轮直径为 d_2 时泵的流量、扬程、轴功率；

d_1、d_2——原叶轮的外直径和变化后的外直径。

四、离心泵的安装高度与气蚀现象

(一)离心泵安装高度

离心泵的安装高度是指被输送的液体所在贮槽的液面到离心泵入口处的垂直距离，即图2-17中的H_g。

想一想

在安装离心泵时，安装高度是否可以无限高，还是受到某种条件的制约。

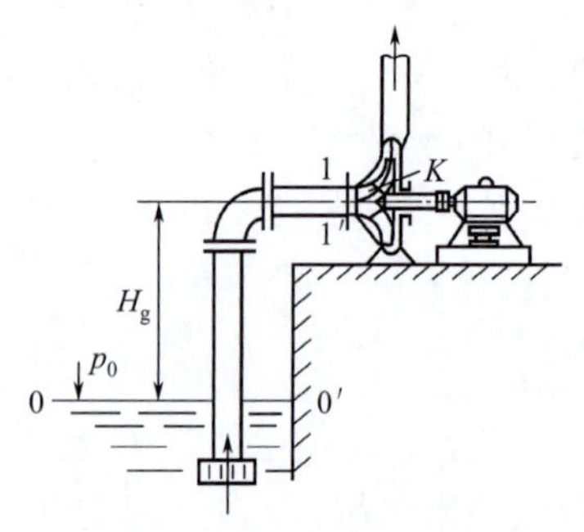

图2-17 离心泵安装高度示意图

泵吸入液体靠的是贮槽液面与泵入口处的压力差。当液面压力为定值时，推动液体流动的压力差就有一个限度，不大于液面压力。所以，吸上高度有一个限度。

如图2-17所示，一台离心泵安装在贮槽液面上H_g处，H_g即安装高度。设贮槽液面压力为p_0，泵入口处压力为p_1，吸入管路中液体的流速为u_1，吸入口到泵入口这段管道的损失扬程为$H_{损0\text{-}1}$。在贮槽液面0-0和泵入口1-1截面间列伯努利方程。

$$\frac{p_0}{\rho g}=H_g+\frac{p_1}{\rho g}+\frac{u_1^2}{2g}+H_{损0\text{-}1} \quad 得\ H_g=\frac{p_0-p_1}{\rho g}-\frac{u_1^2}{2g}-H_{f0\text{-}1}$$

讨论

(1)由式可知，H_g的大小与p_1、u_1的大小有关，当$p_1=0$，$u_1=0$时，同时忽略$H_{损0\text{-}1}$，此时得到最大的理论安装高度$H_g=\dfrac{p_0}{\rho g}$。

(2)如贮槽是敞口的，p_0即为当地的大气压，$\dfrac{p_0}{\rho g}$是以液柱高度表示的大气压强。

写一写

在海拔高度为零的地方送水，安装高度的理论最大值为多少?

在海拔高度为零的地方送水，安装高度的理论最大值为10.33m。

实际生产中，泵安装时的海拔高度往往不是零，上述理想状态下，安装高度理论最大值也不会超过10.33m。实际吸上高度比理论最大值小。

大气压力随海拔高度的增高而降低。由于不同地区的大气压力是不同的，所以泵的吸上高度理论最大值也不同。表2-1列出不同海拔高度的大气压力值。

表2-1 不同海拔高度的大气压力

海拔高度/m	0	200	400	600	800	1000	1500	2000	2500
大气压强/mH_2O	10.33	10.09	9.85	9.6	9.39	9.19	8.64	8.15	7.62

（二）汽蚀现象

如图 2-18 所示的入口管线，在 0-0′ 和 K-K' 间列伯努利方程，可得：

$$\frac{p_0}{\rho g}=H_g+\frac{p_K}{\rho g}+\frac{u^2}{2g}+\Sigma H_{f(0\text{-}K)}$$

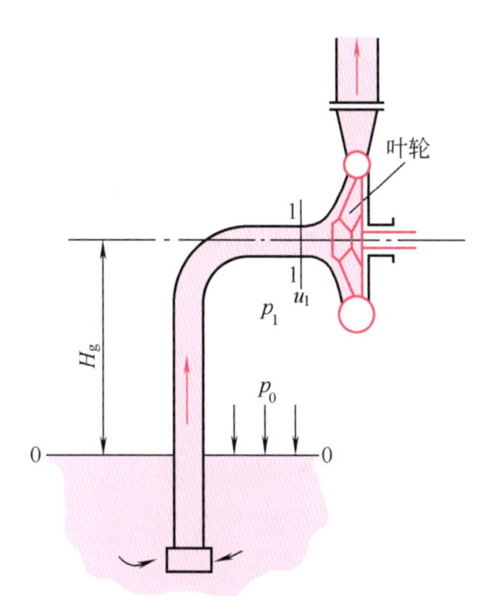

图2-18　离心泵叶轮洗液示意图

讨论

对于确定的管路，输送流体也一定时，若增加泵的安装高度 H_g，吸入管线变长，则入口管线的扬程损失 $H_{f(0\text{-}K)}$ 增加。而贮槽液面上方压力 p_0 一定的情况下，叶轮中心 K 处的压力必然下降。

当 H_g 增加到使 p_K 下降至被输送流体在操作温度下的饱和蒸气压时，则在泵内会产生汽蚀。

1. 汽蚀现象

① 被输送流体在叶轮中心处发生汽化，产生大量气泡。

② 气泡在由叶轮中心向周边运动时，由于压力增加而急剧破裂，产生局部真空，其中蒸气会迅速凝结，周围液体以很高的流速冲向真空区域，这就形成了高频的水锤作用。

③ 液体质点互相冲击，造成很高的瞬间局部冲击压强，冲击压强可高达几万千帕，冲击频率可高达每分钟几万次。这种极大的冲击力反复进行可使叶轮或泵壳表面的金属离子脱落，表面形成斑痕和裂纹，甚至使叶轮变成海绵状或整块脱落。

通常把由于泵内气泡的形成和破裂而使叶轮材料受到损坏的过程，称为汽蚀现象。汽蚀发生时，泵体因受冲击而产生振动和噪声，此外，因产生大量气泡，流量、扬程下降，严重时不能正常工作。所以离心泵在操作中必须避免汽蚀现象的发生。

2. 产生汽蚀的原因

① 泵的安装高度过高；

② 泵吸入管路阻力过大；

③ 所输送液体温度过高；

④ 密闭贮液池中的压力下降；

⑤ 泵运行工作点偏离额定流量太远等。

为避免汽蚀现象的发生，我国离心泵标准中，常采用汽蚀余量对泵的汽蚀现象加以控制。

（三）离心泵的允许汽蚀余量Δh

只有泵的实际安装高度低于允许安装高度，操作时才不会发生汽蚀现象。而泵的允许安装高度是由泵的生产厂家提供的允许汽蚀余量来计算的。

Δh 一般由泵制造厂通过汽蚀实验测定，并作为离心泵的性能列于泵产品说明书中。泵正常操作时，实际汽蚀余量必须大于允许汽蚀余量，标准中规定应大于 0.5m 以上。

（四）离心泵的最大允许安装高度（允许吸上高度）H_{gmax}

将式（2-7）代入式（2-6），则得到允许安装高度 H_{gmax} 的计算式。

$$H_{gmax}=\frac{p_0}{\rho g}-\frac{p_{饱}}{\rho g}-\Delta h-H_{损0\text{-}1} \tag{2-7}$$

式中 p_0——贮槽液面上方的压强，Pa（贮槽敞口时，$p_0=p_a$，p_a 为当地大气压）；

$p_{饱}$——输送液体在工作温度下的饱和蒸气压，Pa；

Δh——允许汽蚀余量，m。

为保证泵的安全运行，不发生汽蚀，通常为安全起见，离心泵的实际安装高度还应比允许安装高度 H_{gmax} 低 0.5 ~ 1m，工作点对应的流量和扬程既是泵实际工作时的流量和扬程，也是管路流量和所需的外加扬程，表明泵装置配在这条管路中，只能在这一点工作。

【例题 2-1】 某台离心水泵，从说明书上查得其汽蚀余量 Δh=2m（水柱）。现用此泵输送敞口水槽中 40℃清水，若泵吸入口距水面以上 4m 高度处，吸入管路的压头损失为 1m（水柱），当地环境大气压力为 0.1MPa，如图 2-19 所示。试问该泵的安装高度是否合适。

解：40℃水的饱和蒸气压$p_V=7.375$kPa，密度$\rho=992.2$kg/m^3。已知 $p_0=100$kPa，$\Sigma H_f=1$m（水柱），Δh=2m（水柱），代入式（2-7）中，可得泵的最大允许安装高度

$$H_{g允许}=\frac{p_0-p_V}{\rho g}-\Delta h-\Sigma H_f=\frac{(100-7.375)\times 10^3}{992.2\times 9.81}\text{m}-2\text{m}-1\text{m}=6.52\text{m}$$

实际安装高度 H_g=4m，小于 6.52m，故合适。

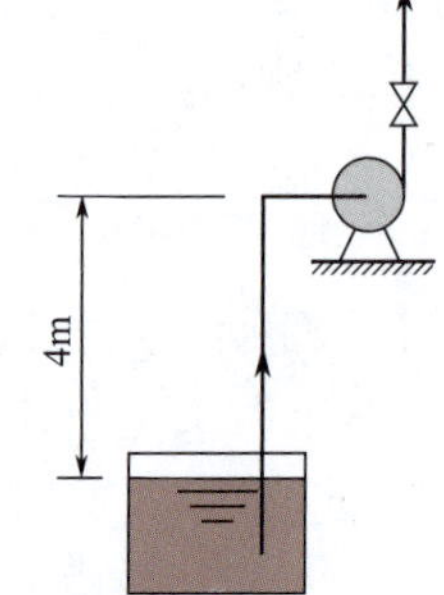

图2-19 例题2-1图

想一想

一个原先操作正常的泵突然发生了汽蚀，其原因是什么？

讨论

一个原先操作正常的泵也可能由于被输送物料的温度升高，或吸入管线部分堵塞发生汽蚀现象。有时，计算出的允许安装高度为负值，这说明该泵应该安装在液体贮槽液面以下。

（五）离心泵的工作点与流量调节

离心泵安装在一定的管路中，当转速一定时，流量与扬程 H 的关系不仅与离心泵本身的特性有关，还与管路的工作特性有关。

1. 管路的特性方程与特性曲线

如图所示的管路系统，流体从 1-1′ 截面被输送到 2-2′ 截面所需离心泵供给的扬程为 H，计算方法如下：

$$H=\Delta Z+\frac{\Delta p}{\rho g}+\frac{\Delta u^2}{2g}+\Sigma H_f \tag{2-8}$$

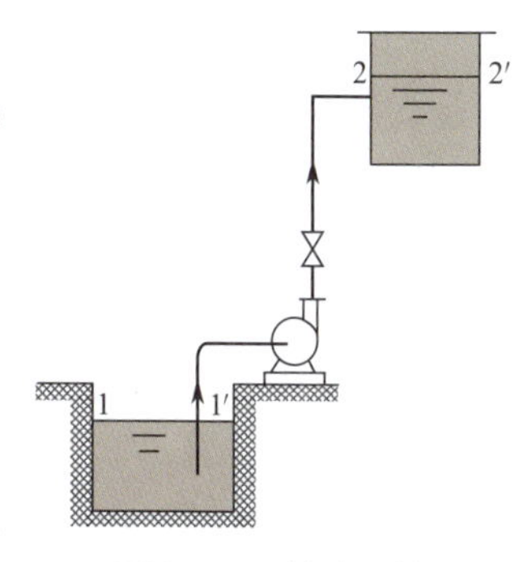

图2-20　管路系统

q_V 越大，ΣH_f 越大，则流动系统所需要的外加扬程 H 越大。将通过某一特定管路的流量与其所需外加扬程之间的关系称为管路的特性。

对于特定管路，$\Delta Z+\dfrac{\Delta p}{\rho g}$ 为固定值，与流量无关，令 $H=\Delta Z+\dfrac{\Delta p}{\rho g}$，考虑上式中的压头损失：

$$\Sigma H_f=\lambda\left(\frac{l+l_e}{d}\right)\frac{u^2}{2g}=\frac{8\lambda}{\pi^2 g}\left(\frac{l+l_e}{d^5}\right)q_V^2 \tag{2-9}$$

令 $B=\dfrac{8\lambda}{\pi^2 g}\left(\dfrac{l+l_e}{d^5}\right)$，对于一定的管路系统，$B$ 可视为常数，则式（2-8）可写为

$$H=H_0+Bq_V^2 \tag{2-10}$$

上式称为管路的特性方程，其中，B 为管路特性系数，它与管路长度、管径、摩擦系数及局部阻力有关，当管路中的阀门开度变化时，其局部阻力必将改变，B 值也会改变，管路特性曲线的斜率也随之改变。

管路的特性方程表达了管路所需要的外加扬程与管路流量之间的关系。

在 H-q_V 坐标中对应的曲线称为管路特性曲线（与泵的特性曲线的区别）。

2. 工作点

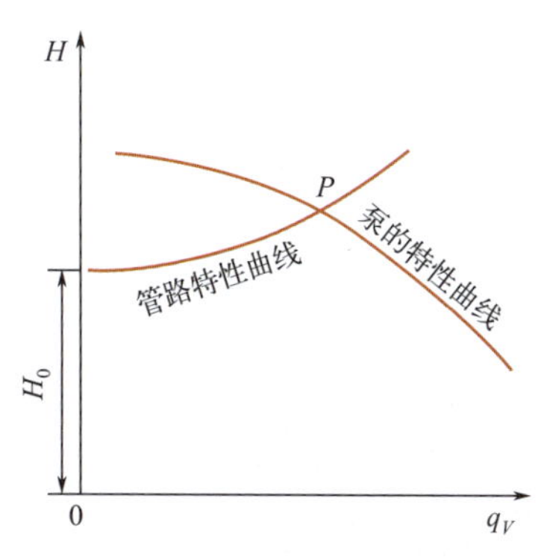

图2-21　离心泵的工作点

当泵的叶轮转速一定时，一台泵在具体操作条件下所提供的液体流量和扬程可用 H-q_V 特性曲线上的一点来表示。至于这一点的具体位置，应视泵前后的管路情况而定。讨论泵的工作情况，不应脱离管路的具体情况。泵的工作特性由泵本身的特性和管路的特性共同决定。

液体的输送过程是依靠泵和管路系统共同完成的。一台离心泵安装在一定的管路系统中工作，阀门开度也一定时，就有一定的流量与扬程。此流量与扬程是离心泵特性曲线与管路特性曲线交点处的流量与扬程。此点称为泵的工作点，如图 2-21 中 P 点所示。若该点所对应效率是在最高效率区，

则该工作点是适宜的。

3. 离心泵的流量调节

由于生产任务的变化，管路需要的流量有时是需要改变的，这实际上就是要改变泵的工作点。由于泵的工作点由管路特性和泵的特性共同决定，因此改变管路特性和泵的特性均能改变工作点，从而达到调节流量的目的。

（1）改变出口阀的开度——改变管路特性

最简单易行的办法是在离心泵的出口管上安装调节阀，通过改变阀门的开度来调节流量。若阀门开度减小时，阻力增大，管路特性曲线变陡，如图2-22（a）中的曲线所示，工作点由 P 移到 P_1，流量相应地变小；当开大阀门时，则局部阻力减小，工作点移至 P_2，从而增大流量。由此可见，通过调节阀门开度可使流量在设置的最大值（阀门全开）和最小值（阀门关闭）之间变动。

用阀门调节流量迅速方便，且流量可以连续变化，适合化工连续生产的特点，所以应用十分广泛。其缺点是当阀门关小时，流体阻力加大，要额外消耗一部分动力，不经济。

特别注意，不能用关小泵入口阀门的方法来减小流量，因为这样可能导致汽蚀现象的发生。

（2）改变泵的特性

改变泵的特性曲线的方法有两种，即改变泵的转速和叶轮的直径。如图2-22（b）所示，当转速 n 减小到 n_1 时，工作点由 P 移到 P_1，流量就相应地减小；当转速 n 增大到 n_2 时，工作点由 P 移到 P_2，流量就相应地增大。此外，改变叶轮直径的办法所能调节流量的范围不大，所以常用改变转速来调节流量。特别是近年来发展的变频无级调速装置，利用改变输入电机的电流频率来改变转速，调速平稳，也保证了较高的效率，这种方式将成为一种方便且节能的流量调节方式。

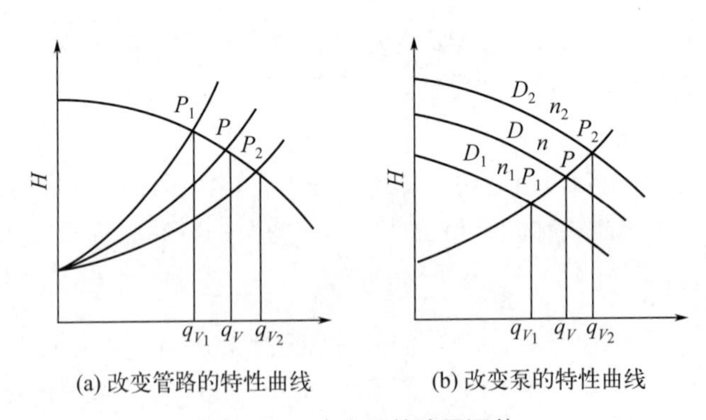

(a) 改变管路的特性曲线　　(b) 改变泵的特性曲线

图2-22　离心泵的流量调节

4. 离心泵的并联串联操作

在实际生产中，如果单台离心泵不能满足输送任务要求时，可将几台泵并联或串联成泵组进行操作。

（1）并联操作

【目的】对于一定的管路系统，使用一台离心泵流量太小，不能满足要求时，可采用两台相同型号离心泵并联操作。

两台泵并联操作的流程如图2-23（a）所示。设两台离心泵型号相同，并且各自的吸入管路也相同，则两台泵的流量和扬程必相同。因此，在同一扬程下，并联泵的流量为单台泵的两倍。据此可画出两泵并联后的合成特性曲线，如图 2-23（b）中曲线 2 所示。

图中，单台泵的工作点为 A，并联后的工作点为 B。两泵并联后，流量与扬程均有所增高，但由于受管路特性曲线制约，管路阻力增大，两台泵并联的总输送量小，小于原单泵输送量的两倍。

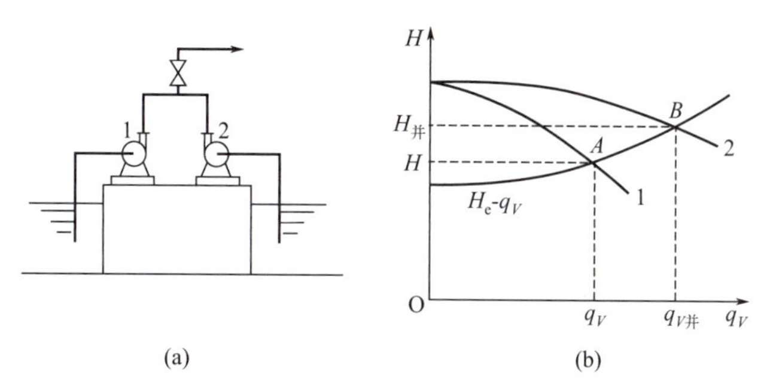

图2-23　离心泵并联和特性曲线

（2）串联操作

【目的】为了实现流体的远距离输送，流量增大，需要提高离心泵的扬程，此时可采用两台相同型号的离心泵串联操作。

两台泵串联操作的流程如图 2-24（a）所示。若两台泵型相同，则在同一流量下，串联泵的扬程应为单泵的两倍。据此可画出两泵串联后的合成特性曲线，如图 2-24（b）中曲线 2 所示。由图可知，两泵串联后，扬程与流量也会提高，但两台泵串联总扬程仍小于原单泵扬程的两倍。

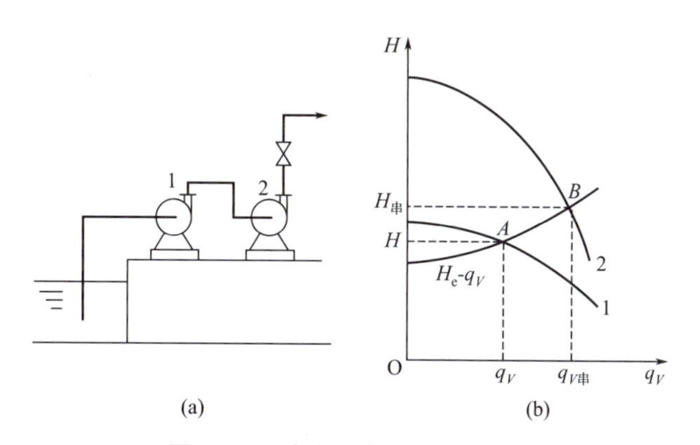

图2-24　离心泵串联和特性曲线

五、离心泵的选用与安装操作

（一）按离心泵的类型

离心泵的种类有很多，常用的有清水泵、耐腐蚀泵、油泵和杂质泵等，下面具体介绍这几种类型的泵。

（1）清水泵

清水泵一般用于工业生产（输送物理、化学性质与清水类似的液体），城市给排水和农业排灌。

IS 型单级单吸式离心泵（轴向吸入）系列是我国第一个按国际标准（ISO）设计、研制的，该系列泵输送介质的温度不超过 80℃，口径 40 ～ 200mm，流量范围 6.3 ～ 400m^3/h，扬程范围 5 ～ 125m。

以 IS50-32-250 为例说明型号中各项意义。IS 表示国际标准单级单吸清水离心泵；50 表示泵吸入口直径，mm；32 表示泵排出口直径，mm；250 表示泵叶轮的名义尺寸，mm。

（2）耐腐蚀泵

输送酸、碱、盐等腐蚀性液体时，需用耐腐蚀泵，耐腐蚀泵中接触液体的部件（叶轮、泵体）用耐腐蚀材料制成。要求：结构简单、零件容易更换、维修方便、密封可靠。用于耐腐蚀泵的材料有：铸铁、高硅铁、各种合金钢、塑料、玻璃等。（F 型）

（3）油泵

输送石油产品的泵，要求密封完善。（Y 型）

（4）杂质泵

输送含有固体颗粒的悬浮液、稠厚的浆液等的泵，又细分为污水泵、砂泵、泥浆泵等。要求不易堵塞、易拆卸、耐磨，在构造上是叶轮流道宽、叶片数目少。

（二）离心泵的选用

离心泵的选择以输送的工艺要求为前提，具体选择步骤如下：

（1）确定输送系统的流量和扬程

一般情况下液体的输送量是生产任务所规定的，如果流量在一定范围内波动，选泵时按最大流量考虑，然后，根据输送系统管路的安排，用伯努利方程计算出在最大流量下管路所需扬程。

（2）选择泵的类型与型号

首先根据被输送液体的性质和操作条件确定泵的类型，按已确定的流量和扬程从泵产品目录中选出适合的型号。

若是没有一个型号的 H、q_V 与所要求的刚好相符，则在邻近型号中选用 H 和 q_V 都稍大的一个；若有几个型号的 H 和 q_V 都能满足要求，那么除了考虑哪一个型号的 H 和 q_V 外，还应考虑效率 η 在此条件下是否比较大。

（3）核算轴功率

若输送液体的密度大于水的密度时，按 $P = q_V H \rho g / \eta$ 来计算泵的轴功率。

【例题 2-2】 用离心泵将水池中的水送往高位槽，两液面之间的高度恒定，相差 15m。输水量为 30m^3/h，水温为 20℃。若已知管路中总阻力损失为 8mH$_2$O，试选择一台合适的离心泵。

解:（1）应选用离心清水泵，且流量 $q_V \geqslant 30$m^3/h。

（2）计算扬程（确定泵的压头）

据：

$$H = \Delta Z + \frac{\Delta p}{\rho g} + \frac{\Delta u^2}{2g} + \Sigma H_f$$

已知　　ΔZ=15m　Δp=0　Δu^2=0　ΣH_f=8mH$_2$O

故　　$$H = 15\text{m} + 8\text{m} = 23\text{m}$$

（3）根据流量、扬程选择泵的型号

从离心泵产品目录中查得IS65-50-160型泵中的一种，其性能参数为：

$$q_V=30\text{m}^3/\text{h}\quad H=30\text{m}\quad P=3.71\text{kW}\quad \eta=0.66$$

（4）核算泵的性能参数

所选泵的流量（q_V）、扬程（H）均能满足要求，而输送过程中需要的有效功率为：

$$P_{\text{e需要}}=q_V\rho gH=\frac{30\times998.2\times9.81\times23}{3600}\text{W}=1880\text{W}=1.88\text{kW}$$

泵所能提供的有效功率为：

$$P_{\text{e需要}}=P\eta=3.71\text{kW}\times0.66=2.45\text{kW}>p_{\text{e需要}}$$

由此可见，泵的各种性能参数均能满足输送要求，故此泵可用，选择有效。

（三）离心泵的安装和操作

（1）泵的安装高度

为了保证不发生汽蚀现象或泵吸不上液体，泵的实际安装高度必须低于理论上计算的最大安装高度，同时，应尽量降低吸入管路的阻力。

（2）启动前先“灌泵”

这主要是为了防止“气缚”现象的发生，在泵启动前，向泵内灌注液体直至泵壳顶部排气嘴处在打开状态下有液体冒出时为止。

（3）离心泵应在出口阀门关闭时启动

为了不致启动时电流过大而烧坏电机，泵启动时要将出口阀完全关闭，等电机运转正常后，再逐渐打开出口阀，并调节到所需的流量。

（4）关泵的步骤

关泵时，一定要先关闭泵的出口阀，再停电机。否则，压出管中的高压液体可能反冲入泵内，造成叶轮高速反转，使叶轮被损坏。

（5）检查

运转时应定时检查泵的响声、振动、滴露等情况，观察泵出口压力表的读数，以及轴承是否过热等。

（6）停车

无论短期、长期停车，在严寒季节必须将泵内液体排放干净，防止冻结胀坏泵壳、叶轮。

离心泵运转时的正常维护工作，操作人员对泵运行设备应做到“三会”，即会使用、会维修保养、会排除故障。“四懂”，即懂设备结构、懂设备性能、懂设备原理、懂设备用途。“五字巡回检查法”，即听、摸、测、看、闻。“六定”，即定路线、定人、定时、定点、定责任、定要求地进行检查。

要求操作人员定时、定点、定线路巡回检查。按照“听、摸、测、看、闻”五字检查法对设备的温度、压力、润滑及介质密封等进行检查，及时发现问题。如发现设备不正常要立即检查原因并及时反映，在紧急情况下要采取措施，立即停车，报告值班长，通知相关岗位，不查明原因，不排除故障，不得擅自开车，正在处理和未处理的问题必须写在操作记录上，并向下班交代清楚。除此之外，操作人员还要做好润滑油具的管理，按照规定及时注油。做好本岗位专责区的清洁卫生，并及时消除跑、冒、滴、漏现象。

思考与练习

思考题

1. 离心泵发生气缚与汽蚀现象的原因是什么？有何危害？应如何消除？

2. 刚安装好的一台离心泵，启动后出口阀已经开至最大，但不见水流出，试分析原因并采取措施使泵正常运行。

3. 流体输送机械有何作用？

4. 离心泵在启动前，为什么泵壳内要灌满液体？启动后，液体在泵内是怎样提高压力的？泵入口的压力处于什么状态？

5. 离心泵的主要性能参数有哪些？其定义与单位是什么？

6. 离心泵的特性曲线有几条？其曲线形状是什么样子？离心泵启动时，为什么要关闭出口阀门？

7. 什么是液体输送机械的扬程（或压头）？离心泵的扬程与流量的关系是怎样测定的？液体的流量、泵的转速、液体的黏度对扬程有何影响？

填空题

1. 离心泵的工作点由________和________共同决定，往复泵的流量仅与__________有关，而与__________及__________无关。

2. 某一离心泵在运行一段时间后，发现吸入口真空表读数不断下降，管路中的流量也不断减少直至断流。经检查，电机、轴、叶轮都处在正常运转后，可以断定泵内发生__________现象，应检查进口管路是否有__________现象。

3. 离心泵输送的液体黏度越大，其扬程________，流量________，轴功率________，效率________。

4. 一离心泵将江水送至敞口高位槽，若管路条件不变，随着江面的上升，管路特性曲线将如何变化？__________泵的流量如何变化？__________扬程如何变化？__________

选择题

1. 用离心泵从水池抽水到水塔中，设水池和塔液面维持恒定，若离心泵在正常操作范围内工作，开大出口阀将导致（　　）。

A. 送水量增加，泵的扬程下降　　B. 送水量增加，泵的扬程增大

C. 送水量增加，泵的轴功率不变　　D. 送水量增加，泵的轴功率下降

2. 开大离心泵的出口阀，离心泵的出口压力表读数将（　　）。

A. 增大　　B. 减小　　C. 先增大后减小　　D. 先减小后增大

3. 某离心泵在运行半年后，发现有气缚现象，应（　　）。

A. 降低泵的安装高度　　B. 停泵，向泵内灌液

C. 检查出口管路阻力是否过大　　D. 检查进口管路是否泄漏

4. 用离心泵将液体从低处送到高处的垂直距离，称为（　　）。

A. 扬程　　B. 升扬高度　　C. 吸液高度

5. 离心泵（　　）灌泵，是为了防止气缚现象发生。

A. 停泵前　　B. 停泵后　　C. 启动前　　D. 启动后

6. 离心泵吸入管路中（　　）的作用是防止启动前灌入泵内的液体流出。

A. 底阀　　B. 调节阀　　C. 出口阀　　D. 旁路阀

7. 离心泵最常用的调节方法是（　　）。

A. 改变吸入管路中阀门开度　　B. 改变排出管路中阀门开度

C. 改变旁路阀门开度　　D. 车削离心泵叶轮

8. 离心泵的工作点（　　）。

A. 由泵的特性决定　　B. 是泵的特性曲线与管路特性曲线的交点

C. 由泵铭牌上的流量和扬程所决定　　D. 即泵的最高效率所对应的点

计算题

1. 如图 2-25 所示，某化工厂用离心泵将大池中清水打到塔顶喷淋，喷口距地面 20m，水池水面距地面低 0.2m，泵流量 q_V=50m^3/h，塔内工作压力 p_b=128kPa（表压），吸管直径为 114mm，排出管直径为 88mm，整个管路中损失为 12m。

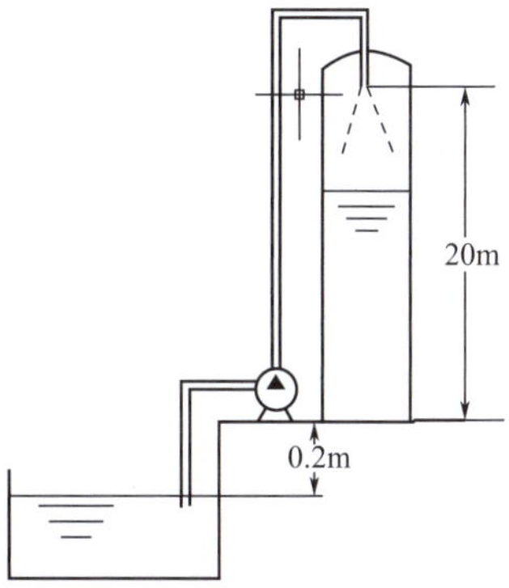

试求：

（1）泵扬程 H、功率 P（$\eta_{总}$=0.9）

（2）若塔内表压力为 p_b=110kPa 时，此时泵扬程 H 为多少？（管路损失不变）

（3）若泵的功率不变，此时的流量 q_V 是多少？

图2-25　计算题1图

2. 某离心泵从开口水池内输送 20℃清水，在内径为 53mm 进水管中的流速是 1.5m^3/h；吸入管阻力损失为 $\Sigma hsu=4mH_2$，查得泵允许汽蚀余量 =8.2m。

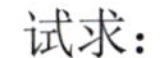

试求：

（1）该泵的允许最大安装高度。

（2）若水温为 80℃时（其饱和蒸气压为 0.47×10^{5}Pa），设其他条件不变，此时泵允许最大安装高度为多少？

拓展阅读

离心泵的前世今生

泵是输送流体或使流体增压的机械。它将原动机的机械能或其他外部能量传送给液体，使液体能量增加。

第一台离心泵于 1705 年问世，由于离心泵的应用面极广，目前离心泵已经是主流的泵类产品，占据泵行业大部分市场。由离心泵演化而来的泵产品数不胜数，离心泵本身也被细化成多种品类。

最早提离心泵的是法国工程师 Papin，他在 1689 年发明了可以称为离心泵雏形的一种机器，并于1705年制造了第一台适用于提升液体的泵。该泵采用了多叶片的叶轮和蜗形体的泵壳。著名数学家欧拉于1750年对离心泵的流动进行了理论分析，为离心泵的发展奠定了基础。作为离心泵发展史上一个转折点，1818年美国的Massachusetts开始批量生产离心泵。1851年James Stuart Gwynne在英国获得多级离心泵发明专利，英国科学家J.Tomsom采用导叶来提高泵的效率。

20世纪初，在蒸汽轮机的全盛时期，泵几乎全是往复式的。1904年KSB公司提供了锅炉给水用高压离心泵的系列，1905年苏尔寿兄弟工厂开始多级串联高压泵的批量生产。

随着机械制造技术和计算机技术的应用，泵在世界各国得到了很大发展。目前世界上泵产品的种类已达5000多种，其中包括：齿轮泵、IS清水泵、中开泵、多级离心泵等。泵类产品在大容量、高效率、自动化和可靠性方面达到了新的水平。

任务二　化工常用的液体输送泵

学习目标

1. 熟悉往复泵。
2. 熟悉齿轮泵。
3. 熟悉旋涡泵。
4. 熟悉其他泵。

一、往复泵

往复泵是一种容积式泵，属于正位移泵，它依靠作往复运动的活塞依次开启吸入阀和排出阀从而吸入和排出液体。

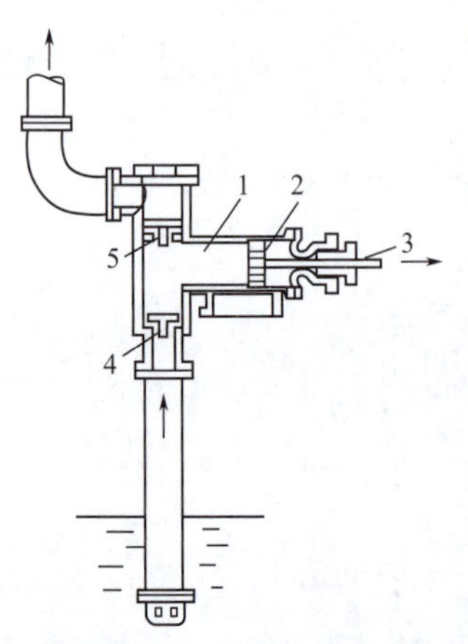

图2-26　往复泵结构

1—泵缸；2—活塞；3—活塞杆；4—吸入单向阀；5—排出单向阀

（一）往复泵的结构

如图2-26所示，泵的主要部件有泵缸、活塞、活塞杆、吸入单向阀和排出单向阀。活塞经传动和机械在外力作用下在泵缸内作往复运动。活塞与单向阀之间的空隙称为工作室。

（二）往复泵的工作原理

当活塞自左向右移动时，工作室的容积增大，形成低压，贮池内的液体经吸入阀被吸入泵缸内，排出阀受排出管内液体压力作用而关闭。吸入阀由于受池内液压的作用而打开，池内液体被吸入泵缸内。

活塞由右向左移动时，泵缸内液体受挤压，压强增大，使吸入阀关闭而推开排出阀将液体排出，活塞移到左端时，排液完毕，完成了一个工作循环，此后开始另一个循环。

活塞从左端点到右端点的距离叫行程或冲程。

【几点说明】

① 往复泵是依靠活塞的往复运动直接以压力的形式向液体提供能量；

② 活塞在泵缸内两端间移动的距离称为行程（冲程）；

③ 往复泵在启动前不用灌泵，能自动吸入液体，即有自吸能力。

（三）其他类型的往复泵

往复泵按照作用方式的不同可分为如下几种。

（1）单动往复泵

如图 2-27，活塞往复一次，吸液和排液各完成一次。单动泵在排液过程中不仅流量不均匀，而且排液间断进行（图 2-28）。

图2-27　单动往复泵　　图2-28　单动往复泵实物图

（2）双动往复泵

其主要构造和原理如图 2-29 所示，与单动泵相似，但活塞在泵缸的两侧，活塞往复一次，吸液和排液各两次。由图 2-29 可以看出，双动泵虽然排液是连续的，但是流量仍是不均匀的。

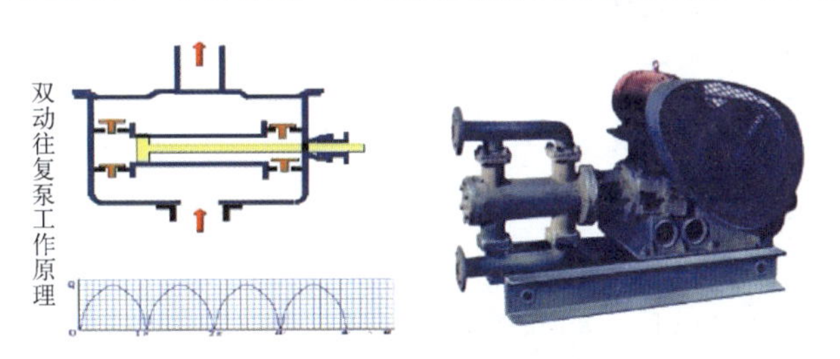

图2-29　双动往复泵

（3）三联泵

由三台单动泵并联构成。在同一根曲轴上安有三个互成 120° 的曲拐，分别推动三个缸的活塞，如图 2-30 所示。曲轴每转一周，三个泵缸分别进行一次吸液和排液，合起来有三次排液。由图 2-30 可以看出，三个缸排液时间是错开的，这样互相补充，其总排液量较为均匀。

（四）往复泵的流量调节、特点、操作

往复泵有自吸能力，泵内存有空气，在启动后也能吸液。但最好灌泵，以缩短启动过程。由于往复泵属于正位移泵，其流量与管路特性无关，安装调节阀不但不能改变流量，而且还会造成危险，一旦出口阀门完全关闭，泵缸内的压强将急剧上升，导致机件破损或电机烧毁。

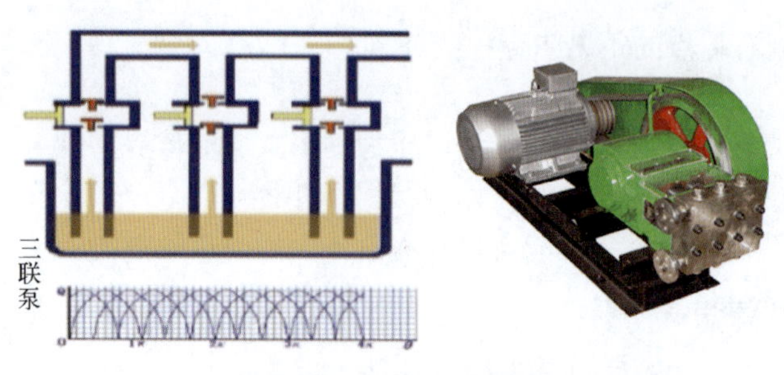

图2-30　多级往复泵

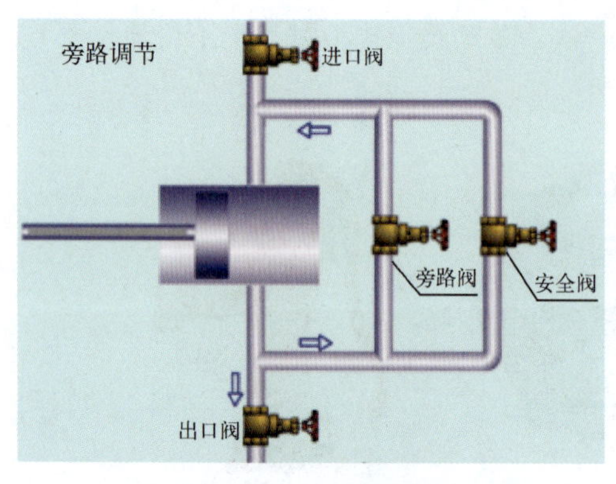

图2-31　旁路阀调节

1. 往复泵的流量调节

往复泵流量不能用出口阀门来调节，往复泵的流量调节一般可采取如下的手段。

（1）旁路阀调节（图 2-31）

【操作方法】泵的送液量不变，只是让部分被压出的液体返回贮池，使主管中的流量发生变化。

【特点】这种调节方法很不经济，只适用于流量变化幅度较小的经常性调节。

（2）改变曲柄转速

因电动机是通过减速装置与往复泵相连的，所以改变减速装置的传动比可以很方便地改变曲轴转速，从而改变活塞的往复运动的频率，达到调节流量的目的。

（3）改变活塞的行程

在一定的转速下，改变偏心轮的偏心距，可以改变活塞的行程，从而达到精确调节流量的目的。

2. 往复泵的特点

① 往复泵的效率一般都在 70% 以上，最高可达 90%，它适用于所需扬程较高的液体输送。

② 往复泵可用以输送黏度很大的液体，但不宜直接用以输送腐蚀性的液体和有固体颗粒的悬浮液，因泵内阀门、活塞受腐蚀或被颗粒磨损、卡住，都会导致严重的泄漏。

3. 往复泵与离心泵的区别

① 往复泵的流量只与泵本身的几何形状和活塞的往复次数有关，而与泵的扬程无关。无论在什么扬程下工作，只要往复一次，泵就排出一定的液体。

② 往复泵的扬程与泵的几何尺寸无关，只要泵的机械强度及原动机的功率允许，输送系统要求多高的扬程，往复泵就能提供多大的扬程。

③ 往复泵的吸上真空度也随泵安装地区的大气压强、输送液体的性质和温度而变，所以往复泵的吸上高度也有一定的限制。但往复泵的低压是由工作室的扩张造成的，所以在开动之前，泵内无须充满液体，往复泵有自吸作用。

往复泵与离心泵相比，结构较复杂、体积大、成本高、流量不连续。当输送压力较高的液体或高黏度液体时效率较高，一般在 72% ～ 93% 之间。但不能输送有固体粒子的混悬液。往复泵在小流量、高扬程方面的优势远远超过离心泵。

4. 往复泵的操作

① 由于往复泵是靠贮池液面上的大气压来吸入液体，因而安装高度有一定的限制。

② 往复泵有自吸作用，启动前不需要灌泵。

③ 一般不设出口阀，即使有出口阀，也不能在其关闭时启动。

二、旋转泵

旋转泵是靠泵内一个或多个转子的旋转吸入和排出液体，又称转子泵，属容积泵类，是正位移泵的另一种类型。旋转泵的形式很多，操作原理却是大同小异，是依靠转子转动造成工作室容积改变对液体做功。最常用的有齿轮泵、旋涡泵、螺杆泵。

（一）齿轮泵

1. 齿轮泵的结构

齿轮泵的结构如图 2-32 所示：

① 泵壳内有两个齿轮；

② 一个用电动机带动旋转（主动轮）；

③ 另一个被啮合着向相反方向旋转（从动轮）。

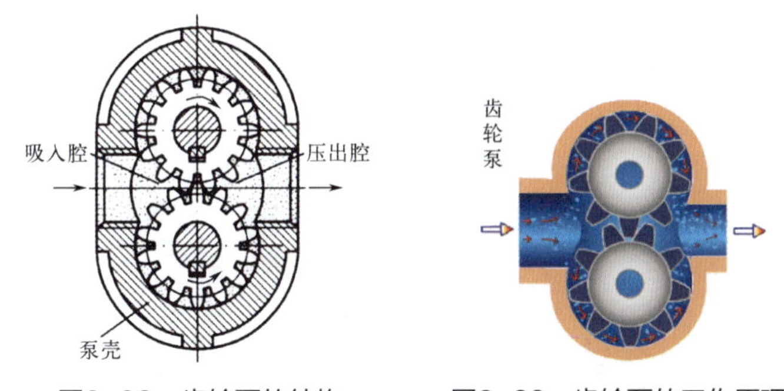

图2-32　齿轮泵的结构　　图2-33　齿轮泵的工作原理

2. 齿轮泵的工作原理

当齿轮按图 2-33 中所示的箭头方向旋转时，吸入空间内两轮的齿互相拨开，形成低压区而将液体吸入，然后分两路沿壳壁被齿轮嵌住，并随齿轮转动而达到排出空间。排出空间内两轮的齿互相合拢，于是形成高压而将液体排出。图 2-34 为齿轮泵实物图。

图2-34　齿轮泵实物图

3. 齿轮泵的特点

① 能产生较高的扬程，流量较均匀；

② 适用于流量小、无固体颗粒的各种油类等黏性液体的输送；

③ 构造简单、维修方便、价格低廉、运转可靠。

（二）旋涡泵

旋涡泵（图 2-35）是一种特殊类型的离心泵，其工作原理和离心泵相同，即：

① 依靠叶轮旋转产生的离心力向泵内的液体提供能量；

② 无自吸能力，启动前需向泵壳内灌满被输送液体；

③ 泵的其他操作特性和容积泵相似。

图2-35　旋涡泵实物图

1. 旋涡泵的结构

如图 2-36 所示。

2. 旋涡泵的工作原理

如图 2-37 所示。

当叶轮旋转时，泵内液体随叶轮旋转的同时，又在各叶片与引液道之间作反复的迂回运动（形成漩涡），被叶片多次拍击而获得较高能量。

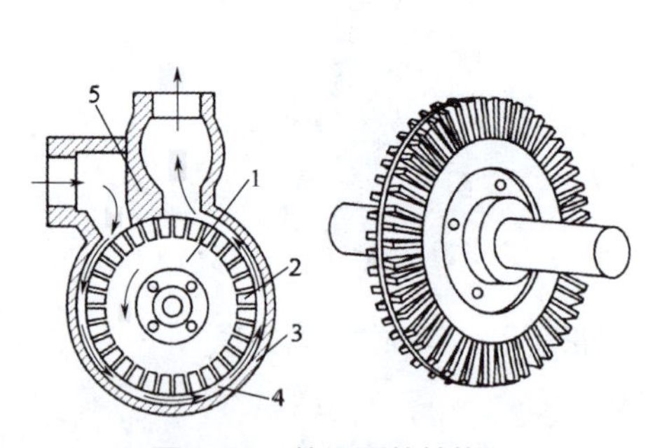

图2-36　旋涡泵的结构

1—叶轮；2—叶片；3—泵壳；4—引流道；5—间壁

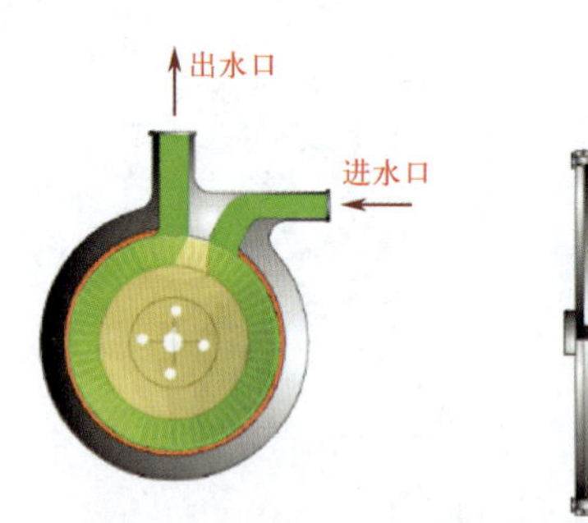

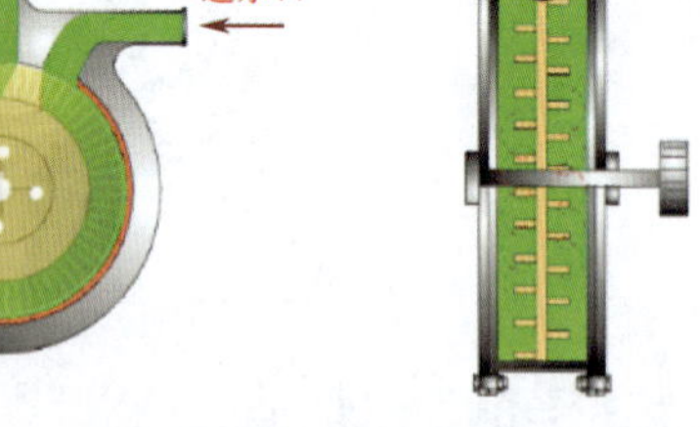

图2-37　旋涡泵的工作原理

3. 旋涡泵的特点

① 扬程和功率随流量增加下降较快。因此启动时应打开出口阀；改变流量时，旁路调节比安装调节阀经济。

② 在叶轮直径和转速相同的条件下，旋涡泵的扬程比离心泵高出 2 ～ 4 倍，适用于高扬程、小流量的场合。

③ 由于泵内的旋涡流作用，流体摩擦损失增大，所以旋涡泵的效率较低，一般为 30% ～ 40%。

（三）螺杆泵

螺杆泵是一种内啮合回转式水力机械。它是利用相互啮合的螺杆与衬套间容积的变化为流体增加能量，进而实现液体吸排。螺杆泵分为单螺杆泵、双螺杆泵、三螺杆泵、五螺杆泵等。

1. 螺杆泵的结构

单螺杆泵的结构如图 2-38 所示，单螺杆泵由转子（螺杆）、定子（轴套）、万向节、轴封、轴承及轴承箱组成。主要是依靠螺杆一边旋转一边啮合，液体被一个或几个螺杆上的螺旋槽带动沿着轴向排出（图 2-39）。螺杆泵的螺杆越长，转速越高，则扬程越高。

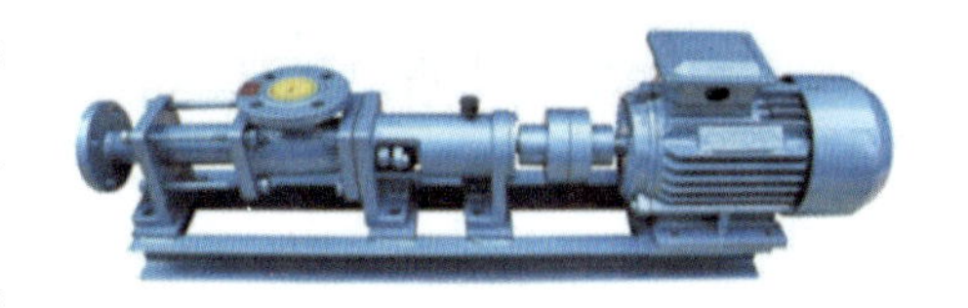

图2-38　螺杆泵实物图

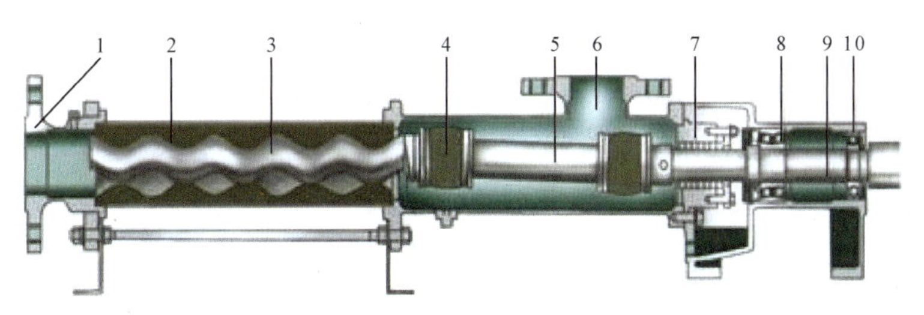

图2-39　AG型单螺杆泵结构示意图

1—排出体；2—定子；3—转子；4—万向节；5—中间轴；
6—吸入室；7—轴封件；8—轴承；9—传动轴；10—轴承体

2. 螺杆泵的原理

各啮合螺杆之间以及螺杆与缸套间的间隙很小，在泵内形成多个彼此分隔的容腔。转动时，下部容腔体积增大，吸入液体，然后封闭。封闭容腔沿轴向推移，新的吸入容腔又在吸入端形成。封闭容腔一个接一个地移动，液体就不断被挤出。

3. 螺杆泵的特点

螺杆泵结构紧凑，效率高，被输送介质沿着轴向移动，流量连续均匀，脉冲小。自吸能力强，效率较齿轮泵高。在高压下输送高黏度液体较为适用。

三、正步移泵的操作、运转及维护

上述各种往复泵和旋转泵都是容积式泵或统称为正位移泵。液体在泵内不能倒流，活塞在单位时间内以一定往复次数运动或转子以一定转速旋转就排出一定体积流量的液体。若把泵的出口堵死而继续运转，内压力便会急剧升高，造成泵体、管路和电机的损坏。因此，位移泵就不能像离心泵那样启动时关闭出口阀门，也不能用出口阀门调节流量，必须在排出管与吸入管之间安装回流旁路（亦称支路、近路、回路），如图 2-40 所示，用旁路阀（亦称支路阀、近路阀、回路阀）配合进行流量调节。液体经进口管路上的阀门 1 进入泵内，经出口管路上的阀门 2 排出，并有一部分经旁路阀流回进口管路。排出流量由阀门 2 及 3 配合调节，在泵运转中这两个阀门至少有一个是开启的，以保证液体的输送。若下游压力超过一定限度时，安全阀 4 即自动开启，泄回一部分液体，以减轻泵和管路所承受的压力。

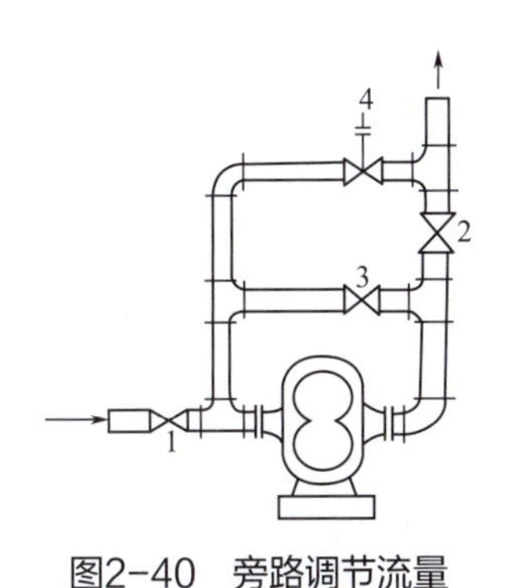

图2-40　旁路调节流量

1—进口阀；2—出口阀；
3—旁路阀；4—安全阀

（一）正步移泵的操作及运转

① 泵启动前应严格检查进、出口管路和阀门等，给泵体内加入清洁的润滑油，使泵各运动部件保持润湿。

② 正位移泵有自吸能力，但在启动泵前，最好还是先灌满泵体，排出泵内存留的空气，缩短启动时间，避免干摩擦。

③ 在启动正位移泵时，首先全打开出口管路上的出口阀门，再全打开进口管路上的进口阀门和旁路管路上的旁路阀门，最后启动电动机。当电动机的转速恒定后，缓慢地关闭旁路阀门，阀门关闭程度按生产工艺要求的流量调节。

④ 在停泵时，先全打开旁路阀门，再关闭进口阀门和电动机，最后关闭出口阀门。

⑤ 泵运转中经常检查有无碰撞声，必要时立即停车，找出原因进行调整或维修。

（二）正步移泵的维护

需经常清除润滑系统的油污积垢。擦拭泵体上的尘土脏物。检查出口压力和流量是否正常和填料的泄漏情况，并及时调整。泵不能在抽空、超压以及超负荷的情况下运行。在输送易结晶、易凝固的介质时，停车后应排出泵体内工作介质。长期停用时，应注意防锈。表2-2为各类泵的比较。

表2-2 各类泵的比较

类型	离心泵	往复泵	旋转泵
流量	均匀，量大，范围广，随管路情况而变	不均匀，恒定，范围较小，不随扬程变化	比较均匀，量小，量恒定
扬程	不易达高扬程	高扬程	高扬程
效率	最高70%左右，偏离设计点越远效率越低	80%左右，不同扬程时效率仍较大	较高，扬程高时效率降低（因有泄漏）
结构造价	结构简单、造价低	结构复杂，振动大，体积庞大，造价高	零件少，结构紧凑，制造精确度高，造价稍高
操作	小范围调节用出口阀，简便易行；大泵大范围一次性调节可调节转速或切削叶轮直径	小范围调节用回流支路阀；大范围一次性调节可调节转速、冲程等	用回流支路阀调节
自吸作用	没有	有	有
启动	出口阀关闭，灌泵	出口阀全开	出口阀全开
维修	简便	麻烦	较简便
适用范围	适用范围广，除高黏度液体外，可输送各种料液	适用于流量不大、压头高的输送过程	适用于小流量、较高扬程的输送任务，尤其适合高黏度液体的输送

 思考与练习

思考题

1. 往复泵启动时需要灌泵吗？
2. 往复泵有没有汽蚀现象？
3. 往复泵流量是如何调节的？

4. 简述齿轮泵的特点。
5. 简述螺杆泵的特点。

填空题

1. 离心泵通常采用__________调节流量；往复泵采用__________调节流量。
2. 离心泵启动前应__________出口阀；旋涡泵启动前应__________出口阀。
3. 往复泵的往复次数增加时，流量__________，扬程__________。
4. 往复泵包括__________、__________和__________。
5. 由于旋涡泵是借助从__________中流出的液体和__________内液体进行动量交换传递能量，伴有很大的冲击损失，因此旋涡泵的效率__________。
6. 往复活塞泵适用于输送压力__________、流量__________的各种介质。
7. 螺杆泵有__________螺杆泵、__________螺杆泵和__________螺杆泵。
8. 齿轮泵分为__________齿轮泵和__________齿轮泵。

拓展阅读

微量注射泵

微量注射泵（简称微量泵）（图2-41）是一种新型泵力仪器，将少量流体精确、微量、均匀、持续地输出。由控制器、执行机构和注射器组成。

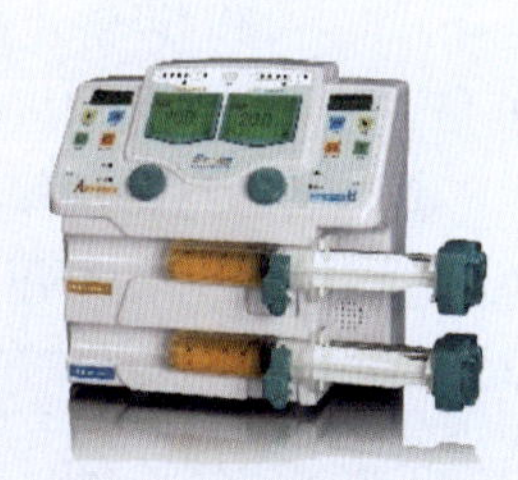
图2-41　微量注射泵

微量泵的进料速度以每小时毫升数计算，最大的99.9mL/h，最小的0.1mL/h，如果是普通用药，每小时进液100mL是完全没有问题的，而一些如血管活性药物等使用时要特别谨慎，其中要注意小数点的问题，易将0.5mL误操作成5mL，或是5mL误操作成50mL，这都有可能给病人造成严重的后果。

微量注射泵还有体重模式，对于一些敏感药物或者输液对象是新生儿，按照体重确定剂量，如果微量注射泵上有这个模式，大夫就可以按照体重剂量方式下医嘱，护理人员执行时就很方便，大夫处方时就可以将药物和大输液分为两个处方，既方便处方执行，又有利于提高疗效！

任务三　常用的气体输送泵

学习目标

1. 熟悉过滤的基本概念。
2. 熟悉离心式压缩机。
3. 熟悉罗茨鼓风机。
4. 熟悉真空泵。

一、概述

气体输送机械与液体输送机械有很多相似之处，但是气体具有压缩性，当压力变化时，其体积和温度随之发生变化。气体压力变化程度常用压缩比表示。

（一）气体输送机械在工业生产中的作用

① 气体输送：为了克服管路的阻力，需要提高气体的压力。

② 纯粹为了输送的目的而对气体加压，压力一般都不高。但气体输送往往输送量很大，需要的动力往往相当大。

③ 产生高压气体：化学工业中一些化学反应过程需要在高压下进行，如合成氨反应，乙烯的本体聚合；一些分离过程也需要在高压下进行，如气体的液化与分离。这些高压进行的过程对相关气体的输送机械出口压力提出了相当高的要求。

④ 生产真空：相当多的单元操作是在低于常压的情况下进行的，这时就需要真空泵从设备中抽出气体以产生真空。

（二）气体输送机械的一般特点

① 动力消耗大：对一定的质量流量，由于气体的密度小，其体积流量很大。因此气体输送管中的流速比液体要大得多，前者的经济流速（15～25m/s）约为后者（1～3m/s）的10倍。这样，以各自的经济流速输送同样的质量流量，经相同的管长后气体的阻力损失约为液体的10倍。因而气体输送机械的动力消耗往往很大。

② 气体输送机械体积一般都很庞大，对出口压力高的机械更是如此。

③ 由于气体的可压缩性，故在输送机械内部气体压力变化的同时，体积和温度也将随之发生变化。这些变化对气体输送机械的结构、形状有很大影响。因此，气体输送机械需要根据出口压力来加以分类。

（三）气体输送机械的分类

气体输送机械按出口压力（终压）和压缩比不同分为如表2-3中几类。

表2-3　输送机械按终压和压缩比分类

名　称	终压（表压）	压缩比
通风机（图2-42）	≤15kPa	1～1.15
鼓风机（图2-43）	15～300kPa	<4
压缩机（图2-44）	>300kPa	>4
真空泵（图2-45）	当时当地的大气压	由真空度决定

图2-42　通风机

图2-43　鼓风机

图2-44　压缩机

图2-45　真空泵

二、离心式通风机

（一）离心式通风机的结构

离心式通风机（图 2-46）的工作原理与离心泵相似。气体被吸入通风机后，流经旋转的叶轮过程中，其静压和速度都有提高，当气体进入机壳内流道时，流速逐渐减慢而转变为静压，进一步提高了静压，因此气体流经通风机提高了机械能。

离心式通风机的机壳为蜗壳形，机壳内的气体流道有矩形与圆形两种。低、中压风机多用矩形，高压风机多为圆形流道。通风机一般为单级，根据叶轮上的叶片大小、形状，分为多翼式风机和涡轮式风机。如图 2-47 和图 2-48 所示。

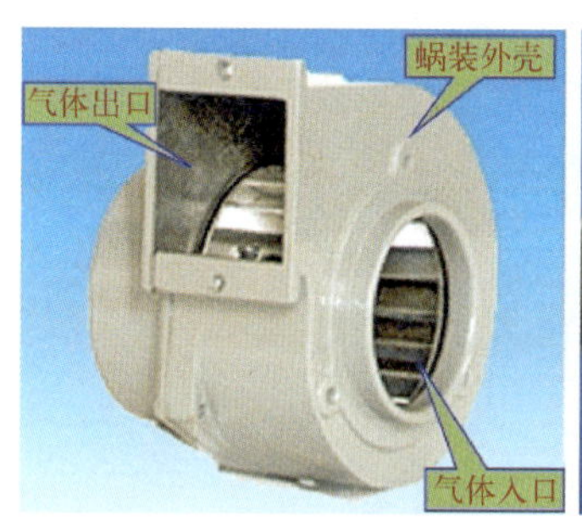

图2-46　离心式通风机实物图

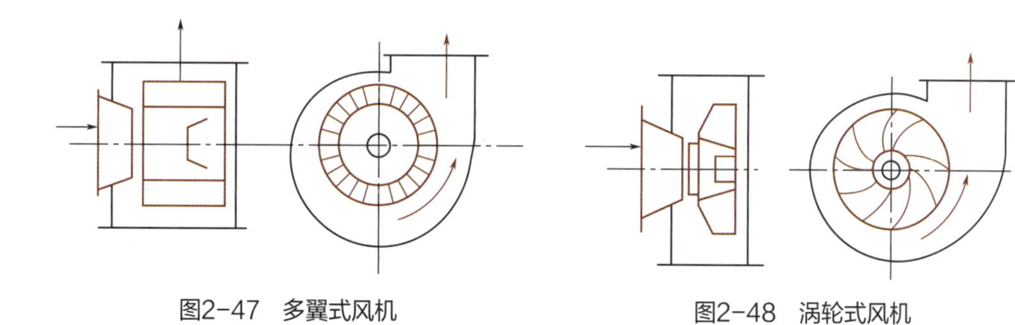

图2-47　多翼式风机　　图2-48　涡轮式风机

离心式通风机与离心泵结构也大同小异。但由于输送对象的不同，相对于离心泵而言，存在以下特点：

① 为适应输送风量大的要求，通风机的叶轮直径一般比较大。

② 叶轮上叶片的数目比较多。

③ 叶片有平直的、前弯的、后弯的。通风机的主要要求是通风量大，在不追求高效率时，用前弯叶片有利于提高扬程，减小叶轮直径。（离心泵的叶片通常为后弯）

④ 机壳内逐渐扩大的通道及出口截面常不为圆形而为矩形。

（二）离心式通风机的性能参数及特性曲线

1. 流量（风量）

【定义】按入口状态计的单位时间内流过风机进口的气体体积。以 q_V 表示，单位为 m^3/s，m^3/min 或 m^3/h 。

【说明】由于通风机内的气体压力变化不大，一般可以忽略气体的压缩性。因此，通风机的流量也是单位时间内流过通风机内任一处或管路的气体体积。

2. 风压

【定义】按入口状态计的单位体积气体流经通风机后所获得的机械能分为三种类型：

① 全风压（p_t）：单位体积气体流经通风机后所获得的总机械能，以 p_t 表示，单位为 Pa。

② 静风压（p_{st}）：气体流经通风机后的静压差。以 p_{st} 表示，单位为 Pa。

③ 动风压（p_d）：气体流经通风机后的动压差。以 p_d 表示，单位为 Pa。

3. 功率与效率

① 有效功率（P_e）：单位时间内通风机对气体提供的能量。

$$P_e = p_t q_V \tag{2-11}$$

式中 P_e——有效功率，W；

p_t——全风压，Pa；

q_V——风量，m^3/s。

② 轴功率（P）：单位时间内电动机传给传动轴的能量。

③ 效率（η）：有效功率与轴功率之比

$$\eta = \frac{P_e}{P_{轴}} \tag{2-12}$$

式中 η——效率；

P_e——有效功率，W；

$P_{轴}$——轴功率，W。

4. 特性曲线

与离心泵一样，离心通风机的特性参数也可以用特性曲线表示。特性曲线由离心通风机的生产厂家在 1atm、20℃的条件用空气测定，主要有四条曲线：

① 全风压 - 流量曲线 p_t-q_V

② 静风压 - 流量曲线 p_{st}-q_V

③ 轴功率 - 流量曲线 $P_{轴}$-q_V

④ 效率 - 流量曲线 η-q_V

图 2-49 是离心式通风机的特性曲线示意图。图中显示了在一定转速下，风量 q_V、全风压 p_t、轴功率 $P_{轴}$和效率 η 的关系。

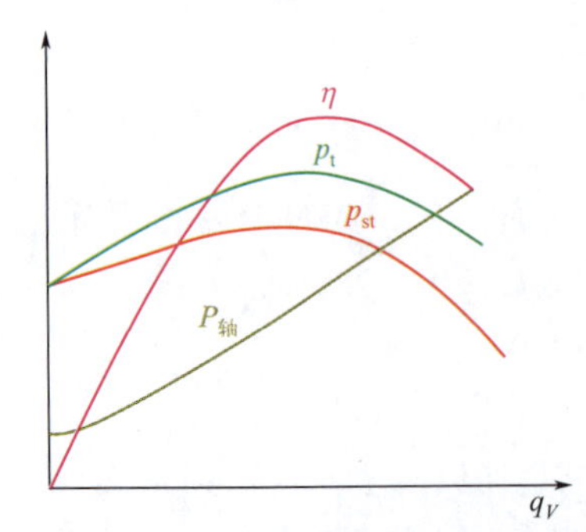

图2-49 离心式通风机特性曲线

（三）离心式通风机的选型

① 根据气体种类和风压范围，确定风机的类型；

② 确定所求的风（流）量和全风压。风量根据生产任务来定；全风压按伯努利方程来求，但要按标准状况校正，即：

$$P_{t0} = P_t \frac{\rho_0}{\rho} \tag{2-13}$$

式中　P_{t0}——校正全风压，Pa；

P_t——标准全风压，Pa；

ρ_0——1atm、20℃时空气的密度，m^3/s；

ρ——操作任务下流体的密度，m^3/s。

③ 根据按入口状态计的风量和校正后的全风压在产品系列表中查找合适的型号。

三、离心式鼓风机

（一）离心式鼓风机的构造

离心式鼓风机（图 2-50）又称涡轮鼓风机（turbo blower）、透平鼓风机（turbine blower）。其工作原理与离心式通风机相同，其结构与离心泵类似，主要由蜗形外壳与叶轮组成，其内部结构如图 2-51 所示。

图2-50　离心式鼓风机

（二）离心式鼓风机的工作原理

气体由吸入口进入叶轮，做离心运动。首先得到动能，其中一部分在蜗壳体内转化成静压能。依次通过各级叶轮经排出口排出，见图 2-51。

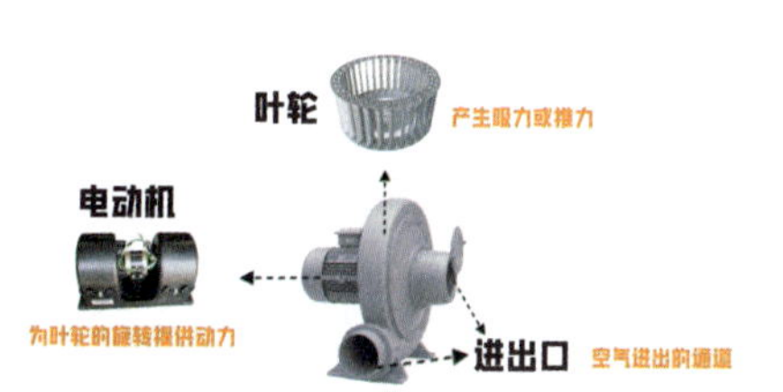

图2-51　离心鼓风机内部结构

（三）离心式鼓风机的特点

① 离心式鼓风机的蜗壳形通道亦为圆形；但外壳直径与厚度之比较大；

② 叶轮上叶片数目较多；

③ 转速较高；

④ 叶轮外周都装有导轮；

⑤ 由于单级离心鼓风机不可能产生很高的风压（一般不超过 50kPa），故扬程较高的离心鼓风机都是多级的。其风压可达 0.3MPa。

四、旋转式气体输送机械——罗茨鼓风机

罗茨鼓风机（Roots blower）是最常用的一种旋转式鼓风机，由机壳和转子构成，其工作原理与齿轮泵相似。如图 2-52、图 2-53 所示，在机壳内有两个转子，两个转子之间、转子与机壳之间的间隙很小，保证转子能自由旋转，而同时不会有过多的气体从排出口的高压区向吸入口的低压区泄漏。两个转子旋转方向相反，气体从一侧吸入，从另一侧排出。

罗茨鼓风机的气体流量与转速成正比。在一定转速下，出口压力增大时，气体通过转子与机壳的间隙泄漏增多，流量略有减少，但通常看作流量基本不变。气体出口压力一般在

80kPa 以下，流量约为 10m^3/s 以下。一般用旁路阀调节流量，操作温度不能超过 85℃，以免转子受热膨胀而卡住，风机出口应安装安全阀和气体稳压罐。如图 2-54、图 2-55 所示。

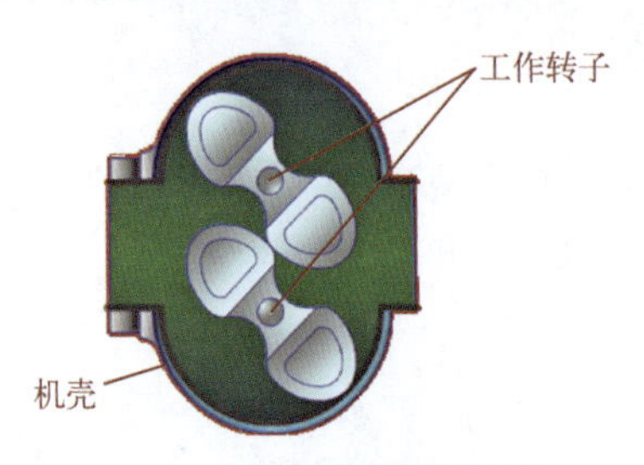

图2-52　罗茨鼓风机的构造

图2-53　罗茨鼓风机内部实物图

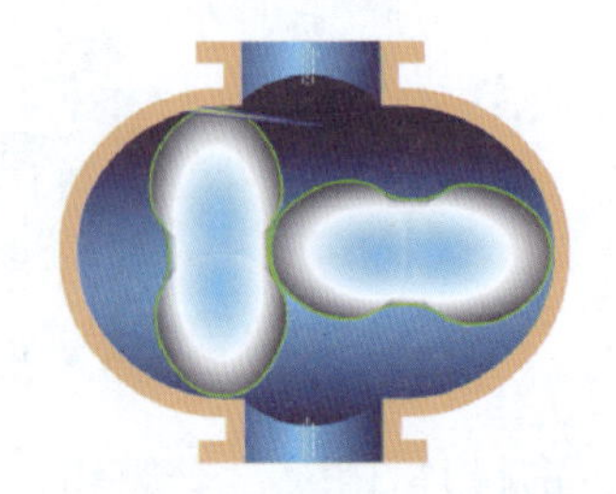

图2-54　罗茨鼓风机的工作原理

图2-55　罗茨鼓风机

五、离心式压缩机

（一）离心式压缩机的构造

离心式压缩机（图 2-56～图 2-61）又称涡轮压缩机、透平鼓风机，其构造（图 2-62）与离心压缩机相似，由转 子和定子组成。

【转子】主轴、多（单）级叶轮、轴套及平衡元件；

【定子】气缸和隔板。

图2-56　单级离心式压缩机

图2-57　单级离心式压缩机叶轮

图2-58　单级离心式压缩机实物图

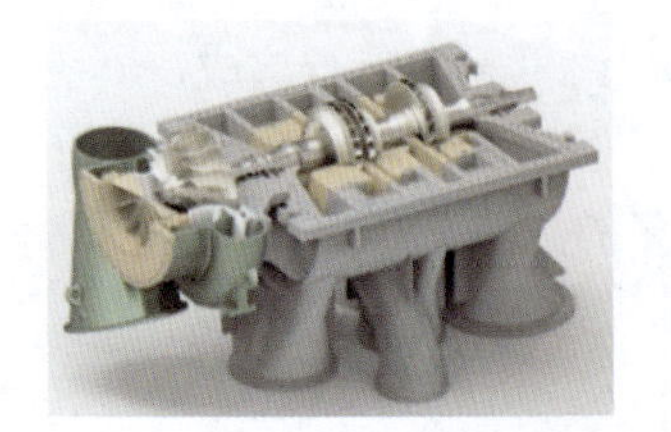

图2-59　多级离心式压缩机

图2-60　多级离心式压缩机叶轮

图2-61　多级离心式压缩机实物图

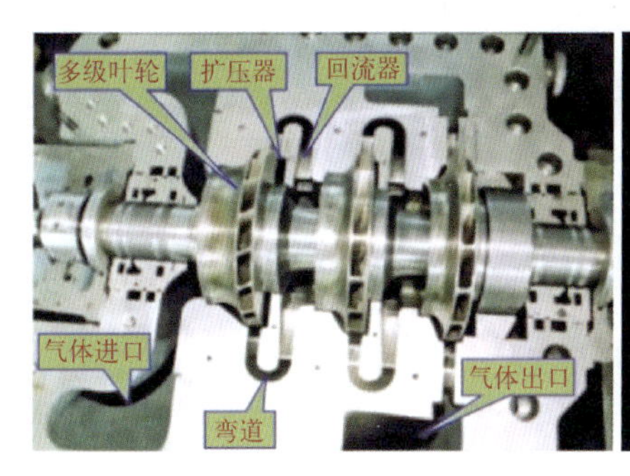

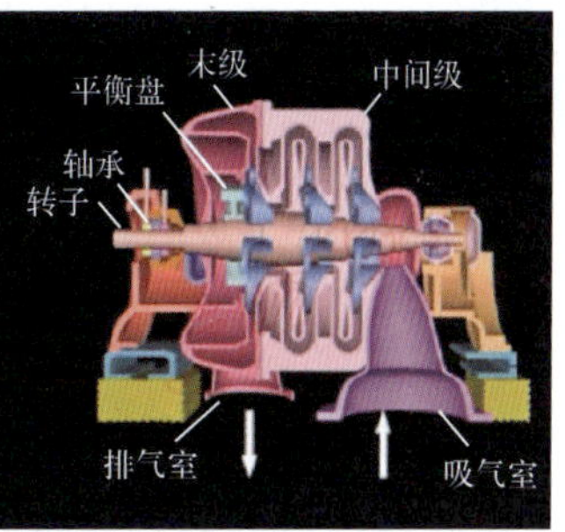

图2-62　离心式压缩机的结构

（二）离心式压缩机的工作原理

① 气体沿轴向进入各级叶轮中心处，被旋转的叶轮做功，受离心力的作用，以很高的速度离开叶轮，进入扩压器。

② 气体在扩压器内减速、增压。

③ 经扩压器减速、增压后气体进入弯道，使流向反转 180° 后进入回流器，经过回流器后又进入下一级叶轮。显然，弯道和回流器是沟通前一级叶轮和后一级叶轮的通道。如此，气体在多个叶轮中被增压数次，以很高的压力离开。

（三）离心式压缩机的特点

与往复压缩机相比，离心式压缩机有如下优点：

① 体积和重量都很小而流量很大；

② 供气均匀，运转平稳；

③ 易损部件少、维护方便。

因此，除非压力要求非常高，离心式压缩机已有取代往复式压缩机的趋势。而且，离心式压缩机已经发展成为非常大型的设备，流量达几十万立方米/时，出口压力达几十兆帕。

思考与练习

思考题

1. 往复式压缩机的结构。
2. 往复式压缩机的工作循环。
3. 离心通风机的性能参数有哪些。
4. 气体输送机械有哪些分类？

填空题

1. 往复压缩机的主要结构与往复泵相同之处为________、________、________和排除阀。不同之处为________和________。

2. 往复压缩机一个实际工作循环，由________、________、________所组成。

3. 真空泵是一个获得________于外界大气压的设备，它用于抽送设备内的________压气体，使设备内获得一定的________。往复式真空泵用于抽吸________的气体。

4. 多级压缩气缸的体积随级数增多而逐级______，气缸的壁厚随级数增多而逐级________。

5. 实现多级压缩的关键是________。

6. 离心通风机的风压与进入风机气体的密度有关。风机性能表上的风压是在________、常压下以空气为介质测得的，该条件下气体的密度为________，若实际条件与实验条件不同，则应按下式换算________。

7. 罗茨鼓风机的风量与转速________，当转速一定时，流量与风机的出口压强________，风量可保持基本________。罗茨鼓风机的流量调节采用________。

选择题

1. 下列风机采用正位移操作及使用旁路调节流量的设备是（　　）。

A. 离心通风机　　B. 离心鼓风机　　C. 离心式压缩机　　D. 罗茨鼓风机

2. 单位体积的气体通过风机时所获得的能量，称为（　　）。

A. 全风压　　B. 风量　　C. 静风压　　D. 动风压

3. 下列哪类设备属于透平压缩机（　　）。

A. 往复压缩机　　B. 罗茨鼓风机　　C. 离心式压缩机　　D. 喷射泵

4. 下列哪类真空泵运行时，泵内没有活动部件（　　）。

A. 喷射　　B. 往复真空泵　　C. 水环真空泵

拓展阅读

冰箱的气体输送过程

我们知道任何物质在液化（气体变为液体）后都要放出热量，在气化（液体变为气体）时都要吸收热量，这是最普遍的物理现象。空调冰箱就是利用了这个道理，电冰箱（图 2-63）由箱体（图 2-64）、制冷系统、控制系统三部分组成。电冰箱的制冷系统主要包括蒸发器、冷凝器、毛细管、干燥过滤器和压缩机。

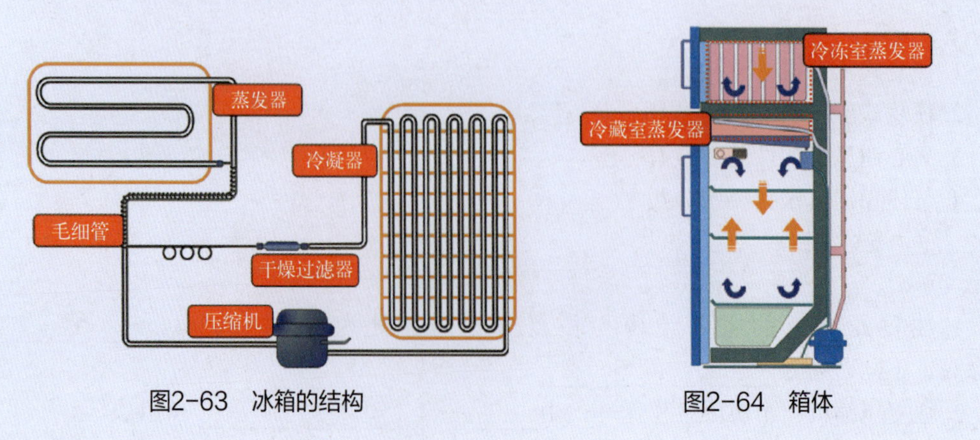

图2-63　冰箱的结构　　　图2-64　箱体

电冰箱的工作原理：

① 制冷剂气体经压缩机压缩为高温高压的过热蒸气，并经压缩机的排气管进入冷凝器，过热蒸气在冷凝器中冷凝为高温中压的液体。

② 高温中压的制冷剂液体经干燥过滤器过滤后进入毛细管，经毛细管节流降压后由高温中压变为低温低压。

③ 低温低压的制冷剂液体在蒸发器中大量吸收外界热量而汽化为饱和蒸气，实现制冷，然后在吸气管中变为低压蒸气，再被压缩机吸入维持循环 。

双开门冰箱是目前比较常用的冰箱，制冷方式有直冷式和间冷式。

冷冻室（-6℃～-18℃）和冷藏室（0℃～10℃）的蒸发器直接吸收食物和箱内周围空气的热量，实现制冷。这类电冰箱冷冻和冷藏室各有一个蒸发器。

间冷式电冰箱：依靠风扇强制吹风的方式使冷气在电冰箱内循环，从而达到制冷的效果 。这种冰箱冷冻室和冷藏室均不结霜，故称无霜电冰箱。箱内温度均匀性好，冷冻室冷藏室温度通过各自的温控器进行调节。

任务四　离心泵的仿真操作

任务概述

要完成离心泵的操作任务，学生应熟悉工艺流程和操作界面，通过对温度、压力、流量、物位等四大参数的跟踪和控制，能够完成离心泵仿真操作的正常开车、正常运行、正常停车，并能对操作中出现的常见故障（泵P101A坏、调节阀FV101卡、泵P101A入口管线堵、泵P101A气蚀、泵P101A气缚）进行判断和处理。

学习目标

1. 掌握仿真模拟训练中离心泵的结构和工作原理。

2. 在仿真模拟训练中总结生产操作的经验，吸取失败的教训，提高发现问题、分析问题和解决问题的能力。

3. 在仿真模拟训练中培养严谨、认真、求实的工作作风。

一、工艺流程认知

认一认

离心泵DCS界面与现场界面分别如图2-65所示，观察仿真界面和现场界面，识读工艺流程。

来自某一设备的约40℃的带压液体经调节阀LV101进入带压罐V101，罐的液位由液位控制器LIC101通过调节V101的进料量来控制；罐内的压力由PIC101分程控制，PV101A、PV101B分别调节进出V101的氮气量，从而保持罐压恒定在表压50atm；罐内的液体由泵P101A/B抽出输送到其他设备，泵出口的流量由流量调节器FIC101控制。

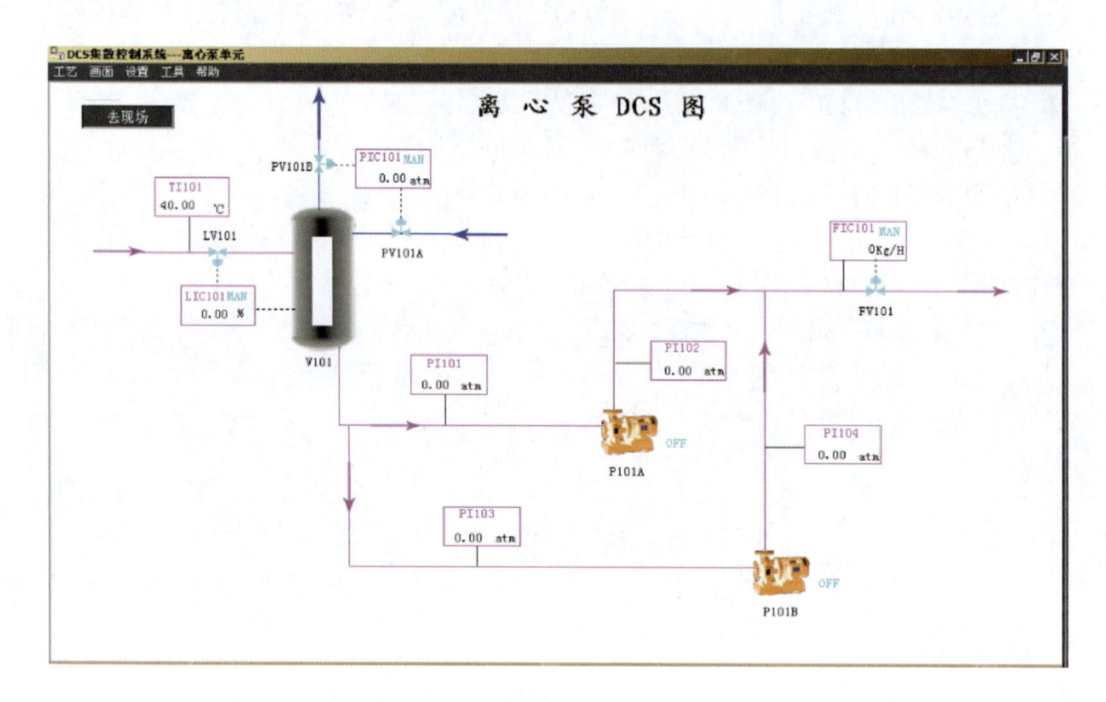

图2-65 离心泵DCS界面

二、设备认知

V101：离心泵泵前罐

P101A：离心泵A

P101B：离心泵B

三、离心泵单元操作规程

写一写

根据仿真软件页面提示，进行仿真操作练习，并总结开停车步骤。

（一）开车操作规程

1. 准备工作

（1）盘车

（2）核对吸入条件

（3）调整填料或机械密封装置

2. 罐 V101 充液、充压

（1）罐 V101 充液

打开调节阀 LV101，开度约为 30%，向罐 V101 充液。当 LV101 开度达到 50% 时，LC101 设定 50%，投自动。

（2）罐 V101 充压

待罐 V101 的液位高于 5% 后，缓慢打开分程压力调节阀 PV101A 向罐 V101 充压。当压力升高到 5.0atm（表）时。PIC101 设定 5.0atm（表），投自动。

3. 启动泵前的准备工作

（1）灌泵

待灌 V101 充压到正常值 5.0 atm(表)后，打开泵 P101A 的入口阀 VD01，向离心泵充液。VD01 出口的标志变为绿色说明灌泵完毕。

（2）排气

打开泵 P101A 后的排空阀 VD03 排放泵内的不凝气体。观察泵 P101A 后的排空阀 VD03 的出口，当有液体溢出时，显示标志变为绿色，标志着泵 P101A 内已无不凝气体，关闭泵 P101A 后的排空阀 VD03，启动离心泵的准备工作就绪。

4. 启动离心泵

（1）启动离心泵（P101A 或 P101B）

（2）输送流体

待 PI102 的示值为入口压力的 1.5 ～ 2.0 倍后，打开泵 P101A 的出口阀（VD04）；将调节阀 FV101 的前阀、后阀打开；逐渐加大调节阀 FV101 的开度，使 PI101、PI102 的示值趋于正常值。

（二）正常操作规程

1. 正常工况操作参数

① 泵 P101A 出口压力 PI102 为 12.0atm。

② 罐 V101 液位 LIC101 为 50.0%。

③ 罐 V101 压力 PIC101 为 5.0 atm。

④ 泵出口流量 FIC101 为 20000kg/h。

2. 负荷调整

① 泵 P101 功率正常值为 5kW。

② FIC101 量程正常值为 20000kg/h。

（三）停车操作规程

1. 罐 V101 停止进料

LIC101 置手动，并手动关闭调节阀 LV101，停止罐 V101 的进料。

2. 停泵

① 待罐 V101 的液位低于 10% 时，关闭泵 P101A（或 P101B）的出口阀。

② P101A 停泵。

③ 关闭泵 P101A 的前后阀 VD01。

④ FIC101 置手动，并关闭调节阀 FV101 及其前、后阀（VB03、VB04）。

3. 泵 P101A 泄液

打开泵 P101A 的泄液阀 VD02，观察泄液阀 VD02 的出口。当不再有液体泄出时，显示标志变为红色，关闭 VD02。

4. 罐 V101 泄压泄液

① 待罐 V101 的液位低于 10% 时，打开罐 V101 的泄液阀 VD10。

② 待罐 V101 的液位低于 5% 时，打开 PIC101 的泄压阀。

③ 观察罐 V101 的泄液阀 VD10 的出口，当不再有液体泄出时，显示标志变为红色，待液体排净后，关闭泄液阀 VD10。

（四）主要事故

写一写

根据仿真软件页面提示，进行仿真操作练习，并总结换热器常见故障及现象，填写小结。

事故名称	主要现象	处理方法
泵P101A坏	① 泵 P101A 出口压力急剧下降； ② FTC101流量急剧减小	切换到备用泵P101B： ① 全开泵P101B的入口阀VD05，向泵P101B灌液，全开排空阀VD07排P101B的不凝气，当显示标志为绿色后关闭 VD07； ② 灌泵和排气结束后，启动P101B； ③ 待泵P101B的出口压力升至入口压力的1.5～2倍后，打开P101B的出口阀VD08，同时缓慢关闭 P101A的出口阀VD04，以尽量减小流量波动； ④ 待P101B进、出口压力指示正常后，按停泵顺序停止P101A，关闭泵P101A的入口阀VD01，并通知维修部门
调节阀FV101卡	FIC101的流量不可调节	① 打开 FV101 的旁通阀 VD09，调节流量使其达到正常值； ② 手动关闭调节阀 FV101及其后阀VB04、前阀VB03； ③ 通知维修部门
泵P101A入口管线堵	① 泵P101A的出口压力急剧降低至0； ② 冷、热流体的出口温度都降低； ③ 汽化率降低	① 切换到P102B泵（关闭P102A，启动P102B）； ② 通知维修部门，进行维修
泵P101A入口管线堵	① 泵P101A的入口、出口压力急剧下降； ② FIC101的流量急剧减小到零	① 按泵的切换步骤切换到备用泵P101B ② 通知维修部门，进行维修
泵P101A汽蚀	①泵P101A的入口、出口压力上下波动； ② 泵P101A的出口流量波动	按泵的切换步骤切换到备用泵P101B
泵P101A气缚	① 泵P101A的入口、出口压力急剧下降； ② FICl01的流量急剧减小	按泵的切换步骤切换到备用泵P101B

任务评价

<table>
<tr><td>任务名称</td><td colspan="5">传热仿真操作</td></tr>
<tr><td>班级</td><td></td><td>姓名</td><td></td><td>学号</td><td></td></tr>
<tr><td>序号</td><td>评价内容</td><td colspan="2">评价步骤</td><td colspan="2">各步骤分数</td></tr>
<tr><td rowspan="2">1</td><td rowspan="2">离心泵的知识</td><td colspan="2">离心泵的工作原理</td><td colspan="2"></td></tr>
<tr><td colspan="2">汽蚀和气缚</td><td colspan="2"></td></tr>
<tr><td rowspan="3">2</td><td rowspan="3">开停车仿真操作
和正常运行</td><td colspan="2">正常开车</td><td colspan="2"></td></tr>
<tr><td colspan="2">正常运行</td><td colspan="2"></td></tr>
<tr><td colspan="2">正常停车</td><td colspan="2"></td></tr>
<tr><td rowspan="6">3</td><td rowspan="6">故障处理</td><td colspan="2">泵P101A坏</td><td colspan="2"></td></tr>
<tr><td colspan="2">调节阀FV101卡</td><td colspan="2"></td></tr>
<tr><td colspan="2">泵P101A入口管线堵</td><td colspan="2"></td></tr>
<tr><td colspan="2">泵P101A入口管线堵</td><td colspan="2"></td></tr>
<tr><td colspan="2">泵P101A汽蚀</td><td colspan="2"></td></tr>
<tr><td colspan="2">泵P101A气缚</td><td colspan="2"></td></tr>
<tr><td colspan="2">仿真总成绩</td><td colspan="4"></td></tr>
<tr><td>教师点评</td><td colspan="5">教师签名</td></tr>
<tr><td>学生反思</td><td colspan="5">学生签名</td></tr>
</table>

思考与练习

问答题

1. 什么是汽蚀？如何避免？
2. 什么是气缚？如何避免？

拓展阅读

离心泵启动时，出口阀门必须关闭吗？

离心泵在启动时，需要注意很多事项，但离心泵启动时需要不需要关闭出口阀门？让我们一起了解下。

离心泵启动时为什么要关闭出口阀门？

离心水泵在启动时，泵的出口管路内还没水，因此还不存在管路阻力和提升高度阻力，在离心泵启动后，离心泵扬程很低，流量很大，此时泵电机（轴功率）输出很大（据泵性能曲线），很容易超载，就会使泵的电机及线路损坏，因此启动时要关闭出口阀，才能使泵正常运行。

如果用轴流式的水泵情况就相反了，必须是开阀启动，此时电机的功率最小，短时间内由于没有阻力，会偏大流量运转，常常出现泵振动、噪声，甚至电机超负荷运转，将电机烧毁。关闭出口阀，等于人为设置管阻压力，随泵正常运转后，缓慢启动阀门，让泵沿其性能曲线规律逐步正常工作。

任务五　流体输送实训操作

任务概述

流体输送是化工生产中最常见的单元操作，而离心泵是流体输送的核心设备。

本装置设计导入工业泵组、罐区设计概念，着重于流体输送过程中的压力、流量、液位控制，采用不同流体输送设备（离心泵、压缩机、真空泵）和输送形式（动力输送和静压输送），并引入工业流体输送过程常见安全保护装置。

学生要完成该流体输送任务如下：

任务 1：通过两台泵的串联和并联操作，将水输送到高位槽，并控制液位稳定在 80L。

任务 2：完成离心泵的特性曲线的测定。要求数据不少于 10 组，流量设置合理。

学习目标

1. 认识化工生产中的离心泵，了解它们的结构特点，通过对比离心泵和真空泵了解它们的操作性能和适用范围。

2. 掌握实训中离心泵的工作原理、使用和安装。

3. 了解在使用离心泵输送液体时，可以进行并联和串联操作，以及两种操作对流体输送的影响。

4. 通过亲自动手操作，掌握实际生产中的传热操作技能，提高动手能力。

5. 在实训操作中培养团队合作精神。

图2-66　输送现场装置

一、工艺流程认知

小组活动

根据前面课程认识的工艺流程，小组到实训现场对着装置（图 2-66）熟悉流程，小组代表讲解，教师点评。

二、流体输送装置开停车

小组活动

小组讨论制定开停车步骤，教师点评并补充细节。

① 穿戴好个人防护装备并相互检查。

② 小组分工，各岗位熟悉岗位职责。

③ 明确工艺操作指标。

离心泵进口压力：-15 ～ -6kPa；

1 号泵单独运行时出口压力：0.15 ～ 0.27MPa（流量为 0 ～ 6m^3/h）；

两台泵串联时出口压力：0.27 ～ 0.53MPa（流量为 0 ～ 6m^3/h）；

两台泵并联时出口压力：0.12 ～ 0.28MPa（流量为 0 ～ 7m^3/h）；

离心泵特性流体流量：2 ～ 7m^3/h；

液位控制：吸收塔液位：1/3 ～ 1/2。

④ 加装实训用水

关闭原料水槽排水阀（VA25），原料水槽加水至浮球阀关闭，关闭自来水。

三、实训操作

（一）开车

1. 流体输送

（1）泵并联操作

方法一：开阀 VA03、VA09、VA06、VA12，关阀 VA04、VA13、VA14，放空阀 VA11 适当打开。液体直接从高位槽流入原料水槽。

方法二：开阀 VA03、阀 VA09、阀 VA06，关溢流阀 VA12，关阀 VA04、阀 VA11、阀 VA13、阀 VA12、阀 VA16、阀 VA20、阀 VA18、阀 VA21、阀 VA19、阀 VA22、阀 VA17、阀 VA33、阀 VA31。放空阀 VA32 适度打开，打开阀 VA14、阀 VA23、阀 VA25 或打开旁路阀 VA26（适当开度），液体从高位槽经吸收塔流入原料水槽。

启动 1# 泵和启动 2# 泵，由阀 VA10（泵启动前关闭，泵启动后根据要求开到适当开度）或电动调节阀 VA15 调节液体流量分别为 2、3、4、5、6、7m^3/h，在 C3000 仪表上或监控软件上观察离心泵特性数据。等待一定时间后（至少 5 分钟），记录相关实验数据。

（2）泵串联操作

方法一：开阀 VA04、VA09、VA06、VA12，关阀 VA03、VA13、VA14，放空阀 VA11 适当打开。液体直接从高位槽流入原料水槽。

方法二：开阀 VA04、阀 VA09、阀 VA06，关溢流阀 VA12，关阀 VA03、阀 VA11、阀 VA13、阀 VA12、阀 VA16、阀 VA20、阀 VA18、阀 VA21、阀 VA19、阀 VA22、阀 VA17、阀 VA33、阀 VA31。放空阀 VA32 适度打开，打开阀 VA14、阀 VA23、阀 VA25 或打开旁路阀 VA26（适当开度），液体从高位槽经吸收塔流入原料水槽。

启动 1# 泵和启动 2# 泵，由阀 VA10（泵启动前关闭，泵启动后根据要求开到适当开度）或电动调节阀 VA15 调节液体流量分别为 2、3、4、5、6、7m^3/h，在 C3000 仪表上或监控软件上观察离心泵特性数据。等待一定时间后（至少 5 分钟），记录相关实验数据。

（3）泵的联锁投运

① 切除联锁，启动 2 号泵至正常运行后，投运联锁。

② 设定好 2 号泵进口压力报警下限值，逐步关小阀门 VA10，检查泵运转情况。

③ 当 2 号泵有异常声音产生、进口压力低于下限时，操作台发出报警，同时联锁起动：2 号泵自动跳闸停止运转，1 号泵自动启动。

④ 保证流体输送系统的正常稳定运行。

注：投运时，阀 VA03、阀 VA06、阀 VA09 必须打开，阀 VA04 必须关闭。

注：当单泵无法启动时，应检查联锁是否处于投运状态。

2. 配比输送

以水和压缩空气作为配比介质，模仿实际的流体介质配比操作。以压缩空气的流量为主流量，以水作为配比流量。

① 检查阀 VA31 处的盲板是否已抽除（见盲板操作管理），阀 VA31 是否在关闭状态。

② 开阀 VA32、阀 VA03，关溢流阀 VA12，关阀 VA04、阀 VA28、阀 VA31、阀 VA06、阀 VA09、阀 VA11、阀 VA13、阀 VA12、阀 VA16、阀 VA20、阀 VA18、阀 VA21、阀 VA19、阀 VA22、阀 VA17、阀 VA33、阀 VA31。放空阀 VA32 适当打开，打开阀 VA14、阀 VA23、阀 VA25 或打开旁路阀 VA26（适当开度），液体从高位槽经吸收塔流入原料水槽。

③ 按上述步骤启动 1 号水泵，调节 FIC102 流量在 4m^3/h 左右，并调节吸收塔液位在 1/3 ～ 2/3。

④ 启动空气压缩机，缓慢开启阀 VA28，观察缓冲罐压力上升速度，控制缓冲罐压力 $\leqslant$ 0.1MPa。

⑤ 当缓冲罐压力达到 0.05MPa 以上时，缓慢开启阀 VA31，向吸收塔送空气，并调节 FIC103 流量在 8 ～ 10m^3/h（标准状况）。

⑥ 根据配比需求，调节 VA32 的开度，观察流量大小。

若投自动，在 C3000 仪表中设定配比值（1：2/1：1/1：3）；进行自动控制。

3. 管阻力实验

（1）光滑管阻力测定

在上述单泵操作的基础上，启动 1# 泵，开阀 VA03、VA14、VA20、VA21、VA22、VA23、VA25、旁路阀 VA26，关阀 VA04、VA09、VA06、VA13、VA16、VA17、VA18、VA19、电动调节阀 VA15、VA33、VA31，阀 VA32 适度打开。用阀 VA10（泵启动前关闭，

泵启动后根据要求开到适当开度）或电动调节阀 VA15 调节流量分别为 1、1.5、2、2.5、3m^3/h，记录光滑关阻力测定数据。

（2）局部阻力管阻力测定

启动 1# 泵，开阀 VA03、VA14、VA16、VA18、VA19、VA23、VA25、旁路阀 VA26，关阀 VA04、VA09、VA06、VA13、VA20、VA21、VA22、电动调节阀 VA15、VA33、VA31，阀 VA32 适度打开。用阀 VA10（泵启动前关闭，泵启动后根据要求开到适当开度）或电动调节阀 VA15 调节流量分别为 1、1.5、2、2.5、3m^3/h，记录局部阻力管阻力测定数据。

（二）停车

① 按操作步骤分别停止所有运转设备。

② 打开阀 VA11、VA13、VA14、VA16、VA20、VA32、VA23、VA25、VA26、VA24，将高位槽 V102、吸收塔 T101 中的液体排空至原料水槽 V101。

③ 检查各设备、阀门状态，做好记录。

④ 关闭控制柜上各仪表开关。

⑤ 切断装置总电源。

⑥ 清理现场，做好设备、电气、仪表等防护工作。

（三）紧急停车

遇到下列情况之一者，应紧急停车处理：

① 泵内发出异常的声响；

② 泵突然发生剧烈振动；

③ 电机电流超过额定值持续不降；

④ 泵突然不出水；

⑤ 空压机有异常的声音；

⑥ 真空泵有异常的声音。

四、流体输送实训操作报表

序号	时间	高位槽液位/mm	泵出口流量/（L/h）	1号泵进口压力/MPa	1号泵出口压力/MPa	缓冲罐压力/MPa	压缩空气流量/（L/h）	高位槽液位/mm	吸收塔压力/MPa	进吸收塔流量/（L/h）	吸收塔液位/mm	泵功率/kW	泵转速/（r/min）	操作记事
1														
2														
3														
4														
5														
6														
7														
8														
9														
10														
11														
12														

任务评价

任务名称		流体输送实训操作		
班级		姓名	学号	
序号	任务要求		占分	得分
1	实训准备	正确穿戴个人防护装备	5	
		熟练讲解实训操作流程	5	
2	流体输送开车	离心泵串联开停车	10	
		离心泵并联开停车	10	
		联锁投用	10	
		配比输送开停车	10	
3	管道阻力实验	光滑管阻力测定	10	
		局部阻力管阻力测定	10	
		停车操作	10	
4	故障处理	能针对操作中出现的故障正确判断原因并及时处理	10	
5	小组合作	内操外操分工明确，操作规范有序	5	
6	结束后清场	恢复装置初始状态，保持实训场地整洁	5	
实训总成绩				
教师点评		教师签名		
学生反思		学生签名		

思考与练习

简答题

1. 离心泵在启动和停止运行时泵的出口阀应处于什么状态？为什么？

2. 离心泵出口压力过高或过低应如何调节？

3. 离心泵启动前为什么必须灌水排气？汽蚀和气缚相同吗？

4. 离心泵振动原因及处理办法是什么？

5. 水以2m/s的速度在内径为41mm长200m（直管长度与当量长度之和）的管内流动，摩擦系数为0.02，问扬程损失多少？

选择题

1. 离心泵在正常运转时，其扬程与升扬高度的大小比较是（　　）。

A. 扬程＞升扬高度　　B. 扬程＝升扬高度

C. 扬程＜升扬高度　　D. 不能确定

2. 离心泵抽空、无流量，其发生的原因可能有（　　）。

① 启动时泵内未灌满液体　　② 吸入管路堵塞

③ 吸入容器内液面过低　　④ 泵轴反向转动

⑤ 泵内漏进气体　　⑥ 底阀漏液

A. ①③⑤　　B. ②④⑥　　C. 全都不是　　D. 全都是

3. 流体运动时，能量损失的根本原因是由于流体存在着（　　）。

A. 压力　　B. 动能　　C. 湍流　　D. 黏性

4. 采用两台离心泵串联操作，通常是为了增加（　　）。

A. 流量　　B. 扬程　　C. 效率　　D. 上述三者

5. 采用出口阀门调节离心泵流量时，开大出口阀门扬程（　　）。

A. 增大　　B. 不变　　C. 减小　　D. 先增大后减小

6. 某人进行离心泵特性曲线测定实验，泵启动后，出水管不出水，泵进口处真空表指示真空度很高。你认为以下 4 种原因中，哪一个是真正的原因（　　）。

A. 水温太高　　B. 真空表坏了　　C. 吸入管路堵塞　　D. 排出管路堵塞

拓展阅读

古代的输水设备“压水机”

有一个人在沙漠中旅行，不慎迷失了方向。两天后，难以忍受的干渴几乎摧毁了他生存的意志。沙漠就像一座极大的火炉要蒸干他的血液。绝望中的他却意外地发现了一幢废弃的小屋。他拼尽了最后的力气，才拖着疲惫不堪的身子，爬进堆满枯木的小屋。定睛一看，枯木中隐藏着一架抽水机，他立刻兴奋起来，拨开枯木，上前抽水。但折腾了好一阵子，也没能抽出半滴水来。

绝望再一次袭上心头，他颓然坐地，却看见抽水机旁有个小瓶子，瓶口用软木塞堵着，瓶上贴了一张泛黄的纸条。上边写着：你必须用水灌入抽水机才能抽水！不要忘了，在你离开前，请再将瓶子里的水装满！

他拔开瓶塞，望着那瓶救命的水，早已干渴的内心立刻爆发了一场生死决战：我只要将瓶里的水喝掉，虽然能不能活着走出沙漠还很难说，但起码能活着走出这间屋子！倘若把瓶中这些救命的水倒入抽水机内，或许能得到更多的水，但万一抽不上水，我恐怕连这间小屋也走不出去了……

最后，他把整瓶水全部灌入那架破旧不堪的抽水机，接着用颤抖的双手开始抽水……水真的涌了出来！他痛痛快快地喝了一顿，然后把瓶子装满，用软木塞封好，又在那泛黄的纸条后面写上：相信我，真的有用。

几天后，他终于穿过沙漠，来到绿洲。每当回忆起这段生死历程，他总要告诫后人：在取得之前，要先学会付出。

图 2-67 为压水机原理。

图2-67　压水机原理

项目评价

<table>
<tr><th colspan="6">项目实训评价</th></tr>
<tr><td colspan="2" rowspan="2">评价项目</td><td colspan="4">评价</td></tr>
<tr><td>A</td><td>B</td><td>C</td><td>D</td></tr>
<tr><td colspan="6">任务1　离心泵</td></tr>
<tr><td rowspan="4">学习目标</td><td>离心泵的结构及工作原理</td><td></td><td></td><td></td><td></td></tr>
<tr><td>离心泵的性能参数及特性曲线</td><td></td><td></td><td></td><td></td></tr>
<tr><td>离心泵的工作点与流量调节</td><td></td><td></td><td></td><td></td></tr>
<tr><td>离心泵的安装与选用</td><td></td><td></td><td></td><td></td></tr>
<tr><td colspan="6">任务2　化工常用的液体输送泵</td></tr>
<tr><td rowspan="3">学习目标</td><td>往复泵</td><td></td><td></td><td></td><td></td></tr>
<tr><td>旋涡泵</td><td></td><td></td><td></td><td></td></tr>
<tr><td>其他泵</td><td></td><td></td><td></td><td></td></tr>
<tr><td colspan="6">任务3　常用的气体输送泵</td></tr>
<tr><td rowspan="3">学习目标</td><td>离心式压缩机</td><td></td><td></td><td></td><td></td></tr>
<tr><td>罗茨鼓风机</td><td></td><td></td><td></td><td></td></tr>
<tr><td>真空泵</td><td></td><td></td><td></td><td></td></tr>
<tr><td colspan="6">任务4　离心泵的仿真操作</td></tr>
<tr><td rowspan="4">学习目标</td><td>离心泵的基础知识</td><td></td><td></td><td></td><td></td></tr>
<tr><td>装置开停车</td><td></td><td></td><td></td><td></td></tr>
<tr><td>装置稳定运行</td><td></td><td></td><td></td><td></td></tr>
<tr><td>故障处理</td><td></td><td></td><td></td><td></td></tr>
<tr><td colspan="6">任务5　流体输送实训操作</td></tr>
<tr><td rowspan="3">学习目标</td><td>装置开停车</td><td></td><td></td><td></td><td></td></tr>
<tr><td>装置稳定运行</td><td></td><td></td><td></td><td></td></tr>
<tr><td>故障处理</td><td></td><td></td><td></td><td></td></tr>
<tr><td colspan="6">教师点评：</td></tr>
</table>

流体输送

项目三　非均相混合物的分离

任务一　非均相混合物及分离

任务二　沉降及沉降设备

任务三　过滤及过滤设备

任务四　过滤的实训操作

项目导入

工业的发展和科技的进步带给我们便利的生活，但是日益严重的空气污染也随之而来，秋冬季节的雾霾天、春天的沙尘暴成为困扰居民生活的难题，空气中到处弥漫着灰尘，在家庭中我们使用吸尘器、空气净化器，那工业上是如何除尘的呢？

项目目标

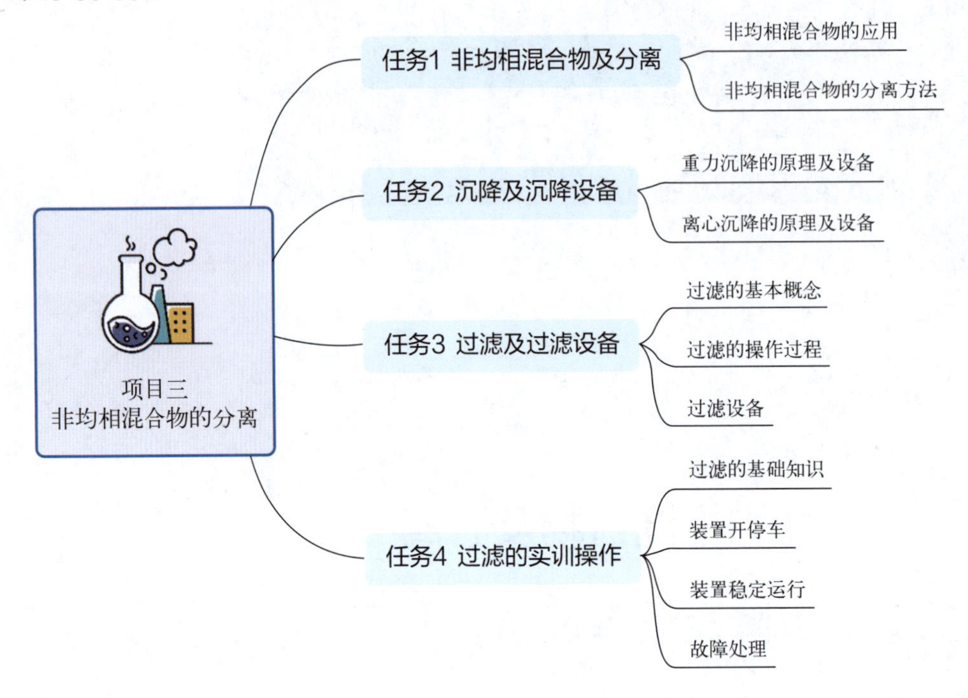

任务实施

任务一　非均相混合物及分离

学习目标

1. 了解非均相混合物的应用。
2. 了解非均相混合物的分离方法。

一、混合物的分类

自然界的大多数物质是混合物，一般按相态我们将混合物分为均相物系（即均相混合物）与非均相物系（即非均相混合物）。

【均相物系】混合物系内部各处组成均匀，且内部不存在界面。溶液及混合气体都属于均相混合物，如：乙醇 - 水溶液，空气等都属于均相物系。

【非均相物系】含有两个或两个以上的相组成的混合物，混合物内部有明显的相界面。

【注】本章讨论的是非均相物系的分离。

想一想

什么是界面？观察图 3-1、图 3-2、图 3-3 都是什么相与什么相的界面？

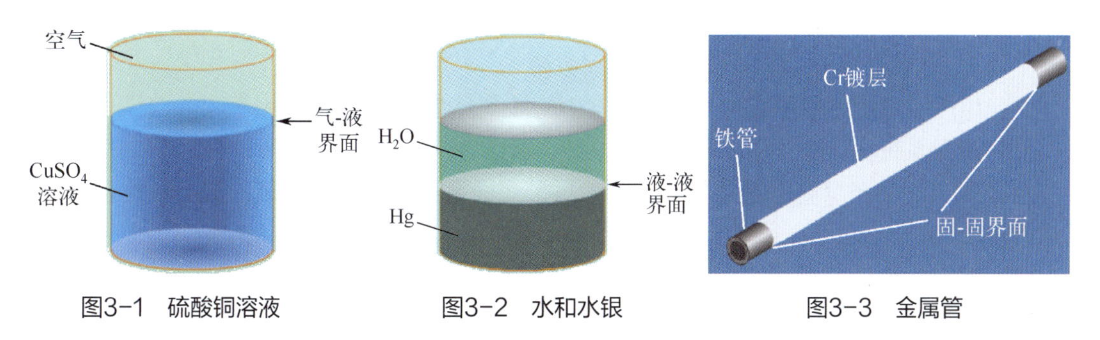

图3-1 硫酸铜溶液　　图3-2 水和水银　　图3-3 金属管

结论：均相混合物在物系内部不存在相界面，各处物料性质均匀一致。非均相混合物在物系内部有相界面存在，且相界面两侧物料是截然不同的。

想一想

你能找到图 3-4 ~ 图 3-7 中哪些是均相物系吗？

图3-4 硫酸铜溶液

图3-5 空气

图3-6 泥浆

图3-7 水油混合物

二、非均相混合物的特点

非均相物系是具有不同物理性质的物质组成，因此具有以下特点：

① 体系内包含一个以上的相；

② 相界面两侧物质的性质（物理性质，如密度等）完全不同。

如由固体颗粒与液体构成的悬浮液（图 3-8）、由固体颗粒与气体构成的含尘气体等。

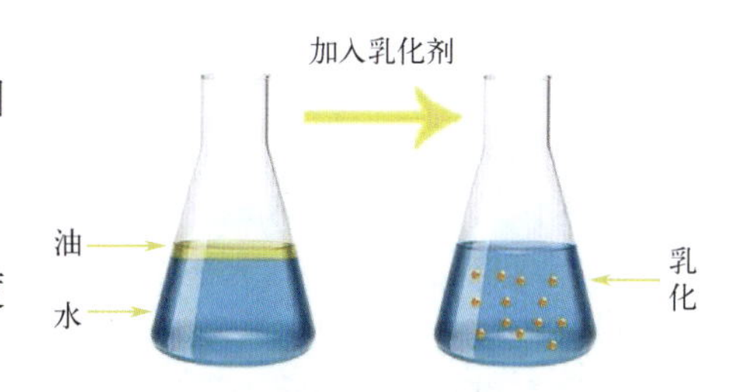

图3-8 水油乳浊液

三、非均相混合物的组成

非均相混合物中，有一相处于分散状态，称为分散相，另一相以连续状态存在，包围在

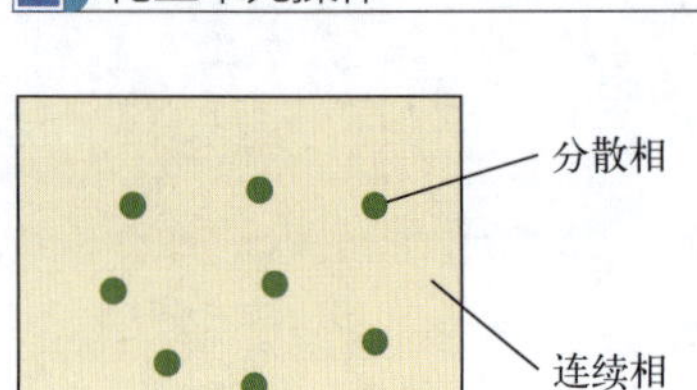

图3-9

分散物质周围，称为连续相（图 3-8、图 3-9）。

【分散物质】处于分散状态的物质，如分散于流体中的固体颗粒、液滴或气泡。

【连续相介质】处于连续状态的物质，如气固混合物中的气体，悬浮液中的液体。

非均相物系根据连续相的状态可分为以下几个系统：

（1）气固系统

工业生产中的燃煤锅炉烟道气、大自然中的沙尘暴都属于气固系统。

（2）液固系统（如液体中的固体颗粒）

悬浮聚合法生产聚氯乙烯的聚合釜中就属于液固系统，生成的聚氯乙烯小颗粒悬浮于氯乙烯溶液中。

（3）气液系统

例如即将要下雨的空气中凝结了很多小水滴，就属于气液系统。

（4）液液系统

在化妆品生产中，常常需要将各种液体原料混合在一起，有些是可溶于水的，有些是不溶于水的，加入乳化剂之后就可以得到稳定的液液系统。

想一想

生活中有哪些非均相混合系统，都是怎么实现分离的？

四、非均相混合物的分离方法

非均相物系分离的依据是连续相与分散相具有不同的物理性质（如密度），一般采用机械方法进行分离。非均相物系也遵循流体力学的基本规律，要将非均相物系中两种不同的物质分离开来，必须使分散相与连续相产生相对运动，因此，按两相运动方式的不同分为沉降和过滤。含尘气体及悬浮液的分离，工业上最常用的方法有沉降分离法与过滤分离法。

沉降分离法是使气体或液体中的固体颗粒受重力、离心力或惯性作用而沉降的方法；**过滤分离法**是利用气体或液体能通过过滤介质而固体颗粒不能通过过滤介质的性质进行分离的，如袋滤法。

此外，对于含尘气体，还有液体洗涤除尘法和电除尘法。液体洗涤除尘法是使含尘气体与水或其他液体接触，洗去固体颗粒的方法。电除尘法是使含尘气体中颗粒在高压电场内受电场力的作用而沉降分离的方法。这两种方法及过滤法都可用于分离含有 1μm 以下颗粒的气体。但应注意的是，液体洗涤除尘法往往产生大量废水，会造成废水处理的困难；电除尘法不仅设备费较多，而且操作费也较高。

本章将重点地介绍重力沉降、离心沉降及过滤等分离法的操作原理及设备。

五、非均相物系分离的目的

① 回收有用物质，如回收颗粒状催化剂。

② 净化分散介质，如除去原料气中夹带的影响催化剂活性的杂质。

③ 环境保护和安全生产，如除尘，清除废液、废气中的有害物质等。

思考与练习

1. 什么是非均相混合物？
2. 非均相混合物系分离的依据是什么？
3. 非均相混合物系分离的目的是什么？

拓展阅读

吸尘器的发展历史

吸尘器按结构可分为立式、卧式和便携式。吸尘器的工作原理是，利用电动机带动叶片高速旋转，在密封的壳体内产生空气负压，吸取尘屑。2012 年 9 月我国家用吸尘器产量是 740.5 万台。

1901 年，英国土木工程师布斯到伦敦莱斯特广场的帝国音乐厅参观美国一种车箱除尘器示范表演。这种吸尘器用压缩空气把尘埃吹入容器内，布斯认为此法并不高明，因为许多尘埃未能吹入容器。后来，他反其道而行之，用吸尘法。布斯做了个很简单的试验：将一块手帕蒙在嘴巴和鼻子上，用口对着手帕吸气，结果使手帕附上了一层灰尘。于是，他制成了吸尘器，用强力电泵把空气吸入软管，通过布袋将灰尘过滤。

1901 年 8 月布斯取得专利，并成立了真空吸尘公司，但并没有出售吸尘器。他把用汽油发动机驱动的真空泵装在马车上，挨户服务，把三四条长长的软管从窗子伸进房间吸尘，公司职工都穿上工作服。这是后期吸尘器的前身。

1902 年布斯的服务公司奉召到西敏斯大教堂，把爱德华七世加冕典礼所用的地毯清理干净。此后生意日益兴隆。1906 年布斯制成了家庭小型吸尘器，虽名为“小型”，但吸尘器却重达 88 磅（1 磅 =0.4536 千克），因太笨重而无法普及。

1907 年美国俄亥俄州的发明家斯班格拉制成轻巧的吸尘器，他当时在一家商店里做管理员，为了减轻清扫地毯的负担，制成了一种吸尘器，用电扇造成真空将灰尘吸入机器，然后吹入口袋。由于他本人无能力生产销售，1908 年把专利转让给毛皮制造商 Hoover。当年 Hoover 便开始制造一种带轮的“O”形真空吸尘器，并开始大规模生产这种吸尘器，并为此成立了 Hoover 公司，销路相当好，这种最早的家用吸尘器设计比较合理，发展到如今也无太大的改动。

1910 年，丹麦“Fisker& Nielsen”公司（现为力奇先进）出售第一台真空吸尘器。重量约 17.5 公斤，但由于可以单人操作，在当时，大受市场好评。

最早设计的吸尘器是直立式的。1912 年瑞典斯德哥尔摩的温勒 · 戈林发明了横罐形真空吸尘器，由此成为真空吸尘器的创始者。

任务二　沉降及沉降设备

学习目标

1. 了解重力沉降的原理及设备。
2. 了解离心沉降的原理及设备。

想一想

什么是沉降？

【**沉降**】在某种力场中利用分散相和连续相之间的密度差异，使之发生相对运动而实现分离的操作过程。

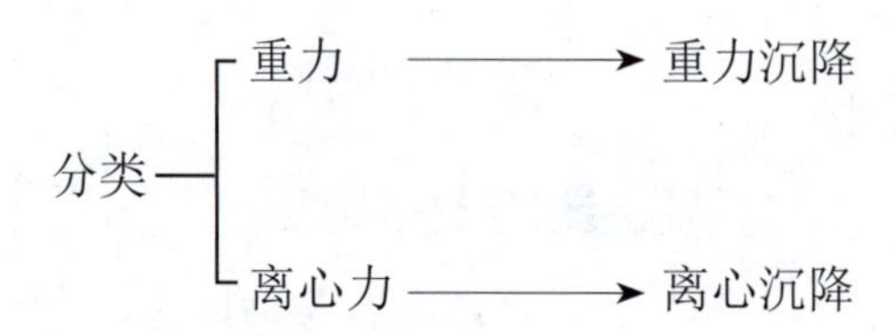

一、重力沉降设备

利用重力沉降分离含尘气体中的尘粒，是一种最原始的分离方法。一般作为预分离之用，分离粒径较大的尘粒。

本节介绍最典型的水平流动型降尘室的操作原理。

1. 降尘室的构造

如图 3-10 图所示，降尘室一般由进气管、降尘室、灰斗和出气管四部分组成。

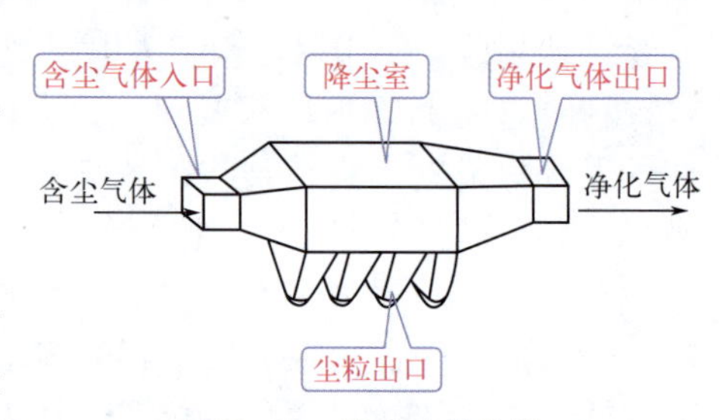

图3-10　降尘室的构造

2. 降尘室的工作原理

含尘气流进入沉降室后，流动截面积扩大使得气流速度大大降低，较重固体颗粒在重力作用下缓慢向灰斗沉降，颗粒在降尘室中的沉降路径为抛物线型。净化后的气体从出气管流出。

想一想

沿水平方向抛出小球，小球会沿什么样的轨迹下落至地面。

两个重量不同、大小不同的小球，以相同的水平速度抛出，请画一下两个小球的落地位置。

抛物线型的运动轨迹是由颗粒两个方向的速度叠加而产生的，如图 3-11 所示。

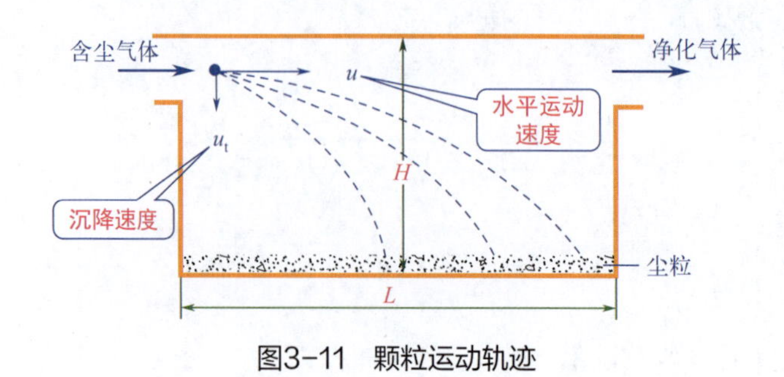

图3-11　颗粒运动轨迹

水平方向速度 u 决定气体在降尘室内的停留时间 θ；

垂直方向速度 u_t 决定颗粒在降尘室内的沉降时间 θ_t。

由此可知，只要气体从降尘室进口流到出口所需的停留时间大于或等于尘粒从降尘室的顶部沉降到底部所需的时间，即 $\theta \geqslant \theta_t$，尘粒就可以分离出来。

【注意】必须控制气流的速度不能过大，一般应使气流速度 <1.5m/s，以免干扰颗粒的沉降或将已沉降的尘粒重新卷起。

如果气体的停留时间（L/u）≥颗粒的沉降时间（H/u_t），尘粒便可分离出来。

3. 降尘室的性能及工艺参数

降尘室的工艺参数及性能指标主要有以下几项：临界粒径（分离效果）；临界沉降速度；最大处理量（生产能力）。

（1）能被除去的最小颗粒直径——临界粒径（d_{pc}）

【定义】对于一定的设备（L、W、H）和一定的处理量（q_{Vs}），能 100%被除去的最小颗粒直径称为临界粒径。

【临界粒径的影响因素】临界粒径不仅与颗粒和气体的性质（颗粒的密度、气体的黏度）有关，还与处理量和降尘室底面积有关。

（2）临界沉降速度

【定义】能 100%被除去的最小颗粒所对应的沉降速度称为临界沉降速度，用 u_{tc} 表示。

（3）最大处理量——降尘室的生产能力

【定义】对于一定的沉降设备（L、W、H）和分离要求（d_{pc}），所能处理的最大含尘气体量，m^3/s。

① 含尘气体的最大处理量是与某一粒径对应的，是指这一粒径及大于该粒径的颗粒都能 100% 被除去时的最大气体量（粒径越大，处理量越大）。

② 最大的气体处理量不仅与粒径相对应，还与降尘室底面积（A_0）有关，底面积越大处理量越大，但处理量与高度无关。为此，降尘室都做成扁平形。

③ 为提高气体处理量，室内以水平隔板将降尘室分割成若干层，称为多层降尘室（图 3-12、图 3-13）。

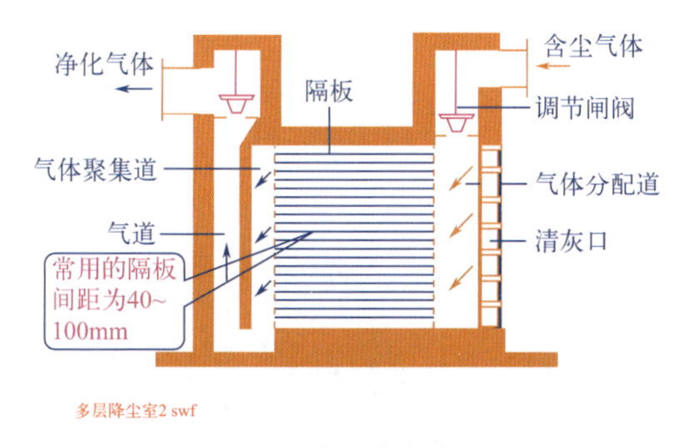

图3-12　多层降尘室原理图

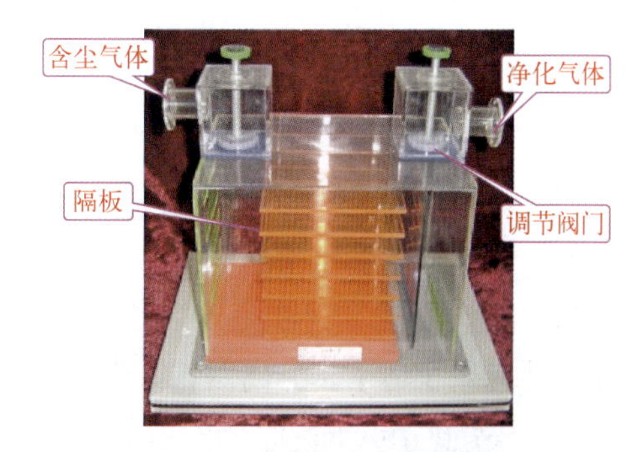

图3-13　多层降尘室实物图

4. 有关降尘室的几点说明

① 气体在降尘室内流通截面上的均匀分布非常重要，分布不均必然有部分气体在室内停留时间过短，其中所含颗粒来不及沉降而被带出室外。为使气体均匀分布，降尘室进、出口通常都做成锥形（图 3-14、图 3-15）。

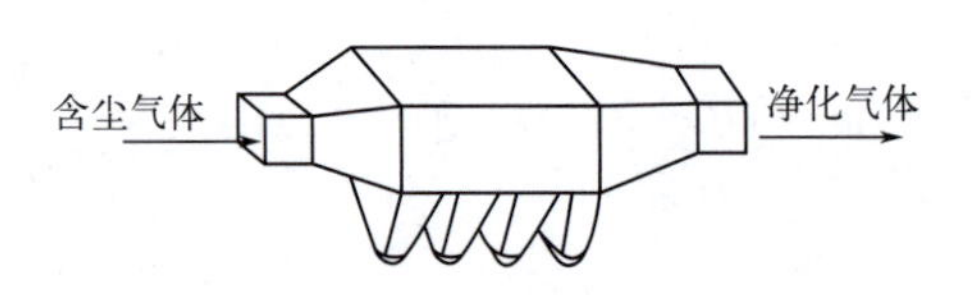

图3-14 降尘室结构示意图

图3-15 降尘室实物图

② 为防止操作过程中已被除去的尘粒又被气流重新卷起，降尘室的操作气速往往很低（一般不超过 3m/s）。

③ 为保证分离效率（临界粒径小），室底面积也必须较大。因此，降尘室是一种庞大而低效的设备。

④ 通常只能捕获粒径大于 50μm 的粗颗粒。要将更细小的颗粒分离出来，就必须采用更高效的除尘设备（如旋风除尘器、电除尘器等）。

5. 降尘室的特点及适用范围

降尘室具有结构简单、投资少、压力损失小的特点，维修管理较容易，而且可以处理高温气体。但同时体积大、分离效果不理想，即使采用多层结构可提高分离效果，也有清灰不便的问题。

一般只作为高效除尘装置的预除尘装置，来除去粒径为 50μm 以上较大和较重的粒子。

二、离心沉降设备

想一想

什么是离心沉降？

（一）离心沉降——旋风分离器

1. 概念

【定义】在离心力场中，利用分散相和连续相之间的密度差异，使之发生相对运动而实现分离的操作过程。

【工业应用】适用于分离两相密度差较小，颗粒粒度较小的非均相物系。

2. 离心沉降和重力沉降的区别

	重力场	离心力场
力场强度	重力加速度（g）	离心加速度（u_t^2/r）
方向	指向地心	沿旋转半径从中心指向外周
作用力	$F_g=mg$	$F_e=mu_t^2/r$

（二）旋风分离器

旋风分离器的结构如图 3-16 所示，由进气口、圆筒、圆锥体、中央排气管和排尘（灰）管组成。

工作原理：含尘气体从圆筒上部的长方形切线进口进入旋风分离器（图 3-17）。进口的气速约为 15 ～ 20m/s。含尘气体在器内沿圆筒内壁旋转向下流动。到了圆锥部分，由于旋转半径缩小而切向速度增大，并继续旋转向下流动。到了圆锥的底部附近转变为上升气流，称为气芯，最后由上部出口管排出。在气体旋转流动过程中，颗粒由于离心力作用向外沉降到内壁后，沿内壁落入灰斗。

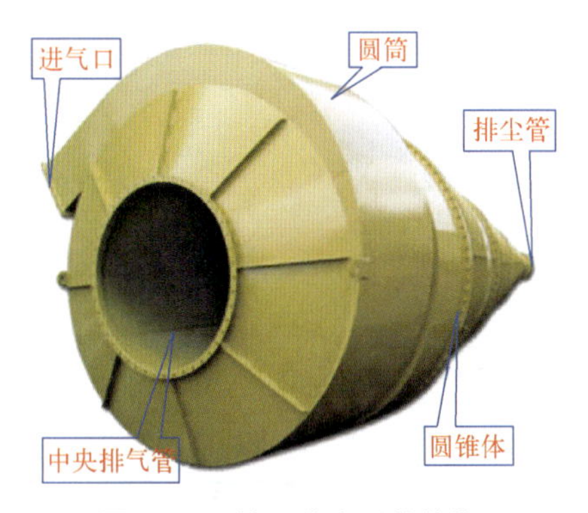

图3-16　旋风分离器的结构

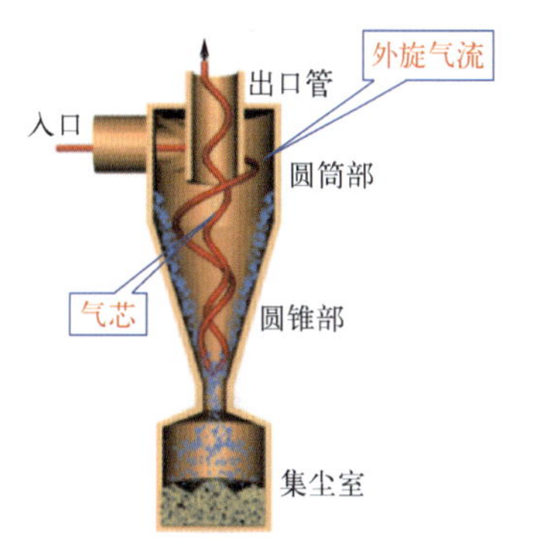

图3-17　旋风分离器工作原理

旋风分离器的尺寸特点：

① 旋风分离器各部分的尺寸都有一定的比例。

② 只要规定出其中一个主要尺寸，如圆筒直径（D）或进气口宽度（b），则其他各部分的尺寸亦确定，图 3-18 为标准旋风分离器。

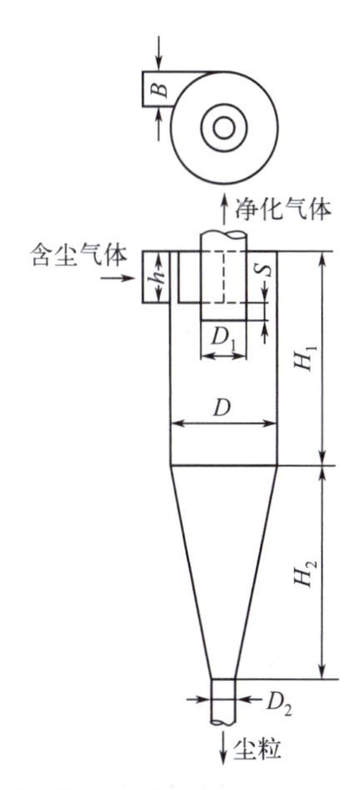

$h=D/2$；$B=D/4$；$D_1=D/2$；$H_1=2D$；$H_2=2D$；$S=D/8$；$D_2=D/4$

图3-18　标准旋风分离器

（三）旋风分离器的性能

1. 气体处理量——表明设备生产能力的参数

气体处理量计算关系式：

$$q_V = u_1 bh \qquad (3\text{-}1)$$

式中　u_1——含尘气体入口的流速，m/s。

b——旋风分离器入口的宽度，m。

h——旋风分离器入口的高度，m。

旋风分离器的处理量由旋风分离器的尺寸（大小）以及入口的气速决定；进口的气速一般为 15 ～ 20m/s（否则产生的阻力太大），因此，欲增大生产能力，只有增大设备的尺寸。

2. 临界粒径

【定义】理论上在旋风分离器中能完全分离下来的最小颗粒直径，用 d_{pc} 表示，表明设备的分离效果。

在处理量一定的情况下，临界粒径随分离器尺寸的增大而增大，除尘效果随分离器尺寸的增大而减小。所以，当气体处理量很大时，常将若干个小尺寸的旋风分离器并联使用（称为旋风分离器组），以维持较高的除尘效果。

3. 分离效率

旋风分离器的分离效率有两种表示法：一种是总效率，以 η_0 表示；一种是分效率，又称粒级效率，以 η_{pi} 表示。

【总效率 η_0】 进入旋风分离器的全部粉尘中被分离下来的粉尘的质量分数：

$$\eta_0 = \frac{C_1 - C_2}{C_1} \times 100\% \tag{3-2}$$

式中 C_1——旋风分离器进口气体含尘浓度，g/m^3。

C_2——旋风分离器出口气体含尘浓度，g/m^3。

【粒级效率 η_{pi}】 进入旋风分离器的粒径为 d 的颗粒被分离下来的质量分数。

$$\eta_{pi} = \frac{C_{1i} - C_{2i}}{C_{1i}} \times 100\% \tag{3-3}$$

式中 C_{1i}——旋风分离器进口气体粒径在第 i 小段范围内含尘浓度，g/m^3。

C_{2i}——旋风分离器出口气体粒径在第 i 小段范围内含尘浓度，g/m^3。

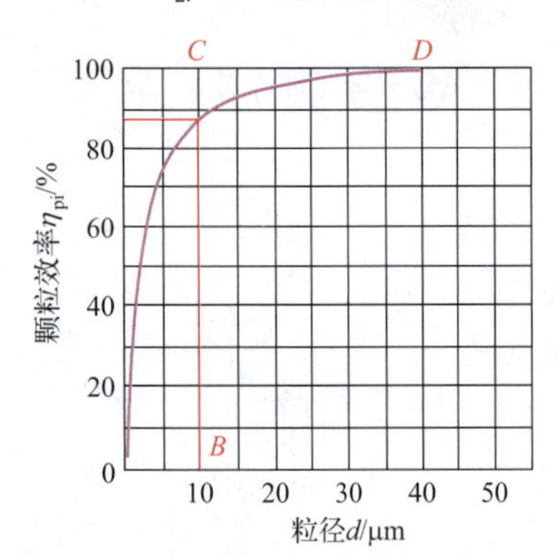

图3-19 粒级效率曲线

【粒级效率的表示方法——粒级效率曲线】

（1）粒级效率 η_{pi} 与颗粒直径 d_i 的对应关系曲线称为粒级效率曲线，如图 3-19 所示。

（2）由曲线可以看出，粒径越小，效率越低。

4. 气体通过旋风分离器的压强降

【定义】 气体在旋风分离器的入口与出口的压强差称为气体通过旋风分离器的压强降，用 Δp 表示，单位为 Pa。

气体通过旋风分离器时产生压强降的原因有：

① 由于进气管、排气管及主体器壁所引起的摩擦阻力；

② 气体流动时的局部阻力；

③ 气体旋转所产生的动能损失。

【压强降的特点】 由于旋风分离器各部分的尺寸互成比例，故阻力系数与旋风分离器的大小无关。只要进口气速 u_1 相同，不管多大的旋风分离器，其压强降都相同（据此，旋风分离器往往很大）。表 3-1 为旋风分离器的技术规格。

表3-1 旋风分离器的技术规格

外形尺寸	进口风速 /（m/s）	风量 /（m^3/h）	阻力 /Pa	外形尺寸（长×宽×高）/mm	质量 /kg
CZI-3.9	11～15	790～1080	750～1470	462×450×1750	91
CZI-5.1	11～15	1340～1820	750～1470	600×480×2140	152
CZI-5.9	11～15	1800～2450	750～1470	698×670×255	180
CZI-6.7	11～15	2320～3170	750～1470	790×768×2890	253
CZI-7.8	11～15	3170～4320	750～1470	920×900×3310	338
CZI-9.0	11～15	4200～5700	750～1470	1062×1040×3750	120

【旋风分离器的特点】

① 结构简单，易于制造、安装和维护管理，设备投资和操作费用都较低。

② 在普通操作条件下，作用于粒子上的离心力是重力的 5 ~ 2500 倍（离心分离因素），所以旋风除尘器的效率显著高于重力沉降室。

③ 大多用来去除 3mm 以上的粒子，并联的多管旋风除尘器装置对 3μm 的粒子也具有 80% ~ 85% 的除尘效率。图 3-20 为大型旋风分离器。

图3-20 大型旋风分离器

思考与练习

思考题

1. 用降尘室除去烟气中的尘粒，因某种原因使进入降尘室的烟气温度上升，若气体质量流量不变，含尘情况不变，降尘室出口气体含尘量将（上升、下降、不变），导致此变化的原因是什么？

2. 沉降分离设备必须满足的基本条件是什么？温度变化对颗粒在气体沉降和在液体中的沉降各有什么影响？

3. 沉降可分为哪几类？基本原理是什么？

4. 离心沉降的基本原理是什么？

5. 简述选择旋风分离器的主要依据。

填空题

1. 球形颗粒在静止流体中作重力沉降，经历__________运动和__________运动两个阶段。

2. 降尘室内，颗粒可被分离的必要条件是气体在室内的停留时间应__________颗粒的沉降时间；而气体的流动应控制在__________流型。

3. 在规定的沉降速度条件下，降尘室的生产能力只取决于降尘室的__________而与其他无关。

4. 除去气流中尘粒的设备类型有__________、__________等。

5. 降尘室内，颗粒可被分离的必要条件是____________________。

选择题

1. 在混合物中，各处物料性质不均匀，且具有明显相界面存在的物系称为（　　）。

A. 均相物系　　B. 非均相物系　　C. 分散相　　D. 连续相

2. 在外力的作用下，利用分散相和连续相之间密度的差异，使之发生相对运动而实现分离的操作，称为（　　）分离操作。

A. 过滤　　B. 沉降　　C. 静电　　D. 湿洗

3. 利用被分离的两相对多孔介质穿透性的差异，在某种推动力的作用下，使非均相物系得以分离的操作，称为（　　）分离操作。

A. 过滤　　B. 沉降　　C. 静电　　D. 湿洗

4. 欲提高降尘室的生产能力，主要的措施是（　　）。

A. 提高降尘室的高度　　B. 延长沉降时间

C. 增大沉降面积　　D. 以上都是

5. 有一高温含尘气流，尘粒的平均直径在 2 ～ 3μm，现要达到较好的除尘效果，可采用的除尘设备是（　　）。

A. 降尘室　　B. 旋风分离器　　C. 湿法除尘　　D. 袋滤器

6. 当固体微粒在大气中沉降是层流区域时，（　　）的大小对沉降速度的影响最为显著。

A. 颗粒密度　　B. 空气黏度　　C. 颗粒直径　　D. 以上都是

7. 降尘室的生产能力取决于（　　）。

A. 沉降面积和降尘室高度

B. 沉降面积和能 100% 除去的最小颗粒的沉降速度

C. 降尘室长度和能 100% 除去的最小颗粒的沉降速度

D. 降尘室的宽度和高度

8. 降尘室的特点是（　　）。

A. 结构简单，流体阻力小，分离效率高，但体积庞大

B. 结构简单，分离效率高，但流体阻力大，体积庞大

C. 结构简单，分离效率高，体积小，但流体阻力大

D. 结构简单，流体阻力小，但体积庞大，分离效率低

拓展阅读

家用空气净化器

空气净化器又称“空气清洁器”，空气净化器的原理和肺十分相似，分为三步，第一步是吸进气体，第二步是在体内进行吸附和过滤处理，第三步就是把处理后的气体释放出去。其中第一步和第三步是机械作用，十分简单，而空气净化器的差别主要在第二个环节。

当下的空气净化器在最核心的第二个环节一般包括以下几种：物理过滤、静电吸附以及混合型。

第一种就是单纯的物理过滤，其实就是通过大风量高压降的风机，将空气通过一层或若干层滤网，过滤掉其中的颗粒物以及有害物质。其中的核心部件主要采用 HEPA（高效率空气过滤器）技术，是目前家用市场最常见的。

另外，活性炭也是常用的空气净化材料。活性炭是靠它的大量微孔吸附悬浮物。活性炭孔径大约在 0.3~50 微米之间。活性炭还能吸附有毒有害气体。不同活性炭的吸附孔径不同，拦截效果也不同，最小的微孔可以吸附纳米级的可挥发性气体。

第二种原理是通过静电进行吸附，这也很好理解，冬天大衣上会吸附一些灰尘或者头发，就是静电吸附。此类空气净化器的原理就是当空气经过高压电场时，发生电离，电离出来的气体正离子被吸收到阴极，而负离子则会被吸附在污染物分子上使它带上负

电荷，之后带负电荷的污染物分子被吸附在阳极上。静电除尘装置目前已经可以处理分子级别的物质，能去除的微粒直径最小可到达 0.01 微米。静电吸附类的空气净化器不需要更换滤网，定期冲洗一下滤网就可以了。

任务三 过滤及过滤设备

学习目标

1. 了解过滤的基本概念。
2. 了解过滤的操作过程。
3. 了解过滤设备。

想一想

观察生活中的过滤现象和过滤设备（图 3-21）。

图3-21 生活中的过滤设备

一、过滤的基本概念

（一）什么是过滤

【过滤】在外力作用下，使悬浮液中的液体通过多孔介质的孔道，而悬浮液中的固体颗粒被截留在介质上，从而实现固、液分离的单元操作。

过滤的操作如图 3-22 所示，包含以下几个部分：

1. 过滤介质：过滤操作采用的多孔物质。
2. 滤浆或料浆：过滤操作所处理的悬浮液。
3. 滤液：通过多孔通道的液体。
4. 滤饼或滤渣：被多孔通道截留的固体物质。

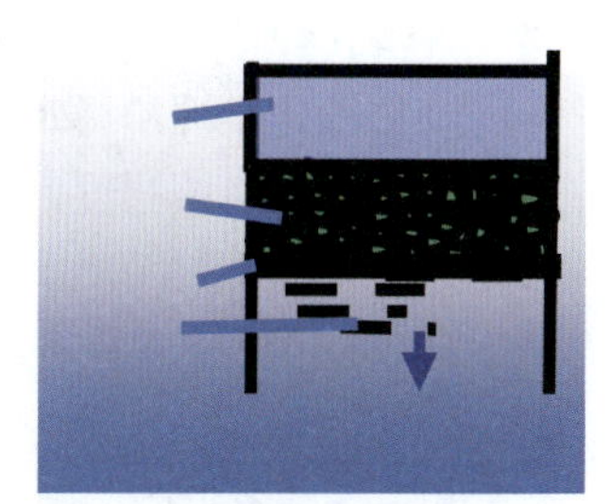

图3-22 过滤

（二）过滤方式

工业上过滤操作分为两大类，即深层过滤和滤饼过滤。

1. 深层过滤

适合对象：固体颗粒粒径较小、含量极少（固相体积分数在 0.1% 以下）的悬浮液（如自来水厂的处理过程）。

过滤原理：悬浮液中的颗粒尺寸比介质孔道的尺寸小得多，颗粒容易进入介质孔道。但由于孔道弯曲细长，颗粒随流体在曲折孔道中流过时，在表面力和静电力的作用下附着在孔道壁上（图 3-23）。

过滤特征：过滤时并不在介质上形成滤饼，固体颗粒沉积于过滤介质的内部。

2. 滤饼过滤

适合对象：固体颗粒的尺寸大多都比介质的孔道大，固相含量稍高（固相体积分数在 1% 以上）的悬浮液。

过滤原理：过滤时悬浮液置于过滤介质的一侧，在过滤操作的开始阶段，会有部分小颗粒进入介质孔道内，并可能穿过孔道而不被截留，使滤液仍然是浑浊的。随着过程的进行，发生“架桥现象”（图 3-24），颗粒在介质上逐步堆积，形成了一个颗粒层，称为滤饼。

过滤特征：在滤饼形成之后，它便成为对其后的颗粒起主要截留作用的介质。因此，不断增厚的滤饼才是真正有效的过滤介质，穿过滤饼的液体则变为澄清的液体（图 3-25）。

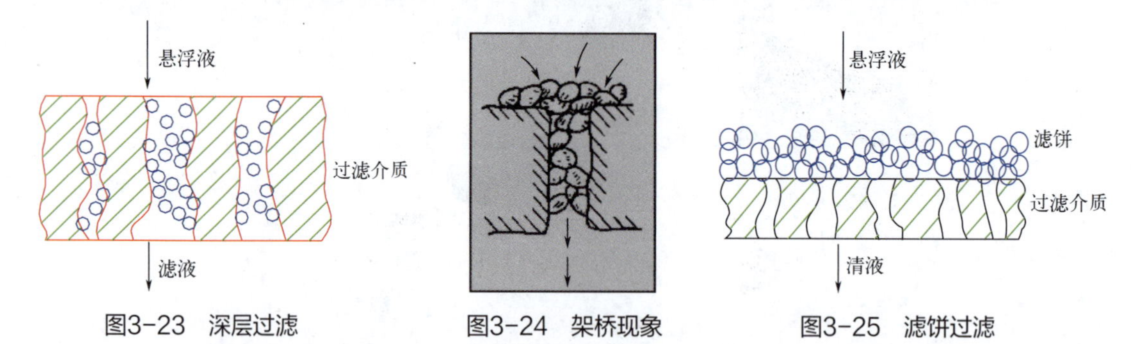

图3-23　深层过滤　　图3-24　架桥现象　　图3-25　滤饼过滤

另外，近年来膜过滤（包括超滤和微滤）作为一种精密分离技术，得到飞速发展，并应用于许多行业生产中。

工业生产中悬浮液固相含量一般较高，故本节只讨论滤饼过滤。

3. 过滤介质

对过滤介质的要求，过滤介质应具有下列条件：

① 多孔性，孔道适当大小，对流体的阻力小，又能截住要分离的颗粒；

② 物理化学性质稳定，耐热，耐化学腐蚀；

③ 足够的机械强度，使用寿命长；

④ 价格便宜。

工业常用的过滤介质主要有：

① 织物介质：又称滤布，是由棉、毛、丝等天然纤维，玻璃丝和各种合成纤维制成的织物，以及金属丝织成的网。能截留的粒径范围较宽，从 1μm 到几十微米。例如图 3-26。

优点：织物介质薄，阻力小，清洗与更新方便，价格比较便宜，是工业上应用最广泛的过滤介质。

② 多孔固体介质：如素烧陶瓷、烧结金属、塑料细粉粘成的多孔塑料、棉花饼等。这类介质较厚，孔道细，阻力大，能截留 1 ～ 3μm 的颗粒。例如图 3-27。

③ 堆积介质：由各种固体颗粒（砂、木炭、石棉粉等）或非编织的纤维（玻璃棉等）堆积而成，层较厚。

④ 多孔膜：由高分子材料制成，膜很薄（几十微米到 200μm），孔很小，可以分离小到 0.05μm 的颗粒，应用多孔膜的过滤有超滤和微滤。例如图 3-28。

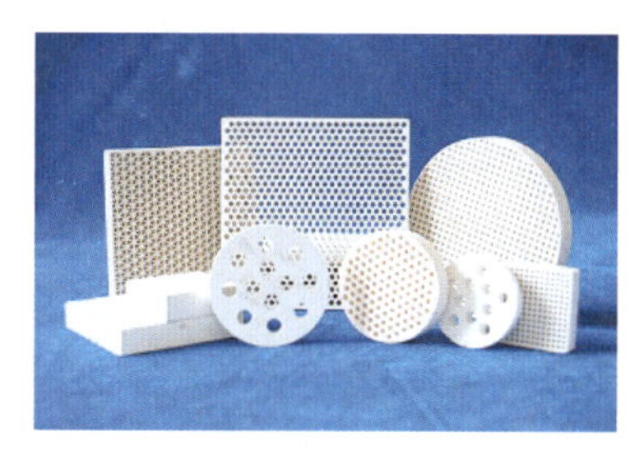

图3-26　陶瓷过滤片　　图3-27　超滤膜组件　　图3-28　纤维玻璃棉

4. 助滤剂

想一想

把细沙和泥土分别倒入盛有水的烧杯里，并进行过滤，你会发现什么？

（1）滤饼的种类

不可压缩滤饼：颗粒有一定的刚性，所形成的滤饼并不因所受的压力变化而变形。

可压缩滤饼：颗粒比较软，所形成的滤饼在压力变化时变形，使滤饼中的流动通道变小，阻力增大。

助滤剂一般用于可压缩滤饼。

（2）助滤剂的作用

若悬浮液中颗粒过于细小将会使通道堵塞，或颗粒受压后变形较大，滤饼的孔隙率大为减小，造成过滤困难。往往加助滤剂以增加过滤速率。

助滤剂是一种坚硬而形状不规则的小颗粒（如图 3-29），能形成结构疏松而且几乎是不可压缩的滤饼。

图3-29　助滤剂

助滤剂的加法有两种：

① 直接以一定比例加到滤浆中一起过滤。若过滤的目的是回收固体物此法便不适用。

② 将助滤剂预先涂在滤布上，然后再进行过滤。此法称为预涂。

（3）常用的助滤剂

常用助滤剂为坚硬且形状不规则的小固体颗粒。例如：硅藻土、珍珠岩、石棉粉、炭粉、纸浆粉等。

（4）助滤剂的加入方法

预涂：用助滤剂配成悬浮液，在正式过滤前用它进行过滤，在过滤介质上形成一层由助滤剂组成的滤饼。

将助滤剂混在滤浆中一起过滤。使用场合：只需要获得清净的滤液，滤饼则作为废料与助滤剂一起卸除。

用量：助滤剂用量一般是滤饼的 1% ～ 10%。

5. 过滤的推动力

过滤推动力是指滤饼和过滤介质两侧的压力差。此压力差可以是重力或人为加压。

① 增加悬浮液本身的液柱压力，一般不超过 50kN/m^2，称为重力过滤。如图 3-30 所示。

② 增加悬浮液液面的压力，一般可达 500kN/m^2，称为加压过滤。

③ 在过滤介质下面抽真空，通常不超过真空度 86.6kN/m^2，称为真空过滤。如图 3-31 所示。

此外，过滤推动力还可以用离心力来增大，称为离心过滤。

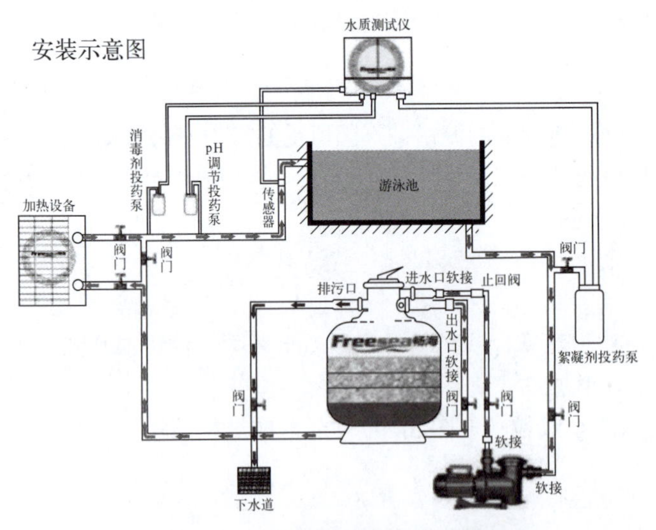

图3-30　节能环保重力式过滤器设备

图3-31　真空过滤装置

二、过滤的操作过程

工业上过滤操作过程一般是由过滤、洗涤、去湿和卸料四个阶段组成的。

（一）过滤

悬浮液通过过滤介质成为澄清液的操作过程。由于过滤介质中微细孔道的直径一般稍大于一部分悬浮颗粒的直径，所以过滤之初会有一些细小颗粒穿过介质而使滤液浑浊。因此饼层形成前得到浑浊初滤液，待滤饼形成后应返回滤浆槽重新过滤，饼层形成后收集的滤液为符合要求的滤液。即有效的过滤操作是在滤饼层形成后开始的。

（二）洗涤

滤饼随过滤的进行会越积越厚，滤液通过时阻力增大，过滤速度逐渐降低。当滤饼增至一定厚度时，继续下去是不经济的，应清除滤饼，重新开始。在去除滤饼之前，颗粒间隙中总会残留一定量的滤液。为了回收（或去掉）这部分滤液，通常要用水（或其他溶剂）进行滤饼的洗涤，以回收滤液或除去滤饼中可溶性杂质，以净化固体产品。

洗涤时，水均匀而平稳地流过滤饼中的毛细孔道，由于毛细孔道很小，所以开始时，清水并不与滤液混合，而只是将孔道中的滤液置换出来。当滤液大部分被置换之后，滤液才逐渐被冲稀而排除。洗涤后得到的液体称为洗涤液或洗液。

（三）去湿

洗涤之后，需将滤饼孔道中残存的洗液除掉。常用的去湿操作是用压缩空气吹干，或用减压吸干滤饼中的湿分。

（四）卸料

卸料是将去湿后的滤饼从滤布卸下来的操作。卸料要力求彻底干净，卸料后的滤布要进行清洗，以便再次使用，此操作称为滤布的再生。

三、认识过滤装置

（一）认识板框压滤机

了解过滤的基本知识后，接下来让我们认识在生产中最典型的过滤操作设备——板框压滤机。

1. 结构

板框压滤机是一种古老却仍在广泛使用的过滤设备，如图 3-32、图 3-33 所示，这是一种间歇操作的设备，其过滤推动力为外加压力。它是由多块滤板和滤框交替排列组装于机架而构成的，滤板和滤框的数量可在机座长度内根据需要自行调整，过滤面积一般为 $2\sim80m^2$。

滤板和滤框的结构如图 3-34 所示，板和框的 4 个角都开有圆孔，组装压紧后构成四个通道，可供滤浆、滤液和洗涤液流通。组装时将四角开孔的滤布置于板和框之间，再利用手动、电动或液压传动压紧板和框。

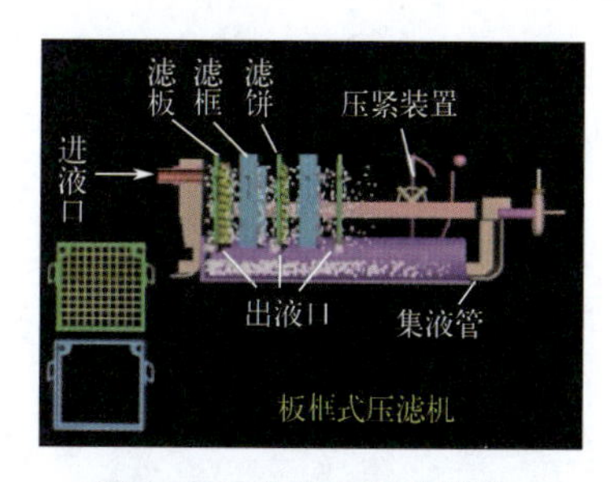

图3-32　板框压滤机结构

图3-33　板框压滤机实物图

图3-34　滤板

组装时板和框的排列顺序为非洗涤板—框—洗涤板—框—非洗涤板……，一般两端都是非洗涤板。

2. 工作原理

过滤时，悬浮液在一定压差下经滤浆通道进入滤框内，滤液分别穿过滤框两侧的滤布，再经相邻板的凹槽汇集进入滤液通道排走，而固相则被截留在滤框内形成滤饼。洗涤时，洗涤液通过相应通道进入洗涤板两侧板面，随后依次穿过滤布→滤饼层→滤布，对滤饼进行洗涤，将滤液充分洗出。完成洗涤后由非洗涤板的凹槽汇集进入洗涤液出口通道排出。洗涤完毕后，即可旋开压紧装置，卸渣，洗布，重装，然后进入下一轮操作。过滤和洗涤过程如图3-35、图3-36所示。

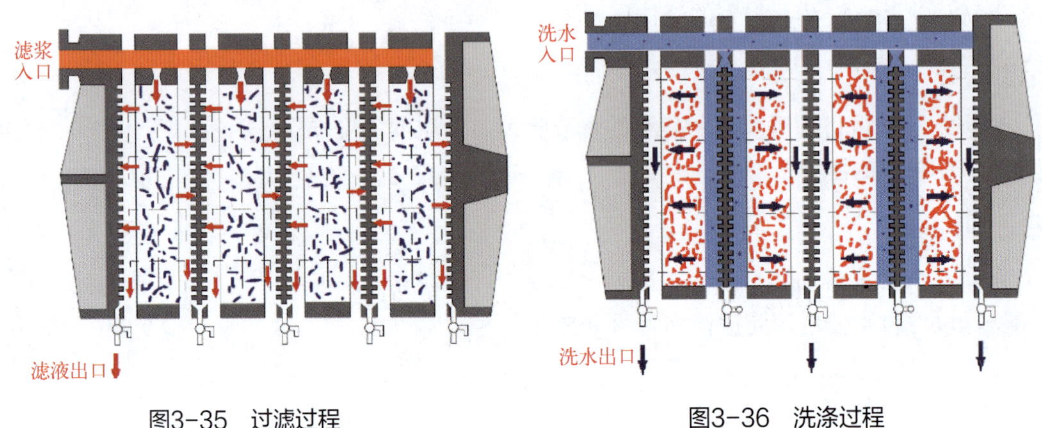

图3-35 过滤过程　　图3-36 洗涤过程

3. 优缺点

主要优点：板框压滤机构造简单，过滤面积大而占地小过滤压力高，便于用耐腐蚀材料制造，操作灵活，过滤面积可根据产生任务调节。

主要缺点：间歇操作，劳动强度大，产生效率低。

（二）加压叶滤机

1. 结构

如图3-37所示，叶滤机由许多滤叶组成。滤叶是由金属多孔板或多孔网制造的扁平框架，内有空间，外包滤布，将滤叶装在密闭的机壳内，滤浆穿过滤布进入滤叶内部，然后汇集至总管排出。

2. 工作原理

滤浆中的液体在压力作用下穿过滤布进入滤叶内部，成为滤液后从其一端排出。过滤完毕，机壳内改充清水，使水循着与滤液相同的路径通过滤饼进行洗涤，故为置换洗涤。最后，滤饼可用振动器使其脱落，或用压缩空气将其吹下。

滤叶可以水平放置也可以垂直放置，滤浆可用泵压入也可用真空泵抽入。

3. 优缺点

加压叶滤机也是间歇操作设备。

优点：它具有过滤推动力大，过滤面积大，滤饼洗涤较充分等优点。其生产能力比压滤机还大，而且机械化程度高，劳动强度较小。

缺点：构造较为复杂，造价较高，粒度差别较大的颗粒可能分别聚集于不同的高度，故洗涤不均匀。

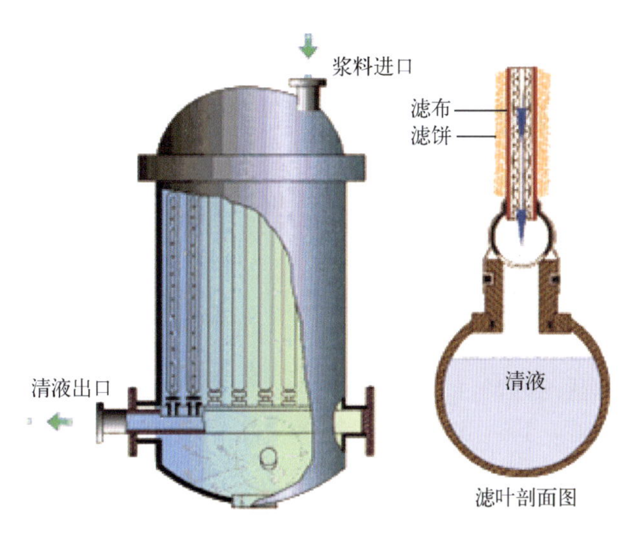

图3-37　加压叶滤机结构

（三）转筒真空过滤机

1. 结构与工作原理

转筒真空过滤机（图 3-38）是应用最广的一种连续操作的过滤设备。设备的主体是一个能转动的水平圆筒，圆筒表面有一层金属网，网上覆盖滤布；筒的下部进入滤浆中，圆筒沿径向分割成若干扇形格，每个都有单独的孔道通至分配头上。圆筒转动时，凭借分配头的作用使这些孔道依次分别与真空管及压缩空气管相通，因而在回转一周的过程中每个扇形格表面即可顺序进行过滤、洗涤、吸干、吹松、卸饼等项操作 。如此连续运转，整个圆筒表面上构成了连续的过滤操作。

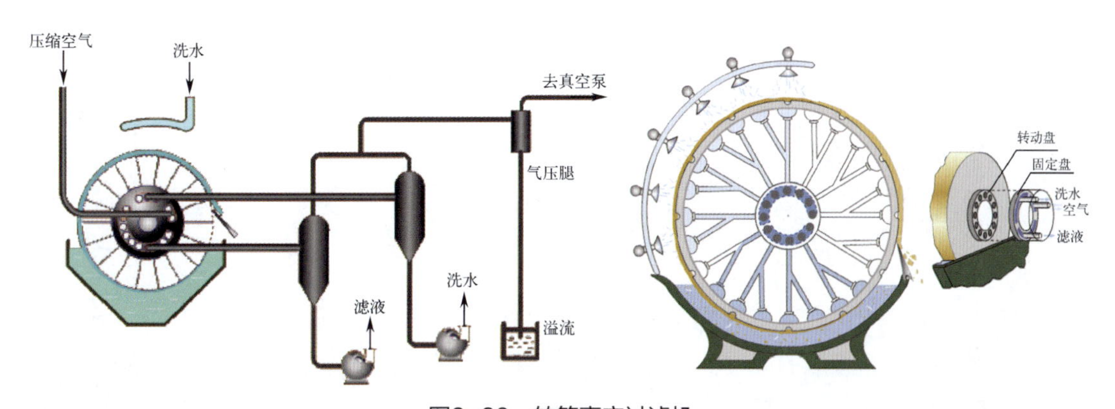

图3-38　转筒真空过滤机

转筒直径一般为0.3～5m，长为0.3～7m。滤饼层薄的约为3～6mm，厚的可达100mm。操作连续、自动，节省人力，生产能力大，能处理浓度变化大的悬浮液，在制碱、造纸、制糖、采矿等工业中都有广泛的应用。但转筒真空过滤机结构复杂，过滤面积不大，滤饼含液量较高(10%～30%)，洗涤不充分，能耗高，不适宜处理高温悬浮液。

2. 优缺点

优点：转筒过滤机的突出优点是操作自动，对处理量大而容易过滤的料浆特别适宜。

缺点：转筒体积庞大而过滤面积相比之下较小；用真空吸液，过滤推动力不大，悬浮液中温度不能过高。

思考与练习

一、思考题

1. 过滤过程包含哪些部分？

2. 简述何谓滤饼过滤？其适用何种悬浮液？

3. 过滤推动力是什么？

4. 过滤设备有哪些？各有什么优缺点？

二、填空题

1. 工业上应用较多的压滤型间歇过滤机有__________与__________；吸滤型连续操作过滤机有__________。

2. 根据分离方式（或功能），离心机可分为__________、__________和__________三种基本类型。

3. 过滤操作有__________过滤和__________过滤两种典型方式。

4. 过滤操作的基本过程包括__________、__________、__________和__________。

5. 实现过滤操作的外力可以是__________、__________或__________。

三、选择题

1. 过滤推动力一般是指（　　）。

A. 过滤介质两边的压差

B. 过滤介质与滤饼构成的过滤层两边的压差

C. 滤饼两面的压差

D. 液体进出过滤机的压差

2. 转筒真空过滤机中是（　　）使过滤室在不同部位时，能自动地进行相应的不同操作。

A. 转鼓本身　　B. 随转鼓转动的转动盘

C. 与转动盘紧密接触的固定盘　　D. 分配头

3. 板框压滤机中（　　）。

A. 框有两种不同的构造　　B. 板有两种不同的构造

C. 框和板都有两种不同的构造　　D. 板和框都只有一种构造

4. 助滤剂应具有以下性质（　　）。

A. 颗粒均匀、柔软、可压缩　　B. 颗粒均匀、坚硬、不可压缩

C. 粒度分布广、坚硬、不可压缩　　D. 颗粒均匀、可压缩、易变形

5. 板框压滤机组合时应将洗涤板（1）、框（2）、非洗涤板（3）按（　　）顺序置于机架上。

A.123123123……　　B.123212321……

C.3121212……　　D.321321321……

6. 下列哪一个是转筒真空过滤机的特点（　）

A. 面积大，处理量大　　B. 面积小，处理量大

C. 压差小，处理量小　　D. 压差大，面积小

拓展阅读

直饮水设备

世界卫生组织（WHO）在《饮用水水质准则》中列出了有益人体健康的水有如下七大标准：

① 不含任何对人体有毒、有害及有异味的物质；

② 水的硬度适中；

③ 人体所需的矿物质含量适中；

④ pH 值呈现弱碱性，pH：7.0 ～ 8.0；

⑤ 水中溶解氧及二氧化碳适中（溶解氧不低于 7mg/L）；

⑥ 小分子团水渗透溶解力强（每个水分子团含有 5 ～ 7 个 H_2O）；

⑦ 水的营养生物功能（溶解力、渗透力、乳化力）要强。

什么是管道直饮水?

直饮水又称为健康活水，指的是没有污染、没有退化，符合人体生理需要（含有与人体相近的有益矿质元素），pH 值呈弱碱性这三个条件的可直接饮用的水。

直饮水处理设备主要用于去除水中对人体有害的物质与杂质，如重金属、有机物等有害物质，制出的水便可直接饮用。

直饮水处理系统一般包括预处理系统、反渗透装置、后处理系统、清洗系统等和电气控制系统。预处理系统包括原水泵、加药装置、石英砂过滤器、活性炭过滤器、精密过滤器等。作用是降低原水的污染指数和余氯等其他杂质，达到反渗透的进水要求。反渗透装置主要包括多级高压泵、反渗透膜元件、膜壳 (压力容器)、支架等组成。其主要作用是去除水中的杂质，使出水满足要求。后处理系统包括消毒杀菌装置、供水装置、饮水装置等，作用是把经反渗透处理后的直饮水进行杀菌、恒压输送至各个饮水点（图 3-39）。

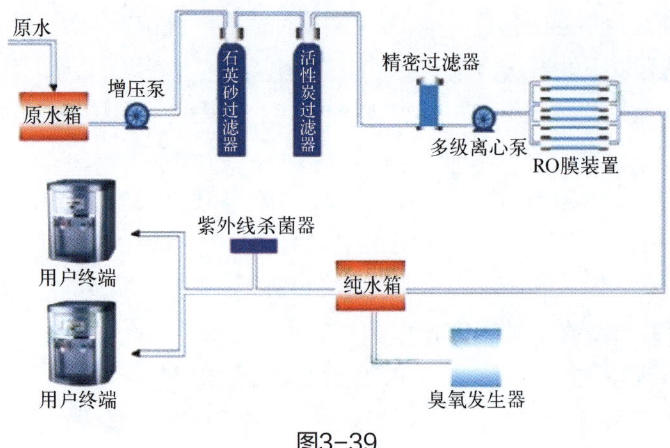

图3-39

任务四　过滤的实训操作

任务概述

化工生产中对原料进行预处理或者对产品进行初步处理时常常用到过滤操作。例如聚氯乙烯的生产中用到过滤操作。过滤是分离悬浮液最普遍、有效的单元操作之一，可获得清洁的液体或固相产品，可使悬浮液分离得更快速、彻底。过滤属于机械操作，与蒸发、干燥等非机械操作相比，其能量消耗较低。因此，过滤在工业中得到广泛的应用。

某学校实训室选用碳酸钙溶液作为原料，以板框过滤机作为过滤装置，进行过滤实训。

学生要完成该任务，首先需要熟悉过滤装置的工艺流程，熟悉其中各阀门、仪表、设备的类型和使用方法，对过滤装置进行冷态开车、稳定操作和正常停车，会记录并分析数据，并能对操作故障进行分析和处理。

学习目标

1. 认识化工生产中板框过滤机，了解它的结构特点，通过实训了解板框过滤机的操作步骤。

2. 掌握实训中过滤单元操作的生产工艺流程和过滤的原理。

3. 通过恒压过滤和加压过滤，使学生了解压力对过滤的影响。

4. 通过亲自动手操作，掌握实际生产中的过滤操作技能，提高动手能力。

5. 在实训操作中培养团队合作精神。

一、工艺流程认知

小组活动

根据前面课程认识的工艺流程，小组到实训现场对实际装置（图 3-40）熟悉流程，小组代表讲解，教师点评。

图3-40　过滤现场装置

二、过滤装置开停车

小组活动

小组讨论制定开停车步骤，教师点评并补充细节。

（一）开车前准备

① 穿戴好个人防护装备并相互检查。

② 小组分工，各岗位熟悉岗位职责。

③ 明确工艺操作指标：

温度控制：过滤机进口温度 20 ～ 40℃ ；

过滤机出口温度 20 ～ 40℃ ；

流量控制：洗涤水流量 0 ～ 200 L/h ；

压力控制：浆料泵出口压力 0.05 ～ 0.2MPa ；

过滤机进口压力 0.05 ～ 0.2MPa ；

过滤机进口压力的控制。

④ 准备原料　根据要求，确定原料碳酸钙悬浮液的浓度，含 $CaCO_3$ 浓度为 10%～ 30%，计算出所需要清水的体积及碳酸钙的质量，用电子秤称好碳酸钙质量备用。

⑤ 正确装好滤板、滤框，滤布使用前用水浸湿，滤布要绷紧，不能起皱，滤布紧贴滤板，密封垫贴紧滤布。

（二）开车

① 配料，混合，测浆料浓度在 15% 以上。记录原料罐液位。

② 开始过滤，注意观察浆料泵出口压力，过滤机入口压力。

③ 设定过滤机的进口压力为某一压力数值（0.01 ～ 0.02MPa）。开始进行恒压过滤。

④ 开始计时，每次收集滤液的体积为 10L，记录相应的过滤时间 Δt，每次恒压过滤试验

记录 5～6 个数值即可。

⑤ 过滤结束，准备清洗滤饼。

⑥ 清洗滤饼。观察洗涤水灌液位，保证一定的洗涤水流量，同时注意压力表的示数变化。

（三）停车

① 关闭离心泵，将搅拌罐剩余浆料通过排污阀门直接排掉，关闭排污阀，开启进水阀，清洗搅拌罐，洗涤水从排污阀排出；

② 用清水洗净浆料泵；

③ 卸开过滤机，回收滤饼，以备下次实验时使用；

④ 冲洗滤框、滤板，刷洗滤布，滤布不要打折；

⑤ 开启清水罐、洗涤水罐、滤液罐的排污阀，排掉容器内的液体，并清洗洗涤水罐和滤液罐；

⑥ 进行现场清理，保持各设备、管路洁净；

⑦ 切断控制台、仪表盘电源；

⑧ 做好操作记录，计算出恒压过滤常数。

（四）正常操作注意事项

① 配制原料时，清水一定从下部通入，防止浆料罐出口管路堵塞；

② 过滤压力不得大于 0.2MPa；

③ 实验结束后，要及时清洗管路、设备及浆料泵，确保整个装置清洁，管路畅通。

（五）实训操作报表

时间/min										
进料管压力/MPa										
浆料泵后压力/MPa										
浆料泵温度/℃										
离心泵后压力/MPa										
离心泵流量/(L/h)										
滤液出口压力/MPa										
洗涤水罐液位/mm										
滤液罐液位/mm										
滤液出口温度/℃										
滤液体积/L										
操作记事										
异常情况处理										

任务评价

任务名称	过滤实训操作			
班级		姓名		学号
序号	任务要求		占分	得分
1	实训准备	正确穿戴个人防护装备	5	
		熟练讲解实训操作流程	5	
		备料	10	
2	恒压过滤开停车	恒压过滤正常开车	15	
		恒压过滤正常停车	15	
3	恒压过滤稳定运行	恒压过滤稳定运行并记录数据	10	
4	故障处理	能针对操作中出现的故障正确判断原因并及时处理	20	
5	小组合作	内操外操分工明确，操作规范有序	10	
6	结束后清场	恢复装置初始状态，保持实训场地整洁	10	
实训总成绩				
教师点评		教师签名		
学生反思		学生签名		

思考与练习

问答题

1. 为什么开始过滤时滤液有点浑浊，待过滤一段时间后才能变澄清？
2. 在恒压过滤中，初级阶段为什么不采取恒压操作？
3. 如果滤液的黏度比较大，应采取什么方法改善过滤速率？
4. 什么样的物料适合用？

拓展阅读

防护口罩的过滤原理

常见的医用口罩主要由三层无纺布组成（图3-41）：内层是普通无纺布，外层是做了防水处理的无纺布，中间的过滤层是经过驻极处理的聚丙烯熔喷无纺布。

用于过滤颗粒物的材料有矿物性纤维、天然纤维或合成纤维，滤料纤维对空气中的颗粒物进行过滤的机理分为五种，它们可以综合起作用。

沉降作用：大颗粒物质在气流中受重力影响沉降到滤料上，从气流中分离。

惯性撞击作用：当气流中的颗粒物绕过阻挡在气流前方的滤料纤维时，较高质量的颗粒物受惯性影响会偏离气流方向，撞到滤料纤维上被过滤下来。

拦截作用：颗粒在气流中处于最靠近滤料的流线上，因颗粒的半径大于流线与滤料之间的距离而被滤料“刮蹭”而拦截下来。

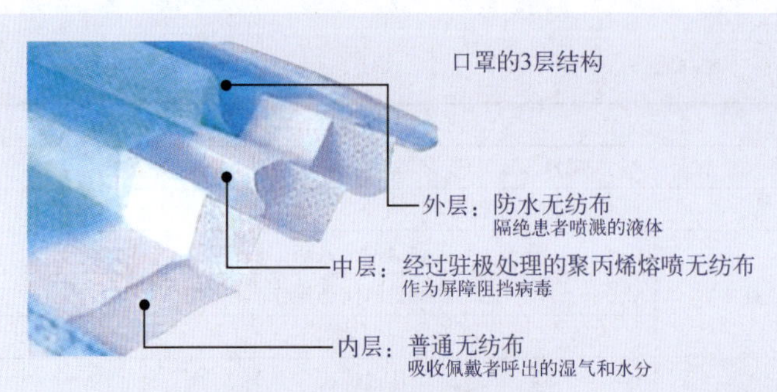

图3-41 医用口罩的构成

扩散作用：受空气分子热运动影响，极其微小的颗粒受到空气分子的撞击，不断改变运动方向，呈现布朗运动，随机性地接触到滤料纤维被过滤下来。

静电作用：如果滤料纤维带有微弱的静电，无论气流中的颗粒物本身是否带静电，当它们靠近滤料纤维时就容易受静电吸引而被过滤下来，静电作用可以帮助过滤材料在不增加气流阻力的前提下提高过滤效率。

项目评价

项目实训评价					
评价项目		评价			
		A	B	C	D
任务1　非均相混合物及分离					
学习目标	非均相混合物的应用				
	非均相混合物的分离方法				
任务2　沉降及沉降设备					
学习目标	重力沉降的原理及设备				
	离心沉降原理及设备				
任务3　过滤及过滤设备					
学习目标	过滤的基本概念				
	过滤的操作过程				
	过滤设备				
任务4　过滤的实训操作					
学习目标	过滤的基础知识				
	装置开停车				
	装置稳定运行				
	故障处理				
教师点评：					

过滤操作流程

PROJECT04

项目四　传热

任务一　传热原理及其应用

任务二　传热相关计算

任务三　传热装置及流程

任务四　传热仿真操作

任务五　传热实训操作

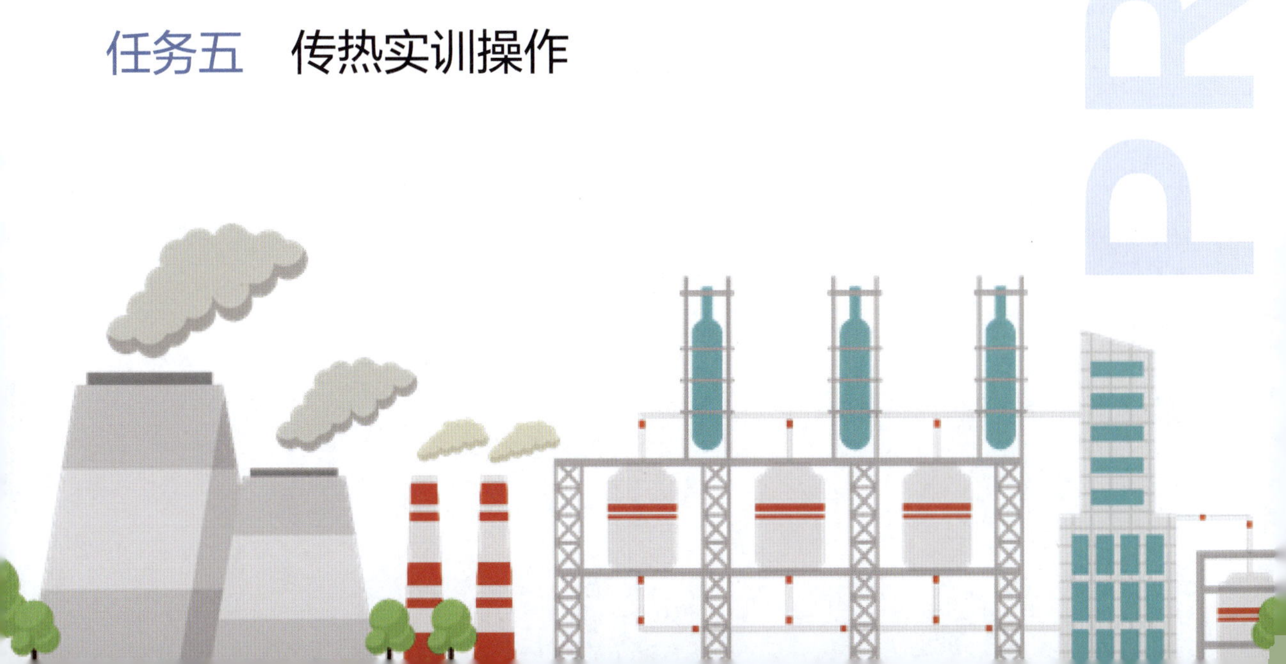

项目导入

某一个寒冷的冬天，小张奔向教室后遇到了李老师。

小张："老师，这天可真冷呀，你看我的手都冻紫了！"

李老师："那你倒杯热水，捂着杯子暖一下吧！"

过了一会儿…

小张："老师，当我握着杯子的时候，没有直接碰到热水，为什么我的手也可以变暖呢？"

李老师耐心地解释道："这是由于物质可以传热，我们一起来学习一下吧！"

项目目标

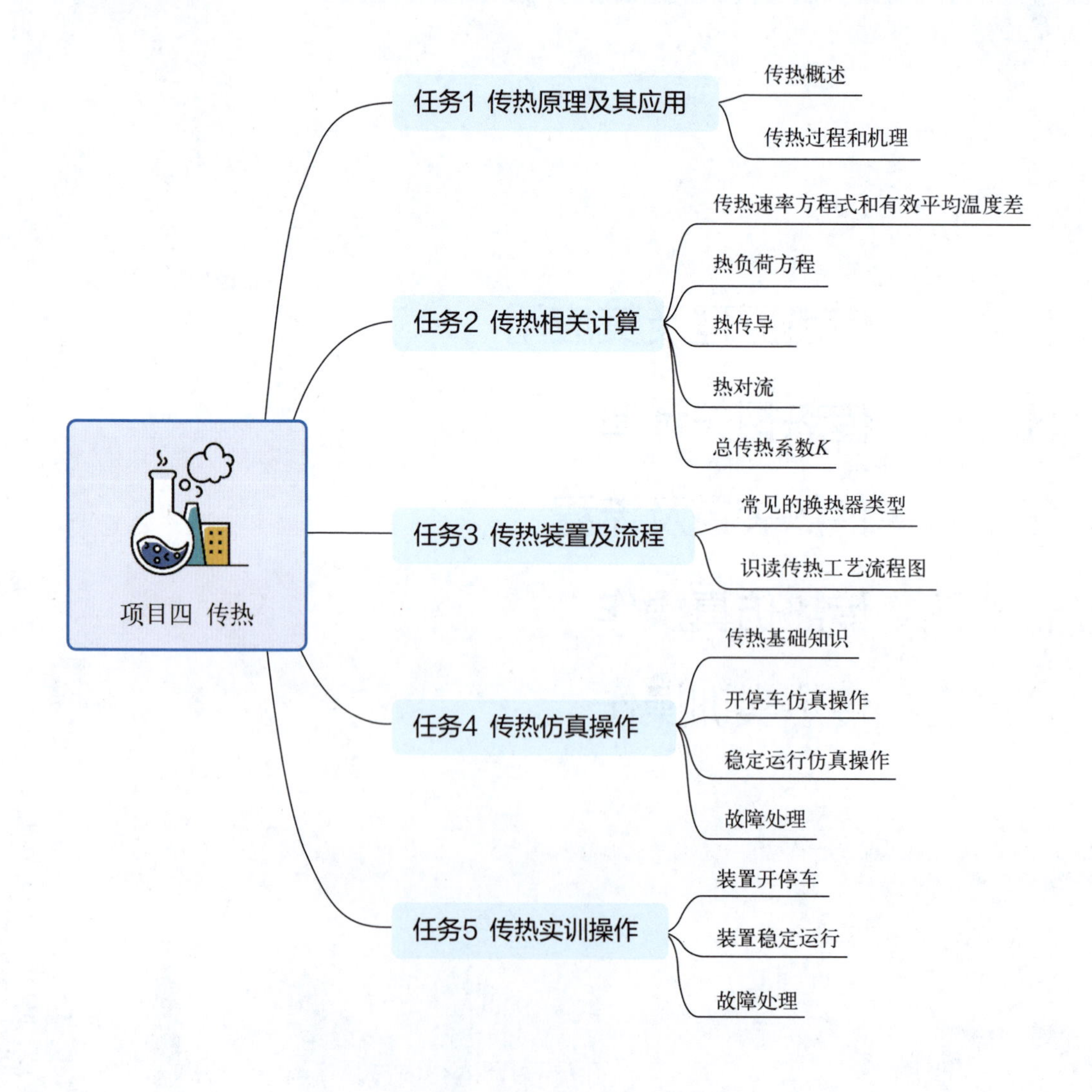

任务实施

任务一　传热原理及其应用

学习目标

1. 了解传热在化工生产中的应用。
2. 熟悉传热过程和机理。

一、传热概述

想一想

（1）生活中有哪些传热现象？
（2）传热现象为什么会发生？

（一）了解传热现象

【定义】 传热即热量传递，是生活和生产中极为普遍的一种传递过程。凡是有温度差存在的地方就必然有热量传递。

【推动力】 热量传递是由物体内或系统内两部分之间的温度差而引起的，热量传递方向总是由高温处自动地向低温处移动。温度差越大，传热越快；温度趋向一致，就停止传热。所以，传热过程的推动力是温度差。

（二）传热在化工生产中的应用

在化工生产中，传热操作有着非常广泛的应用。

① 绝大多数化学反应过程都要求在一定的温度下进行，为了使物料达到并保持指定的温度，就要预先对物料进行加热或冷却，并在过程中及时移走放出的热量或补充需要吸收的热量。

② 一些单元操作过程，例如蒸发、蒸馏、干燥等，需要按一定的速率向设备输入或输出热量。

③ 在高温或低温下操作的设备要进行保温，以减少它们和外界传热。

④ 对于废热也需进行合理的利用与回收。

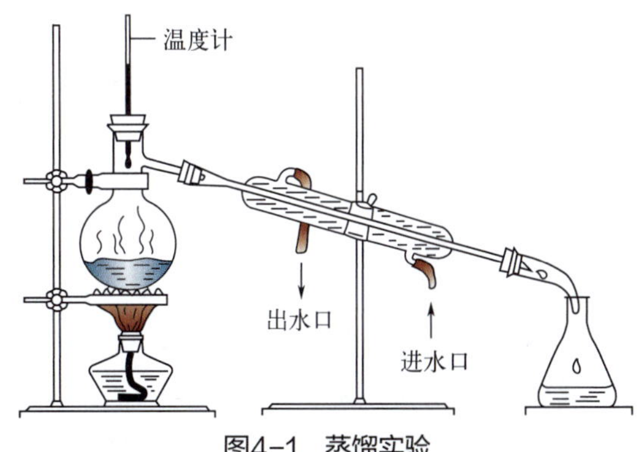

图4-1　蒸馏实验

小组活动

（1）你知道图 4-1 是什么单元操作的装置吗？
（2）找一找该装置中有几处传热？
（3）你还知道哪些单元操作中也涉及传热？

传热不但可以作为一个单独的单元操作进行，蒸馏、蒸发、干燥等单元操作也离不开传热。所以与传热相关的基础知识对于从事化工生产的人员是极其重要的。总结下来，化工生产中传热过程分为下列两种情况。

强化传热：各种换热设备中需要对管路内物料进行加热或者冷却，此时就需要强化传热。

削弱传热：在严寒季节设备和管道需要加保温层，以减少设备和管道内物料的热损失。

（三）常用的加热剂和冷却剂

载热体：在化工生产中，物料在换热器内被加热或冷却时，通常需要用另一种流体供给或带走热量。参与热交换的两流体即为载热体，载热体又分为加热剂和冷却剂。

加热剂：起加热作用的载热体，在换热过程中放出热量。

冷却剂：起冷却作用的载热体，在换热过程中获得热量。

1. 载热体的选用原则

载热体的选择，主要取决于是否能达到加热或冷却所要求的温度，同时还要综合考虑其他因素，具体如下：

① 满足工艺要求的温度。

② 载热体的温度应易于调节。

③ 载热体应具有化学稳定性，使用过程中不会分解或变质。

④ 为了安全起见，载热体应无毒或毒性较小、不易燃、不易爆、腐蚀性小、安全可靠。

⑤ 载热体应价格低廉、来源广泛。

2. 常用的载热体

工业上常用的载热体如表 4-1 所示。

表4-1　工业上常用的载热体

载热体		适用温度范围	说明
加热剂	热水	40～100℃	利用水蒸气冷凝水或废热水的余热
	饱和水蒸气	100～180℃	180℃水蒸气压力为1.0MPa，再高压力不经济，温度易调节，冷凝相变热大，对流传热系数大
	矿物油	<250℃	价廉易得，黏度大，对流传热系数小，高于250℃易分解，易燃
	联苯混合物（如道生油含联苯26.5%、二苯醚73.5%）	液体15～255℃ 蒸气255～380℃	适用温度范围宽，用蒸气加热时温度易调节，黏度比矿物油小
	熔盐（$NaNO_3$ 7%、$NaNO_2$ 40%、KNO_3 53%）	142～530℃	温度高，加热均匀，热容小
	烟道气	500～1000℃	温度高，热容小，对流传热系数小
冷却剂	冷水（有河水、井水、水厂给水、循环水）	15～20℃ 15～35℃	来源广，价格便宜，冷却效果好，调节方便，水温受季节和气温影响，冷却水出口温度宜≤50℃，以免结垢
	空气	<35℃	缺乏水资源地区可用空气，对流传热系数小，温度受季节、气候影响
	冷冻盐水（氯化钙溶液）	0～-15℃	用于低温冷却，成本高

（四）稳定传热和不稳定传热

稳定传热：在传热系统中温度分布不随时间而改变的传热过程称为稳定传热，连续生产过程中的传热多为稳定传热。

不稳定传热：在传热系统中温度分布随时间变化的传热过程称为不稳定传热。工业生产上间歇操作的换热设备和连续生产时设备的启动和停车过程都是不稳定的传热过程。

化工生产过程中的传热多为稳定传热，本章只讨论稳定传热。

二、传热过程和机理

（一）传热的三种机理

1. 热传导

【定义】 热量从物体内部温度较高的部分传递到温度较低的部分或者传递到与之相接触的温度较低的另一物体的过程称为热传导。

【特点】 物质间没有宏观位移，只发生在静止物质内的一种传热方式。

2. 热对流

流体中质点发生相对位移而引起的热量传递，称为热对流。对流只能发生在流体中，根据引起对流的原因不同，分为以下两种情况：

自然对流：由于流体各部分温度的不均匀分布，形成密度的差异，在浮升力的作用下，流体发生对流而传热。

强制对流：由于外力（泵、风机、搅拌等）引起冷热两部分流体产生对流而传热。强制对流传热状况比自然对流好。

3. 热辐射

辐射是一种通过电磁波传递能量的过程。物体由于热的原因而发出辐射能的过程，称为热辐射。辐射传热，不仅是能量的传递，还伴随着能量形式的转化。辐射传热不需要任何介质作媒介，可以在真空中传播。

在实际传热过程中，往往是热传导、热对流、热辐射三种方式结合进行的，如图 4-2 所示。

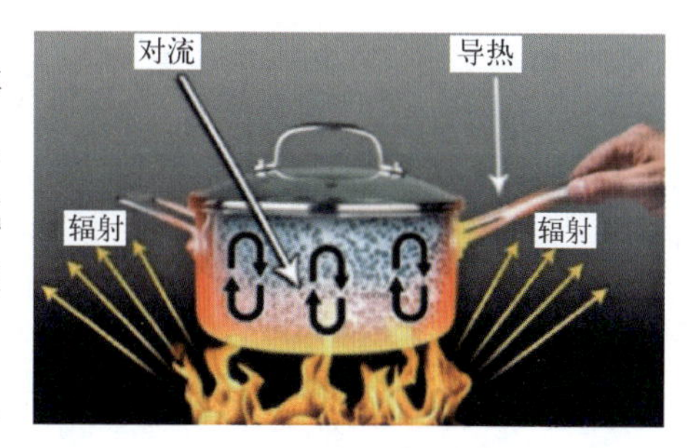

图4-2 实际传热过程

（二）工业生产上的三种换热方式

① 直接接触式 冷热两种流体直接混合，特点是传热速度快，适用于废热回收。

② 蓄热式 内装有固体填充物（如耐火砖等），热、冷流体交替地流过蓄热器，利用固体填充物来积蓄和释放热量而达到换热的目的。

③ 间壁式 间壁式换热的特点是冷、热流体被固体隔开，分别在壁的两侧流动，不相混合，通过固体壁面进行热量传递。特点是两种流体不直接混合，保持原状态。

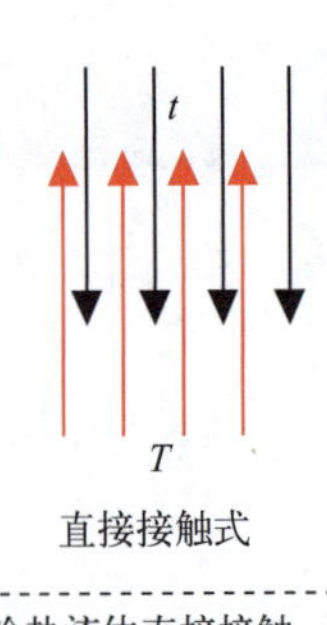

直接接触式

冷热流体直接接触，传热直接、效率高、热阻小

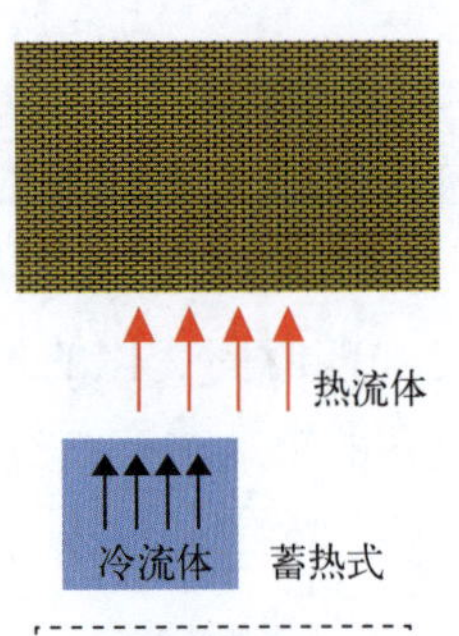

蓄热式

冷热流体交替流过，造成物料混合，且传热效率低

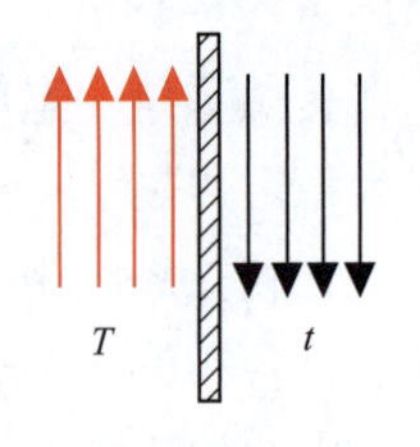

间壁式

冷热流体隔着固体壁面，传热效率不如直接接触式，但流体不混合，工业应用中最广泛

讨论

间壁式传热有哪些过程？

间壁式换热器传热的三个过程：

（1）热流体 $\xrightarrow{\text{对流}}$ 间壁；

（2）间壁一侧 $\xrightarrow{\text{传导}}$ 间壁另一侧；

（3）间壁另一侧 $\xrightarrow{\text{对流}}$ 冷流体；

壁的面积称为传热面，是间壁式换热器的基本尺寸。

思考与练习

选择题

夏天电风扇之所以能降温是因为（　　）。

A. 它降低了环境温度　　B. 产生强制对流带走了人体表面的热量

C. 增强了自然对流　　D. 产生了导热

填空题

1. 按传热机理不同，我们一般把传热分为________、________和________三种基本方式。

2. 在间壁式换热器中，总传热过程由下列步骤所组成：首先是热流体和管外壁间传热，将热量以________方式传给管外壁面；然后，热量由管的外壁面以________方式传给管的内壁面；最后，热量由管的内壁面和冷流体间进行________传热。

3. 工业换热方式有三种，在化工生产中经常用到的换热方式是________。

拓展阅读

化工装置和管线如何“安全过冬”？

在寒冷的冬季，不光人们需要加衣保暖，化工厂也需要防冻防凝。通常情况下，在气温低于 0℃时，部分设备物料和产品会出现冰冻现象。如果管道冻裂会使得生产中断，甚至造成泄漏等安全事故。那么你知道化工厂常见的防冻、防凝有哪些方法吗？下面我们就一起了解一下吧！

化工厂冬季防冻、防凝常见的有排空、保温、伴热等方法。

1. 排空。地面间歇运行或长期不用的设备、管线要排空设备内的物料，用氮气吹扫、置换残存物料处理，防止其在设备或管线内结冻。

2. 保温。设备、管线及其附件要加保温棉保温，如图 4-3 所示。

3. 伴热。就冬季防冻而言，常见的伴热介质有热水伴热、蒸汽伴热、电伴热，如图 4-4 所示。

图4-3　管路加保温棉

图4-4　管路上的电伴热

任务二　传热相关计算

学习目标

1. 掌握传热速率方程式和有效平均温度差的计算。
2. 掌握热负荷方程的计算。
3. 熟悉热传导和傅里叶定律。
4. 熟悉热对流。
5. 掌握总传热系数 K 的计算。

一、传热速率方程式

（一）传热速率方程式

想一想

热流体 $\xrightarrow{\text{对流}}$ 间壁一侧 $\xrightarrow{\text{传导}}$ 间壁另一侧 $\xrightarrow{\text{对流}}$ 冷流体。

从总过程看，假设三个步骤传递热量无损失，那么怎样衡量传热的快慢呢？传热过程中交换的热量与哪些因素有关？总的传热推动力又是什么？

在换热器中传热的快慢用传热速率表示。传热速率 Q 是指单位时间所能交换的热量，单

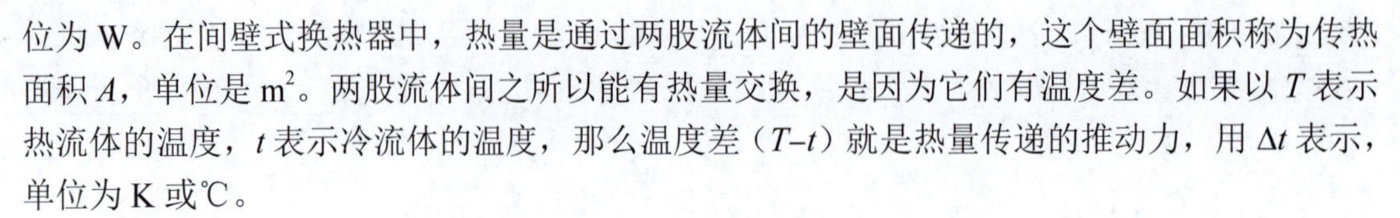

位为 W。在间壁式换热器中，热量是通过两股流体间的壁面传递的，这个壁面面积称为传热面积 A，单位是 m^2。两股流体间之所以能有热量交换，是因为它们有温度差。如果以 T 表示热流体的温度，t 表示冷流体的温度，那么温度差（$T-t$）就是热量传递的推动力，用 Δt 表示，单位为 K 或℃。

（1）传热速率 Q

$$Q = KA\Delta t \tag{4-1}$$

式（4-1）称为传热速率方程式。式中 K 称为传热系数，单位是 W/（m^2·℃）；K 值的大小是衡量换热器性能的一个重要指标，K 值越大，表明单位面积单位时间内传递的热量越多。

讨论

总传热系数 K 的来源：①生产实际的经验数据；②实验测定；③分析计算。

（2）热通量 q

单位时间内通过单位面积所传递的热量，单位为 W/m^2。

$$q = \frac{Q}{A} = \frac{\Delta t}{\frac{1}{K}} = \frac{\text{传热总推动力}}{\text{传热总阻力}} \tag{4-2}$$

式（4-2）中 $\frac{1}{K}$ 表示传热过程的总阻力，简称热阻，用 R 表示。即

$$R = \frac{1}{K} \tag{4-3}$$

由式（4-3）可知，单位传热面积上的传热速率与传热推动力成正比，与热阻成反比。因此，提高换热器传热速率的途径为提高传热推动力和降低传热阻力。

【例题 4-1】硝基苯常用硝酸和硫酸的混合酸与苯反应制取，合成硝基苯单位时间内放出的热量为 82500W。现有一台换热器，其传热系数是 68W/（m^2·℃），传热面积为 25 m^2，冷热流体的温度差是 42℃，问这台换热器能否按照要求把硝基苯冷却？

解： $Q = KA\Delta t = 68 \times 25 \times 42 = 71400\text{W}$

因为 71400W<82500W，所以该换热器不能按照要求把硝基苯冷却。

（二）平均温度差的计算

1. 平均温度差 Δt_m

想一想

在传热中，温度差怎么计算？两侧温度一定恒定吗？若是两侧温度在不断变化又该怎么求温度差呢？

平均温度差：用传热速率方程式计算换热器的传热速率时，因传热面各部位的传热温度差不同，必须算出平均温度差 Δt_m，用平均传热温度差 Δt_m 代替 Δt，即

$$Q = KA\Delta t_m$$

Δt_m 数值与流体流动情况有关。

2. 恒温传热和变温传热

恒温传热：冷热流体在换热过程中温度不变，例如用水蒸气加热沸腾的液体，两侧均发生相变而温度都不变。

变温传热：冷热流体只要有一种流体的温度发生变化，例如生产中用饱和水蒸气加热某冷流体，水蒸气在换热过程中由汽变液放出热量，其温度是恒定的，但被加热的冷流体温度从 t_1 升至 t_2，此时沿着传热面的传热温度差 Δt 是变化的，如图 4-5（a）所示。又如废热锅炉用高温流体加热恒定温度下沸腾的水，高温流体的温度从 T_1 降至 T_2，而沸腾的水温始终保持为沸点，此时的传热温度差也是变化的，如图 4-5（b）所示。

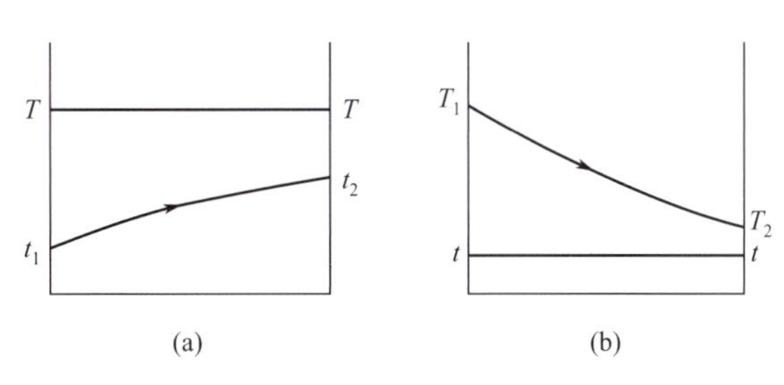

图4-5　一侧流体变温时的温差变化

3. 流体的流动方向

流动形式有并流、逆流、错流、折流。

并流：两流体平行而同向地流动。

逆流：两流体平行而反向地流动。

错流：两流体垂直交叉地流动。

折流：一流体只沿一个方向流动，而另一流体反复折流。

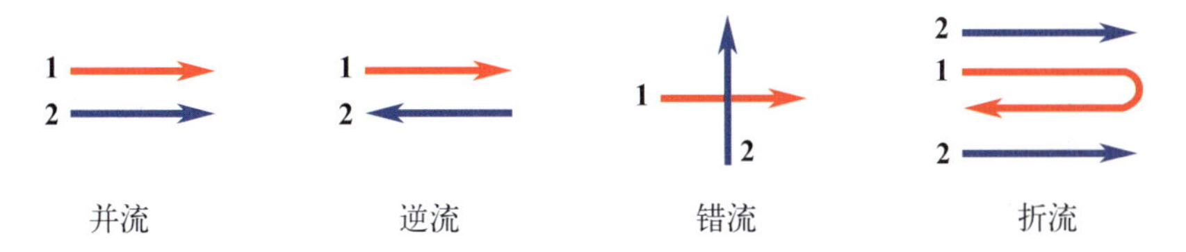

4. 平均温度差的计算

（1）恒温传热

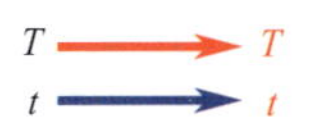

$$\Delta t_m = T - t \tag{4-4}$$

T 为热流体温度，℃；t 为冷流体温度，℃。流体的流动方向对 Δt 无影响。

（2）变温传热

单侧变温：

算术平均值
$$\Delta t_m = \frac{\Delta t_1 + \Delta t_2}{2} \tag{4-5}$$

Δt_1，Δt_2 分别为传热过程中最初、最终的热流体和冷流体之间的温度差，℃，取 $\Delta t_1 > \Delta t_2$。

对数平均值

$$\Delta t_m = \frac{\Delta t_1 - \Delta t_2}{\ln\dfrac{\Delta t_1}{\Delta t_2}} \tag{4-6}$$

$$\Delta t_1 = T - t_1 \qquad \Delta t_2 = T - t_2 \qquad \Delta t_1 > \Delta t_2$$

当$\dfrac{\Delta t_1}{\Delta t_2}\leqslant 2$时，可用算术平均温度差代替对数平均温度差。

并流和逆流时：双侧变温传热公式同单侧变温，即当$\dfrac{\Delta t_1}{\Delta t_2}>2$时，用对数平均值计算平均温度差，当$\dfrac{\Delta t_1}{\Delta t_2}\leqslant 2$时，可近似地采用算术平均值计算平均温度差。其中$\Delta t_1 = T_1 - t_2$，$\Delta t_2 = T_2 - t_1$。$T_1$，$T_2$分别为热流体进、出口温度，℃；$t_1$，$t_2$分别为冷流体进、出口温度，℃。

【例题 4-2】在一单壳单管程无折流的列管式换热器中，用冷却水将热流体由100℃冷却至40℃，冷却水进口温度15℃，出口温度30℃，试求在这种温度条件下，逆流和并流的平均温度差。

解：

逆流时：热流体　100℃→ 40℃

　　　　冷流体　30℃← 15℃

　　　　　　　　70℃　25℃

$$\Delta t_{m,逆} = \frac{\Delta t_1 - \Delta t_2}{\ln\dfrac{\Delta t_1}{\Delta t_2}} = \frac{70-25}{\ln\dfrac{70}{25}} = 43.7℃$$

并流时：热流体　100℃→ 40℃

　　　　冷流体　15℃← 30℃

　　　　　　　　85℃　10℃

$$\Delta t_{m,并} = \frac{\Delta t_2 - \Delta t_1}{\ln\dfrac{\Delta t_2}{\Delta t_1}} = \frac{85℃-10℃}{\ln\dfrac{85℃}{10℃}} = 35℃$$

结论：在冷、热流体初、终温度相同的条件下，逆流的平均温度差大。

知识拓展

错流或折流时的平均温度差是先按逆流计算对数平均温度差$\Delta t_{逆}$，再乘以温度差修正系数$\varphi_{\Delta t}$，即$\Delta t_m=\varphi_{\Delta t}\Delta t_{逆}$

校正系数可根据R、P值查图4-6：

$$R = \frac{T_1 - T_2}{t_2 - t_1} = \frac{热流体的温降}{冷流体的升温} \qquad P = \frac{t_2 - t_1}{T_1 - t_1} = \frac{冷流体的升温}{两流体的初始温差}$$

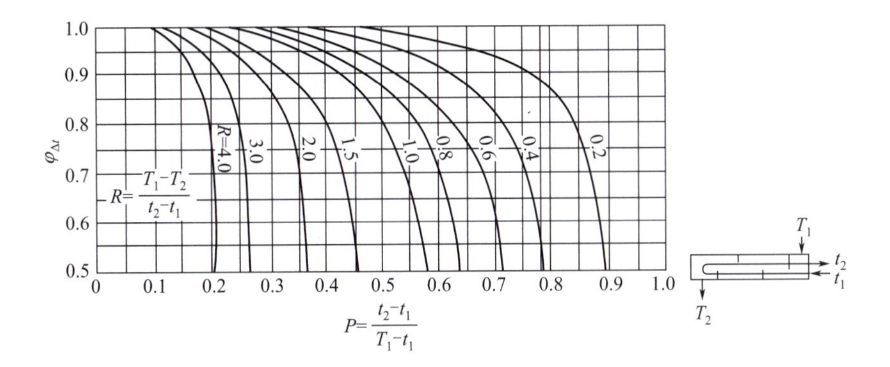

图4-6　几种流动形式的Δt_m修正系数$\varphi_{\Delta t}$值

【例题 4-3】 在一单壳程四管程的列管换热器中，用水冷却油。冷水在壳程流动，进口温度为 15℃，出口温度为 32℃。油的进口温度为 100℃，出口温度为 40℃。试求两流体间的平均温度差。

解：此题为简单折流时的平均温度差，先按逆流计算，即

热流体　100℃→ 40℃

冷流体　 32℃← 15℃

Δt　　　68℃　25℃

$$\Delta t_m = \frac{68℃ - 25℃}{\ln\dfrac{68℃}{25℃}} = 43℃$$

$$R = \frac{T_1 - T_2}{t_2 - t_1} = \frac{100℃ - 40℃}{32℃ - 15℃} = 3.53 \quad P = \frac{t_2 - t_1}{T_1 - t_1} = \frac{32℃ - 15℃}{100℃ - 15℃} = 0.20$$

查图 4-6 得 $\varphi_{\Delta t}$=0.9

所以$\Delta t_m = \varphi_{\Delta t}\Delta t_{逆} = 0.9 \times 43℃ = 38.7℃$

二、热负荷方程

想一想

用你初中学过的知识算一算，5kg 的水从 20℃加热到 100℃，这个过程吸收多少热量？

（一）热负荷和热量衡算式

热负荷：热流体的放热量或冷流体的吸热量。

热量衡算反映两流体在换热过程中温度变化的相互关系，对于间壁式换热器，假设换热器绝热良好且热损失可忽略，则在单位时间内的换热器中的流体放出的热量等于冷流体吸收的热量，即热量衡算式：$Q=Q_{热}=Q_{冷}$。

（二）热负荷和传热速率的关系

想一想

（1）化学实验中需要量取9.5mL水，那么选择以下哪个量程的量筒？为什么？

选择：5mL、10mL、100mL。

（2）化工流体输送单元操作中某管道输送143kPa的水蒸气，选择以下哪种管道？为什么？

选择：管道承压能力100kPa、200kPa、500kPa。

（3）化工传热单元操作中，一个能满足生产要求的换热器，传热速率与热负荷有什么关系？

【热负荷】 要求换热器具有的换热能力，单位W。

【传热速率】 换热器的传热速率，单位W。

在保温良好、无热损失时，我们认为单位时间内热流体放出的热量等于冷流体吸收的热量，即：$Q=Q_{热}=Q_{冷}$。

注意：

① 传热速率与热负荷数值上一般看做相等，但含义不同。

② 热负荷由工艺条件决定，是对换热器的要求；传热速率是换热器本身的换热能力，是设备的特征。

（三）热负荷的计算

1. 焓差法

热流体：

$$Q_{热}=q_{m热}\left(H_1-H_2\right) \tag{4-7}$$

冷流体：

$$Q_{冷}=q_{m冷}(h_2-h_1) \tag{4-8}$$

式中 $Q_{热}$，$Q_{冷}$——热负荷，W；

$q_{m热}$，$q_{m冷}$——热、冷流体的质量流量，kg/s；

H_1，H_2——热流体进、出口的焓，J/kg；

h_1，h_2——冷流体进、出口的焓，J/kg。

焓的数值决定于流体的物态和温度，可查表求得。

2. 显热法

此法用于流体在换热过程中无相变的情况。

热流体：

是不是跟初中学过的$Q=cm\Delta t$很像？

$$Q_{热}=q_{m热}C_{热}(T_1-T_2) \tag{4-9}$$

冷流体：

$$Q_{冷} = q_{m冷} C_{冷}(t_2 - t_1) \tag{4-10}$$

式中　$C_{热}$，$C_{冷}$——热、冷流体的平均定压比热容，J/（kg·℃）；

T_1，T_2——热流体进、出口温度，℃；

t_1，t_2——冷流体进、出口温度，℃。

3. 潜热法

此法用于流体在换热过程中仅发生相变（如冷凝或汽化）的场合。

热流体：

$$Q_{热} = q_{m热} r_{热} \tag{4-11}$$

冷流体：

$$Q_{冷} = q_{m冷} r_{冷} \tag{4-12}$$

式中　$r_{热}$，$r_{冷}$——热流体和冷流体的相变热（蒸发潜热），J/kg。

【例题 4-4】 绝对压力为 120kPa 的饱和蒸汽，其质量流量为 1000kg/h，冷凝并冷却为 60℃的水，求放出的热量。

解：

方法一：焓差法

起始状态 ——→ 终止状态

120kPa 的饱和水蒸气　　60℃的水

查附录四、附录五得焓值 2684.3kJ/kg　　251.1kJ/kg

$$\begin{aligned} Q_{热} &= q_{m热}(H_1 - H_2) \\ &= \frac{1000}{3600} \times (2684.3 - 251.1)\ \text{kW} \\ &= 676\text{kW} = 676000\text{W} \end{aligned}$$

方法二：

120kPa 的水蒸气 $\xrightarrow{过程一}$ 120kPa 的水 $\xrightarrow{过程二}$ 60℃的水

过程一为发生相变，用潜热法

$$\begin{aligned} Q_1 &= q_{m热} r_{热} \\ &= \frac{1000}{3600} \times 2247\text{kW} \\ &= 624\text{kW} \end{aligned}$$

过程二为降温无相变，查附录五得 120kPa 下水为 104.5℃及附录二水的比热容为 4.25kJ/（kg·K）。

$$\begin{aligned} Q_2 &= q_{m热} C_{热}(T_1 - T_2) \\ &= \frac{1000}{3600} \times 4.25 \times (104.5 - 60)\text{kW} = 52.5\text{kW} \end{aligned}$$

$$Q_{总} = Q_1 + Q_2 = (624 + 52.5)\ \text{kW} = 676.5\text{kW}$$

（四）热负荷方程的应用

1. 计算热负荷

热流体：
$$Q_{热}=q_{m热}C_{热}(T_1-T_2) \tag{4-13}$$

冷流体：
$$Q_{冷}=q_{m冷}C_{冷}(t_2-t_1) \tag{4-14}$$

2. 计算载热体用量

如求 $q_{m冷}$
$$Q_{热}=Q_{冷}=q_{m冷}C_{冷}(t_2-t_1)$$
$$q_{m冷}=\frac{Q_{热}}{C_{冷}(t_2-t_1)} \tag{4-15}$$

3. 计算 K 或者 A（与传热速率方程式联系）

先求出 Q
$$Q=KA\Delta t_m$$
$$K=\frac{Q}{A\Delta t_m} \tag{4-16}$$

【例题 4-5】 将 0.5kg/s、80℃的硝基苯通过换热器用冷却水将其冷却到 40℃。冷却水初温为 30℃，终温不超过 35℃。已知水的比热容为 4.19kJ/（kg・℃），试求换热器的热负荷及冷却水用量。

解：

由附录十四查得硝基苯 $T_{定}=\frac{80℃+40℃}{2}=60℃$ 时的比热容为 1.58kJ/（kg・℃），计算热负荷

$$\begin{aligned}Q_{硝}&=q_{m硝}C_{硝}\left(T_1-T_2\right)\\&=0.5\times1.58\times10^3\times(80-40)\ \text{W}\\&=31600\text{W}=31.6\text{kW}\end{aligned}$$

冷却水用量为

$$\begin{aligned}q_{m水}&=\frac{Q_{水}}{C_{水}(t_2-t_1)}=\frac{Q_{硝}}{C_{水}(t_2-t_1)}\\&=\frac{31600}{4.19\times10^3\times\left(35-30\right)}\text{kg/s}\\&=1.51\text{kg/s}\end{aligned}$$

【例题 4-6】 已知冷热流体进行换热，热水流量为 5.28kg/s，进口温度为 63℃，出口温度为 50℃。冷水进口温度为 19℃，出口温度为 30℃，逆流，传热面积为 4.2m^2。已知热水的比热容为 4.187kJ/（kg・℃）。

求（1）热负荷 Q （2）平均温度差 （3）传热系数 K

解:

（1）热负荷 Q

$$Q = q_{m热} C_{热}(T_1 - T_2) = 5.28 \times 4.187 \times 10^3 \times (63 - 50)\,\text{W} = 287500\text{W}$$

（2）平均温度差 $\Delta t_{均}$　逆流　热流体　63℃→ 50℃

冷流体　30℃← 19℃

Δt　　33℃　31℃

$$\frac{\Delta t_1}{\Delta t_2} = \frac{33℃}{31℃} = 1.06 < 2$$

所以

$$\Delta t_{均} = \frac{\Delta t_1 + \Delta t_2}{2} = \frac{33℃ + 31℃}{2} = 32℃$$

（3）传热系数 K

$$K = \frac{Q}{A\Delta t_{均}} = \frac{287500\text{W}}{4.2\text{m}^2 \times 32℃} = 2140\text{W}/(\text{m}^2 \cdot ℃)$$

三、热传导

（一）热传导方程

想一想

如图 4-7 所示，热量以热传导方式沿着与壁面垂直的方向，从高温壁面 t_1 传递到低温壁面 t_2，那么你能参考总传热速率方程式写出热传导的计算公式吗？

分析：面积为 A，单位是 m^2。壁厚为 b，单位是 m。平壁两侧壁面温度分别为 t_1 和 t_2，单位是 K 或℃，且 $t_1 > t_2$。

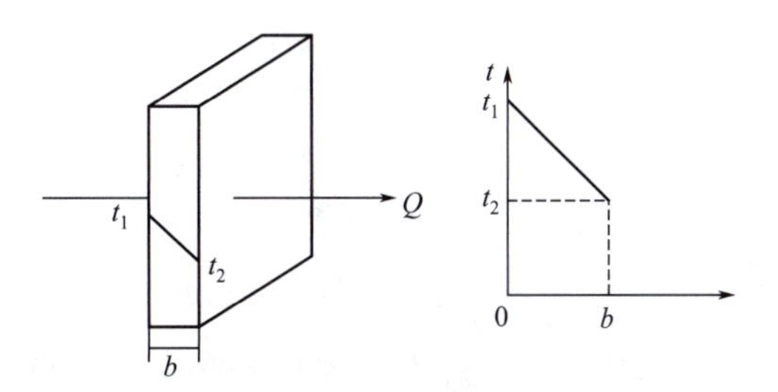

图4-7　单层平壁热传导

单位时间内物体以热传导方式传递的热量 Q 可以表示为：

$$Q = \lambda \frac{A}{b}(t_1 - t_2) \tag{4-17}$$

式（4-17）称为热传导方程式，或称为傅里叶定律。

（二）热导率（导热系数）

比例系数 λ 称为热导率（又称导热系数），式（4-17）可改写成：

$$\lambda=\frac{Qb}{A\left(t_1-t_2\right)}\ \text{单位为W/}\left(\text{m}\cdot\text{K}\right)\text{或W/}\left(\text{m}\cdot{^\circ\text{C}}\right) \tag{4-18}$$

热导率的意义：当间壁的面积为 1m^2，厚度为 1m，壁面两侧的温度差为 1K 时，在单位时间内以热传导方式所传递的热量。显然，热导率 λ 值越大，则物质的导热能力越强。所以热导率 λ 是物质导热能力的标志，为物质的物理性质之一。通常，需要提高导热速率时，可选用热导率大的材料；反之，要降低导热速率时，应选用热导率小的材料。

各种物质的热导率通常用实验方法测定。一般来说，金属的热导率最大，非金属固体次之，液体的较小，而气体的最小。

（三）多层平壁传热

1. 单层平壁的热传导

单层平壁的热传导方程式与式（4-17）完全一样，即

$$Q=\lambda\frac{A}{b}\left(t_1-t_2\right)$$

把上式改写成推动力 / 阻力的形式，即

$$\frac{Q}{A}=\frac{t_1-t_2}{\dfrac{b}{\lambda}}=\frac{\Delta t}{R_{导}} \tag{4-19}$$

式中，温度差 $\Delta t=t_1-t_2$，为导热过程的推动力，而$R_{导}=\dfrac{b}{\lambda}$为单层平壁的导热热阻。

2. 多层平壁的热传导

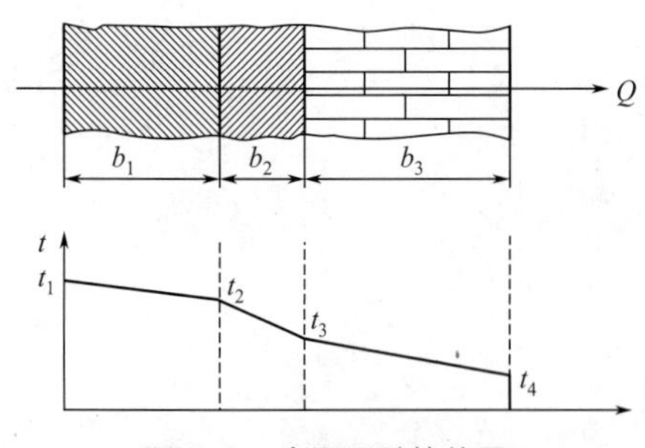

图4-8 多层平壁热传导

工业上常遇到由多种不同材料组成的平壁，称为多层平壁，如锅炉墙壁是由耐火砖、保温砖和普通砖组成。以三层壁为例，如图 4-8 所示。

由三种不同材质构成的多层平壁截面积为 A，各层的厚度为 b_1、b_2 和 b_3，各层的热导率为 λ_1、λ_2 和 λ_3，若各层的温度差分别为 Δt_1、Δt_2 和 Δt_3，则三层的总温度差 $\Delta t=\Delta t_1+\Delta t_2+\Delta t_3$。因是稳定传热，式（4-19）对于各层的传热速率均适用。而且，各层的传热速率也都相等，下式的关系成立

$$\frac{Q}{A}=\frac{\Delta t_1}{\dfrac{b_1}{\lambda_1}}=\frac{\Delta t_2}{\dfrac{b_2}{\lambda_2}}=\frac{\Delta t_3}{\dfrac{b_3}{\lambda_3}}=\frac{\Delta t_1+\Delta t_2+\Delta t_3}{\dfrac{b_1}{\lambda_1}+\dfrac{b_2}{\lambda_2}+\dfrac{b_3}{\lambda_3}}=\frac{\Delta t}{R_{导1}+R_{导2}+R_{导3}}=\frac{\Delta t}{\sum R_{导}} \tag{4-20}$$

即多层平壁的传热速率由推动力总温度差与各层的热阻之和的比值求得。式（4-19）还可变形为下式

$$\Delta t_1=\frac{Q}{A}R_{导1}=R_{导1}\frac{\Delta t}{\sum R_{导}},\quad \Delta t_2=\frac{Q}{A}R_{导2}=R_{导2}\frac{\Delta t}{\sum R_{导}}$$

$$\Delta t_3=\frac{Q}{A}R_{导3}=R_{导3}\frac{\Delta t}{\sum R_{导}} \tag{4-21}$$

由式（4-21）可以看出，利用总温度差和各层的热阻值，可以较为简便地求出各层温度差。在多层平壁中，温度差大的壁层，则热阻也大。

【例题 4-7】 锅炉钢板壁厚 b_1=20mm，其热导率 λ_1=58.2W/（m・℃）。若黏附在锅炉内壁的水垢层厚度 b_2=1mm，其热导率 λ_2=1.162W/（m・℃）。已知锅炉钢板外表面温度 t_1=260℃，水垢表面温度 t_3=200℃。试求锅炉单位面积的传热速率和两层界面间的温度 t_2。

解：根据式（4-20）单位面积的热传导方程为

$$\frac{Q}{A}=\frac{\Delta t}{\frac{b_1}{\lambda_1}+\frac{b_2}{\lambda_2}}=\frac{260-200}{\frac{0.02}{58.2}+\frac{0.001}{1.162}}\text{W/(m·℃)}=49800\text{W/(m·℃)}$$

$$\Delta t_1=\frac{Q}{A}\times\frac{b_1}{\lambda_1}=49800\times\frac{0.02}{58.2}℃=17.1℃$$

$$t_2=t_1-\Delta t=260℃-17.1℃=242.9℃$$

知识拓展

圆筒壁传热

在化工生产中，所用设备、管路及换热器管多为圆筒形，所以通过圆筒壁的热传导非常普遍。平壁传热的传热面面积相同，而圆筒壁传热的面积是变化的，所以要用平均面积 $A_{均}$来代替傅里叶定律中的 A。

① 单层圆筒壁的稳定热传导如图 4-9 所示。

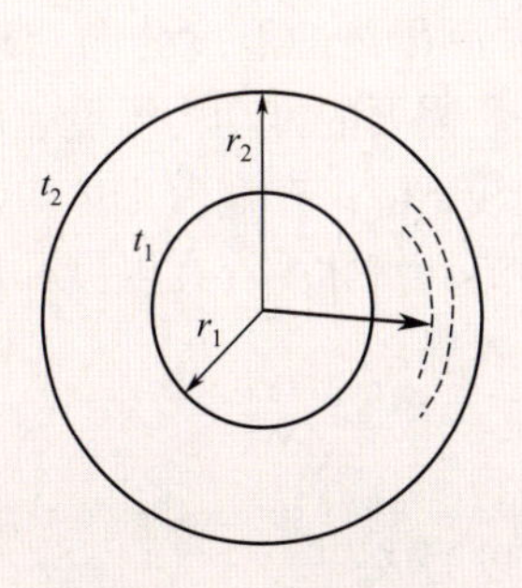

图4-9 单层圆筒壁

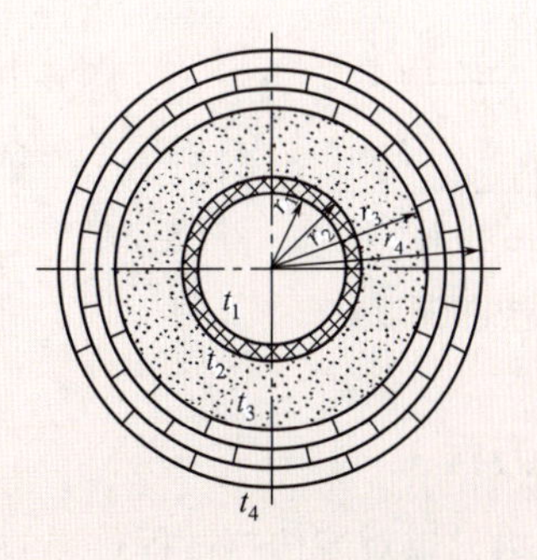

图4-10 多层圆筒壁

$$Q=\lambda\frac{A_{均}}{b}(t_1-t_2)$$

$$A_{均}=2\pi r_{均}L$$

$$b=r_2-r_1$$

由以上公式可以推出单层圆筒壁传导计算公式，即

$$Q=\frac{2\pi\lambda L(t_1-t_2)}{\ln\frac{r_2}{r_1}}=\frac{2\pi L(t_1-t_2)}{\frac{1}{\lambda}\ln\frac{r_2}{r_1}}$$

② 多层圆筒壁的稳定热传导如图 4-10 所示

跟多层平壁热传导方程式相似，我们可以推出多层圆筒壁的计算公式

$$Q=\frac{2\pi L(t_1-t_2)}{\frac{1}{\lambda_1}\ln\frac{r_2}{r_1}+\frac{1}{\lambda_2}\ln\frac{r_3}{r_2}+\frac{1}{\lambda_3}\ln\frac{r_4}{r_3}}$$

四、热对流

（一）对流传热分析

冷热两个流体进行热量交换时，由流体将热量传给壁面或者由壁面将热量传给流体的过程称为对流传热（或给热）。对流传热是层流内层的导热和湍流主体对流传热的统称。

已知流体沿固体壁面流动时，无论流动主体湍动得多么激烈，靠近管壁处总存在着一层层流内层。由于在层流内层中不产生与固体壁面成垂直方向的流体对流混合，所以固体壁面与流体间进行传热时，热量只能以热传导方式通过层流内层。虽然层流内层的厚度很薄，但导热的热阻值却很大，因此层流内层产生较大的温度差。另一方面，在湍流主体中，由于对流使流体混合剧烈，热量十分迅速地传递，因此湍流主体中的温度差极小。

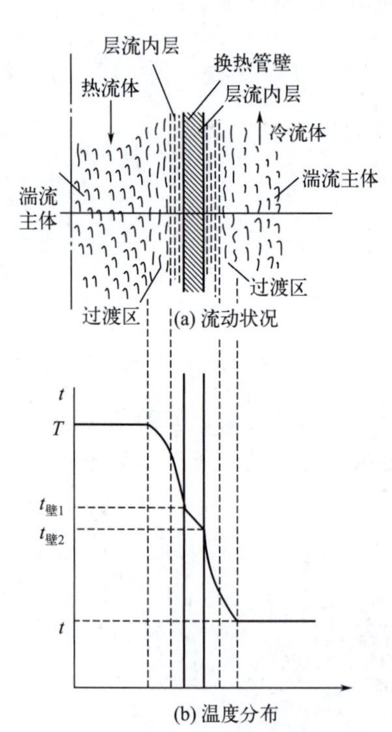

图4-11　对流传热的温度分布

图 4-11 是表示对流传热的温度分布示意图，由于层流内层的导热热阻大，所需要的推动力温度差就比较大，温度曲线较陡，几乎呈直线下降；在湍流主体中，流体温度几乎为一恒定值。一般将流动流体中存在温度梯度的区域称为温度边界层，亦称热边界层。

（二）对流传热方程

在单位时间内，以对流传热过程传递的热量 Q 可以写成：

$$Q=\alpha A(t_{壁}-t) \tag{4-22}$$

α 称为对流传热系数（或给热系数），其单位为 W/（m^2 · ℃）。α 的物理意义是，流体与壁面温度差为1℃时，在单位时间内通过每平方米传递的热量。所以 α 值表示对流传热的强度。

式（4-22）称为对流传热方程式，也称为牛顿冷却定律。牛顿冷却定律以很简单的形式描述了复杂的对流传热过程的速率关系，其中的对流传热系数 α 包括了所有影响对流传热过程的复杂因素。

将式（4-22）改写成下面的形式

$$\frac{Q}{A}=\frac{t_{壁}-t}{\frac{1}{\alpha}}=\frac{一侧对流传热推动力}{一侧对流传热热阻}$$

则对流传热过程的热阻 $R_{对}$ 为

$$R_{对}=\frac{1}{\alpha} \tag{4-23}$$

（三）有相变时的对流传热系数

流体在换热器内发生相变化的情况有冷凝和沸腾两种。现分别将两种有相变化的传热进行介绍。

1. 蒸汽的冷凝

当饱和蒸汽与温度较低的固体壁面接触时，蒸汽将放出大量的潜热，并在壁面上冷凝成液体。蒸汽冷凝有膜状冷凝和珠状冷凝两种方式，膜状冷凝时冷凝液容易润湿冷却面，珠状冷凝时冷凝液不容易润湿冷却面。

在膜状冷凝过程中，壁面上形成一层完整的液膜，蒸汽的冷凝只能在液膜的表面进行。而珠状冷凝过程，冷凝液在壁面上形成珠状，液滴自壁面滚转而滴落，蒸汽与重新露出的壁面直接接触，因而珠状冷凝的传热系数比膜状冷凝的传热系数大得多。

在工业生产中，一般换热设备中的冷凝可按膜状冷凝考虑。冷凝的传热系数一般都很大，如水蒸气作膜状冷凝时的传热系数 α 通常为 5000 ～ 15000W/（m^2・℃）。因而传热壁的另一侧热阻相对较大，是传热过程的主要矛盾。

当蒸汽中有空气或其他不凝性气体存在时，则将在壁面上生成一层气膜。由于气体热导率很小，传热系数明显下降。例如，当蒸汽中不凝性气体的含量为 1% 时，α 可降低 60% 左右。因此冷凝器应装有放气阀，以便及时排除不凝性气体。

2. 液体的沸腾

高温加热面与沸腾液体间的传热在工业生产中是十分重要的。由于液体沸腾的对流传热是一个复杂的过程，影响液体沸腾的因素很多，最重要的是传热壁与液体的温度差 Δt。现以常压下水沸腾的情况为例，说明对流传热的情况。

图 4-12 所示是常压下水在铂电热丝表面上沸腾时 α 与 Δt 的关系曲线。当温度差 Δt 较小，为 5K 以下时，传热主要以自然对流方式进行，如图中 AB 线段所示，α 随 Δt 的增大而略有增大。此阶段称为自然对流区。

当 Δt 逐渐升高越过 B 点时，在加热面上产生许多蒸汽泡，由于这些蒸汽泡的产生、脱离和上升使液体受到剧烈的扰动，使 α 随 Δt 的增大而迅速增大，在 C 点

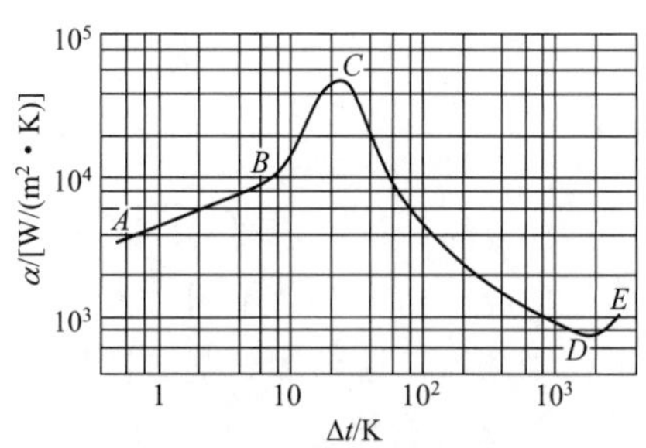

图4-12　常压下水沸腾时α与Δt的关系曲线

处达到最大值。此阶段称为核状沸腾。C 点的温度差称为临界温度差，水的临界温度差约为25K。

当 Δt 超过 C 点继续增大时，加热面逐渐被气泡覆盖，由于传热过程中的热阻大，α 开始减小，到达 D 点时为最小值。此时，若再继续增加 Δt，加热面完全被蒸汽泡层所覆盖，通过该蒸汽泡层的热量传递是以导热和热辐射方式进行。此阶段称为膜状沸腾。

一般的传热设备通常总是控制在核状沸腾下操作，很少发生膜状沸腾。由于液体沸腾时要产生气泡，所以一切影响气泡生成、长大和脱离壁面的因素对沸腾对流传热都有重要影响。如此复杂的影响因素使液体沸腾的传热系数计算式至今都不完善，误差较大。但液体沸腾时的 α 值一般都比流体不相变的 α 值大，例如，水沸腾时 α 值一般在 1500 ～ 30000W/（m^2·℃）。如果与沸腾液体换热的另一股流体没有相变化，传热过程的阻力主要是无相变流体的热阻，在这种情况下，α 值不一定要详细计算，例如水的沸腾 α 值常取 5000W/（m^2·℃）。

综上所述，由于影响对流传热系数 α 的因素很多，所以 α 的数值范围很大。表 4-2 中介绍了常用流体 α 值的大致范围。由此表可看出，流体在传热过程中有相变化时的 α 值比较大；在没有相变化时，水的 α 值最大，油类次之，气体和过热蒸气最小。

表4-2　工业用换热器中 α 值的大致范围

对流传热的类型	α值的范围/[W/（m^2·℃）]	对流传热的类型	α值的范围/[W/（m^2·℃）]
水蒸气的滴状冷凝	46000～140000	水的加热或冷却	230～11000
水蒸气的膜状冷凝	4600～17000	油的加热或冷却	58～1700
有机蒸气的冷凝	580～2300	过热蒸气的加热或冷凝	23～110
水的沸腾	580～52000	空气的加热或冷却	1～58

五、总传热系数K的计算

讨论

1. 如图 4-13，三个小灯泡构成的串联电路，根据你学过的欧姆定律，总电阻怎么计算？

2. 请把下列公式变形成推动力 / 热阻的形式

$$Q_{总}=KA\Delta t \qquad Q=\alpha A(T-t)$$

3. 间壁式热传递也包括三个连续的过程，即对流—传导—对流。这三个过程都有热阻，传热的总热阻是热阻串联的结果。

$$R_{总}=R_{对流1}+R_{传导}+R_{对流2}$$

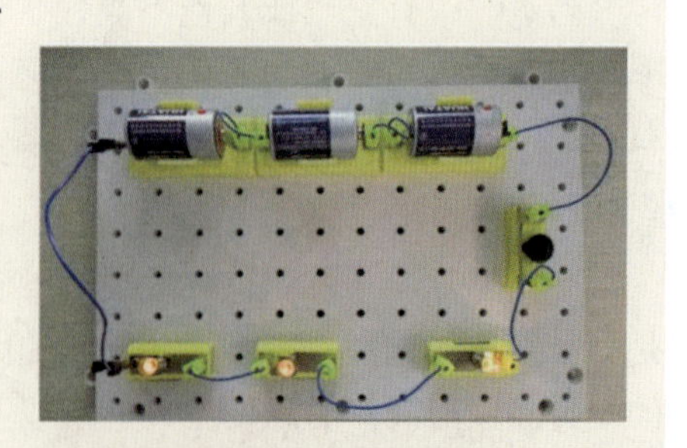

图4-13　电路串联

K 值的计算正是利用串联热阻叠加原则求算的。K 值与传热面相对应，管道选择不同的管壁侧面，相应 K 值不同，本节只讨论传热面为平面时 K 的计算。

当热流体通过传热壁面将热量传给冷流体时的传热过程可用图 4-7 来说明，在热流体一边温度从 T 变化到 $t_{壁1}$，经过壁厚 b 后温度降到 $t_{壁2}$，而在冷流体一边温度从 $t_{壁2}$ 变化到 t。设 α_1 和 α_2 分别表示从热流体传给壁面以及从壁面传给冷流体的对流传热系数，而固体壁面的热导率为 λ。

$$R = R_1 + R_{导} + R_2,即\frac{1}{K} = \frac{1}{\alpha_1} + \frac{b}{\lambda} + \frac{1}{\alpha_2} \tag{4-24}$$

$$K = \frac{1}{\frac{1}{\alpha_1} + \frac{\delta}{\lambda} + \frac{1}{\alpha_2}} \tag{4-25}$$

现根据式（4-25）进一步说明以下几个问题。

① 多层平壁　式（4-25）分母中的$\frac{b}{\lambda}$一项可以写成$\Sigma\frac{b}{\lambda} = \frac{b_1}{\lambda_1} + \frac{b_2}{\lambda_2} + \cdots + \frac{b_n}{\lambda_n}$，则式（4-25）还可写成

$$K = \frac{1}{\frac{1}{\alpha_1} + \Sigma\frac{b}{\lambda} + \frac{1}{\alpha_2}} \tag{4-26}$$

② 若固体壁面为金属材料，固体金属的热导率大，而壁厚又薄，$\frac{b}{\lambda}$一项与$\frac{1}{\alpha_1}$和$\frac{1}{\alpha_2}$相比可略去不计，则式（4-25）还可写成

$$K = \frac{1}{\frac{1}{\alpha_1} + \frac{1}{\alpha_2}} = \frac{\alpha_1\alpha_2}{\alpha_1 + \alpha_2} \tag{4-27}$$

③ 当$\alpha_1 \gg \alpha_2$时，K值接近于热阻较大一项的α_2值。

当两个α值相差很悬殊时，则K值与小的α值很接近，如果$\alpha_1 \gg \alpha_2$，则$K \approx \alpha_2$；$\alpha_1 \ll \alpha_2$，则$K \approx \alpha_1$，下面的例子可以充分说明这一结论。

【例题 4-8】 换热器壁面的一侧为水蒸气冷凝，其对流传热系数为 10000W/（m^2·℃）；壁面的另一侧为被加热的冷空气，其对流传热系数为 10W/（m^2·℃），壁厚 2mm，其热导率为 45W/（m^2·℃）。求传热系数。

解：

$$K = \frac{1}{\frac{1}{\alpha_1} + \frac{b}{\lambda} + \frac{1}{\alpha_2}} = \frac{1}{\frac{1}{10000} + \frac{0.002}{45} + \frac{1}{10}} W/(m^2 \cdot ℃) = 9.98\ W/(m^2 \cdot ℃)$$

【例题 4-9】 器壁一侧为沸腾液体 α_1 为 5000W/（m^2·℃），器壁另一侧为热流体 α_2 为 50W/（m^2·℃），壁厚为 4mm，λ 为 40W/（m^2·℃）。求传热系数 K 值。为了提高 K 值，在其他条件不变的情况下，设法提高对流传热系数，即提高 α，试计算① α_1 提高一倍；②将 α_2 提高一倍时的传热系数 K。

解：

$$K = \frac{1}{\frac{1}{\alpha_1} + \frac{b}{\lambda} + \frac{1}{\alpha_2}} = \frac{1}{\frac{1}{5000} + \frac{0.004}{40} + \frac{1}{50}} W/(m^2 \cdot ℃)$$

$$= \frac{1}{0.0002 + 0.0001 + 0.02} W/(m^2 \cdot ℃) = 49.26 W/(m^2 \cdot ℃)$$

① 其他条件不变，$\alpha_1=2\times5000\text{W}/(\text{m}^2\cdot℃)=10000\text{W}/(\text{m}^2\cdot℃)$，代入计算式

$$K=\frac{1}{\frac{1}{10000}+\frac{0.004}{40}+\frac{1}{50}}\text{W}/(\text{m}^2\cdot℃)$$
$$=\frac{1}{0.0001+0.0001+0.02}\text{W}/(\text{m}^2\cdot℃)$$
$$=49.5\text{W}/(\text{m}^2\cdot℃)$$

② 其他条件不变，$\alpha_2=2\times50\text{W}/(\text{m}^2\cdot℃)=100\text{W}/(\text{m}^2\cdot℃)$，代入计算式

$$K=\frac{1}{\frac{1}{5000}+\frac{0.004}{40}+\frac{1}{100}}\text{W}/(\text{m}^2\cdot℃)$$
$$=\frac{1}{0.0002+0.0001+0.01}\text{W}/(\text{m}^2\cdot℃)$$
$$=97.1\text{W}/(\text{m}^2\cdot℃)$$

上述计算结果说明：

① 总热阻是由热阻大的那一侧的对流传热所控制；

提高 K 值，关键在于提高对流传热系数较小一侧的 α；

两侧的 α 相差不大时，则必须同时提高两侧的 α，才能提高 K 值；

污垢热阻为控制因素时，则必须设法减慢污垢形成速率或及时清除污垢。

② 稳定传热过程中热流体对壁面的对流传热量及壁面对冷流体的对流传热量均相等，即

$$\frac{Q}{A}=\alpha_1(T-t_{壁1})=\alpha_2(t_{壁2}-t)$$

由上式可以看出，对流传热系数 α 值大的那一侧，其壁温与流体温度之差就小。换句话说，壁温总是比较接近 α 值大的那一侧流体的温度。这一结论对设计换热器是很重要的。

讨论

污垢热阻

实际生产中的换热设备因长期使用，在固体壁面上常有污垢积存，对传热产生附加热阻，使传热系数 K 降低。

若管壁内、外侧表面上的污垢热阻分别为 $R_{内}$ 和 $R_{外}$，根据串联热阻叠加原则，式（4-25）可变为

$$K=\frac{1}{\frac{1}{\alpha_1}+\frac{1}{\alpha_2}}=\frac{\alpha_1\alpha_2}{\alpha_1+\alpha_2} \tag{4-28}$$

式（4-26）表明，间壁两侧流体间传热总热阻等于两侧流体的对流传热热阻、污垢热阻及管壁热阻之和。

污垢对传热的影响：一般污垢层的热导率都比较小，即使是很薄的一层也会形成比较大的热阻。在生产上应尽量防止和减少污垢的形成，如提高流体的流速，使所带悬浮物不致沉积下来；控制冷却水的加热程度，以防止有水垢析出；对有垢层形成的设备必须定期清洗除垢，以维持较高的传热系数。

六、强化传热的方法

想一想

在传热过程中，流体的流动方向能影响传热的效果，还有换热器的传热面积、材质、流体的流动形态等也都对传热速率有影响。那么在一定的传热条件下，应如何考虑强化传热过程呢？

强化传热过程，就是提高冷、热流体间的传热速率。从传热速率方程$Q=KA\Delta t_m$中不难看出，增大传热系数K、传热面积A或平均温度差Δt_m都可以提高传热速率Q。

（一）增大单位体积的传热面积

改变换热面形状可以提高单位体积的传热面积，如图4-14所示，用螺纹管、波纹管代替光滑管，或者采用翅片管换热器、板翅式换热器及板式换热器等，都可增加单位体积设备的传热面积；还有用小直径管子代替大直径管子、用椭圆管代替圆管等。换热设备见图4-15。

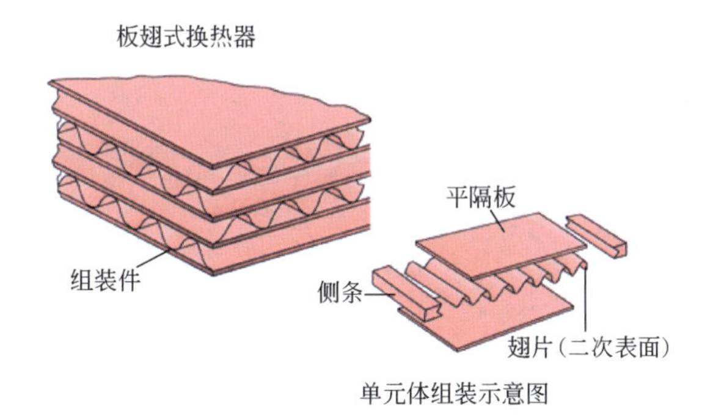

图4-14　板翅式换热器和螺纹管

图4-15　换热设备

（二）增大有效温度差Δt_m

增大有效温度差，可以提高传热速率。而有效温度差的大小主要取决于两种换热流体的温度。一般来说，流体的温度为生产工艺条件所规定，可变动的范围是有限的。当换热器中两侧流体均变温时，采用逆流操作可得到较大的有效温度差。螺旋板式换热器和套管式换热器可使两流体作严格的逆流流动。

（三）增大总传热系数K

增大流速，以强化流体湍动的程度、减小对流传热的热阻，可采取的措施有：

① 如图4-16所示，增加列管换热器的管程数和壳程中的挡板数，均可提高流速或湍动程度。

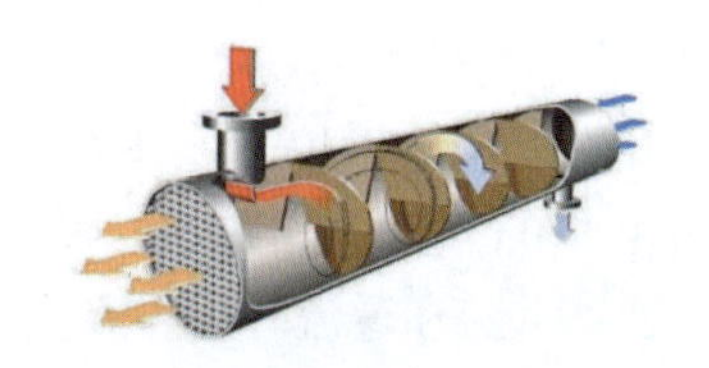

图4-16　管壳式换热器（螺旋折流板）

②板式换热器的板面压制成凹凸不平的波纹，如图4-17所示，均可增加湍动程度。

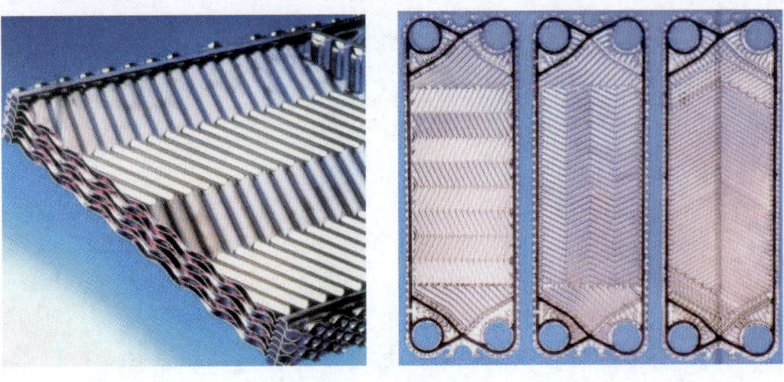

图4-17 波纹状板面

③在管内装入麻花铁、螺旋圈或金属丝片等添加物，如图4-18和图4-19所示，亦可增强湍动，而且有破坏层流底层的作用。与此同时，应考虑流速加大而引起流体阻力的增加，以及设备结构复杂、清洗和检修困难等问题，就是说不能单纯地考虑提高对流传热系数，而不考虑其他影响因素。

也可以通过防止结垢和及时清除垢层以减小污垢热阻。例如，增加流速可减弱污垢的形成和增厚；易结垢的流体在管程流动，以便于清洗；采用机械或化学的方法或采用可拆卸换热器的结构，以便于清除垢层。

图4-18 麻花铁

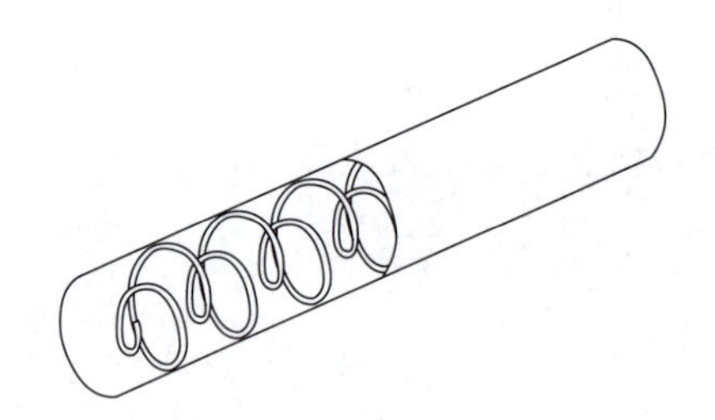

图4-19 螺旋圈

思考与练习

问答题

1. 你做过蒸馏实验（图4-1）吗？你是用什么装置对挥发出的气体冷凝的？冷凝时水的流向是怎样的？结合本节课内容谈谈对于同样的进出口温度，选择什么样的流型更好？

计算题

1. 有一废热锅炉，管外为沸腾的水，压力为1.1MPa（绝对压力）。管内走合成转化气，温度由570℃下降到470℃。试用不同的方法计算平均温度差。

2. 在并流和逆流时，热流体的温度都是从245℃冷却到175℃，冷流体都是由120℃加热到160℃，求平均温度差。

3. 在一单壳程四管程的列管换热器中，用水冷却油。冷水在壳程流动，进口温度为15℃，出口温度为32℃。油的进口温度为100℃，出口温度为40℃。试求两流体间的平均温度差。

4. 一单程列管式换热器，由直径为ϕ25mm×2.5mm的钢管束组成。苯在换热器的管内流动，流量为1.25kg/s，由80℃冷却到30℃，冷却水在管外和苯呈逆流流动，进口水温为20℃，出口温度不超过50℃。已知水侧和苯侧的对流传热系数分别为1700W/（m^2·℃）和850W/（m^2·℃），污垢热阻和换热器的热损失可忽略，苯的平均比热容为1.9kJ/（kg·℃），管壁材料的导热系数为45W/（m^2·℃）。

求：（1）冷却水的质量流量；（2）传热系数K；（3）传热面积A。

拓展阅读

化工好故事系列——傅里叶人物故事

图4-20

傅里叶（图4-20），法国数学家、物理学家。1768年3月21日生于欧塞尔，1830年5月16日卒于巴黎。9岁父母双亡，被当地教堂收养。12岁由一主教送入地方军事学校读书。17岁时回乡教数学，1794年到巴黎，成为高等师范学校的首批学员，次年到巴黎综合工科学校执教。1817年当选为科学院院士，1822年任该院终身秘书，后又任法兰西学院终身秘书和理工科大学校务委员会主席。主要贡献是在研究热的传播时创立了一套数学理论。1807年推导出著名的热传导方程，并在求解该方程时发现解函数可以由三角函数构成的级数形式表示，从而提出任一函数都可以展开成三角函数的无穷级数。1822年在代表作《热的分析理论》中解决了热在非均匀加热的固体中分布传播问题，成为分析学在物理中应用的最早例证之一，对19世纪数学和理论物理学的发展产生深远影响。

任务三 传热装置及流程

学习目标

1. 熟悉各种换热器的分类。
2. 熟悉间壁换热器的结构特点及应用。

一、常见的换热器

用于流体间热量传递的设备就叫做换热器，它是广泛应用于化工、石油工业、医药、冶金、制冷、轻工等行业的一种通用设备。常见的换热器类型有直接接触式、间壁式、蓄热式，其中间壁式在化工生产中应用最为广泛。下面让我们来认识一下常见的换热器。

（一）直接接触式换热器

直接接触式换热器，也叫混合式换热器，是冷热流体进行直接接触并换热的设备，常用于热气体用水直接冷却，以及热水用空气冷却。

典型设备：如喷淋式冷却塔、凉水塔、混合式冷凝器，见图 4-21 和图 4-22 。

适用范围：无价值的蒸气冷凝，或其冷凝液不要求是纯粹的物料等，允许冷热两流体直接接触混合的场合。

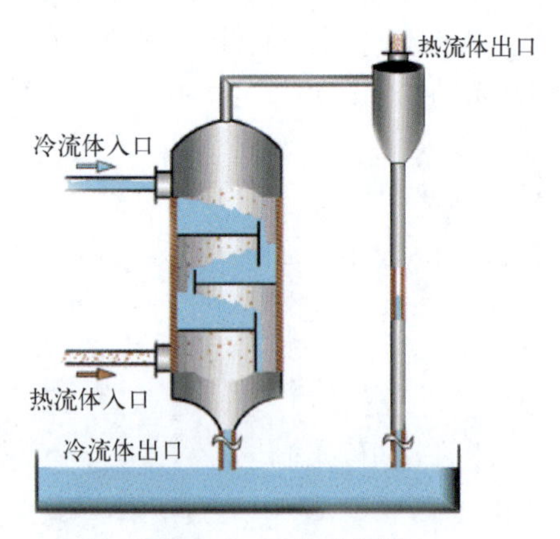

图4-21　气体冷却塔

图4-22　凉水塔

（二）蓄热式换热器

蓄热式换热器由热容量较大的蓄热室构成，室内装有耐火砖等固体填充物，如图 4-23 所示。操作时冷、热流体交替地流过蓄热室，利用固体填充物（常用的填充物为耐火砖，如图 4-24 所示）来积蓄和释放热量而达到换热的目的。由于这类换热设备的操作是间歇交替进行的，并且难免在交替时发生两股流体的混合，所以这类设备在化工生产中使用的不太多。

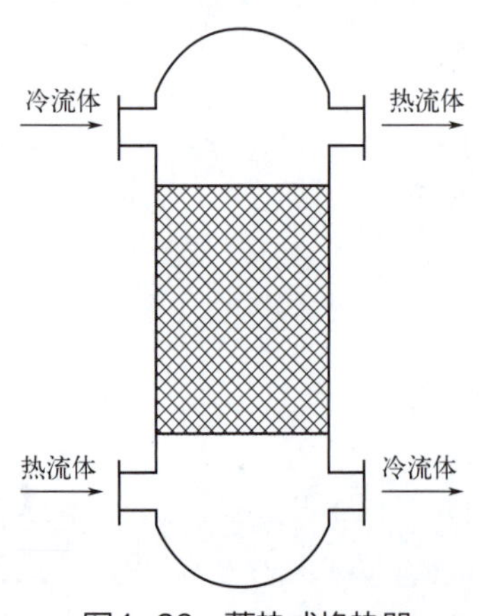

图4-23　蓄热式换热器

图4-24　耐火砖

（三）间壁式换热器

冷、热两种流体被固体间壁隔开，并通过间壁进行热量交换。在化工生产中，间壁式换热器的应用最为广泛。根据结构的不同，它还可划分为管式换热器、板式换热器和翅片管换热器等。

1. 管式换热器

（1）沉浸式换热器

这种换热器是将金属管弯绕成各种与容器相适应的形状（多盘成蛇形，常称为蛇管），并沉浸在容器内的液体中。蛇管内、外的两种流体进行热量交换。几种常见的蛇管形式如图4-25所示。

优点：结构简单、价格低廉，能承受高压，可用耐腐蚀材料制造。

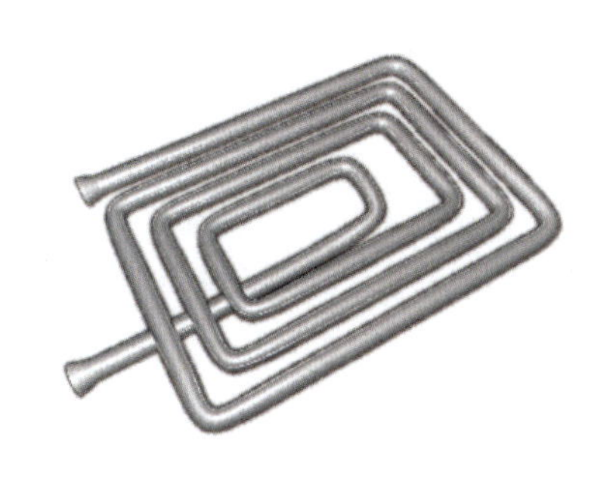

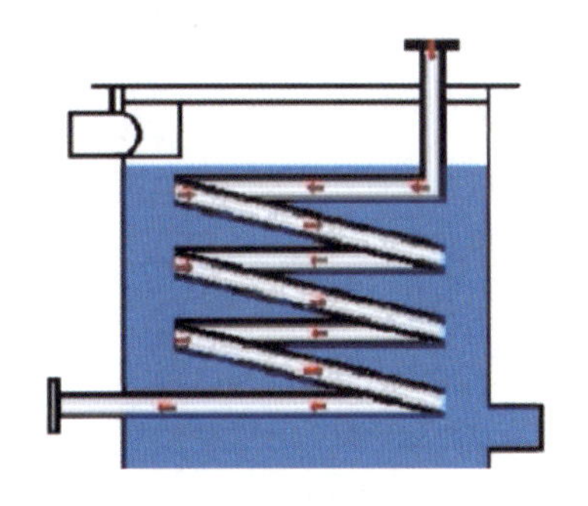

图4-25　沉浸蛇管式

缺点：容器内液体湍动程度低，管外对流传热系数小。

（2）喷淋式蛇管换热器

如图4-26所示，这种换热器是将蛇管成行地固定在钢架上，热流体在管内流动，自最下管进入，由最上管流出。冷水由最上面的淋水管流下，均匀地分布在蛇管上，并沿其两侧逐排流经下面的管子表面，最后流入水槽而排出。冷水在各排管表面上流过时，与管内流体进行热交换。这种换热器的管外形成一层湍动程度较高的液膜，因而管外对流传热系数较大。另外，喷淋式换热器常放置在室外空气流通处，冷却水在空气中汽化时也带走一部分热量，提高冷却效果。

优点：与沉浸式相比，喷淋式换热器的传热效果要好得多。同时它还有便于检修和清洗等优点。

缺点：喷淋不易均匀。

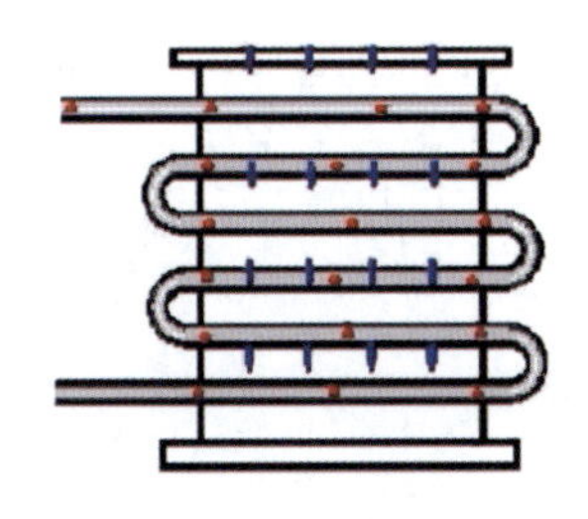
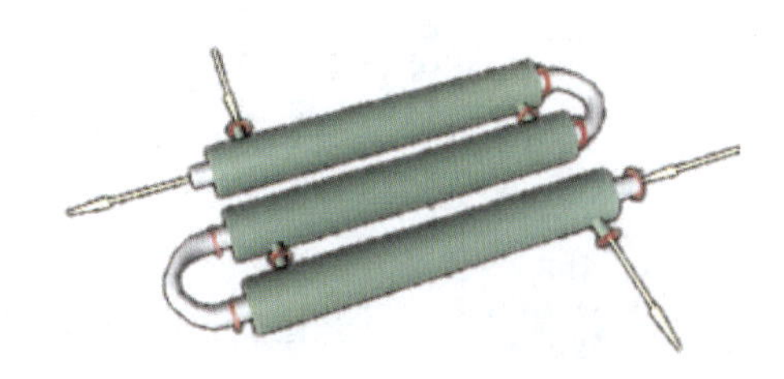

图4-26　喷淋蛇管式

（3）套管式换热器

如图4-27所示，套管式换热器是由大小不同的直管制成的同心套管，并由U形弯头连

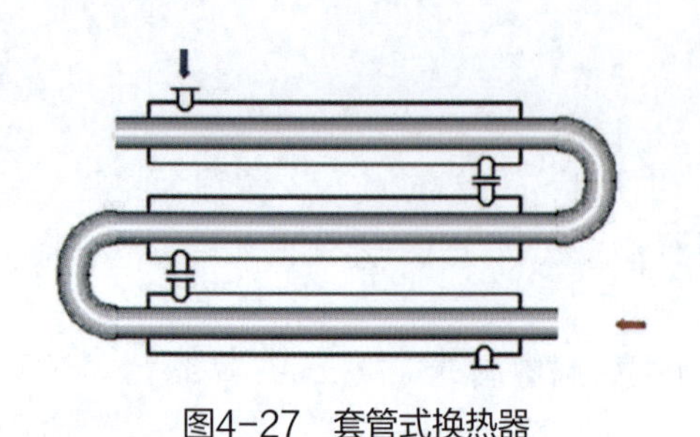

图4-27 套管式换热器

接而成。每一段套管称为一程，每程有效长度约为4～6m，若管子过长，管中间会向下弯曲。

优点：在套管式换热器中，一种流体走管内，另一种流体走环隙。适当选择两管的管径，两流体均可得到较高的流速，且两流体可以为逆流，对传热有利。另外，套管式换热器构造较简单，能耐高压，传热面积可根据需要增减，应用方便。

缺点：管间接头多，易泄漏，占地较大，单位传热面消耗的金属量大。因此它较适用于流量不大、所需传热面积不多而要求压强较高的场合。

（4）列管式换热器

优点：单位体积所具有的传热面积大，结构紧凑，传热效果好。能用多种材料制造，故适用性较强，操作弹性较大，尤其在高温、高压和大型装置中多采用列管式换热器。

在列管式换热器中，由于管内外流体温度不同，管束和壳体的温度也不同，因此它们的热膨胀程度也有差别。若两流体的温差较大，就可能由于热应力而引起设备变形，管子弯曲，甚至破裂或从管板上松脱。因此，当两流体的温差超过50℃时，就应采用热补偿的措施。根据热补偿方法的不同，列管式换热器分为以下几种主要形式。

① 固定管板式

固定管板式的两端管板和壳体制成一体，因此它具有结构简单和成本低的优点。但是壳程清洗和检修困难，要求壳程流体必须是洁净而不易结垢的物料。当两流体的温差较大时，应考虑热补偿。即在外壳的适当部位焊上一个补偿圈，如图4-28所示，当外壳和管束热膨胀不同时，补偿圈发生弹性变形（拉伸或压缩），以适应外壳和管束不同的热膨胀程度。这种补偿方法简单，但不宜应用于两流体温差过大（大于70℃）和壳程流体压强过高的场合。

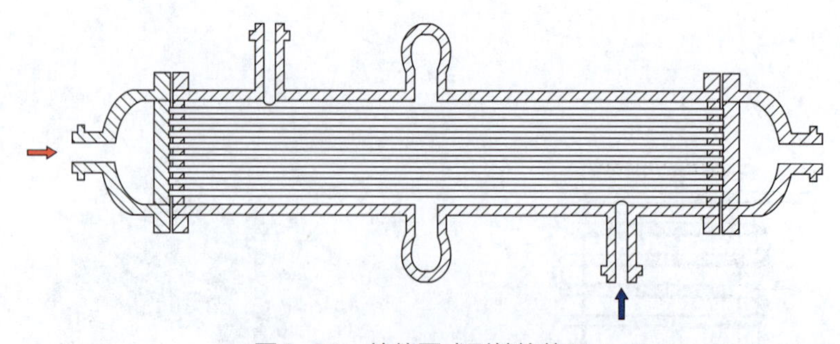

图4-28 补偿圈式列管换热器

② 浮头式换热器

浮头式换热器的特点是有一端管板不与外壳连为一体，可以沿轴向自由浮动，如图4-29所示。这种结构不但完全消除了热应力的影响，且由于固定端的管板以法兰与壳体连接，整个管束可以从壳体中抽出，因此便于清洗和检修。故浮头式换热器应用较为普遍，但它的结构比较复杂，造价较高。

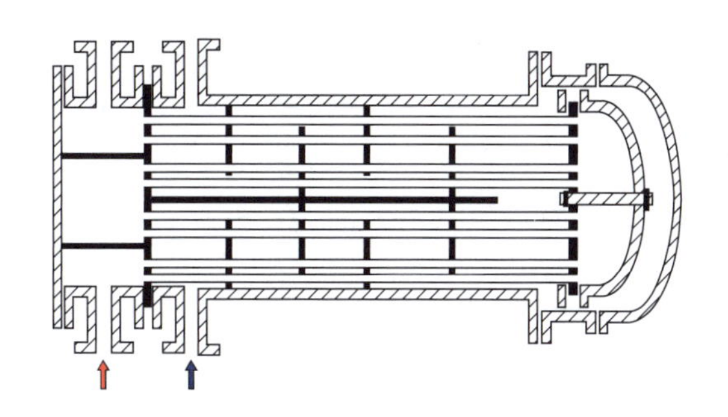

图4-29 浮头式列管换热器

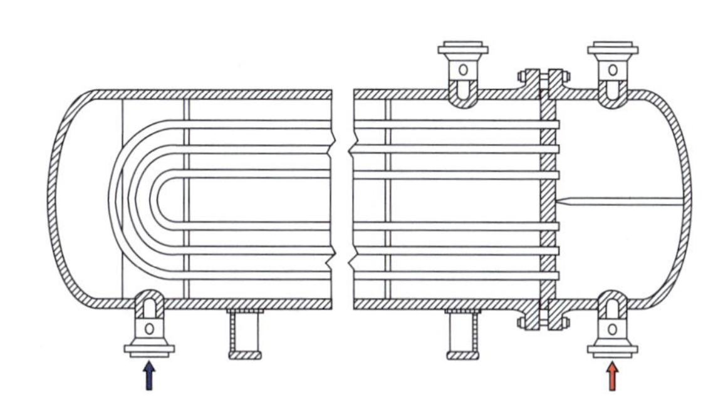

图4-30 U形管式换热器

③ U 形管式换热器

U 形管式换热器每根管子都弯成 U 形，进出口分别安装在同一管板的两侧，封头用隔板分成两室，如图 4-30 所示。这样，每根管子可以自由伸缩。而与其他管子和壳体均无关。这种换热器结构比浮头式简单，重量轻，但管程不易清洗，只适用于洁净而不易结垢的流体，如高压气体的换热。

讨论

管程和壳程：进行换热的冷、热流体，一种在管内流动，称为管程流体；另一种在管外流动，称为壳程流体。

管程数：单管程（图 4-31）、双管程（图 4-32）、多管程。

壳程数：单壳程（图 4-31）、双壳程、多壳程（图 4-33）。

设置多管程多壳程目的：增大流体湍流程度，强化传热。

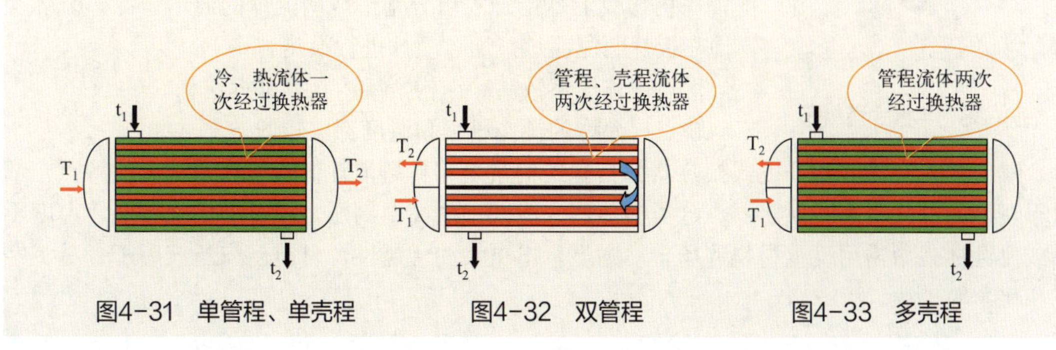

图4-31 单管程、单壳程 图4-32 双管程 图4-33 多壳程

2. 板式换热器

（1）夹套式换热器

夹套式换热器是最简单的板式换热器，它是在容器外壁安装夹套制成，夹套与容器之间形成的空间为加热介质或冷却介质的通路。这种换热器主要用于反应过程的加热或冷却。如图 4-34 所示，在用蒸汽进行加热时，蒸汽由上部接管进入夹套，冷凝水由下部接管流出。作为冷却器时，冷却介质（如冷却水）由夹套下部接管进入，由上部接管流出。

夹套式换热器结构简单，但其加热面受容器的限制，且传热系数也不高。为提高传热系数，可在器内安装搅拌器，为补充传热面的不足，也可在器内安装蛇管。

（2）螺旋板式换热器

如图 4-35 所示，螺旋板式换热器是由两张间隔一定的平行薄金属板卷制而成，在其内部形成两个同心的螺旋形通道。换热器中央设有隔板，将螺旋形通道隔开，两板之间焊有定距柱以维持通道间距。在螺旋板两侧焊有盖板。冷热流体分别通过两条通道，在器内逆流流动，通过薄板进行换热。

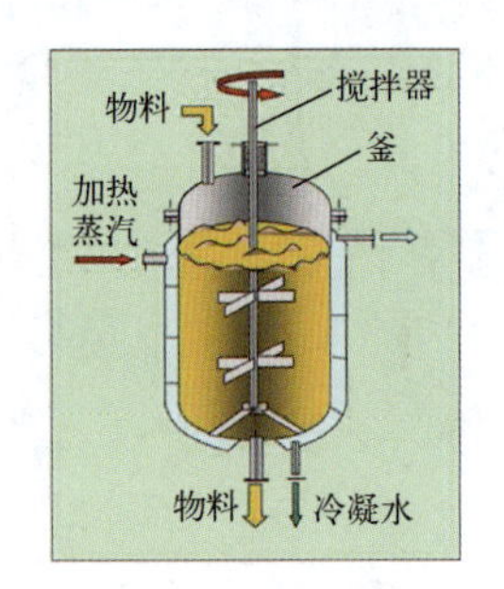

图4-34　夹套式换热器

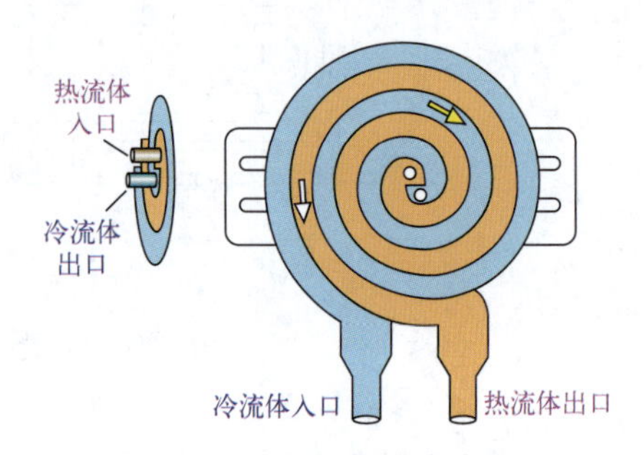

图4-35　螺旋板式换热器

优点：传热系数高，不易结垢和堵塞；能利用温度较低的热源；结构紧凑。

缺点：操作压强和温度不宜太高；不易检修。

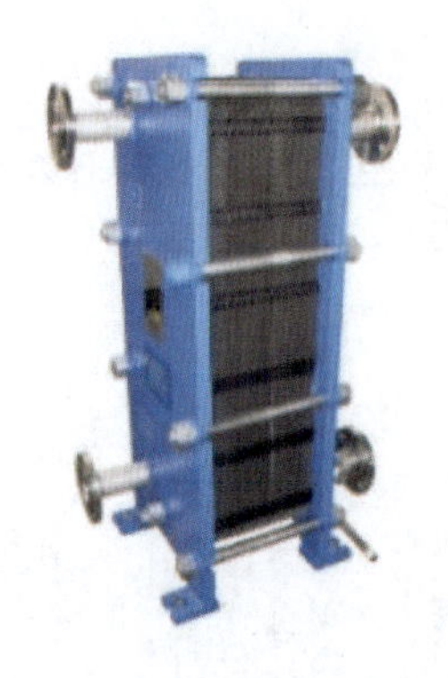

图4-36　平板式换热器

（3）平板式换热器

平板式换热器简称板式换热器，如图 4-36 所示，是由一组长方形的薄金属板平行排列，加紧组装于支架上而构成。两相邻板片的边缘衬有垫片，压紧后板间形成密封的流体通道，且可用垫片的厚度调节通道的大小。每块板的四个角上，各开一个圆孔，其中有一对圆孔和一组板间流道相通，另外一对圆孔则通过在孔的周围放置垫片而阻止流体进入该组板间的通道。这两对圆孔的位置在相邻板上是错开的以分别形成两流体的通道。冷热流体交错地在板片两侧流过，通过板片进行换热。

优点：传热系数高；结构紧凑；具有可拆结构。

缺点：允许的操作压强和温度都比较低。

螺旋板式换热器和平板式换热器都具有结构紧凑、材料消耗低、传热系数大的特点，都属于新型的高效紧凑式换热器。这类换热器一般都不耐高温高压，但对于压强较低、温度不高或腐蚀性强而需用贵重材料的场合，则显示出更大的优越性，目前已广泛应用于食品、轻工和化学等工业。

3. 翅片式换热器

（1）翅片管换热器

如图 4-37 所示，翅片管换热器是在管的表面加装翅片制成，翅片与管表面的连接应紧密无间，否则连接处的接触热阻很大，影响传热效果。

当两种流体的对流传热系数相差较大时，在传热系数较小的一侧加翅片可以强化传热。

（2）板翅式换热器

板翅式换热器的结构形式很多，但是基本结构元件相同，即在两块平行的薄金属板之间，加入波纹状或其他形状的金属翅片，将两侧面封死，即成为一个换热基本元件，如图 4-38 所示。

优点：结构高度紧密、轻巧，单位体积设备所提供的传热面积较大、传热系数较高。

缺点：设备流道很小，易堵塞，且清洗和检修困难。

图4-37　翅片管换热器

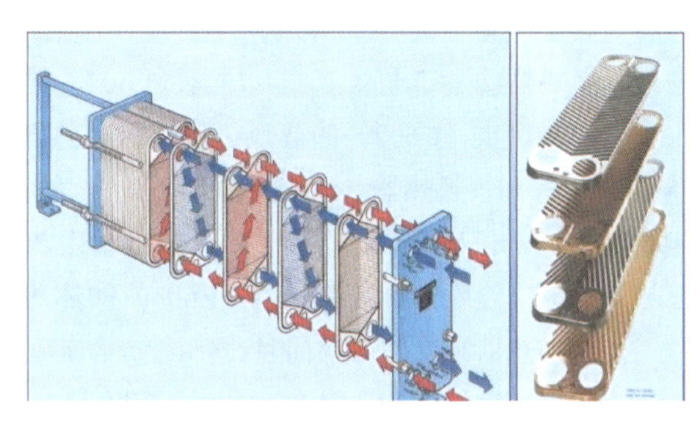

图4-38　板翅式换热器

4. 其他形式热管

如图 4-39 所示，热管是由一根抽除不凝性气体的密封金属管内充以一定量的某种工作液体而成。工作液体在热端吸收热量而沸腾汽化，产生的蒸气流至冷端冷凝放出潜热，冷凝液回至热端，再次沸腾汽化。如此反复循环，热量不断从热端传至冷端。

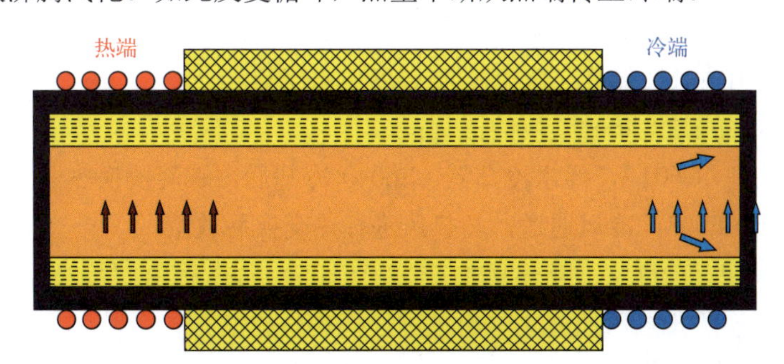

图4-39　热管换热器

优点：热管能在很小的温差下传递很大的热流量。因此它特别适用于低温差传热以及某些等温性要求较高的场合。热管还具有结构简单，使用寿命长，工作可靠，应用范围广等优点。

热管最初主要应用于宇航和电子工业部门，近年来在很多领域都受到了广泛的重视，尤其在工业余热的利用上取得了很好的效果。

课后活动

扫一扫本项目最后的二维码，观看本节课所讲的换热器的工艺流程动图。

二、识读传热工艺流程图

工艺流程示意图见图 4-40。

列管换热器（E602）独立使用，冷热流体并流流动的流程：

来自冷风机（C601）的冷风，经水冷却器（E604）冷却后由列管式换热器冷风进口阀（V08）进入列管换热器（E602）的列管内，与热空气进行热交换后依次经冷风出口阀（V11）和冷风转子流量计（FI-603）后放空。冷风的流量由冷风流量控制器（FIC-601）控制，冷风进列管换热器的进口温度由水冷却器（E604）的冷却水流量控制。

来自热风机（C602）的热风，经热风加热器（E605）加热后由列管式换热器热风进口阀（V15）进入列管换热器（E602）的管间，与冷空气进行热交换后依次经过列管式换热器热风出口阀（V18 和 V20）后放空。热风的流量由热风流量控制器（FIC-602）控制，热风进列管换热器的进口温度由热风加热器（E605）的加热功率控制。

列管换热器独立使用，而且冷热流体是逆流流动：

冷风来自冷风机（C601），经水冷却器（E604）冷却后由列管式换热器冷风进口阀（V08）进入列管换热器（E602）的列管内，与热空气进行热交换后依次经冷风出口阀（V11）和冷风转子流量计（FI-603）后放空。冷风的流量由冷风流量控制器（FIC-601）控制，冷风进列管换热器的进口温度由水冷却器（E604）的冷却水流量控制。

热风来自热风机（C602），经热风加热器（E605）加热后由列管式换热器热风进口阀（V16）进入列管换热器（E602）的管间，与冷空气进行热交换后依次经过列管式换热器热风出口阀（V19 和 V20）后放空。热风的流量由热风流量控制器（FIC-602）控制，热风进列管换热器的进口温度由热风加热器（E605）的加热功率控制。

螺旋板换热器（E603）单独使用的流程：

冷风来自冷风机（C601），经水冷却器（E604）冷却后由螺旋板换热器冷风进口阀（V09）进入螺旋板换热器（E603）冷风通道，与热风进行热交换后放空。

热风来自热风机（C602），经热风加热器（E605）加热后由螺旋板换热器热风进口阀（V22）进入螺旋板换热器热风通道，与冷风进行换热后放空。

套管换热器单独使用时的流程：

冷风来自冷风机（C601），经水冷却器（E604）冷却后由套管式换热器冷风进口阀（V10）进入套管换热器（E601）的内管，与蒸汽进行热交换后经冷风出口阀（V11）放空。

冷水经蒸汽发生器进水阀（V13）进入蒸汽发生器（R601），蒸汽发生器内产生的蒸汽由蒸汽出口阀（V28 和 V29）进入套管换热器（E601）的外管，与冷风进行热交换后产生的冷凝水经疏水阀组（V25、V26、V27）排入学校的下水系统。

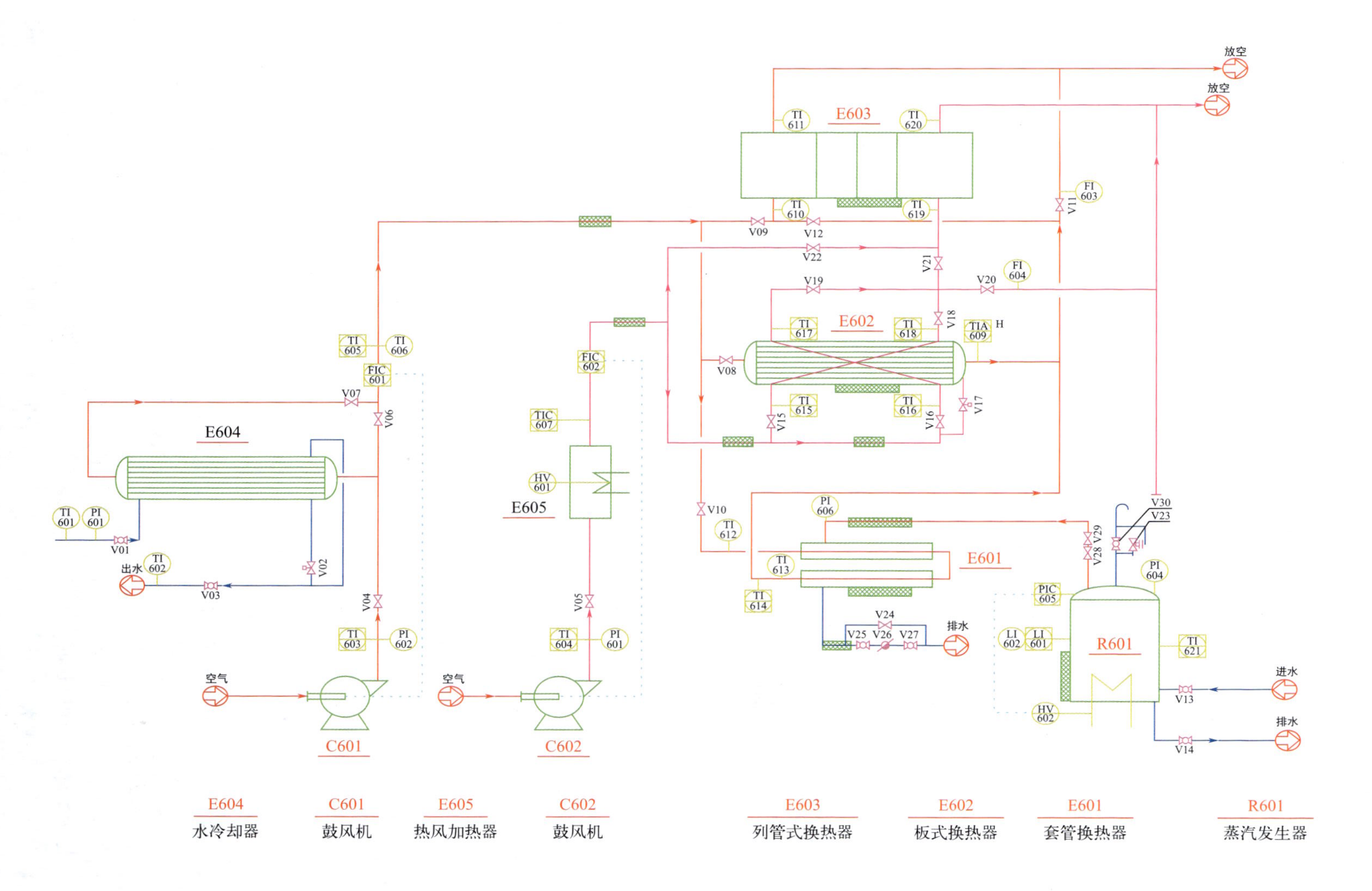

图4-40　传热工艺流程图

讨论

小组讨论，识读传热工艺流程图（图 4-40）。

（1）该实训采用的冷热介质是什么？有什么优缺点？

（2）该实训装置选用了哪些类型的换热器？

（3）一共有多少台装置，分别是什么？

（4）列管式换热器能分别实现逆流和并流换热吗？怎么实现的？

（5）简述套管式换热器换热流程。

（6）简述板式换热器的换热流程。

思考与练习

写出下列图中换热器属于什么类型的换热器。

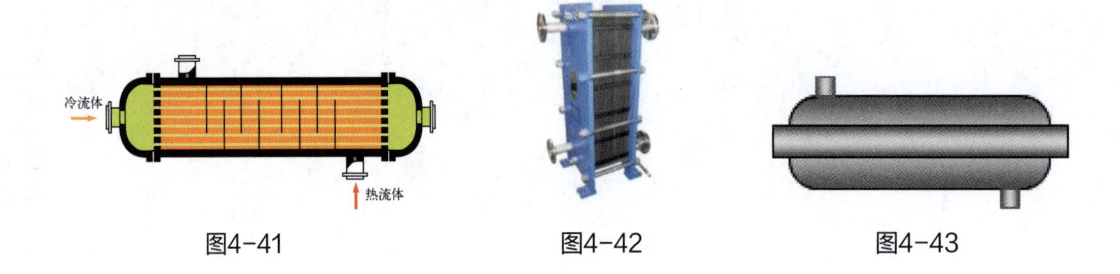

图4-41　图4-42　图4-43

判断题

1. 浮头式换热器具有能消除热应力、便于清洗和检修方便的特点。（　　）
2. 多管程换热器的目的是强化传热。（　　）
3. 列管换热器中设置补偿圈的目的主要是为了便于换热器的清洗和强化传热。（　　）
4. 在列管换热器中采用多程结构，可增大换热面积。（　　）
5. 对夹套式换热器而言，用蒸汽加热时应使蒸汽由夹套下部进入。（　　）
6. 板式换热器是间壁式换热器的一种形式。（　　）
7. 在列管式换热器，管间装设了两块横向的折流挡板，则该换热器变成双壳程换热器。（　　）

选择题

1. 下列（　　）不属于列管式换热器。

A.U 形管式　B. 浮头式　C. 螺旋板式　D. 固定管板式

2. 可在器内设置搅拌器的是（　　）换热器。

A. 套管　B. 釜式　C. 夹套　D. 热管

3. 水蒸气跟冷流体换热时要不断排出冷凝水，下列说法正确的是（　　）。

A. 仅在开车前排水　B. 仅在停车时排水

C. 仅在换热中间过程中排水　D. 随时排水

4. 根据冷、热流体接触情况的不同，化工厂的凉水塔属于（　　）式换热，而蓄热式裂解炉属于（　　）式换热，列管式换热器属于（　　）式换热。

A. 蓄热式　　　　B. 直接接触式　　　　C. 间壁式

问答题

图 4-44 为一列管式换热器，请写出：

（1）换热器全名；

（2）标出冷热流体的走向（逆流且热流体走管程，冷流体走壳程）。

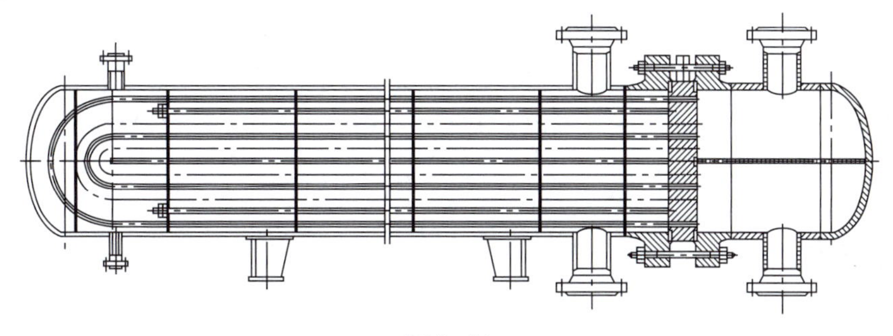

图4-44

拓展阅读

换热器的 10 大应用领域

1. 暖通空调：区域供热中心、底楼加热，处理水加热，游泳池加热，热泵站、热回收站、加热水预热，地热站、太阳能站、空调站中央冷却系统。

2. 食品工业：各种食品、饮料、果汁、啤酒等加工过程中的加热、冷却、蒸发、杀菌、结晶。

3. 冶金工业：压缩机冷却剂冷却、进料水冷却、机器冷却剂冷却。炼铝厂、氧化铝厂、炼铜厂之闭路冷却系统、洗涤液冷却器、电解液冷却器冷却。

4. 精细化工：农药、染料、涂料的生产。

5. 制药工业：乳液冷却、悬浮液加热、血浆加热；各种药液、纯水加热、冷凝。

6. 汽车工业：淬火油冷却、油漆冷却、磷酸盐处理液冷却等。

7. 石油工业：各种油品的加热及冷却，塔顶气体的冷凝、冷却，工厂冷却水，循环水系统，天然气体净化，工厂气体净化，工作酸性水处理，余热回收。

8. 造纸工业：废水冷却、清洗水冷却、废水蒸发、热回收系统。

9. 纺织工业：纺织清洗剂热量回收、毛料清洗液加热、染料厂废液热回收、水溶液冷却。

10. 船用和发动机：中央冷却、润滑油冷却、活塞冷却剂冷却、传动油冷却、重燃料油预热、柴油预热。

任务四　传热仿真操作

任务概述

某换热器管程内为流量12000kg/h、温度92℃的冷流体（沸点：198.25℃），壳程内为流量10000kg/h、温度225℃的热流体。要求该换热器用热流体把冷流体加热到145℃，并有20%被汽化，热流体出口温度控制在177℃。

要完成该任务，学生应熟悉工艺流程和操作界面，通过对温度、压力、流量、物位等四大参数的跟踪和控制，能够完成传热仿真操作的正常开车、正常运行、正常停车，并能对操作中出现的常见故障（FIC101阀卡、P101A泵坏、P102A泵坏、TV101A阀卡、部分管堵、换热器结垢严重）进行判断和处理。

学习目标

1. 掌握仿真模拟训练中传热单元操作的生产工艺流程和反应原理。

2. 在仿真模拟训练中总结生产操作的经验，吸取失败的教训，提高发现问题、分析问题和解决问题的职业能力。

3. 在仿真模拟训练中培养严谨、认真、求实的工作作风。

一、工艺流程认知

认一认

列管式换热器DCS界面与现场界面分别如图4-45和图4-46所示，观察仿真界面和现场界面，识读工艺流程。

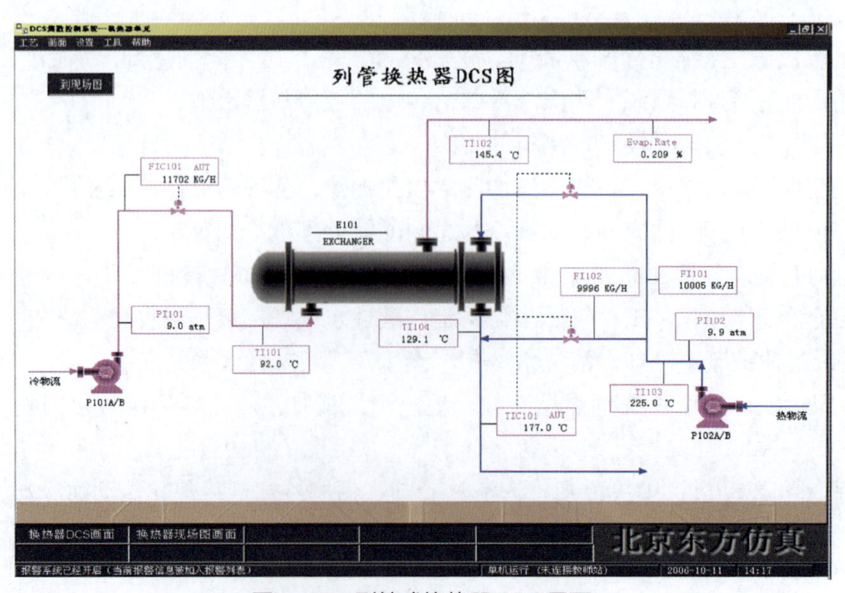

图4-45　列管式换热器DCS界面

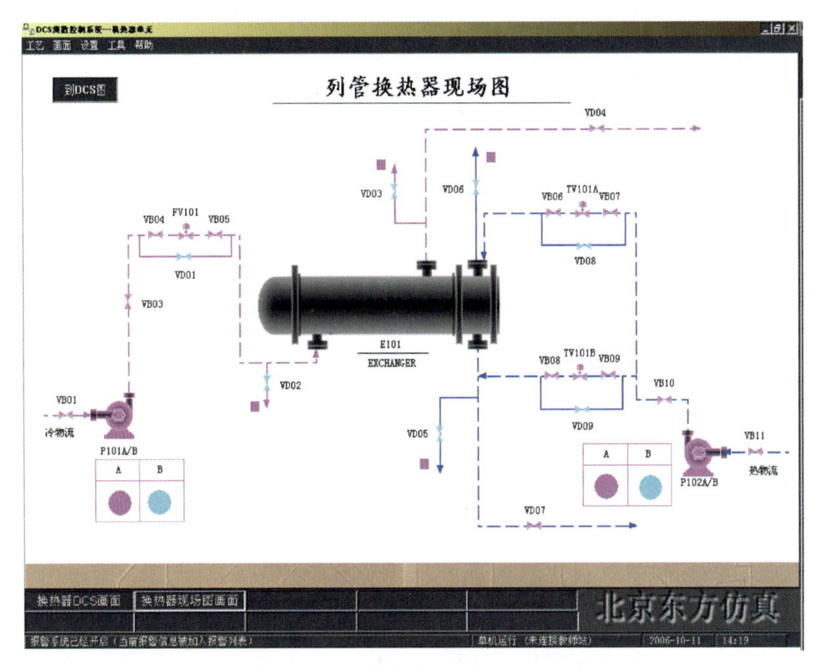

图4-46 列管式换热器现场界面

本单元设计采用管壳式换热器。来自界外的92℃冷物流（沸点：198.25℃）由泵P101A/B送至换热器E101的壳程被流经管程的热物流加热至145℃，并有20%被汽化。冷物流流量由流量控制器FIC101控制，正常流量为12000kg/h。来自另一设备的225℃热物流经泵P102A/B送至换热器E101与流经壳程的冷物流进行热交换，热物流出口温度由TIC101控制（177℃）。

二、设备认知

P101A/B：冷物流进料泵。

P102A/B：热物流进料泵。

E101：列管式换热器。

三、换热器单元操作规程

写一写

根据仿真软件页面提示，进行仿真操作练习，并总结开停车步骤，把下列操作规程补充完整。

（一）开车操作规程

1. 启动冷物流进料泵P101A

① 开换热器壳程排气阀VD03。

② 开P101A泵的前阀VB01。

③ 启动泵P101A。

④ 当进料压力指示表PI101指示达9.0atm以上，打开P101A泵的出口阀VB03。

2. 冷物流 E101 进料

① 打开 FIC101 的前后阀 VB04、VB05，手动逐渐开大调节阀 FV101（FIC101）。

② 观察壳程排气阀 VD03 的出口，当有液体溢出时（VD03 旁边标志变绿），标志着壳程已无不凝性气体，关闭壳程排气阀 VD03，壳程排气完毕。

③ 打开冷物流出口阀（VD04），将其开度置为 50%，手动调节 FV101，使 FIC101 其达到 12000kg/h，且较稳定时 FIC101 设定为 12000kg/h，投自动。

3. 启动热物流入口泵 P102A

① 开管程放空阀 VD06。

② 开 P102A 泵的前阀 VB11。

③ 启动 P102A 泵。

④ 当热物流进料压力表 PI102 指示大于 10atm 时，全开 P102 泵的出口阀 VB10。

4. 热物流进料

① 全开 TV101A 的前后阀 VB06、VB07，TV101B 的前后阀 VB08、VB09。

② 打开调节阀 TV101A（默认即开）给 E101 管程注液，观察 E101 管程排气阀 VD06 的出口，当有液体溢出时（VD06 旁边标志变绿），标志着管程已无不凝性气体，此时关管程排气阀 VD06，E101 管程排气完毕。

③ 打开 E101 热物流出口阀（VD07），将其开度置为 50%，手动调节管程温度控制阀 TIC101，使其出口温度在（177±2）℃，且较稳定，TIC101 设定在 177℃，投自动。

（二）正常操作规程

1. 正常工况操作参数

① 冷物流流量为 12000kg/h，出口温度为 145℃，汽化率 20%。

② 热物流流量为 10000kg/h，出口温度为 177℃。

2. 备用泵的切换

① P101A 与 P101B 之间可任意切换。

② P102A 与 P102B 之间可任意切换。

（三）停车操作规程

1. 停热物流进料泵 P102A

① 关闭 P102 泵的出口阀 VB01。

② 停 P102A 泵。

③ 待 PI102 指示小于 0.1atm 时，关闭 P102 泵入口阀 VB11。

2. 停热物流进料

① TIC101 置手动。

② 关闭 TV101A 的前、后阀 VB06、VB07。

③ 关闭 TV101B 的前、后阀 VB08、VB09。

④ 关闭 E101 热物流出口阀 VD07。

3. 停冷物流进料泵 P101A

① 关闭 P101A 泵的出口阀 VB03。

② 停 P101A 泵。

③ 待 PI101 指示小于 0.1atm 时，关闭 P101 泵入口阀 VB01。

4. 停冷物流进料

① FIC101 置手动。

② 关闭 FIC101 的前、后阀 VB04、VB05。

③ 关闭 E101 冷物流出口阀 VD04。

5.E101 管程泄液

打开管程泄液阀 VD05，观察管程泄液阀 VD05 的出口，当不再有液体泄出时，关闭泄液阀 VD05。

6.E101 壳程泄液

打开壳程泄液阀 VD02，观察壳程泄液阀 VD02 的出口，当不再有液体泄出时，关闭泄液阀 VD02。

（四）主要事故

写一写

根据仿真软件页面提示，进行仿真操作练习，并总结换热器常见故障及现象，填写小结。

事故名称	主要现象	处理方法
冷物流调节阀FV101卡	① FIC101的流量减小且无法控制； ② 冷、热流体的出口温度都升高	① 打开调节阀FV101的旁路阀VD01； ② 关闭FV101的后阀和前阀VB05、VB04； ③ 调节VD01的开度，使FIC101的流量稳定在12000kg/h； ④ 通知维修部门，进行维修
泵P101A坏	① 泵P101A的出口压力急骤降低至0； ② FIC101的流量急骤降低至0； ③ 冷、热流体的出口温度都升高； ④ 汽化率增大	① 切换到P101B泵（关闭P101A，启动P10lB）； ② 通知维修部门，进行维修
泵P102A坏	① 泵P101A的出口压力急骤降低至0； ② 冷、热流体的出口温度都降低； ③ 汽化率降低	① 切换到P102B泵（关闭P102A，启动P102B）； ②通知维修部门，进行维修
热物流调节阀TV101A卡	E101换热器冷、热流体出口温度波动时，无法通过调节阀TV101A来调节	① 打开TV101A的旁路阀VD08；关闭TV101A的后阀和前阀； ② 调节VD08的开度，使TIC101的温度稳定在177℃；冷流体出口温度维持在正常数值； ③ 通知维修部门，进行维修
换热器E101部分管堵	① 热物流流量减小； ② 泵P102的出口压力略升； ③ 冷物流出口温度降低； ④ 汽化率降低	通知调度后，按正常停车操作进行停车后维修换热器
换热器E101结垢严重	① 热物流出口温度升高； ② 冷物流出口温度降低	通知调度后，按正常停车操作进行停车后维修换热器

任务评价

任务名称	传热仿真操作		
班级		姓名	学号
序号	评价内容	评价步骤	各步骤分数
1	换热器的知识	换热器的工业用途	
		仿真操作工艺流程描述	
2	开停车仿真操作和正常运行	正常开车	
		正常运行	
		正常停车	
3	故障处理	FIC101阀卡	
		P101A泵坏	
		P102A泵坏	
		TV101A阀卡	
		部分管堵	
		换热器结垢严重	
仿真总成绩			
教师点评	教师签名		
学生反思	学生签名		

思考与练习

问答题

1. 冷态开车是先送冷物料，后送热物料；而停车时又要先关热物料，后关冷物料，为什么？

2. 开车时不排出不凝气会有什么后果？如何操作才能排净不凝气？

3. 为什么停车后管程和壳程都要高点排气、低点泄液？

4. 你认为本系统调节器 TIC101 的设置合理吗？如何改进？

5. 影响间壁式换热器传热量的因素有哪些？

6. 传热有哪几种基本方式，各自的特点是什么？

7. 工业生产中常见的换热器有哪些类型？

拓展阅读

换热器预防结垢有妙招！

在受热面与传热表面上沉积的附着物层常称作污垢。图 4-47 为现场清除污垢。换热器结垢时传热系数会大大下降，从而影响传热速率。那么怎样才能减少污垢呢？

（1）从设计角度减少、消除形成结垢的条件。在结构设计时，不妨考虑采用特殊结构，例如，设计能产生湍流的结构，重要的换热设备也可考虑设置电子除垢器、反冲洗系统等，如果使用水作为换热介质，在考虑腐蚀的情况下，使用防结垢添加剂等材料。

（2）不洁净和易结垢的流体宜走管程，因为管程清洗比较方便。

图4-47　现场清除污垢

（3）流量小或黏度大的流体宜走壳程，因流体在有折流挡板的壳程中流动，流速和流向的不断改变，即可达到湍流，阻止结垢。

（4）腐蚀性的流体宜走管程，以免管子和壳体同时被腐蚀，且管程便于检修与更换。

（5）被冷却的流体宜走壳程，可利用壳体对外的散热作用，同时管程结垢后便于更换。

（6）饱和蒸汽宜走壳程，因蒸汽较洁净，不易结垢，不需清洗。

任务五　传热实训操作

任务概述

换热器为工业领域常见设备，各类不同的换热器在化工企业承担着重要作用。换热不但是一个单独的化工单元操作，而且在其他生产装置中也常常带有换热过程，如精馏装置中的回流冷凝器、再沸器，蒸发中的加热部分等。

某学校实训室选用空气 - 蒸汽为冷热介质，同时选用螺旋板换热器、套管式换热器、列管式换热器三类常用换热器进行传热实训。

学生要完成该传热任务，首先需要熟悉传热装置的工艺流程，熟悉流程中各阀门、仪表、设备的类型和使用方法，内外操合作对传热装置进行冷态开车、稳定操作和正常停车，会记录并分析数据，并能对操作故障进行分析和处理。

学习目标

1. 认识化工生产中常见的几种换热器，了解它们的结构特点，通过实训能对几种常见的换热器的优缺点进行比较，从而进一步理解不同换热器的适用范围。

2. 掌握实训中传热单元操作的生产工艺流程和反应原理。

3. 了解在使用列管换热器时，冷热两种流体可以选择并流流动和逆流流动，了解不同的流动方式对换热效果的影响。

4. 通过亲自动手操作，掌握实际生产中的传热操作技能，提高动手能力。

5. 在实训操作中培养团队合作精神。

一、工艺流程认知

小组活动

根据前面课程认识的工艺流程，小组到实训现场对着装置（图 4-48、图 4-49）熟悉流程，小组代表讲解，教师点评。

图4-48 传热现场装置

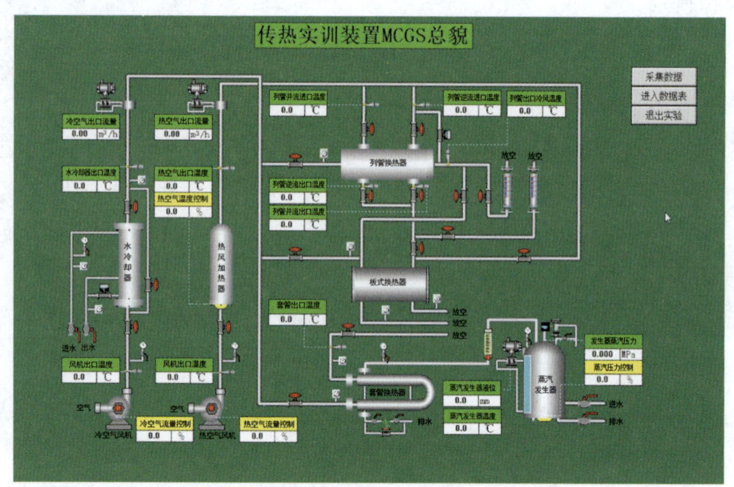

图4-49 传热实训装置MCGS总貌

二、传热装置开停车

（一）开车前准备

小组活动

讨论制定开停车步骤，教师点评并补充细节。

① 穿戴好个人防护装备并相互检查。

② 小组分工，各岗位熟悉岗位职责。

③ 明确工艺操作指标：

压力控制：蒸汽发生器内压力 0 ～ 0.20MPa；
　　　　　套管式换热器内压力 0 ～ 0.15MPa。

温度控制：热风加热器出口热风温度 0 ～ 80℃；
　　　　　水冷却器出口冷风温度 0 ～ 40℃。

流量控制：冷风流量 15 ～ 60m^3/h；
　　　　　热风流量 30 ～ 60m^3/h。

液位控制：蒸汽发生器液位 300 ～ 500mm。

④ 由相关岗位对本装置所有设备、管道、阀门、仪表、电气、保温等按工艺流程图要求和专业技术要求进行检查。

（二）开车

1. 螺旋板换热器开车程序

① 开热风一路所有阀门：依次开启热风机出口阀（V05）、板式换热器热风进口阀（V22），关闭热风管路上的其他阀门。

② 启动热风机（C602）：调节板式换热器热风进口流量在 30 ～ 60m^3/h 之间的一个值稳定，开启热风加热器，调节热风电加热器加热功率，控制加热器出口热风温度稳定（一般为 80℃）。用热风对所操作的设备及相关的管道进行预热，直到螺旋板换热器热风出口温度稳定（一般控制在 60℃以上）。使操作设备充分预热是实验成功的关键。

③ 开冷风一路所有阀门：开启冷风机出口阀（V04），螺旋板换热器冷风进口阀（V09），开启水冷却器空气出口阀（V07），冷却水进口阀（V01）和冷却水出口阀（V03），关闭冷风管路上的其他阀门。启动冷风机（C601），通过水冷却器冷风出口阀（V07）调节冷风出口流量在 16 ～ 60m^3/h 之间的一个值稳定。

④ 控制冷空气出口温度：通过水冷却器进水阀（V01）调节冷却水流量，来控制水冷却器的冷空气出口温度稳定在 0 ～ 40℃之间；

⑤ 稳定后记录数据于表 4-3：待螺旋板换热器的冷、热风出口温度恒定时，可认为换热过程达到平衡，在操作表上记录有关的工艺参数。

⑥ 改变冷风流量，获得一组数据：保持列管换热器热风的进口流量恒定，通过调节水冷却器冷风出口阀（V07）开度来改变冷风的流量，冷风流量从小变到大，每选择一个流量，重复操作步骤④和步骤⑤，做 3 ～ 4 组数据，做好操作记录。

2. 列管式换热器开车程序

① 开热风一路所有阀门：参考螺旋板式换热器开车程序步骤①，注意打开相关阀门，热风逆流进列管式换热器。

② 启动热风机（C602）：同螺旋板式换热器开车程序步骤②。

③ 开冷风一路所有阀门：参考螺旋板式换热器开车程序步骤①，注意冷风进列管式换热器。

④ 控制冷空气出口温度：同螺旋板式换热器开车程序步骤④。

⑤ 稳定后记录数据：待列管换热器的冷、热风出口温度恒定时，可认为换热过程达到平衡，在操作表上记录有关的工艺参数。

⑥ 改变冷风流量，获得一组数据：同螺旋板式换热器开车程序步骤⑥。

⑦ 通过开关阀门切换热风并流进列管式换热器。

⑧ 稳定后记录数据于表 4-4：待列管换热器的冷、热风出口温度再次恒定时，可认为换热过程达到平衡，在操作表上记录有关的工艺参数。

⑨ 改变冷风流量，获得一组数据：同螺旋板式换热器开车程序步骤⑥。

3. 套管式换热器开车程序

① 蒸汽发生器加水：打开蒸汽发生器进水阀（V13）和放空阀（V30），关闭其他阀门。对蒸汽发生器加水，加至 2/3 液位左右关闭进水阀。关闭蒸汽发生器放空阀（V30）。

② 对蒸汽发生器内的水加热，产生蒸汽：打开控制面板加热开关，调节加热开度（最大不能超过 80%），对蒸汽发生器内的水加热。控制加热器加热功率，当蒸汽发生器内的压力大于 0.15MPa 时，把加热功率开度调至 50%。

③ 蒸汽送进套管换热器：打开蒸汽发生器蒸汽出口阀（V28），打开疏水器阀组（V25、V26、V27），徐徐打开套管换热器蒸汽出口阀（V29），控制套管式换热器内蒸汽压力为0.02MPa。对套管式换热器进行预热。此步骤中务必控制套管换热器蒸汽进口流量要小。

④ 通冷风：待套管换热器内的蒸汽压力稳定时，认为设备预热已经充分。然后开冷风一路所有阀门（步骤参考螺旋板式换热器开车程序步骤①）。启动冷风机，向套管换热器内通冷风。通过水冷却器冷风出口阀（V07）控制冷风出口流量稳定在16～60m^3/h之间的一个值。

⑤ 控制冷空气出口温度：同螺旋板式换热器开车程序步骤④。

⑥ 稳定后记录数据于表4-5：待冷风进出口温度和套管式换热器内蒸汽压力基本恒定时，可认为换热过程基本平衡，记录相应的工艺参数。

⑦ 改变冷风流量，获得一组数据：保持套管式换热器内蒸汽压力恒定，改变冷风流量，做3～4组数据，做好操作记录。

（三）停车

① 停止蒸汽发生器电加热器，关闭蒸汽出口阀（V28、V29），打开套管式换热器疏水阀组旁路阀（V24），将套管换热器内的蒸汽系统压力卸除。让蒸汽发生器自然冷却，待发生器内的压力降为常压后，打开发生器放空阀（V30）。待发生器内的温度降到50℃以下时，打开发生器排污阀（V14），排除发生器内的积水。

② 停热风加热器。继续大流量运行冷风风机和热风风机，当冷风风机出口总管温度接近常温时，停冷风机，停冷风机出口冷却器冷却水；当热风机出口总管温度低于40℃时，停热风机。

③ 将套管式换热器残留水蒸气冷凝液排净。

表4-3　板式换热操作报表

序号	时间	打开阀门	冷风			热风		冷风进口温度/℃	冷风出口温度/℃	热风进口温度/℃	热风出口温度/℃
			水冷却器进口压力	阀门V07的开度	风机出口流量/(m^3/h)	电加热的开度	风机出口流量/(m^3/h)				
1											
2											
3											
4											
5											
6											
操作记事											
异常情况记录											
操作人：						指导老师：					

表4-4　列管式换热操作报表

序号	时间	打开阀门	冷风				热风			冷风进口温度/℃	冷风出口温度/℃	热风进口温度/℃	热风出口温度/℃
			水冷却器进口压力	阀门V07的开度	风机出口流量/(m^3/h)	出口流量/(m^3/h)	电加热的开度	风机出口流量/(m^3/h)	出口流量/(m^3/h)				
1													
2													
3													

续表

序号	时间	打开阀门	冷风				热风			冷风进口温度/℃	冷风出口温度/℃	热风进口温度/℃	热风出口温度/℃
			水冷却器进口压力	阀门V07的开度	风机出口流量/(m^3/h)	出口流量/(m^3/h)	电加热的开度	风机出口流量/(m^3/h)	出口流量/(m^3/h)				
4													
5													
6													
操作记事													
异常情况记录													
操作人：							指导老师：						

表4-5　套管式换热器操作报表

序号	时间	打开阀门	冷风			蒸汽				冷风进口温度/℃	冷风出口温度/℃	管道蒸汽压力/MPa
			水冷却器进口压力	阀门V07的开度	风机出口流量/(m^3/h)	电加热的开度	蒸汽压力/MPa	阀门V29的开度	液位/mm			
1												
2												
3												
4												
5												
6												
操作记事												
异常情况记录												

任务评价

任务名称	传热实训操作			
班级		姓名	学号	
序号	任务要求		占分	得分
1	实训准备	正确穿戴个人防护装备	5	
		熟练讲解实训操作流程	5	
2	换热器开停车	板式换热器正常开停车	10	
		列管式换热器正常开停车	10	
		套管式换热器正常开停车	10	
3	换热器稳定运行	板式换热器稳定运行并记录数据	10	
		列管式换热器并流稳定运行并记录数据	10	
		列管式换热器逆流稳定运行并记录数据	10	
		套管式换热器稳定运行并记录数据	10	
4	故障处理	能针对操作中出现的故障正确判断原因并及时处理	10	
5	小组合作	内操外操分工明确，操作规范有序	5	
6	结束后清场	恢复装置初始状态，保持实训场地整洁	5	
实训总成绩				
教师点评		教师签名		
学生反思		学生签名		

思考与练习

问答题

1. 列管式换热器并流和逆流时温差各是多少？哪种流动温差大？

2. 怎样能控制套管式换热器内蒸汽压力为 0.02MPa ？

3. 疏水阀和安全阀分别有什么作用？

4. 热空气流量不变时，冷空气流量从小到大，换热器热风出口温度怎么变化？为什么会有这样的变化规律？

5. 板式换热器、列管式换热器和套管式换热器的优缺点和适用范围各是什么？

拓展阅读

血泪教训之换热器爆炸典型事故案例

安全，就意味着责任，一个人的安全不仅是对自己负责，更多的是对关心你的家人负责；安全又等同于效益，我们更能体会到安全生产带给化工企业的勃勃生机。

图4-50　7月26日庆阳石化火灾事故

事故发生简要经过：

如图 4-50，2015 年 7 月 26 日，中石油庆阳石化公司第一联合运行部 300 万吨 / 年常压蒸馏装置发生泄漏着火事故，造成 3 人死亡，4 人受伤。发生事故的 300 万吨 / 年常压装置 6 月 27 日开始检修，7 月 23 日 11 时投料开车，7 月 25 日 8 时运行正常。7 月 26 日 6 时 38 分，庆阳石化常压装置操作工巡检时发现渣油 / 原油换热器 E-117/D 浮头丝堵渗漏并伴有冒烟现象，庆阳石化检维修公司得知情况后，派当班 3 名陕西鑫宁实业有限公司保运人员赶赴现场查看并处理漏点。7 时 01 分，在处理过程中，丝堵突然脱落，热油喷出着火，造成正在换热器上方平台现场保温作业的承包商 3 名员工死亡、2 人受伤，另有庆阳石化 2 名保运人员受伤。事故发生后，常压装置操作人员立即实施紧急停车，报警并启动应急预案，11 时 55 分，明火被彻底扑灭。

事故原因分析：

经初步分析，事故直接原因为换热器 E-117/D 浮头丝堵泄漏，高温渣油（约 340～360℃）喷出，遇空气自燃着火。

事故防范措施：

1. 加强化学品泄漏检测。

2. 加强设备完整性管理。

项目评价

<table>
<tr><th colspan="6">项目实训评价</th></tr>
<tr><th colspan="2" rowspan="2">评价项目</th><th colspan="4">评价</th></tr>
<tr><th>A</th><th>B</th><th>C</th><th>D</th></tr>
<tr><td colspan="2">任务1　传热原理及其应用</td><td colspan="4"></td></tr>
<tr><td rowspan="2">学习目标</td><td>传热概述</td><td></td><td></td><td></td><td></td></tr>
<tr><td>传热过程和机理</td><td></td><td></td><td></td><td></td></tr>
<tr><td colspan="2">任务2　传热的相关计算</td><td colspan="4"></td></tr>
<tr><td rowspan="5">学习目标</td><td>传热速率方程式和有效平均温度差的计算</td><td></td><td></td><td></td><td></td></tr>
<tr><td>热负荷方程</td><td></td><td></td><td></td><td></td></tr>
<tr><td>热传导</td><td></td><td></td><td></td><td></td></tr>
<tr><td>热对流</td><td></td><td></td><td></td><td></td></tr>
<tr><td>总传热系数K的计算</td><td></td><td></td><td></td><td></td></tr>
<tr><td colspan="2">任务3　传热装置及流程</td><td colspan="4"></td></tr>
<tr><td rowspan="2">学习目标</td><td>常见的换热器类型</td><td></td><td></td><td></td><td></td></tr>
<tr><td>识读传热工艺流程图</td><td></td><td></td><td></td><td></td></tr>
<tr><td colspan="2">任务4　传热仿真操作</td><td colspan="4"></td></tr>
<tr><td rowspan="4">学习目标</td><td>传热基础知识</td><td></td><td></td><td></td><td></td></tr>
<tr><td>开停车仿真操作</td><td></td><td></td><td></td><td></td></tr>
<tr><td>稳定运行仿真操作</td><td></td><td></td><td></td><td></td></tr>
<tr><td>故障处理</td><td></td><td></td><td></td><td></td></tr>
<tr><td colspan="2">任务5　传热实训操作</td><td colspan="4"></td></tr>
<tr><td rowspan="3">学习目标</td><td>装置开停车</td><td></td><td></td><td></td><td></td></tr>
<tr><td>装置稳定运行</td><td></td><td></td><td></td><td></td></tr>
<tr><td>故障处理</td><td></td><td></td><td></td><td></td></tr>
<tr><td colspan="6">教师点评：</td></tr>
</table>

传热操作流程

PROJECT 05

项目五　蒸发

任务一　蒸发原理及其应用

任务二　蒸发装置及流程

任务三　蒸发实训操作

项目导入

抓中药时医生会嘱咐，三碗水煎成一碗水。如果不是三碗水煎成一碗水，则三碗水中的药物浓度不高，药效就不够。熬中药的过程，既是一个中药有效成分的溶解过程，又是一个蒸发过程，如图 5-1 所示。在化学工业、食品工业、制药等工业中，蒸发操作也被广泛应用。下面就让我们来学习蒸发的知识吧。

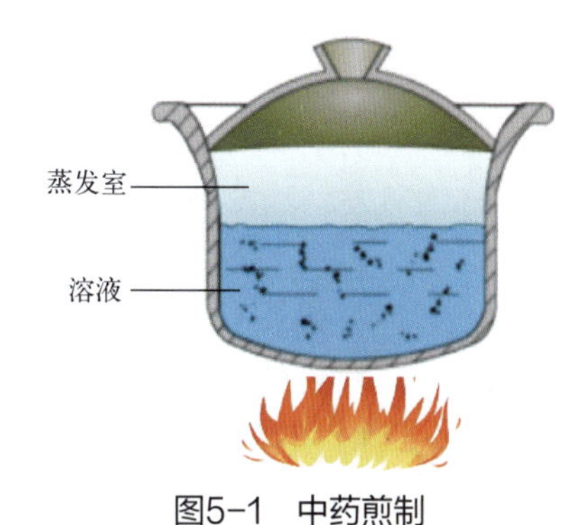

图5-1　中药煎制

项目目标

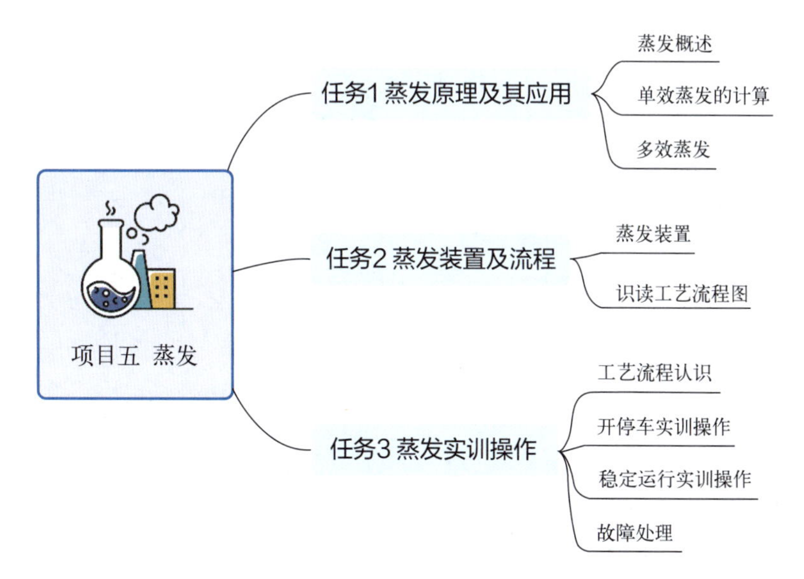

任务实施

任务一　蒸发原理及其应用

学习目标

1. 了解蒸发原理及应用。
2. 掌握单效蒸发和多效蒸发。

一、蒸发概述

想一想

（1）你做过蒸发实验吗？

（2）蒸发是用来分离什么物系的？

（3）蒸发分离的依据又是什么？

（一）蒸发的基本概念

【定义及分离原理】 如图 5-2 所示，将含有不挥发溶质的溶液沸腾汽化并移出蒸气，从而使溶液中溶质浓度提高的单元操作称为蒸发。蒸发是利用溶剂具有挥发性而溶质不挥发的特性使两者实现分离。

【蒸发操作的应用】 工业生产中应用蒸发操作有以下几种场合：

① 浓缩稀溶液直接制取产品或将浓溶液再处理（如冷却结晶）制取固体产品，例如电解烧碱液的浓缩、食糖水溶液的浓缩及各种果汁的浓缩等。

② 脱除溶剂，例如有机磷农药苯溶液的浓缩脱苯、中药生产中酒精浸出液的蒸发等。

③ 去除杂质获得纯净的溶剂，例如海水淡化等。

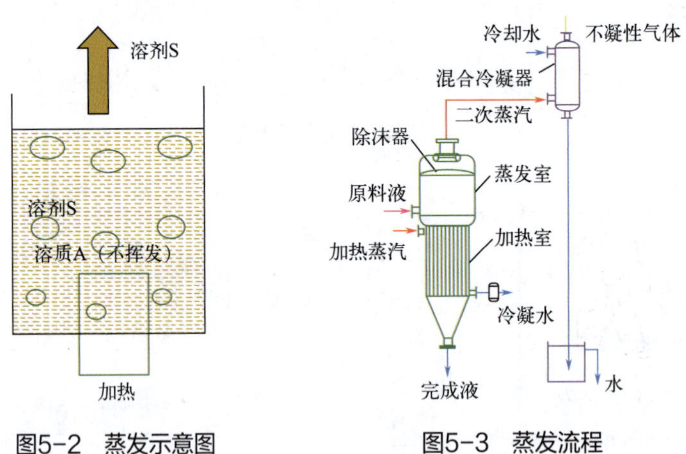

图5-2 蒸发示意图　　图5-3 蒸发流程

（二）蒸发的流程

如图 5-3 所示，料液经过预热加入蒸发器。蒸发器的下部是由许多加热管组成的加热室，在管外用加热蒸汽加热管内的溶液，并使之沸腾汽化，经浓缩后的完成液从蒸发器底部排出。蒸发器的上部为蒸发室，汽化所产生的蒸气在蒸发室及其顶部的除沫器中将其中夹带的液沫分离，然后送往冷凝器被冷凝而除去。

讨论

1.根据上述流程，蒸发必须的装置有哪些？

蒸发流程的两个必要的组成部分：

蒸发器：加热溶液使溶剂汽化。

冷凝器：不断除去汽化的蒸发溶剂。

2. 给蒸发器加热的蒸汽和蒸发室里产生的蒸气一样吗？怎么区分？

加热蒸汽：蒸发操作主要用饱和水蒸气加热，称为加热蒸汽。

二次蒸汽：被蒸发的物料中的水变成水蒸气，蒸发时产生的水蒸气称为二次蒸汽。通常采用冷凝的方式将二次蒸汽排除。

（三）蒸发的分类

按压强分为：常压蒸发、加压蒸发和减压蒸发（又称为真空蒸发）。

按二次蒸汽的利用情况分为：单效蒸发（二次蒸汽不利用或用于蒸发以外的用途）和多效蒸发（二次蒸汽继续用于蒸发过程）。

（四）蒸发的实质

蒸发操作属传热过程，蒸发设备为传热设备，图 5-3 所示的加热室即为一侧是蒸气冷凝，另一侧为溶液沸腾的间壁式列管换热器。此种蒸发过程即是间壁两侧恒温的传热过程。

（五）蒸发的特点

1. 溶液沸点升高

由于溶液含有不挥发性溶质，因此在相同压力下，溶液的沸点比纯溶剂的高。随着蒸发的进行，溶液浓度越来越大，溶液的沸点也不断升高，这在设计和操作蒸发器时是必须要考虑的。

2. 消耗大量蒸汽

工业规模下，溶剂的蒸发量往往是很大的，需要耗用大量的加热蒸汽，因此节能是蒸发操作要考虑的重要问题。同时蒸发又会产生大量的二次蒸汽，所以如何利用二次蒸汽的潜热，是蒸发操作中要考虑的关键问题。

3. 溶液性质各异

物料在浓缩过程中，溶质或杂质常在加热表面沉积、析出结晶而形成垢层，影响传热；有些溶质是热敏性的，在高温下停留时间过长易变质；有些物料具有较大的腐蚀性或较高的黏度等，因此，在设计和选用蒸发器时，必须认真考虑这些特性。

二、单效蒸发的计算

前面已经讲过，若蒸发产生的二次蒸汽直接冷凝不再利用，即为单效蒸发，其示意图如图 5-4 所示。

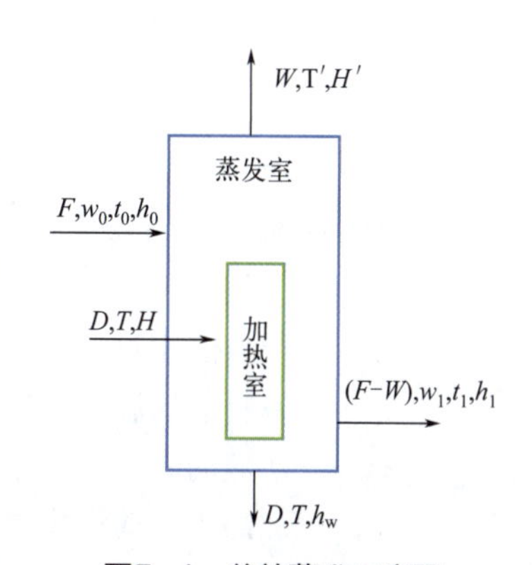

图5-4　单效蒸发示意图

已知条件：原料液流量 F(kg/h)，原料液 w_0(质量分数) 和温度 t_0(℃)，完成液的浓度 w_1(即质量分数，由生产要求确定)。

已知过程选定：加热蒸汽压强 p(或温度 T)，冷凝器操作压强 p' (或温度 T')。

计算内容：①单位时间内从溶液中蒸发的水质量即为水分

蒸发量，用 W 表示 (kg/h)；②单位时间内消耗的加热蒸汽量即为加热蒸汽用量，用 D 表示 (kg/h)；③蒸发器的传热面积 $A(m^2)$。

求解上述问题应用到物料衡算方程、热量衡算方程和传热速率方程。

（一）水分蒸发量W

计算依据：溶质物料衡算。

计算公式：

$$Fw_0=\left(F-W\right)w_1 \tag{5-1}$$

$$W=F\left(1-\frac{w_0}{w_1}\right) \tag{5-2}$$

（二）加热蒸汽消耗量D

计算依据：热量衡算。

想一想

1. 蒸发中加热蒸汽放出的热量用于哪些地方？

（1）原料升温　（2）二次蒸汽相变　（3）热损失

2. 你还记得传热中热负荷的几种计算方法吗？

（1）显热法

热流体：$Q_{热}=q_{m热}c_{热}(T_1-T_2)$　冷流体：$Q_{冷}=q_{m冷}c_{冷}(t_1-t_2)$

（2）潜热法

热流体：$Q_{热}=q_{m热}r_{热}$　冷流体：$Q_{冷}=q_{m冷}r_{冷}$

3. 根据热量衡算式 $Q_{热}=Q_{冷}+Q_{损耗}$，你能试着求出加热蒸汽消耗量吗？

计算公式：

$$Q=Dr=Fc_{p0}\left(t_1-t_0\right)+Wr'+Q_{损} \tag{5-3}$$

由式（5-3）得到加热蒸汽消耗量为

$$D=\frac{Fc_{p0}\left(t_1-t_0\right)+Wr'+Q_{损}}{r} \tag{5-4}$$

式中 Q——蒸发器的热负荷或传热量，kJ/h；

D——加热蒸汽消耗量，kg/h；

c_{p0}——原料液比热容，kJ/(kg•℃)；

t_0——原料液的温度，℃；

t_1——溶液的沸点，℃；

r——加热蒸汽的汽化潜热，kJ/kg；

r'——二次蒸汽的汽化潜热，kJ/kg；

$Q_{损}$——蒸发器的热损失，kJ/h。

若溶液为沸点进料，则 $t_1=t_0$，设蒸发器的热损失忽略不计，则式（5-4）可简化为

$$D=\frac{Wr'}{r} \tag{5-5}$$

或

$$\frac{D}{W}=\frac{r'}{r} \tag{5-6}$$

式中，D/W 为蒸发 1kg 水时的蒸汽消耗量，称为单位蒸汽消耗量。它表示加热蒸汽的利用程度，也称为蒸汽的经济性。

由于蒸汽的潜热随压力变化不大，即 $r\approx r'$，故 $D/W\approx1$。即蒸发 1kg 水需要约 1kg 加热蒸汽，但实际上因蒸发器有热损失等的影响，D/W 一般大于 1，可见单效蒸发的能耗很大，是很不经济的。

（三）蒸发器的传热面积A

$$A=\frac{Q}{K\Delta t_{均}} \tag{5-7}$$

式中　A——换热器的传热面积，m^2；

Q——蒸发器的热负荷，W；

K——换热器的总传热系数，W/（m^2•℃）；

$\Delta t_{均}$——传热平均温差，℃。

【例题 5-1】 某水溶液在单效蒸发器中由10%(质量分数，下同)浓缩至30%，溶液的流量为2000kg/h，料液温度为30℃，分离室操作压力为40kPa，加热蒸汽的绝对压力为200kPa，溶液沸点为80℃，原料液的比热容为3.77kJ/(kg·℃)，蒸发器热损失 $Q_{损}$为 12kW，忽略溶液的稀释热。试求：（1）水分蒸发量；（2）加热蒸汽消耗量。

解：由式（5-2）可得水分蒸发量

$$W=F\left(1-\frac{w_0}{w_1}\right)=2000\times\left(1-\frac{0.1}{0.3}\right)=1333(\mathrm{kg/h})$$

加蒸汽消耗量由式（5-4）计算，即

$$D=\frac{Fc_{p0}(t_1-t_0)+Wr'+Q_{损}}{r}$$

由附录五查得 40kPa 和 200kPa 时饱和水蒸气的汽化潜热分别为 2312kJ/kg 和 2247kJ/kg，于是

$$D=\frac{2000\times3.77\times(80-30)+1333\times2312+12\times3600}{2247}=1559(\mathrm{kg/h})$$

单位蒸汽消耗量为　　$$\frac{D}{W}=\frac{1559}{1333}=1.17$$

三、多效蒸发

想一想

(1) 蒸发中消耗大量的蒸汽，该如何节约蒸汽量呢？

(2) 是不是所有的二次蒸汽都可以给后一效使用呢？

(3) 二次蒸汽作为加热蒸汽的条件是什么？

(一) 多效蒸发的定义

在蒸发生产中，二次蒸汽的产生量一般较大，且含有大量的潜热，因此应将其回收并加以利用。若将二次蒸汽通入另一蒸发器的加热室，只要满足一定的条件，则通入的二次蒸汽仍可起到加热作用，这种操作方式即为多效蒸发。

(二) 多效蒸发的流程

在多数蒸发中，物料与二次蒸汽的流向不同，可以组合成不同的流程。以三效为例，常用的多效蒸发流程有以下几种。

1. 并流加料蒸发流程

料液与蒸汽的流向相同，如图 5-5 所示。料液和蒸汽都是由第一效依次流至末效。

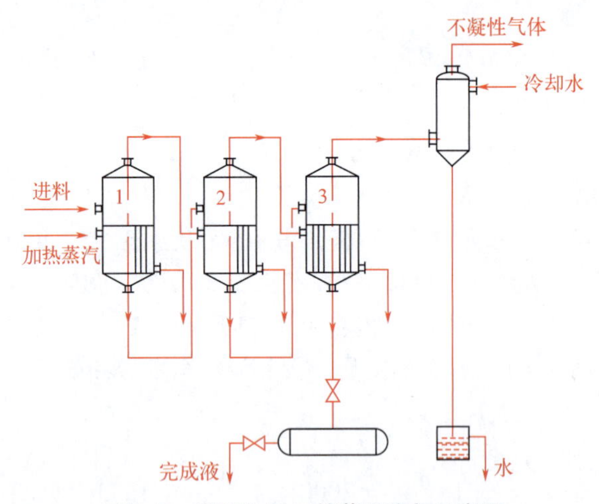

图5-5 并流加料三效蒸发流程示意图

小组活动

从前往后，温度、压力、浓度、黏度等物理量依次如何变化？并分析并流流程的优缺点。

从前往后，温度 T 降低，压力 p 降低，浓度 c 升高，黏度 η 增大。

优点：溶液的输送可以利用各效间的压力差，自动进入后一效，可省去输送泵；前效的操作压力和温度高于后效，料液从前效进入后效时因过热而自蒸发，在各效间不必设预热器。

缺点：后效温度更低而溶液浓度更高，故溶液的黏度逐效增大，传热系数依次减小。

适用场合：不适用于黏度随浓度增加很快的物系。

2. 逆流加料蒸发流程

料液与蒸汽的流向相反，如图 5-6 所示。料液从末效加入，必须用泵送入前一效；而蒸汽从第一效加入，依次至末效。

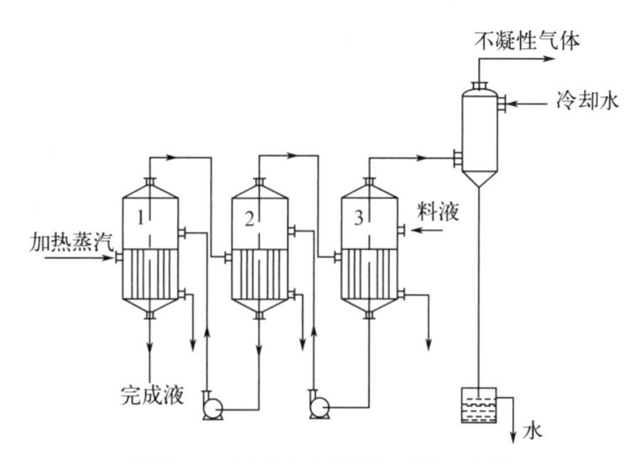

图5-6　逆流加料蒸发流程示意图

从前往后，温度 T 降低，压力 p 降低，浓度 c 降低，黏度 η 变化不大。

优点：温度随溶液浓度增大而增高，这样各效的黏度相差很小，传热系数大致相同。

缺点：辅助设备多，各效间须设料液泵；各效均在低于沸点温度下进料，须设预热器（否则二次蒸汽量减少）。

适用场合：逆流加料法宜于处理黏度随温度和浓度变化较大的料液蒸发，但不适用于热敏性物料的蒸发。

3. 平流加料蒸发流程

料液同时加入到各效，完成液同时从各效引出，蒸汽从第一效依次流至末效，如图 5-7 所示。

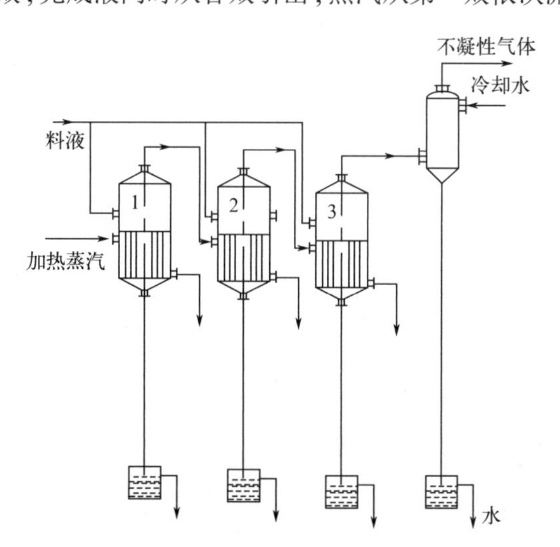

图5-7　平流加料蒸发流程示意图

优点：① 各效独立进料，传热状况均较好；

② 物料停留时间较短。

适用场合：用于蒸发过程中有结晶析出的场合；还可用于同时浓缩两种以上不同的料液，除此之外一般很少使用。

（三）多效蒸发效数的限定

表5-1 单位生蒸汽消耗量概况

效数	单效	双效	三效	四效	五效
D/W	1.1	0.57	0.4	0.3	0.27

从表5-1中可以看出：多效蒸发单位生蒸汽消耗量 *D/W* 比单效蒸发小，操作费比单效蒸发小；说明蒸发同样数量的水分，采用多效蒸发时，可节省生蒸汽用量，提高生蒸汽的利用率。

想一想

多效蒸发节约蒸汽量，那是不是效数越多越好呢？

随着效数的增多，*D/W* 下降的幅度不断减小；设备的费用是随着效数的增加而增加的，如图5-8所示；由于技术上的限制，效数不能随意增加，必须对设备费和操作费进行权衡以决定合理的效数，一般常见2～3效。

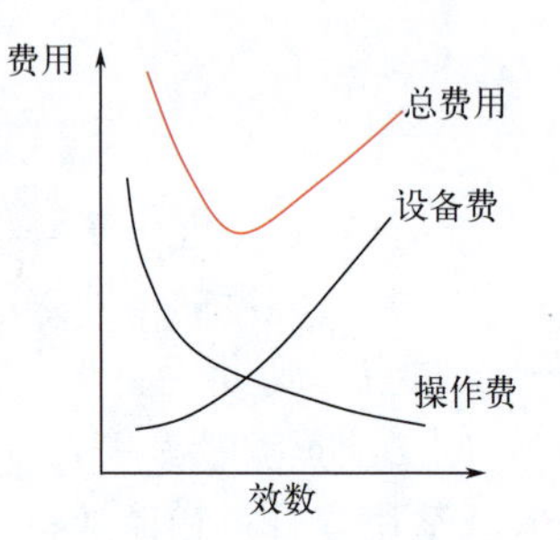

图5-8 费用随效数变化示意图

思考与练习

选择题

1. 在单效蒸发器内，将某物质的水溶液自浓度为5%浓缩至25%（皆为质量分数）。每小时处理2000kg原料液。溶液在常压下蒸发，沸点是373K（二次蒸汽的汽化热为2260kJ/kg）。加热蒸汽的汽化热为2180kJ/kg。则原料液在沸点时加入蒸发器，加热蒸汽的消耗量是（　　）。

A.1960kg/h　　B.1660kg/h　　C.1590kg/h　　D.1.04kg/h

2. 对于在蒸发过程中有晶体析出的液体的多效蒸发，最好用（　　）蒸发流程。

A. 并流法　　B. 逆流法　　C. 平流法　　D. 都可以

3. 料液黏度随浓度和温度变化较大时，若采用多效蒸发，则需采用（　　）。

A. 并流加料流程　　B. 逆流加料流程

C. 平流加料流程　　D. 以上都可采用

4. 蒸发操作中，从溶液中汽化出来的蒸汽，常称为（　　）。

A. 生蒸汽　　B. 二次蒸汽　　C. 额外蒸汽

5. 蒸发室内溶液的沸点（　　）二次蒸汽的温度。

A. 等于　　B. 高于　　C. 低于

6. 在蒸发操作中，若使溶液在（　　）下沸腾蒸发，可降低溶液沸点而增大蒸发器的有效温度差。

A. 减压　　B. 常压　　C. 加压

7. 在单效蒸发中，从溶液中蒸发1kg水，通常都需要（　　）1kg的加热蒸汽。

A. 等于　　B. 小于　　C. 不少于

8. 多效蒸发可以提高加热蒸汽的经济性，所以多效蒸发的操作费用是随效数的增加而（　　）。

A. 减少　　B. 增加　　C. 不变

9. 采用多效蒸发的目的是为了提高（　　）。

A. 完成液的浓度　　B. 加热蒸汽经济性　　C. 生产能力

拓展阅读

海水淡化知多少

海水淡化 (sea water desalination) 即利用海水脱盐生产淡水。实现海水淡化是人类追求了几百年的梦想，早在 400 多年前，英国王室就曾悬赏征集经济合算的海水淡化方法。

目前全球海水淡化技术有 20 余种，其中多级闪蒸法、低多效蒸馏法和反渗透膜法是全球主流技术，多级闪蒸就是蒸发操作的应用，其装置和流程图如图 5-9、图 5-10。

图5-9　多级闪蒸装置

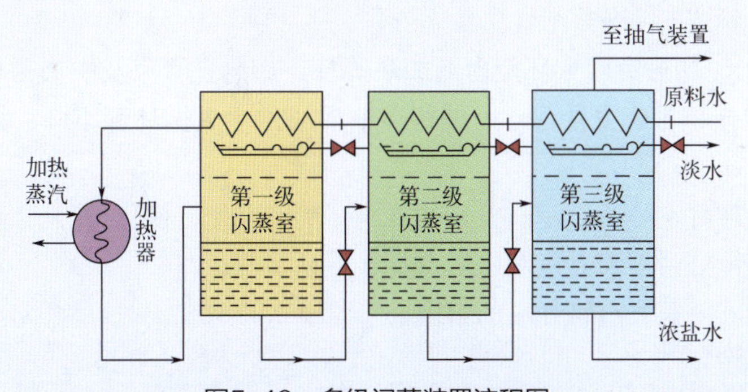

图5-10　多级闪蒸装置流程图

所谓闪蒸，是指一定温度的海水在压力突然降低的条件下，部分海水急骤蒸发的现象。多级闪蒸海水淡化是将经过加热的海水，依次在多个压力逐渐降低的闪蒸室中进行蒸发，将蒸汽冷凝而得到淡水。全球海水淡化装置仍以多级闪蒸方法产量最大，技术最成熟，运行安全性高，主要与火电站联合建设，适合于大型和超大型淡化装置，主要在海湾国家采用。多级闪蒸技术成熟、运行可靠，主要发展趋势为提高装置单机造水能力，降低单位电力消耗，提高传热效率等。

任务二　蒸发装置及流程

学习目标

1. 了解常见蒸发设备的结构、原理和特点。
2. 能熟练识读蒸发工艺流程图。
3. 能对着现场讲解工艺流程。

一、认识蒸发装置

用来进行蒸发的设备主要是蒸发器和冷凝器。典型蒸发设备见图 5-11。

图5-11　典型蒸发设备

蒸发器由加热室和分离室两部分组成，其作用是加热溶液使水沸腾汽化并移去。冷凝器与蒸发器的分离室相通，其作用是将产生的水蒸气冷凝而除去。

（一）蒸发器的型式与结构

按加热室的结构和操作时溶液的流动情况，分为两大类：循环型和单程型（不循环）。

1. 循环型蒸发器

【特点】溶液在蒸发器中循环流动，溶液在蒸发器内停留时间长，溶液浓度接近于完成液浓度。

由于引起循环运动的原因不同，分为自然循环型和强制循环型两类。

【自然循环型】由于溶液受热程度不同产生密度差。

【强制循环型】依靠外力迫使溶液沿一个方向作循环运动 。

（1）中央循环管式（标准式）蒸发器

如图 5-12 所示，加热室管束环隙内通加热蒸气。加热室管束及中央循环管内，受热时由于中央循环管单位体积溶液受热面小，使得溶液形成由中央循环管下降，而由其余加热管上升的循环流动。

优点：溶液循环好、传热效率高、结构紧凑、制造方便、操作可靠。

缺点：循环速度低、溶液黏度大、沸点高、不易清洗。

适于处理结垢不严重、腐蚀性小的溶液。

（2）悬筐式蒸发器

如图 5-13 所示，加热室像个筐，悬挂在蒸发器壳体的下部，可由顶部取出。加热蒸汽由壳体上部进入加热室，在管间放热加热管内溶液使其上升，而沿悬筐外壁与蒸发器内壁间环隙通道向下循环流动。

优点：溶液循环速率高、改善了管内结构情况、传热速率较高。

缺点：设备费高、占地面积大、加热管内溶液滞留量大。

适于处理易结垢，有晶体析出的溶液。

（3）外热式蒸发器

如图 5-14 所示，这种蒸发器将加热室与分离室分开，采用较长的加热管。

优点：降低了整个蒸发器的高度，便于清洗和更换；循环速度较高，使得对流传热系数提高；结垢程度小。

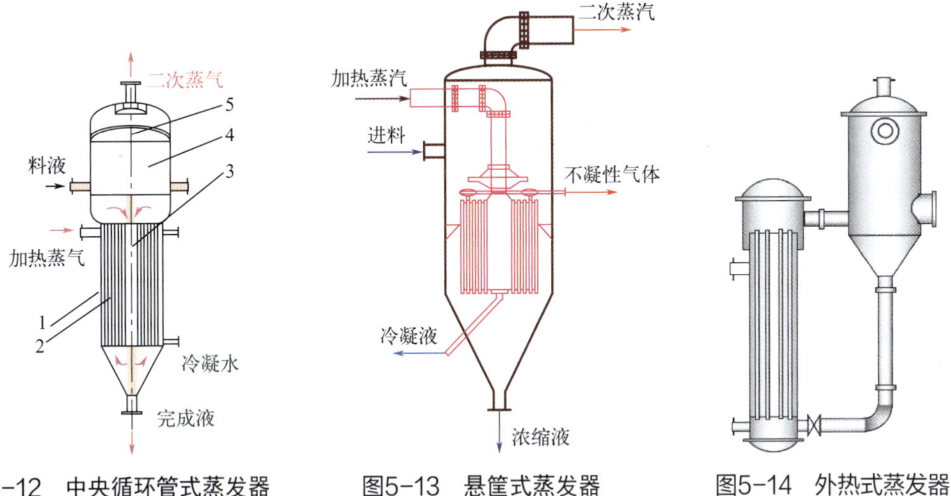

图5-12　中央循环管式蒸发器

1—外壳；2—加热室；3—中央循环管；4—蒸发室；5—除沫器

图5-13　悬筐式蒸发器

图5-14　外热式蒸发器

缺点：溶液的循环速度不高，传热效果欠佳，溶液温度较高。

适于处理易结垢、有晶体析出、处理量大的溶液。

（4）列文蒸发器

如图 5-15 所示，特点是在加热室上部设置沸腾室，加热室中的溶液因受到附加液柱的作用，必须上升到沸腾室才开始沸腾，这样避免了溶液在加热管中结垢或析出晶体。

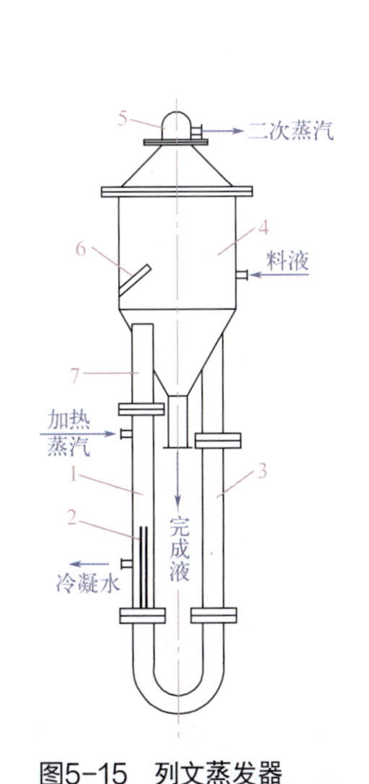

图5-15　列文蒸发器

1—加热室；2—加热管；3—循环管；4—蒸发室；5—除沫器；6—挡板；7—沸腾室

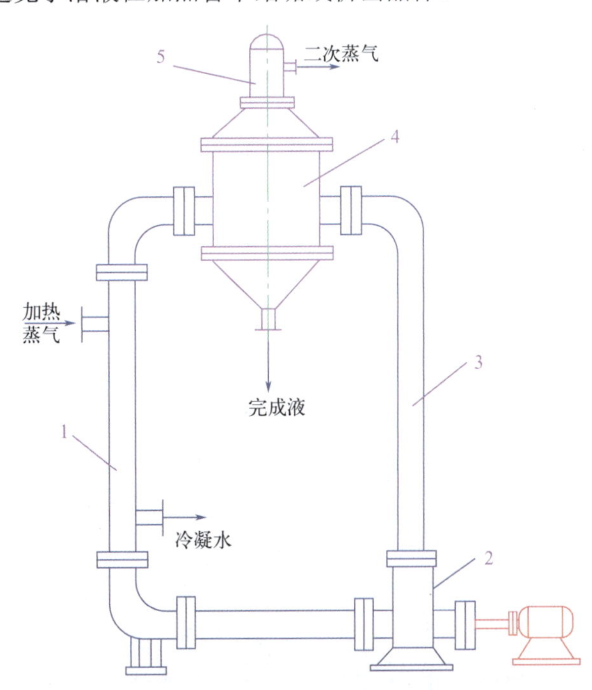

图5-16　强制循环型蒸发器

1—加热室；2—循环泵；3—循环管；4—蒸发室；5—除沫器

优点：流动阻力小、循环速度高、传热效果好、加热管内不易堵塞。

缺点：设备费高、厂房高，耗用金属多、适于处理有晶体析出或易结垢的溶液。

（5）强制循环型蒸发器

如图 5-16 所示，在加热室设置循环泵，使溶液沿加热室方向以较高的速度循环流动。

优点：循环速度高、晶体不易黏结在加热管壁、对流传热系数高。

缺点：动力消耗大、对泵的密封要求高、加热面积小。

适于处理黏度大、易结垢、有晶体析出的溶液。

2. 单程型（膜式）蒸发器

溶液在蒸发器中只通过加热室一次，不作循环流动。溶液通过加热室时，在管壁上呈膜状流动，故习惯上又称为液膜式蒸发器。

优点：溶液在蒸发器中的停留时间很短，因而特别适合热敏性物料的蒸发；整个溶液的浓度，不像循环型那样总是接近于完成液的浓度，因而这种蒸发器的有效温差较大。适用于热敏性、高黏性、易结垢产品的浓缩、蒸馏或提纯。

（1）升膜蒸发器

如图 5-17 所示，溶液预热到接近沸点时由蒸发器底部送入，进入加热管时立即受热沸腾汽化，溶液在高速上升的二次蒸汽带动下，沿管壁边呈膜状向上流动。到达分离室后，完成液与二次蒸汽分离后由分离室底部排出。

适于处理蒸发量较大的稀溶液，热敏性和易生泡沫的溶液；不适于浓度高、黏度大、有晶体析出溶液的蒸发。

（2）降膜蒸发器

如图 5-18 所示，溶液预热后由加热室顶部加入，经管端的液体分布器均匀分配在各加热管内，在重力作用下沿管内壁呈膜状向下流动，并进行蒸发。汽液混合物从管下端流出，在分离器内进行汽液分离后完成液由分离室底部排出。

适于处理浓度高、黏度较大（0.05 ～ 0.45Pa · s）的溶液，不适于处理易结晶、结垢的溶液。

这类蒸发器操作的关键是设置良好的液体分布器，以保证溶液均匀成膜和防止二次蒸汽从加热管顶部穿出。

（3）升 - 降膜式蒸发器

蒸发器由升膜管束和降膜管束组合而成，蒸发器的底部封头内有一隔板，将加热管束分成两部分。溶液由升膜管束底部进入，流向顶部，然后从降膜管束流下，进入分离室，得到完成液。

适于处理浓缩过程中黏度变化大的溶液、厂房有限制的场合。

（4）刮板薄膜式蒸发器

如图 5-19 所示，它是在加热管内部安装一可旋转的搅拌刮板，刮板端部与加热管内壁间隙固定在 0.75 ～ 1.5mm 之间，依靠刮板的作用使溶液成膜状分布在加热管内壁面上。

溶液由蒸发器上部沿切线方向加入，在重力和旋转刮板带动下，在加热管内壁上形成旋转下降的液膜，在下降过程中通过接收加热管外加热蒸汽夹套中蒸汽冷凝热量而被不断蒸发，底部得到完成液，二次蒸汽上升至顶部经分离器后进入冷凝器。

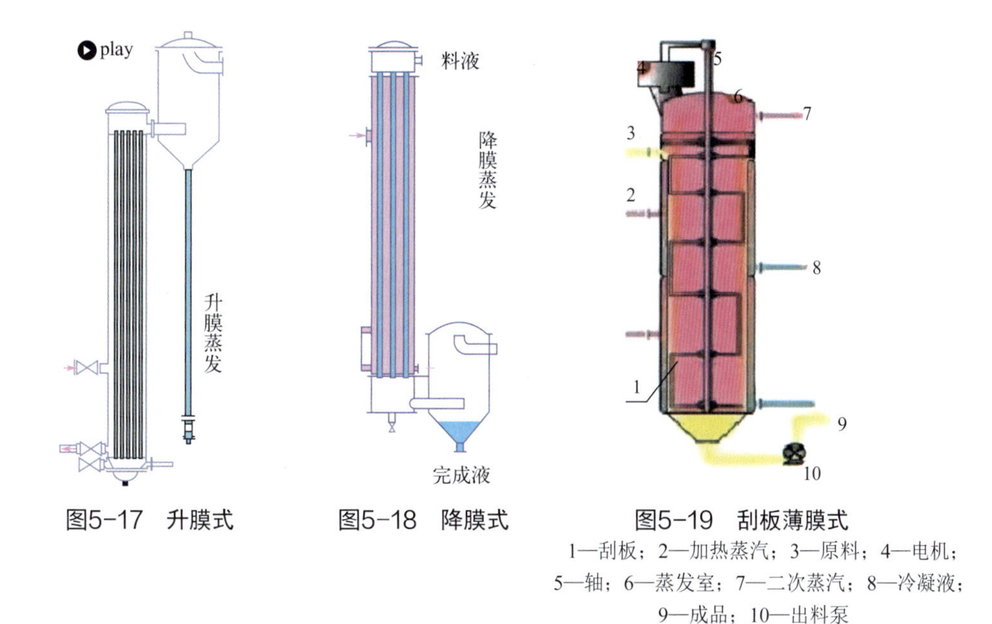

图5-17　升膜式　　图5-18　降膜式　　图5-19　刮板薄膜式

1—刮板；2—加热蒸汽；3—原料；4—电机；5—轴；6—蒸发室；7—二次蒸汽；8—冷凝液；9—成品；10—出料泵

缺点：结构复杂、动力消耗大、传热面积小、处理能力低。

适于处理易结晶、易结垢、高黏度的溶液。

（二）蒸发器的辅助设备

1. 除沫器（汽液分离器）

蒸发操作时产生的二次蒸汽，在分离室与液体分离后，仍夹带大量液滴，尤其是处理易产生泡沫的液体，夹带更为严重。为了防止产品损失或冷却水被污染，常在蒸发器内（或外）设除尘器。

2. 冷凝器

冷凝器的作用是冷凝二次蒸汽。冷凝器有间壁式和直接接触式两种，倘若二次蒸汽为需回收的有价值物料或会严重污染水源，则应采用间壁式冷凝器，否则通常采用直接接触式冷凝器。后一种冷凝器一般均在负压下操作，这时为将混合冷凝后的水排出，冷凝器必须设置得足够高，冷凝器底部的长管称为大气腿。

3. 真空装置

当蒸发器在负压下操作时，无论采用哪一种冷凝器，均需在冷凝器后安装真空装置。需要指出的是，蒸发器中的负压主要是由于二次蒸汽冷凝所致，而真空装置仅是抽吸蒸发系统泄漏的空气、物料及冷却水中溶解的不凝性气体和冷却水饱和温度下的水蒸气等，冷凝器后必须安装真空装置才能维持蒸发操作的真空度。常用的真空装置有喷射泵，水环式、往复式和旋转式真空泵等。

课后活动

扫一扫本项目最后的二维码，观看本节课所讲的换热器的工艺流程动图。

写一写

根据课本内容写一写蒸发装置的主要构成。

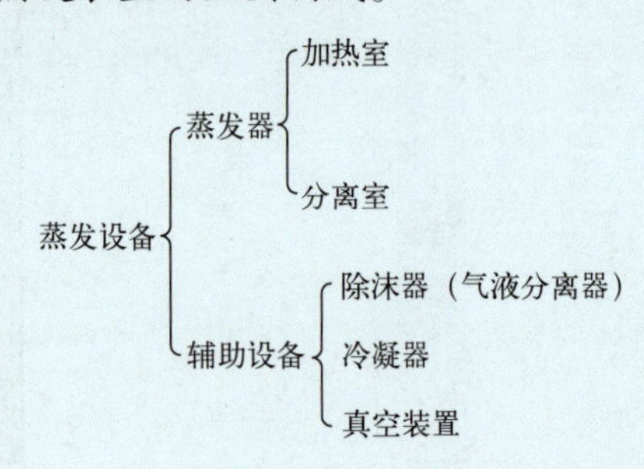

二、识读工艺流程图

小组活动

小组成员一起识读蒸发工艺流程图（图 5-20），完成以下任务：

1. 每组派一个代表到讲台上对着流程图讲解。

2. 完成下列表格。

“认识蒸发装置”小组任务单

设备	数量	作用

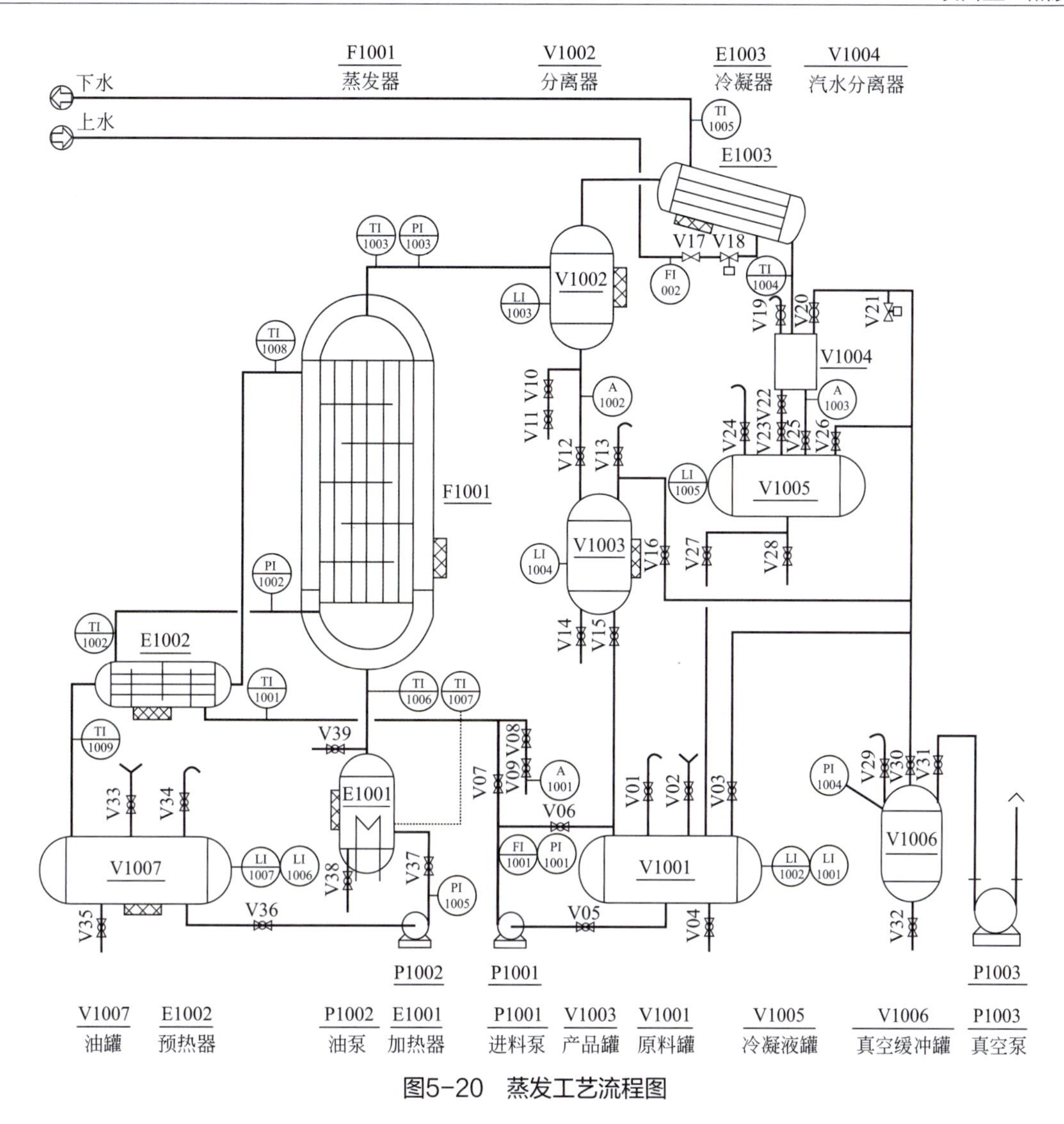

图5-20 蒸发工艺流程图

思考与练习

选择题

1. 中央循环管式蒸发器属于（　　）蒸发器。

A. 自然循环　　B. 强制循环　　C. 膜式

2. 蒸发热敏性而不易于结晶的溶液时，宜采用（　　）蒸发器。

A. 列文式　　B. 膜式　　C. 外加热式　　D. 标准式

3. 对热敏性及易生泡沫的稀溶液的蒸发，宜采用（　　）蒸发器。

A. 中央循环管式　　B. 列文式　　C. 升膜式

填空题

1. 为了保证蒸发操作能顺利进行，必须不断地向溶液供给__________，并随时排除汽化出来的__________。

2. 蒸发器的主体由__________和__________组成。

3. 单程型蒸发器的特点是溶液通过加热室__________次，__________循环流动，且溶液沿加热管呈__________流动，故又称为__________蒸发器。

4. 降膜式蒸发器为了使液体在进入加热管后能有效地成膜，在每根管的顶部装有__________。

5. 自然循环蒸发器内溶液的循环是由于溶液的__________不同，而引起的__________。

6. 标准式蒸发器内溶液的循环路线是从中央循环管__________，而从其他加热管__________，其循环的原因主要是由于溶液的__________不同，而引起的__________。

问答题

写出设备图（图 5-21）各名称、物料走向。

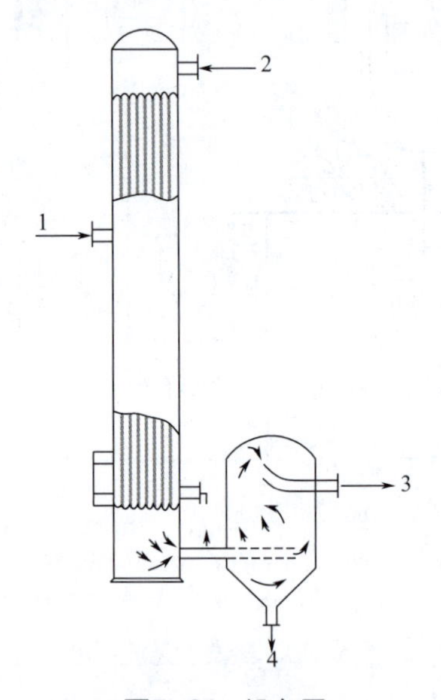

图5-21　设备图

拓展阅读

新型高效节能蒸发设备——MVR 蒸发器

MVR 蒸发器是 mechanical vapor recompression 的简写，被称为“机械式蒸汽再压缩”蒸发器。它是国际上二十世纪九十年代末开发出来的一种新型高效节能蒸发设备。MVR 蒸发器是采用低温和低压汽蒸技术和清洁能源——“电能”，产生蒸汽，将媒介中的水分分离出来。目前 MVR 是国际上最先进的蒸发技术，是替代传统蒸发器的升级换代产品。全新一代 MVR 蒸发器已大量使用在化工、食品发酵、果汁浓缩、牛奶等工艺上；包括化工、矿业、制药、发酵、垃圾处理等行业。目前我国有多家专门做该设备的企业，做得好的如捷晶能源，拥有自主知识产权的全新一代 MVR 蒸发器，已大量使用在化工、食品发酵、果汁浓缩、牛奶等工艺上。

任务三　蒸发实训操作

任务概述

在化工、轻工、制药、食品等许多工业行业的生产过程中，常常需要使用蒸发操作过程，将溶有固体溶质的稀溶液浓缩，以达到符合工艺要求的浓度，或析出固体产品，或回收汽化出来的溶剂。

本装置是以 NaOH- 水溶液为体系，选用升膜式蒸发器，以导热油代替水蒸气作为热源，把 1% 左右的 NaOH 溶液，通过蒸发操作除去部分水分，得到浓溶液。

学生要完成该蒸发任务，首先需要熟悉蒸发装置的工艺流程，熟悉各阀门、仪表、设备的类型和使用方法，内外操合作对蒸发装置进行冷态开车、稳定操作和正常停车，会记录并分析数据，并能对操作故障进行分析和处理。

学习目标

1. 熟悉蒸发装置及其作用，掌握蒸发单元操作的生产工艺流程和反应原理。

2. 通过动手操作，掌握蒸发操作技能，能熟练进行开车、稳定运行、停车操作，并能对常见故障进行排除。

3. 在实训操作中培养团队合作精神。

一、工艺流程认知

小组活动

根据前面课程认识的工艺流程，小组到实训现场对着装置（图 5-22、图 5-23）熟悉流程，小组代表讲解，教师点评。

图5-22　蒸发实训装置图

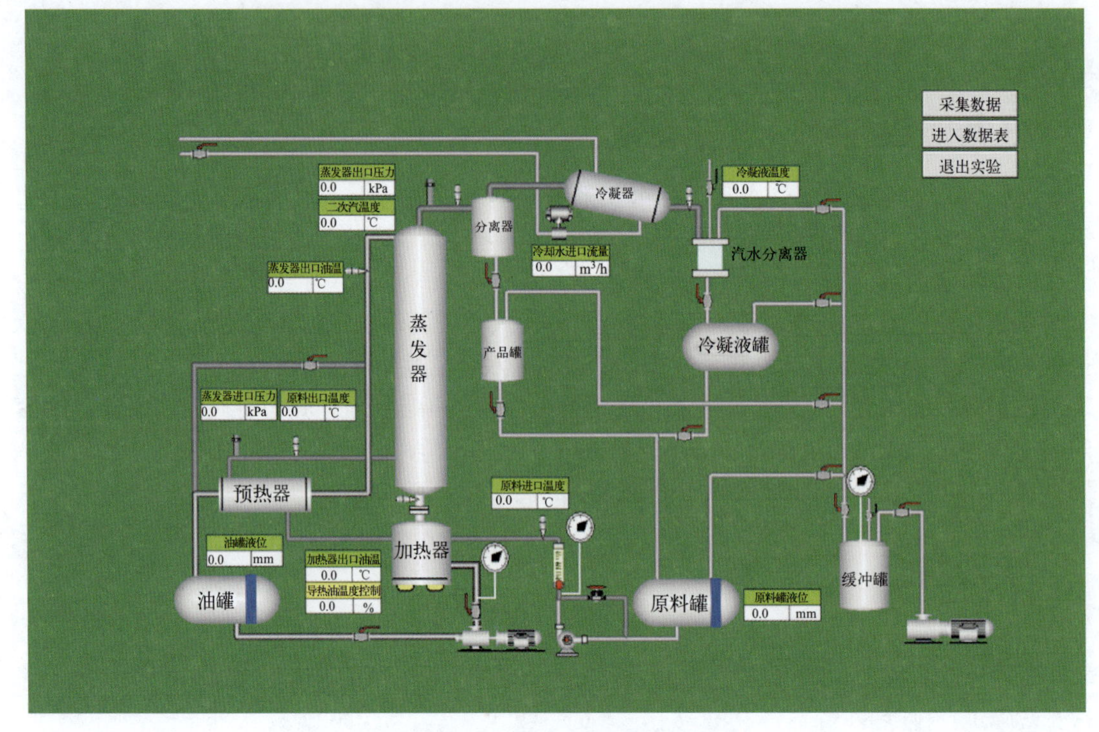

图5-23　蒸发实训装置总貌

二、蒸发装置开停车

（一）开车前准备

小组活动

小组讨论制定开停车步骤，教师点评并补充细节。

① 穿戴好个人防护装备并相互检查。

② 小组分工，熟悉岗位职责。

③ 明确工艺操作指标：

压力控制：系统真空度 -0.02 ～ -0.04MPa；

温度控制：加热器出口导热油温度 140 ～ 150℃；

塔顶物料温度：约 110℃（可根据产品浓度作相应调整）；

冷却器出口液体温度：约 60℃；

流量控制：进料流量 10 ～ 20L/h；

冷却器冷却水流量：约 $0.5m^3/h$；

油罐液位：高位报警 H=270mm，低位报警 L=100mm；

原料罐液位：高位报警 H=300mm，低位报警 L=100mm。

④ 由相关岗位对本装置所有设备、管道、阀门、仪表、电气、保温等按工艺流程图要求和专业技术要求进行检查。

（二）开车

1. 准备原料

配制 70L 质量浓度为 1% 的 NaOH 水溶液，待用。

2. 常压开车

① 检查油罐：检查油罐 V1007 内液位是否正常，并保持其正常液位。

② 进导热油并加热：开启油泵进料阀 VA36，启动油泵 P1002，开启油泵出口阀 VA37，向系统内进导热油。待油罐 V1007 液位基本稳定时，开启加热器 E1001 加热系统，使导热油打循环。

③ 进原料，开冷凝器冷却水：当加热器出口导热油温度基本稳定在 140 ～ 150℃时，开始进原料；打开阀门 VA01、VA02，将原料加入到原料罐 V1001 内（注意：通过调节旁路阀 VA06，控制进料流量缓慢增大）。打开阀门 VA05、VA06、VA07、VA19，启动进料泵 P1001，向系统内进料液，当预热器出口料液温度高于 50℃，开启冷凝器的冷却水进水阀 VA17。

④ 采出产品：当分离器 V1002 液位达到 1/3 时，开产品罐进料阀 VA12；当汽水分离器 V1004 内液位达到 1/3 时，开启冷凝液罐 V1005 进料阀 VA25。当系统压力偏高时可通过汽水分离器放空阀 VA19，适当排放不凝性气体。

⑤ 测产品和冷凝液浓度：当系统稳定（加热器出口、预热器出口导热油温度稳定）时，取样分析产品和冷凝液的纯度，当产品达到要求时，采出产品和冷凝液；当产品纯度不符合要求时，通过产品罐循环阀 VA15、冷凝液罐循环阀 VA27, 原料继续蒸发，到采出合格的产品（注意：通过降低进料流量、提高导热油温度等方法，可以得到高纯度的产品；反之，纯度低）。

⑥ 稳定运行：调整系统各工艺参数稳定，建立平衡体系。

（三）停车

① 停进料：关闭原料泵进、出口阀，停进料泵。

② 关冷凝水器冷却水：当塔顶分离器液位无变化、无冷凝液馏出后，关闭塔顶冷凝器冷却水进水阀停冷却水。

③ 停加热：停止加热器加热系统。

④ 关阀门：当分离器、汽水分离器内的液位排放完时，关闭相应阀门。

⑤ 停油泵：待加热器出口导热油温度 <100℃，关闭油泵出口阀，停止油泵。

⑥ 导热油回收：打开加热器排污阀 VA38、蒸发器排污阀 VA39, 将系统内的导热油回收到油罐。

⑦ 断电：关闭控制台、仪表盘电源。

⑧ 整理：做好设备及现场的整理工作。

（四）异常现象及处理

异常现象	原因	处理方法
蒸发器内压力偏高	蒸发器内不凝气体集聚或冷凝液集聚	排放不凝气体或冷凝液
换热器发生振动	冷流体或热流体流量过大	调节冷流体或热流体流量
产品纯度偏低	加热器出口导热油温度偏低	调整加热器内的加热功率或降低原料进料流量

蒸发操作记录

序号	时间	油罐液位/mm	油泵出口压力/MPa	加热器内加热丝开度/%	加热器出口温度/℃		蒸发器出口温度/℃	预热器出口温度/℃	原料罐液位/mm	进料泵出口压力/MPa	进料流量/(L/h)	预热器进口温度/℃	蒸发器进口温度/℃	二次蒸汽温度/℃	冷凝液温度/℃	蒸发器进口压力/kPa	蒸发器出口压力/kPa	分离器液位/mm	产品罐液位/mm	冷凝液罐液位/mm
					现场	远传														
1																				
2																				
3																				
4																				
5																				
操作人：											指导老师：									

任务评价

任务名称	传热实训操作				
班级		姓名		学号	
序号	任务要求			占分	得分
1	实训准备	正确穿戴个人防护装备		5	
		熟练讲解实训操作流程		5	
2	蒸发器开车	蒸发器正常开车		20	
		蒸发器稳定运行		20	
		产品浓度检测		10	
3	蒸发器停车	蒸发器正常停车		20	
4	故障处理	能针对操作中出现的故障正确判断原因并及时处理		10	
5	小组合作	内操外操分工明确，操作规范有序		5	
6	结束后清场	恢复装置初始状态，保持实训场地整洁		5	
实训总成绩					
教师点评	教师签名				
学生反思	学生签名				

拓展阅读

多效蒸发技术在高盐废水处理中的应用

工业废水按废水中所含污染物的主要成分分类，可分为酸性废水、碱性废水、含氰废水、含铬废水、含镉废水、含汞废水、含酚废水、含醛废水、含油废水、含硫废水、含有机磷废水和放射性废水等。该分类方法明确地指出废水中主要污染物的成分，且能表明废水的危害性。

多效蒸发是使用最早的海水淡化技术，现今已经发展成为成熟的废水蒸发技术，解决了结垢严重的问题，逐步应用于含高盐水处理方向。其装置如图 5-24 所示。

图5-24　多效蒸发装置

多效蒸发处理器主要用来处理高浓度、高色度、高盐量的工业废水。同时，回收废水处理过程中产生的副产品。蒸汽耗量低、蒸发温度低、浓缩比大、更合理、更节能、更高效。

项目评价

项目实训评价					
评价项目		评价			
		A	B	C	D
任务1蒸发原理及其应用					
学习目标	蒸发概述				
	单效蒸发的计算				
	多效蒸发				
任务2 蒸发装置及流程					
学习目标	蒸发装置				
	识读工艺流程图				
任务3 蒸发的实训操作					
学习目标	工艺流程认识				
	开停车实训操作				
	稳定运行实训操作				
	故障处理				
教师点评：					

蒸发操作流程

PROJECT 06

项目六　吸收

任务一　吸收概述

任务二　吸收相关计算

任务三　吸收装置及流程

任务四　吸收仿真操作

任务五　吸收实训操作

项目导入

实际化工生产排放的尾气中往往含有有害成分，因此我们会在尾气排放前对尾气进行处理，常常用的单元操作就是吸收，利用溶剂将尾气中的有害成分吸收掉检验合格后排入大气中。本章我们将学习吸收操作的相关知识。

项目目标

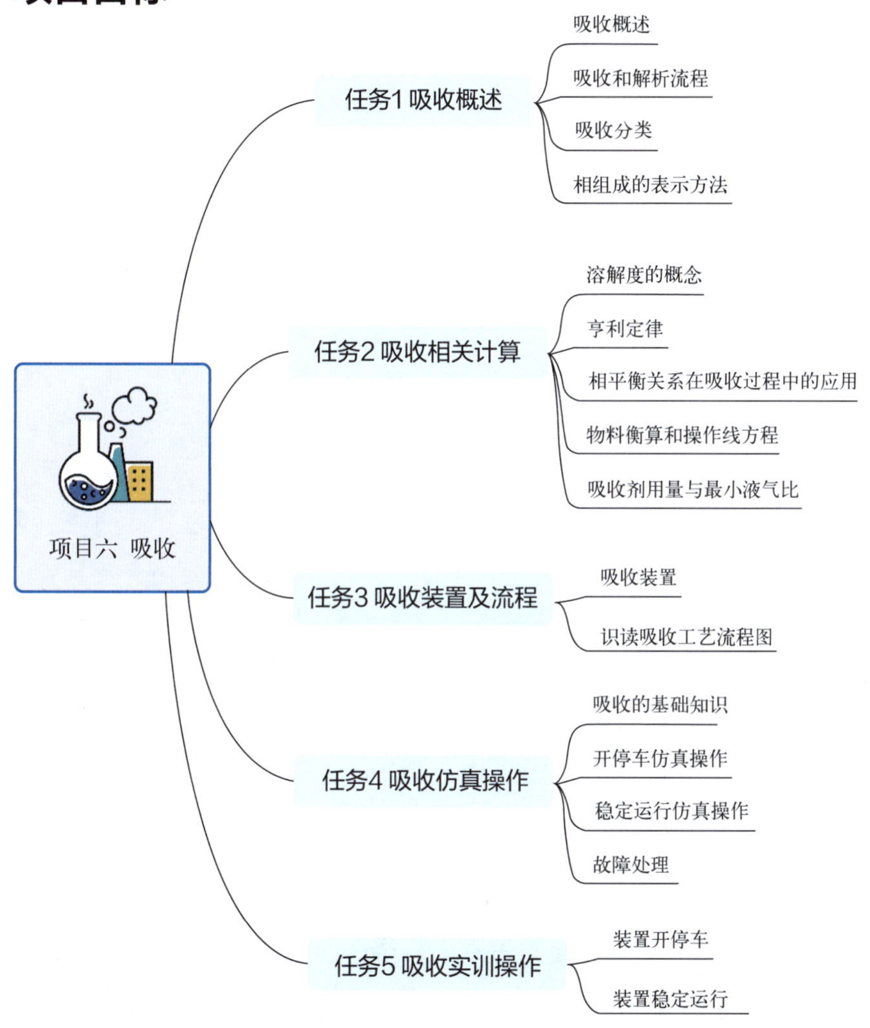

任务实施

任务一　吸收概述

学习目标

1. 了解什么是吸收。
2. 了解吸收和解析流程。

3. 了解吸收过程的分类。

4. 了解相组成的表示方法。

一、吸收操作

（一）生活中的吸收现象

想一想

下雨天为什么鱼会浮出水面?

（二）汽水中的二氧化碳

香槟酒俗称泡泡酒，当香槟酒或汽水罐被打开时，我们看到在酒杯中有许多气泡，汽水罐会有气体喷出。为什么有气泡或者有气体喷出呢？

你学到了什么?

气体溶在水里的多少与压力有关系，
压力越大溶解度越大;
压力越小溶解度越小。

（三）实验室的吸收过程

想一想

有 HCl 和 O_2 的混合气体，如何除去混合气体中的 HCl?

（四）化工中的吸收操作

化工生产中的尾气常常会先通过吸收塔除去里面的有害成分，再进行排放。

知识拓展

气体吸收法生产稀硝酸

图 6-1 为加压法制稀硝酸的生产工艺流程，在这个生产流程中用到了气体吸收的方法。

气体的氮氧化物首先依次经过三个换热器，冷却后先进入第一吸收塔，再进入第二吸收塔。在这个吸收过程中，目的是要把氮氧化物中的二氧化氮（NO_2）分离出来。

从图中可以看出，在吸收塔中是用水作为吸收剂的，水从塔顶喷淋下来，在吸收塔内与氮氧化物混合气体逆流接触，混合气中的二氧化氮溶于水中，溶解了二氧化氮的水溶液就是产品稀硝酸。这个流程采用了两个塔串联的方式完成了吸收过程，其目的是提高二氧化氮的吸收效率。

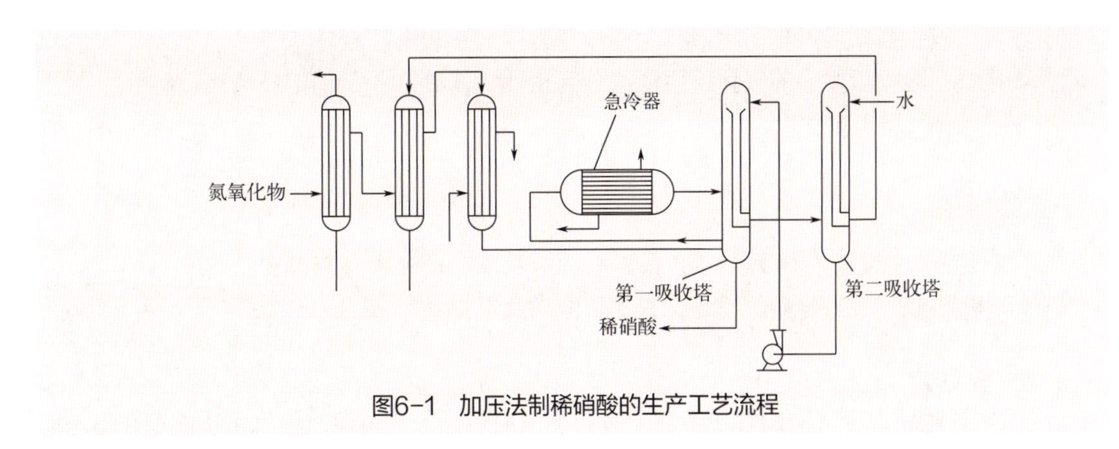

图6-1　加压法制稀硝酸的生产工艺流程

二、什么是吸收

想一想

这是一个利用吸收方法生产化工产品的实例。

问题 1 氮氧化物混合气进入吸收塔之前，为什么要经过换热器进行冷却?

提示：吸收率与温度有关。

你的答案是：________________。

问题 2 在这种生产稀硝酸的方法中，采用了加压的操作，你知道是为什么吗?

你的解释是：________________。

(一) 吸收的定义

利用气体混合物中各组分在液体溶剂中溶解度的差异来分离气体混合物的单元操作称为吸收。

本章我们研究的混合气体为双组分混合气体。如图 6-2 所示，混合气体中的 A 能溶解在溶剂 S 中，组分 B 不能溶解于溶剂 S 中。

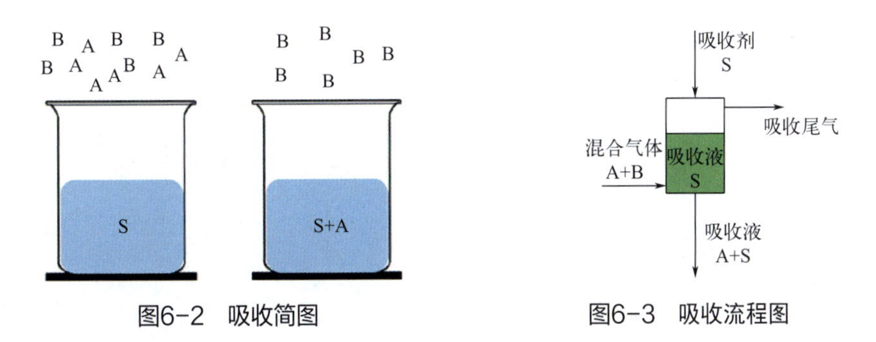

图6-2　吸收简图　　图6-3　吸收流程图

(二) 吸收过程中的相关概念

吸收质或溶质：混合气体中，能溶解的组分称为吸收质或溶质。(用 A 表示)

惰性气体：不被吸收的组分称为惰性气体或载体。(用 B 表示)

吸收剂 / 溶剂：吸收操作所用的液体称为吸收剂或溶剂。(用 S 表示)

吸收液：吸收操作后得到的溶液，主要成分为溶剂 S 和溶质 A

吸收尾气：吸收后排出的气体，主要成分为惰性气体 B 和少量的溶质 A。

吸收过程如图 6-3 所示。

想一想

在吸收过程中混合气体失去了什么？吸收剂在吸收过程中得到了什么？

你的答案是：混合气失去了________，吸收剂得到了________。

【两点说明】

① 吸收过程使混合气中的溶质溶解于吸收剂中而得到一种溶液，但就溶质的存在形态而言，仍然是一种混合物，并没有得到纯度较高的气体溶质。

② 在工业生产中，除以制取溶液产品为目的的吸收（如用水吸收 HCl 气制取盐酸等）之外，大都要将吸收液进行解吸，以便得到纯净的溶质或使吸收剂再生后循环使用。

（三）解吸——吸收的逆过程

【定义】

又称气提或汽提，由于液相中的溶质平衡分压大于其气相分压，致使液相中的溶质组分向与之接触的气相转移的传质分离过程。如图 6-4 所示。

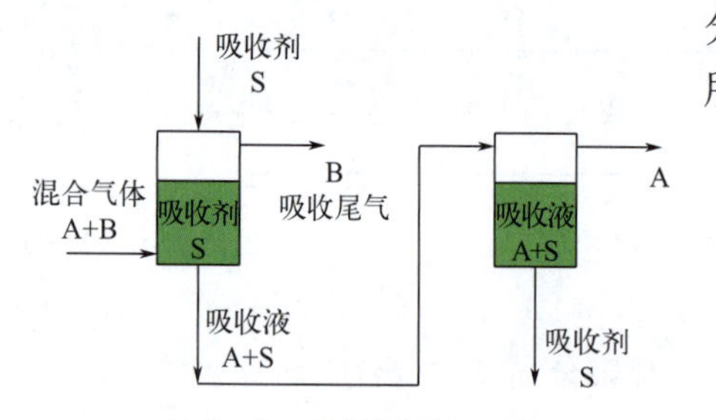

图6-4 吸收解析流程图

【作用】

① 回收溶质；

② 再生吸收剂（恢复其吸收溶质的能力）。

【分类】

可分为物理解吸和化学解吸。前者无化学反应，后者伴有化学反应。

讨论

图 6-5 为焦炉煤气通过吸收解析除去苯的过程，利用前面所学的知识试着分析吸收解析的流程。

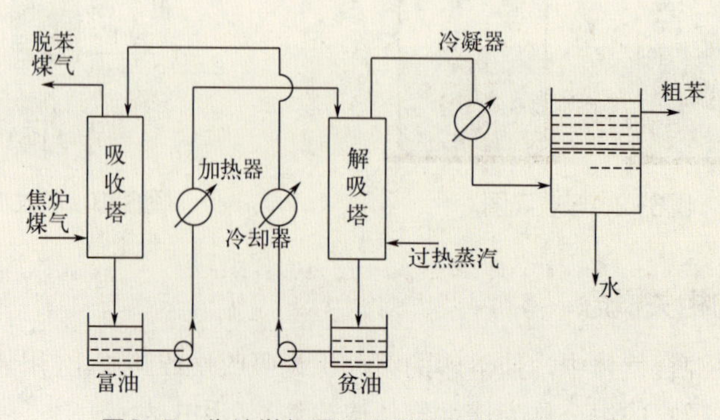

图6-5 焦炉煤气通过吸收解析除去苯的过程

【流程图分析】

（1）吸收部分

焦炉煤气从吸收塔底进入，并通过吸收塔，吸收剂是洗油，洗油从吸收塔顶部喷淋而下与焦炉煤气逆流接触，焦炉煤气中的苯溶解在洗油中后形成富油，从塔底出来，得到净化的煤气从塔顶排出。

（2）解吸部分

为了回收被吸收的苯，同时使洗油能够循环使用，必须将苯与洗油进行分离，富油加热后从解吸塔顶送入解吸塔中，在解吸塔底通过热蒸汽，在蒸汽和富油的逆向流动并接触中，发生解吸过程，富油中的苯被蒸出并被水蒸气带出，经冷凝苯与洗油自然分层，即可获得粗苯产品和贫油。

通过解吸操作，一方面得到了较纯的苯，真正实现了焦炉气的分离；另一方面，解吸后得到的贫油又可以送回吸收塔作为吸收剂循环使用，节省了吸收剂的用量。由此可以看出，吸收 - 解吸流程才是一个完整的气体分离过程。

图6-6 解吸装置

图 6-6 表示的是能够将吸收剂回收再利用的解吸装置。在这套装置中，除了吸收塔之外，还多了一个吸收剂再生装置。从塔底排出的吸收液进入再生装置后，将吸收的组分释放出来，这个组分就成为产品，吸收剂又送回吸收塔内重复利用。

三、吸收目的

吸收操作在工业生产中得到广泛的应用，除了上面介绍回收有用组分外，还有下列几个用途。

（一）制取产品

① 用 98% 的硫酸吸收 SO_3 气体制取发烟硫酸；

② 用水吸收氯化氢制取 31% 的工业盐酸；

③ 用氨水吸收 CO_2 生产碳酸氢铵等。

（二）从气体中回收有用的组分

① 用硫酸从煤气中回收氨生成硫胺；

② 用洗油从煤气中回收粗苯等。

（三）除去有害组分以净化气体

主要包括原料气净化和尾气、废气的净化以保护环境。例如用水或碱液脱除合成氨原料气中的二氧化碳，燃煤锅炉烟气、冶炼废气等脱 SO_2 等。

四、吸收过程的分类

（一）物理吸收和化学吸收

【物理吸收】在吸收过程中溶质与溶剂不发生显著化学反应，称为物理吸收。

【化学吸收】如果在吸收过程中，溶质与溶剂发生显著化学反应，则此吸收操作称为化学吸收。

（二）单组分吸收与多组分吸收

【单组分吸收】在吸收过程中，若混合气体中只有一个组分被吸收，其余组分可认为不溶于吸收剂，则称之为单组分吸收。

【多组分吸收】如果混合气体中有两个或多个组分进入液相，则称为多组分吸收。

（三）等温吸收与非等温吸收

【等温吸收】气体溶于液体中时常伴随热效应，若热效应很小，或被吸收的组分在气相中的浓度很低，而吸收剂用量很大，液相的温度变化不显著，则可认为是等温吸收。

【非等温吸收】若吸收过程中发生化学反应，其反应热很大，液相的温度明显变化，则该吸收过程为非等温吸收过程。

（四）低浓度吸收与高浓度吸收

【高浓度吸收】通常根据生产经验，规定当混合气中溶质组分 A 的摩尔分数大于 0.1，且被吸收的数量多时，则称为高浓度吸收。

【低浓度吸收】如果溶质在气液两相中摩尔分数均小于 0.1 时，称为低浓度吸收。

五、吸收剂的选择

通过上面的学习我们知道，吸收剂是吸收操作的重要环节，吸收剂的好坏直接影响吸收的效果，通常我们选择吸收剂时应从下面几个方面考虑。

【溶解度】对溶质组分有较大的溶解度，这样对于一定量的混合气体，所需要的吸收剂用量可以减少，同时，因为溶解度大，溶质的平衡分压低，吸收过程的推动力大，传质速率大，吸收设备尺寸可以减小。

【选择性】对溶质组分有良好的选择性，即对溶质 A 的溶解度大，对其他组分基本不吸收或吸收甚微。

【挥发性】应不易挥发，以减少吸收剂在吸收过程中的挥发损失。

【黏性】黏度要低，有利于气液两相接触良好，提高传质速率。

【其他】无毒、无腐蚀性、不易燃烧、不发泡、价廉易得，并具有化学稳定性等要求。

六、吸收和蒸馏的选择

吸收和蒸馏的比较见表 6-1。

表6-1　吸收和蒸馏

	吸收	蒸馏
对象	混合气	混合液
生成两相的条件	加入第三个组分——溶剂	对原料加热
分离依据	溶解度	挥发度
传质方向	单向传质：只进行气相到液相的传质	双向传质：不仅有气相中的难挥发组分进入液相，而且同时还有液相中易挥发组分进入气相的传质
产品纯度	浓度有限	近纯
流程	吸收-解吸（双塔）	单塔可实现
关键组分数	一个	两个

七、相组成表示法

在吸收操作中混合气体的总量和吸收液的总量都随着操作的进行而改变，但是惰性气体和吸收剂的量几乎保持不变。因此，在吸收计算中，相组成以质量比和摩尔比来表示比较方便。

（一）质量分数与摩尔分数

【质量分数】 质量分数是指在混合物中某组分的质量占混合物总质量的比例。用 w 表示

$$w_A = \frac{m_A}{m} \tag{6-1}$$

式中 w_A——组分 A 的质量分数；

m_A——混合物中组分 A 的质量，kg；

m——混合物总质量，kg。

【摩尔分数】 摩尔分数是指在混合物中某组分的摩尔数 n_A 占混合物总摩尔数 n 的比例。气相摩尔分数用 y 表示，液相摩尔分数用 x 表示。

气相：

$$y_A = \frac{n_A}{n} \tag{6-2}$$

液相：

$$x_A = \frac{n_A}{n} \tag{6-3}$$

式中 y_A、x_A——分别为组分 A 在气相和液相中的摩尔分数；

n_A——液相或气相中组分 A 的物质的量，kmol。

n——液相或气相的总物质的量，kmol。

【质量分数与摩尔分数归一性】

$$y_A + y_B + \cdots y_N = 1$$

$$x_A + x_B + \cdots x_N = 1 \tag{6-4}$$

$$w_A + w_B + \cdots w_N = 1$$

【质量分数与摩尔分数的关系】

$$x_A = \frac{w_A / M_A}{w_A / M_A} \tag{6-5}$$

式中 M_A、M_B——分别为组分 A 和 B 的摩尔质量，kg/kmol。

（二）质量比与摩尔比

1. 质量比

【定义】 质量比是指混合物中某组分 A 的质量与惰性组分 B（不参加传质的组分）的质

量之比。用 a 表示。

$$a_A = \frac{m_A}{m_B} \tag{6-6}$$

式中　a_A——组分 A 的质量比；

m_A——混合物中组分 A 的质量，kg；

m_B——混合物中组分 B 的质量，kg。

【质量分数与质量比的关系】

$$w_A = \frac{a_A}{1+a_A} \qquad a_A = \frac{w_A}{1-w_A} \tag{6-7}$$

2. 摩尔比

【定义】摩尔比是指混合物中某组分 A 的物质的量与惰性组分 B（不参加传质的组分）的物质的量之比。气相组成用 Y 表示，液相组成用 X 表示。

$$Y_A = \frac{n_A}{n_B} \tag{6-8}$$

式中　n_A——混合气体中 A 的物质的量，kmol；

n_B——混合气体中 B 的物质的量，kmol。

$$X_A = \frac{n_A}{n_B} \tag{6-9}$$

式中　n_A——混合液体中 A 的物质的量，kmol；

n_B——混合液体中 B 的物质的量，kmol。

【摩尔分数与摩尔比的关系】

$$x = \frac{X}{1+X} \qquad y = \frac{Y}{1+Y}$$

$$X = \frac{x}{1-x} \qquad Y = \frac{y}{1-y} \tag{6-10}$$

【例题 6-1】200kg 湿物料中水的质量分数为 w_1=50%，干燥后水的质量分数为 w_2=5%，试计算除去的水质量为多少？

解：湿物料总量在干燥前后的总质量发生了变化，本题不能用总湿物料的质量来求，湿物料中含有绝干物料和水分。绝干物料在干燥前后质量不发生变化。因此可以按照绝干物料的量来求。

干燥前含水的质量比为：$a_{水,1} = \frac{w_A}{1-w_A} = \frac{50\%}{1-50\%} = 1$

干燥后含水的质量比为：$a_{水,2} = \frac{w_A}{1-w_A} = \frac{5\%}{1-5\%} = 0.0526$

绝干物料的质量：$m_{绝干} = 200 \times (1-50\%) = 100(kg)$

除去的水质量为：$100 \times (1-0.0526) = 94.7(kg)$

（三）质量浓度与物质的量浓度

【质量浓度】单位体积混合物中某组分的质量，又称为质量密度。

$$G_A = \frac{m_A}{V} \tag{6-11}$$

式中　G_A——组分 A 的质量浓度，kg/ m³；

V——混合物的体积，m³；

m_A——混合物中组分 A 的质量，kg。

【质量浓度与质量分数的关系】

$$G_A = w_A \rho \tag{6-12}$$

式中　ρ——混合物的密度，kg/m³。

想一想

质量密度与密度有何区别？

【摩尔浓度】单位体积的混合物中某组分 A 的物质的量 n_A。用符号 c_A 表示。

$$c_A = \frac{n_A}{V} \tag{6-13}$$

式中　c_A——组分 A 的摩尔浓度，kmol/m³；

n_A——混合物中组分 A 的物质的量，kmol。

【质量浓度与质量分数的关系】

$$G_A = x_A c \tag{6-14}$$

式中　c——混合物在液相中的总摩尔浓度，kmol/m³。

（四）气体的分压与组成之间的关系

1. 摩尔分数与分压之间的关系为

$$p_A = p y_A \tag{6-15}$$

式中　p_A——混合气体中 A 的分压，kPa；

p——混合气体总压，kPa；

y_A——混合气体中 A 的摩尔分数。

2. 摩尔分数与分压之间的关系为

$$y_A = \frac{p_A}{p - p_A} \tag{6-16}$$

式中　p_A——混合气体中 A 的分压，kPa；

p——混合气体总压，kPa；

y_A——混合气体中 A 的摩尔分数。

3. 摩尔浓度与分压之间的关系为

$$c_A = \frac{n_A}{V} = \frac{p_A}{RT} \tag{6-17}$$

式中　c_A——混合气体中 A 的摩尔浓度，kmol/ m³。

【例题 6-2】 在一常压、298K 的吸收塔内，用水吸收混合气中的 SO_2。已知混合气体中含 SO_2 的体积分数为 20%，其余组分可看作惰性气体，出塔气体中含 SO_2 体积分数为 2%，试分别用摩尔分数、摩尔比和摩尔浓度表示出塔气体中 SO_2 的组成。

解：由公式

$$y_2=0.02$$

$$Y_2 = \frac{y_2}{1-y_2} = \frac{0.02}{1-0.02} \approx 0.02$$

$$p_{A2} = py_2 = 101.3 \times 0.02 = 2.026(\text{kPa})$$

故：

$$c_{A2} = \frac{n_{A2}}{V} = \frac{p_{A2}}{RT} = \frac{2.026}{8.314 \times 298} = 8.018 \times 10^{-4}(\text{kmol/m}^3)$$

思考与练习

思考题

1. 吸收分离的依据是什么？
2. 吸收剂的选用原则是什么？
3. 吸收操作和精馏操作有哪些异同之处？
4. 如何区分质量分数和质量比，摩尔分数和摩尔比？

填空题

1. 吸收操作分离的是____________，依据是____________________。

2. 吸收操作中能溶解的组分称为_________，不被吸收的组分称为_________，吸收得到的液体称为_________。

3. 吸收剂应选用对溶质____________的吸收剂，挥发度要____________，黏度要____________。

4. 混合气体中_________的量在吸收前后保持不变。

计算题

1. 空气和 CO_2 的混合气体中含 CO_2 20%（体积），试以摩尔比表示 CO_2 的组成。

2. 在 101.3kPa 、20℃下，100kg 水中含氨 1kg 时，液面上方氨的平衡分压为 0.80kPa，求气、液相组成 (以摩尔分数、摩尔比、物质的量浓度表示)。

3. 空气和氨的混合气总压为 101.3kPa，其中氨的体积分数为 5%，试求以摩尔比和质量比表示的混合气组成。

4. 100 克纯水中含有 2 克 SO_2，试以摩尔比表示该水溶液中 SO_2 的组成。

拓展阅读

切洋葱

切洋葱为什么会流泪?

洋葱（图 6-7）生长时，吸收土壤中的硫，从而产生氨基酸亚砜。剥切洋葱或者碾碎洋葱的组织会释放出蒜苷酶，它可以将这些氨基酸亚砜转化成次磺酸。次磺酸随即又自然地重新组合形成可以引起流泪的化学物质合丙烷硫醛和硫氧化物。丰富的神经末梢能够发现角膜接触到的合丙烷硫醛和硫氧化物并引起睫状神经的活动，中枢神经系统将其解释为一种灼烧的感觉，而且此种化合物的浓度越高，灼烧感也越强烈。这种神经活动通过反射的方式刺激自主神经纤维，自主神经纤维又将信号带回眼睛，命令泪腺分泌泪液将刺激性物质冲走。

图6-7　洋葱

所以说，想要切洋葱不流泪，只有两种途径:

第一，在切之前破坏掉它的蒜苷酶，这样切的时候自然它就无法释放刺激泪腺的物质。切之前用热水泡一段时间，或者在冰箱里冷冻几分钟，酶这种物质只要没有适宜的环境，它就失去活性了。

第二，洋葱释放这种刺激物的时候，我们利用吸收剂吸收掉它，这种刺激物恰好是溶于水的，所以可以刀面沾水，或者在水里切，都能到达目的。

任务二　吸收相关计算

学习目标

1. 了解溶解度概念。
2. 了解亨利定律。
3. 了解相平衡关系在吸收过程中的应用。
4. 了解物料衡算和操作线方程。
5. 了解吸收剂用量与最小液气比。

一、气体的溶解度

（一）相平衡

在恒定的温度与压强下，使一定量的吸收剂与混合气体接触，溶质便向液相转移，直至达到饱和，组成不再改变为止。此时并非没有溶质分子继续进入液相，只是任何瞬间内进入液相的溶质分子数与从液相逸出的溶质分子数恰好相等，在宏观上就像溶解过程停止了。这种状态称为平衡状态。

平衡状态下气相中的溶质分压称为平衡分压或饱和分压，液相中的溶质组成称为平衡组成或饱和组成。

（二）平衡溶解度

气体在液相中的溶解度：平衡时溶质在液相中的含量，用 C_A 表示，表明一定条件下吸收过程可能达到的极限程度。

（三）溶解度曲线

在一定温度压力下，气液达到平衡时，溶质组分在气液两相中的浓度关系用二维坐标绘成的关系曲线称为溶解度曲线。

图 6-8、图 6-9、图 6-10 为氨气、二氧化硫和氧气在水中的溶解度曲线。

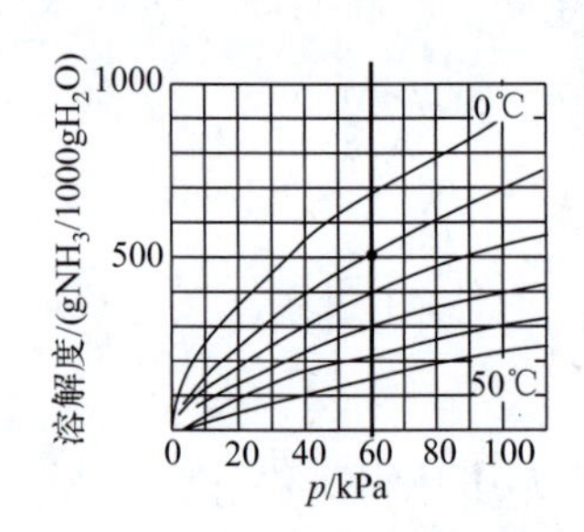

图6-8　氨气在水中的溶解度

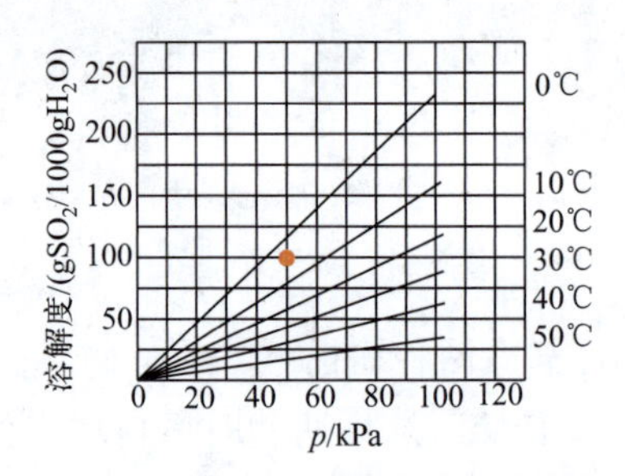

图6-9　二氧化硫在水中的溶解度

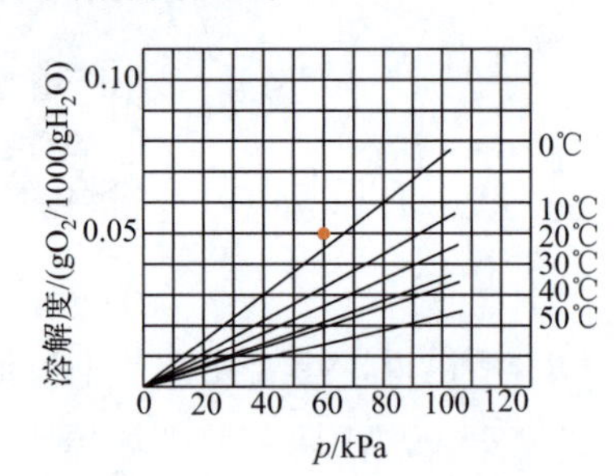

图6-10　氧在水中的溶解度

（四）不同气体在同一种吸收剂中的溶解度

以 NH_3、SO_2 与 O_2 在水中的溶解度为例进行比较。在同一温度及同一分压条件下，NH_3 的溶解度最大，其次为 SO_2，O_2 最小。

【结论】不同气体在同一种吸收剂中的溶解度不同。

【易溶气体】溶解度大的气体如NH_3等称为易溶气体。

【难溶气体】溶解度小的气体如 O_2、CO_2 等气体。溶解度介于易溶与难溶之间的气体称为溶解度适中的气体（如 SO_2 等）。

（五）平衡分压与溶解度的关系（*p*、*T*一定）

这里以 NH_3 溶解于水为例说明平衡分压与溶解度的关系。图 6-11 给出了不同温度下的溶解度曲线，纵坐标为气相中 NH_3 的分压，单位为 kPa；横坐标为平衡溶解度，以 NH_3 在水中的摩尔分数表示。NH_3 在水中的平衡溶解度随气相中 NH_3 的分压增大而增大，随温度的降低而增大。

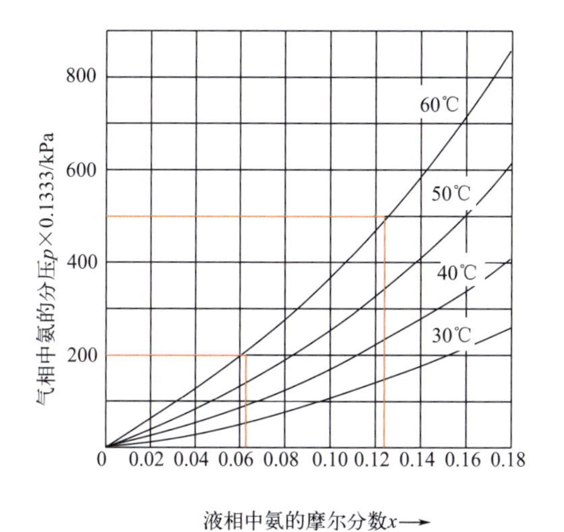

图6-11 氨在水中的溶解度

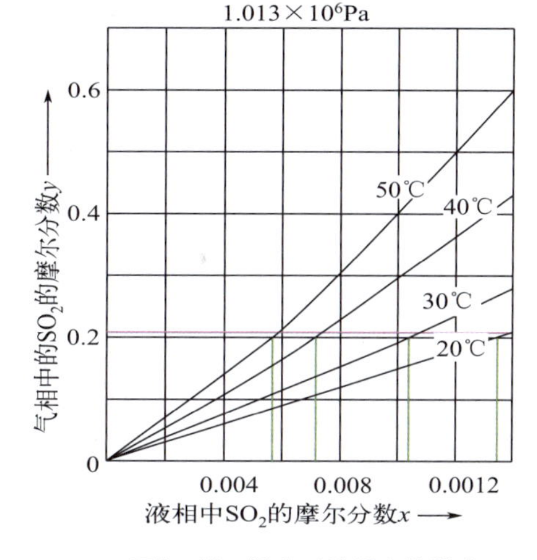

图6-12 温度对溶解度的影响

（六）温度对溶解度的影响（p、y一定）

这里以 SO_2 溶解于水为例说明温度与溶解度的关系。图 6-12 给出了不同温度下，气液相达到平衡时，SO_2 分别在气相和液相中组成的关系曲线。

【规律】当总压 p、气相中溶质 y 一定时，吸收温度下降，溶解度大幅度提高。

【启示】吸收剂常常经冷却后进入吸收塔（在低温下吸收）。

（七）总压对溶解度的影响（T、y一定）

这里以 SO_2 溶解于水为例说明总压与溶解度的关系。图 6-13 给出了不同总压下，气液相达到平衡时，SO_2 液相组成与气相组成之间的关系。总压越大，SO_2 的溶解度越大。

【规律】在一定的温度下，气相中溶质组成 y 不变，当总压 p 增加时，在同一溶剂中溶质的溶解度随之增加。

【启示】吸收操作通常在加压条件下进行。

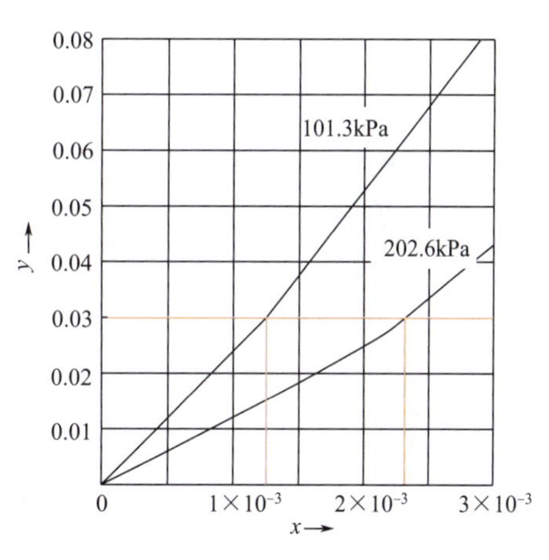

图6-13 总压对溶解度的影响

二、亨利定律

【含义】

1803 年英国化学家威廉·亨利研究气体在液体中的溶解度时，总结出一条经验规律："在一定的温度和压强下，一种气体在液体里的溶解度与该气体的平衡分压成正比"。

【应用条件】

① 总压不高（不超过 5×10^5Pa，5atm）；

② 温度一定；

③ 稀溶液。

【数学表达式】

溶解度曲线近似为一直线，即在压力不高，在恒定的温度下，稀溶液上方的气体溶质平衡分压与该溶质在液相中的浓度之间关系，其比例系数为亨利系数。

$$p_A^* = Ex_A \tag{6-18}$$

式中 p_A^*——溶质在气相中的平衡分压，kPa；

x_A——溶质在液相中的摩尔分数；

E——亨利系数，kPa。

（一）亨利系数E

【意义】亨利系数是物性常数，表明一种组分溶解的难易程度。在同一溶剂中，难溶气体的 E 值很大，而易溶气体的 E 值则很小。

【影响因素】对于一定的气体溶质和溶剂，亨利系数随温度而变化。

【变化规律】对于一定的物系，温度升高则 E 增大（溶解度随温度升高而减小）。

【获取方法】亨利系数可由实验测定，亦可从有关手册中查得。表 6-2 列出了 5 种气体水溶液的 E 值。

表6-2 气体水溶液的E值

温度/℃	0	5	10	15	20	25	30	35	40	45	50	60	70	80	90	100
$E\times10^{-6}$/kPa																
H_2	5.87	6.16	6.44	6.70	6.92	7.16	7.39	7.52	7.61	7.70	7.75	7.75	7.71	7.65	7.61	7.55
N_2	5.35	6.05	6.77	7.48	8.15	8.76	9.36	9.98	10.5	11.0	11.4	12.2	12.7	12.8	12.8	12.8
空气	4.38	4.94	5.56	6.15	6.73	7.30	7.81	8.34	8.82	9.23	9.59	10.2	10.6	10.8	10.9	10.8
CO	3.57	4.01	4.48	4.95	5.43	5.88	6.28	6.68	7.05	7.39	7.71	8.32	8.57	8.57	8.57	8.57
O_2	2.58	2.95	3.31	3.69	4.06	4.44	4.81	5.14	5.42	5.70	5.96	6.37	6.72	6.96	7.08	7.10
CH_4	2.27	2.62	3.01	3.41	3.81	4.18	4.55	4.92	5.27	5.58	5.85	6.34	6.75	6.91	7.01	7.10
NO	1.71	1.96	2.21	2.45	2.67	2.91	3.14	3.35	3.57	3.77	3.95	4.24	4.44	4.45	4.58	4.60
C_2H_6	1.28	1.57	1.92	2.90	2.66	3.06	3.47	3.88	4.29	4.69	5.07	5.72	6.31	6.70	6.96	7.01
$E\times10^{-5}$/kPa																
C_2H_4	5.59	6.62	7.78	9.07	10.3	11.6	12.9	—	—	—	—	—	—	—	—	—
N_2O	—	1.19	1.43	1.68	2.01	2.28	2.62	3.06	—	—	—	—	—	—	—	—
CO_2	0.378	0.8	1.05	1.24	1.44	1.66	1.88	2.12	2.36	2.60	2.87	3.46	—	—	—	—
C_2H_2	0.73	0.85	0.97	1.09	1.23	1.35	1.48	—	—	—	—	—	—	—	—	—
Cl_2	0.272	0.334	0.399	0.461	0.537	0.604	0.669	0.74	0.80	0.86	0.90	0.97	0.99	0.97	0.96	—
H_2S	0.272	0.319	0.372	0.418	0.489	0.552	0.617	0.686	0.755	0.825	0.689	1.04	1.21	1.37	1.46	1.50
$E\times10^{-4}$/kPa																
SO_2	0.167	0.203	0.245	0.294	0.355	0.413	0.485	0.567	0.661	0.763	0.871	1.11	1.39	1.70	2.01	—

（二）亨利定律的其他表示形式

1. 用溶质 A 在溶液中的摩尔浓度和气相中的平衡分压表示的亨利定律

$$p_A^* = \frac{c_A}{H} \tag{6-19}$$

式中 p_A^*——溶质在气相中的平衡分压，kPa；

H——溶解度系数，kmol/（m^3 · kPa）；

c_A——摩尔浓度，kmol/m³。

【注意】H 是温度的函数，H 值随温度升高而减小。

溶解度系数 H 可视为在一定温度下溶质气体分压为 1kPa 时液相的平衡浓度。故 H 值越大，则液相的平衡浓度就越大，即溶解度大。

2. 用气液两相中溶质的摩尔分数表示的亨利定律

$$y^* = mx_A \tag{6-20}$$

或

$$y = mx_A^* \tag{6-21}$$

式中　x_A——液相中溶质的摩尔分数；

y^*——与液相组成 x 相平衡的气相中溶质的摩尔分数；

x_A^*——与气相组成 y 相平衡的液相中溶质的摩尔分数；

m——相平衡常数，是温度和压强的函数。

【注意】由式（6-21）可知，y 值一定时，m 值小，则液相中溶质的摩尔分数大，即溶质的溶解度大。故易溶气体的 m 值小，难溶气体的 m 值大。m 值随温度升高而增大。

3. m 与 E 的关系

由理想气体分压定律知 $y^* = \dfrac{p_A^*}{p}$，代入亨利定律公式 $p_A^* = Ex_A$，得 $y^* = \dfrac{E}{p}x$ 对比式（6-20）得出，

$$m = \frac{E}{p} \tag{6-22}$$

式中　p——气相中的总压，kPa。

【结论】① 随着总压 p 增大，平衡常数 m 减小。

② 亨利系数 E 随温度降低而减小，则 m 也随温度降低而减小。

③ 降低温度，增大总压，能使 m 减小。

4. 气、液相组成均用摩尔比表示的亨利定律

将 $x = \dfrac{X}{1+X}$，$y = \dfrac{Y}{1+Y}$ 代入 $y^* = mx_A$ 中，整理得：

$$Y^* = \frac{mX}{1+(1-m)X} \tag{6-23}$$

当液相组成 X 很小时，有：

$$Y^* = mX \tag{6-24}$$

式中　X——液相中溶质的摩尔比；

Y^*——与液相组成 X 相平衡的气相中溶质的摩尔比。

【例题 6-3】在常压及 20℃下，测得氨在水中的平衡数据为：0.5gNH_3/100gH_2O 的稀氨水上方的平衡分压为 400Pa，在该浓度范围下相平衡关系可用亨利定律表示，试求亨利系数 E，溶解度系数 H 及相平衡常数 m。（氨水密度为 1000kg/m³）

解：由亨利定律表达式知

$$E=\frac{p^*}{x}$$

$$x=\frac{0.5/17}{0.5/17+100/18}=0.00526$$

亨利系数

$$E=\frac{p}{x}=\frac{400}{0.00526}=7.60\times10^4\,(\text{Pa})$$

又 $y^*=mx$ 而 $y^*=\frac{p^*}{p}=\frac{400}{1.013\times10^5}=0.00395$

相平衡常数

$$m=\frac{0.00395}{0.00526}=0.75$$

$$p^*=\frac{c}{H},$$

$$c=\frac{0.5/17}{\frac{0.5+100}{1000}}=0.293\ (\text{kmol/m}^3)$$

溶解度系数

$$H=\frac{c}{p}=\frac{0.293}{400}=7.33\times10^{-4}\ [\text{kmol/(kN}\cdot\text{m)}]$$

或由各系数间的关系求出其他系数：

$$H=\frac{\rho}{EM_s}=\frac{1000}{7.60\times10^4\times18}=7.31\times10^{-4}\ [\text{kmol/(kN}\cdot\text{m)}]$$

故：

$$m=\frac{E}{p}=\frac{7.60\times10^4}{101.3\times10^3}=0.75$$

三、相平衡关系在吸收过程中的应用

工业上用水吸收尾气中 SO_2 的过程是典型的吸收过程，此时溶质 SO_2 会从气相转移到液相直到液相达到饱和，此时气液相达到平衡。即 $y=y^*$，$x=x^*$。

（一）判断过程进行的方向

发生吸收过程的则必须满足：

$$y>y^* \quad 或 \quad x<x^* \tag{6-25}$$

反之，溶质自液相转移至气相，即发生解吸过程。

我们也可以利用气液相的平衡图来判断传质方向。

① 气、液相浓度（y,x）在平衡线上方（P 点），如图 6-14 所示。

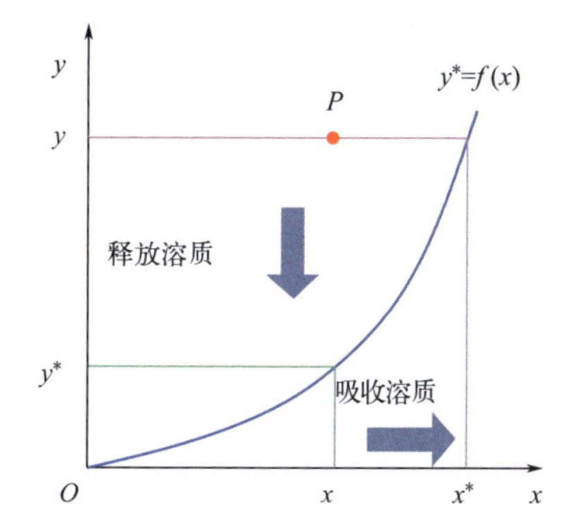

图6-14　相平衡曲线上的传质方向（一）

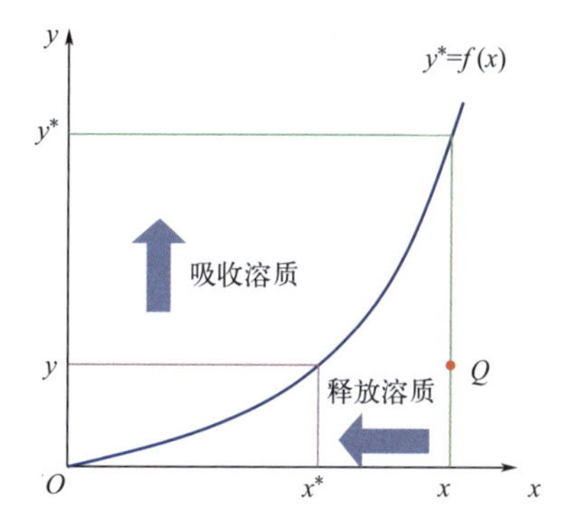

图6-15　相平衡曲线上的传质方向（二）

相对于液相浓度 x 而言，气相浓度为过饱和（$y>y^*$），溶质 A 由气相向液相转移。

相对于气相浓度 y 而言，液相浓度欠饱和（$x<x^*$），故液相有吸收溶质 A 的能力。

【结论】若系统气、液相浓度（y,x) 在平衡线上方，则体系将发生从气相到液相的传质，即吸收过程。

② 气、液相浓度 (y,x）在平衡线下方（Q 点），如图 6-15 所示。

相对于液相浓度 x 而言，气相浓度为欠饱和（$y<y^*$），溶质 A 由液相向气相转移。

相对于气相浓度 y 而言，实际液相浓度过饱和（$x>x^*$），故液相有释放溶质 A 的能力。

【结论】若系统气、液相浓度（y,x）在平衡线下方，则体系将发生从液相到气相的传质，即解吸过程。

③ 气、液相浓度 (y,x) 处于平衡线上 (R 点），如图 6-16 所示。

相对于液相浓度 x 而言，气相浓度为平衡浓度（$y=y^*$），溶质 A 不发生转移。

相对于气相浓度 y 而言，液相浓度为平衡浓度（$x=x^*$），故液相不释放或吸收溶质 A。

【结论】若系统气、液相浓度（y,x）处于平衡线上，则体系从宏观上讲将不会发生相际间的传质，即系统处于平衡状态。

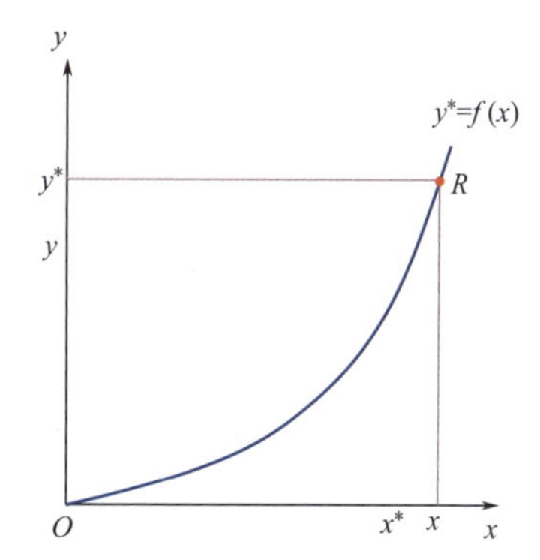

图6-16　相平衡曲线上的传质方向

写一写

当气液相浓度的坐标点位于平衡线上方时，此时进行的是________________。

当气液相浓度的坐标点位于平衡线下方时，此时进行的是________________。

当气液相浓度的坐标点位于平衡线上时，此时进行的是________________。

【例题 6-4】 在 101.3kPa，20℃下，稀氨水的气液相平衡关系为：$y^*=0.94x$，若含氨 0.094（摩尔分数）的混合气和 x=0.05 的氨水接触，确定过程的方向。

解：用相平衡关系确定与实际气相组成 y=0.094 呈平衡的液相组成。

$$x^*=y/0.94=0.1,$$

将其与实际组成比较：

$$x = 0.05 < x^* = 0.1$$

气液相接触时，氨将从气相转入液相，发生吸收过程。

或者利用相平衡关系确定与实际液相组成呈平衡的气相组成

$$y^* = 0.94x = 0.94 \times 0.05 = 0.047$$

将其与实际组成比较：

$$y = 0.94 > y^* = 0.047$$

氨从气相转入液相，发生吸收过程。

若含氨 0.02（摩尔分数）的混合气和 x=0.05 的氨水接触，则

$$x^* = y / 0.094 = 0.02 / 0.94 = 0.021$$

故

$$x = y / 0.94 = 0.02 / 0.94 = 0.021$$

气液相接触时，氨由液相转入气相，发生解吸过程。

（二）指明过程进行的极限

想一想

一定量的混合气体（y_1）从塔底进入吸收塔，当塔无限高（气液两相接触时间相当长）的情况下，吸收剂用量减少，从塔底出来的吸收液的组成 x_1 将怎么变化？

当气液两相接触的时间相当长时，两相将达到平衡状态，此时即为过程的极限。

一定量的混合气体（y_1）从塔底进入吸收塔，当塔无限高（气液两相接触时间相当长）的情况下，吸收剂用量减少，塔底液相组成 x_1 增大。如图 6-17，吸收剂用量继续减少，但 x_1 不会无限增大，塔底液相的最大出口浓度：

$$x_{1,\max} = x_1^* = \frac{y_1}{m} \tag{6-26}$$

当吸收剂用量增大，塔无限高时，塔顶尾气的组成 y_2 将减小，继续增大吸收剂用量，塔顶气相的出口组成也不会无限减小，最小组成为与吸收剂的进口组成 x_2 呈平衡的组成，即：

$$y_{2,\min} = y_2^* = mx_2 \tag{6-27}$$

当 x_2=0（纯吸收剂）时，$y_{2,\min}$=0，理论上实现气相溶质的全部吸收。

相平衡关系限制了吸收溶剂离塔时的最高含量和气体混合物离塔时的最低含量。

（三）确定过程的推动力

吸收解吸过程的推动力为实际状态与平衡状态的差距，推动力的大小影响吸收解吸的速率。推动力的表示方法有如下几种：

【$y-y^*$】以气相中溶质摩尔分数差表示吸收过程的推动力；

【x^*-x】以液相中溶质的摩尔分数差表示吸收过程的推动力；

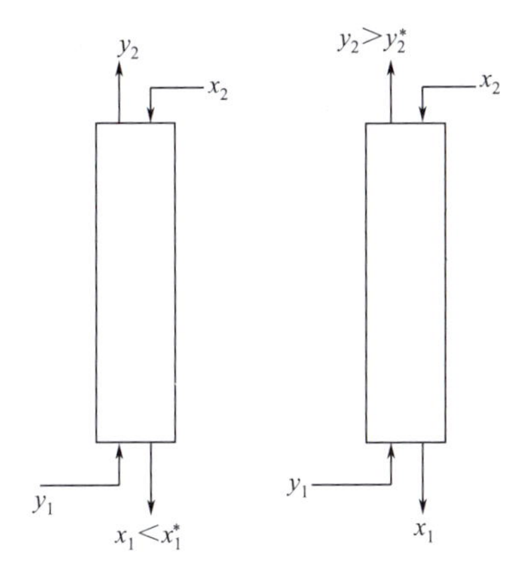

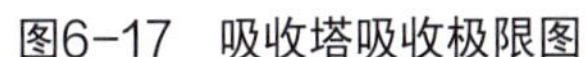
图6-17　吸收塔吸收极限图

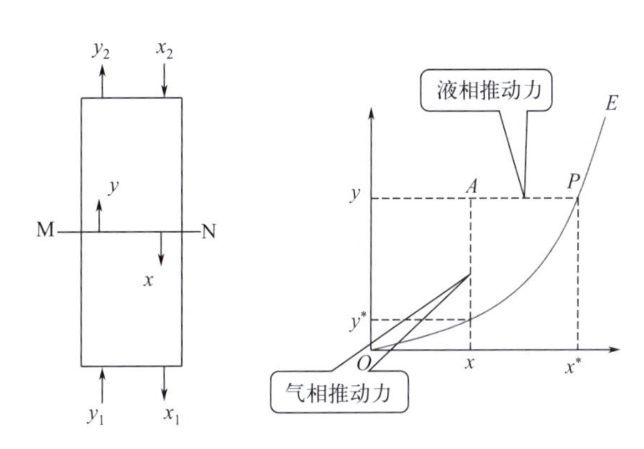

图6-18　溶质的传质推动力

【$p_A-p_A^*$】以气相分压差表示的吸收过程推动力；

【$c_A^*-c_A$】以液相摩尔浓度差表示的吸收过程推动力。

溶质的传质推动力也可以在相平衡曲线上表示，如图 6-18 所示。

【例题 6-5】 在总压 101.3kPa，温度 30℃的条件下，SO_2摩尔分数为 0.3 的混合气体与SO_2摩尔分数为 0.01 的水溶液相接触，试问：

（1）从液相分析SO_2的传质方向；

（2）从气相分析，其他条件不变，温度降到 0℃时SO_2的传质方向；

（3）其他条件不变，从气相分析，总压提高到 202.6kPa 时 SO_2 的传质方向，并计算以液相摩尔分数差及气相摩尔分数差表示的传质推动力。

解:（1）查表 6-2 得在总压 101.3kPa、温度 30℃条件下SO_2在水中的亨利系数 E=4850kPa。所以：

$$m=\frac{E}{p}=\frac{4850}{101.3}=47.88$$

从液相分析：

$$x^*=\frac{y}{m}=\frac{0.3}{47.88}=0.00627<x=0.01$$

故SO_2必然从液相转移到气相，进行解吸过程。

（2）查表 6-2 得在总压 101.3kPa、温度 0℃的条件下，SO_2在水中的亨利系数 E=1670kPa。所以：

$$m=\frac{E}{p}=\frac{1670}{101.3}=16.49$$

从气相分析：

$$y^*=mx=16.49\times0.01=0.16<y=0.3$$

故SO_2必然从气相转移到液相，进行吸收过程。

【结论】降低温度（101.3kPa，30℃→0℃）有利于吸收。

（3）在总压202.6kPa、温度30℃条件下，SO_2在水中的亨利系数E=4850kPa。

所以：

$$m=\frac{E}{p}=\frac{4850}{202.6}=23.94$$

从气相分析：

$$y^*=mx=23.94\times0.01=0.24<y=0.3$$

故SO_2必然从气相转移到液相，进行吸收过程。

$$x^*=\frac{y}{m}=\frac{0.3}{23.94}=0.0125$$

【结论】增大压力（30℃，101.3kPa→202.6kPa）有利于吸收。

以液相摩尔分数表示的吸收推动力为：$\Delta x=x^*-x=0.0125-0.01=0.0025$

以气相摩尔分数表示的吸收推动力为：$\Delta y=y-y^*=0.3-0.24=0.06$

四、吸收过程传质机理

（一）两相间的传质过程

想一想

气体是怎么“钻”进到液体中去的？

吸收过程是溶质从气相转移到液相的质量传递过程。由于溶质从气相转移到液相是通过扩散进行的，因此传质过程也成为了扩散过程。

吸收过程包括以下三个步骤：

① 溶质由气相主体向相界面传递，即在单一相（气相）内传递物质；

② 溶质在气液相界面上的溶解，由气相转入液相，即在相界面上发生溶解过程；

③ 溶质自气液相界面向液相主体传递，即在单一相（液相）内传递物质。

不论溶质在气相或液相，它在单一相里的传递有两种基本形式：

① 分子扩散；

② 对流传质。

想一想

什么是分子扩散？生活中有哪些现象是分子扩散？

1. 分子扩散

【定义】

静止或层流流体内部，若某一组分存在浓度差，则分子无规则的热运动使该组分由浓度较高处传递至浓度较低处，这种现象称为分子扩散。

【特点】传质方向与流体的流动方向相垂直的转移，发生在静止或者层流流体内部。

2. 涡流扩散（湍流扩散）

【定义】凭借流体质点的脉动与混合，将组分从高浓度处携带到低浓度处，实现组分的传递，这一现象称为涡流扩散。

【特点】

① 涡流扩散是由于存在质点脉动与混合，因此其扩散速度比分子扩散快得多。

② 涡流或脉动现象很复杂，所以它所导致的物质扩散也比分子扩散复杂得多。

3. 对流传质

【定义】流动流体在相界面之间的传质是湍流主体的涡流扩散和界面附近分子扩散的总结果。这种传质称为对流传质。

【特点】同时存在分子扩散与涡流扩散。图 6-19 为气体的吸收过程分析。

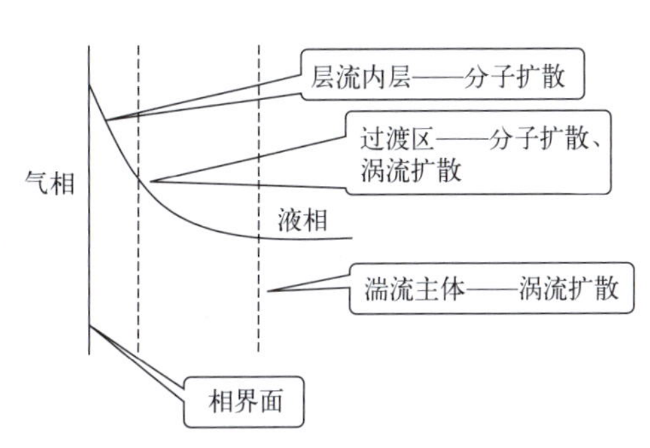

图6-19　气体的吸收过程

在吸收过程中：

① 溶质在气相主体内以对流扩散的方式扩散到气膜界面；

② 再以分子扩散的方式扩散到相界面上；

③ 在界面上溶解；

④ 又以分子扩散的方式穿过液膜到达液相；

⑤ 最后以对流扩散的方式到达液相主体。

（二）吸收机理——双膜理论

由于两相间的传质过程极为复杂，一般使用双膜理论（图 6-20、图 6-21）来处理此过程。

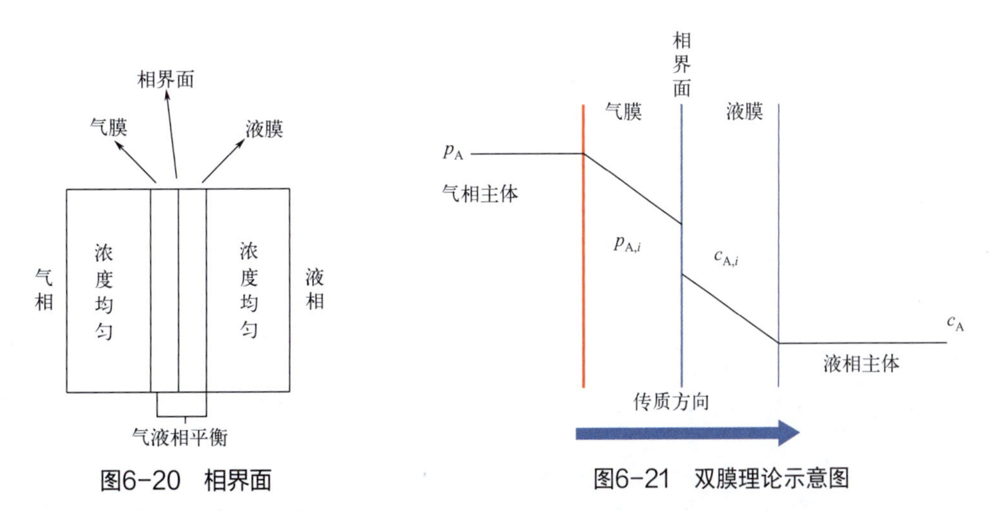

图6-20　相界面　　图6-21　双膜理论示意图

① 相互接触的气液两相存在一个稳定的相界面，界面两侧分别存在着稳定的气膜和液膜。膜内流体流动状态为层流，溶质 A 以分子扩散方式通过气膜和液膜，由气相主体传递到液相主体。

② 相界面处，气液两相达到相平衡，界面处无扩散阻力。

③ 在气膜和液膜以外的气、液相主体中，由于流体的充分湍动，溶质 A 的浓度均匀，即认为主体中没有浓度梯度存在，不存在传质过程。换句话说，传质仅仅发生在双膜内。

传质的阻力可以忽略不计，传质阻力集中在两层膜内。

知识拓展

双膜理论是 1923 年由美国的刘易斯（Lewis）和惠特曼（Whitman）提出来的，由其要点可以看出，该模型与真实过程相距甚远。

由于不同的研究者对过程的处理方法不同，从而得到不同的模型，如：

① 溶质渗透理论（希格比 Higbie，1935 年）

② 表面更新理论（丹克沃茨 Danckwerts,1951 年）

【说明】尽管溶质渗透理论和表面更新理论比双膜理论更接近实际情况，但其模型参数难以测定，将它们用于传质过程的设计仍有一段距离，故目前用于传质设备设计主要还是使用双膜理论。

（三）吸收速率方程式

【吸收速率】单位面积，单位时间内吸收的溶质 A 的摩尔数，用 N_A 表示，单位通常用 kmol/(m^2·s)。

【吸收传质速率方程】吸收速率与吸收推动力关系的数学式，吸收速率 = 传质系数 × 推动力。前面讲过吸收过程的传质推动力有多种形式，如图 6-22 所示。

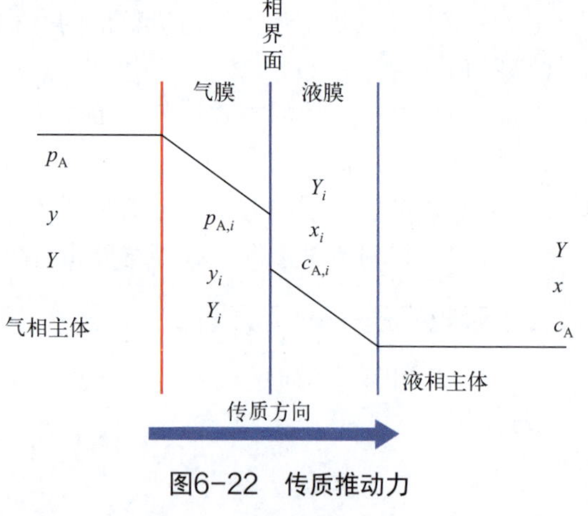

图6-22 传质推动力

1. 气膜吸收速率方程式

① 当气膜的推动力以分压表示时：

$$N_A = k_G(p - p_i) \tag{6-28}$$

式中 k_G——以气相分压差表示推动力的气相传质系数，kmol/（m^2·s·kPa)；

p——溶质在气相主体中的分压，kPa；

p_i——溶质在相界面处的分压，kPa。

也可以写成：

$$N_A = \frac{p - p_i}{\dfrac{1}{k_G}} = \frac{\text{推动力}}{\text{阻力}} \tag{6-29}$$

② 当气膜的推动力以摩尔分数表示时：

$$N_A = k_y(y - y_i) \tag{6-30}$$

式中 k_y——以气相摩尔分数差表示推动力的气相传质系数，kmol/（m^2·s)；

y——溶质在气相主体中的摩尔分数；

y_i——溶质在相界面处的摩尔分数。

③ 当气膜的推动力以摩尔比浓度表示时：

$$N_A = k_Y(Y - Y_i) \tag{6-31}$$

式中　k_Y——以气相摩尔比差表示推动力的气相传质系数，kmol/（m^2·s）；

Y——溶质在气相主体中的摩尔比；

Y_i——溶质在相界面处的摩尔比。

写一写

根据气膜的吸收速率方程，试着写出液膜的吸收速率方程。

2. 液膜吸收速率方程式

① 当液膜的推动力以液相浓度表示时：

$$N_A = k_L(c_i - c) \text{或} N_A = \frac{c_i - c}{\frac{1}{k_L}} \tag{6-32}$$

式中　k_L——以液相摩尔浓度差表示推动力的液相对流传质系数，m/s；

c_A——溶质在液相主体中的浓度，mol/m^3；

c_{Ai}——溶质在相界面处的浓度，mol/m^3。

② 当液膜的推动力以摩尔分数表示时：

$$N_A = k_x(x_i - x) \tag{6-33}$$

式中　k_x——以液相摩尔分数差表示推动力的液相传质系数，kmol/（m^2·s）；

x——溶质在液相主体中的摩尔分数；

x_i——溶质在相界面处的摩尔分数。

③ 当液膜的推动力以摩尔比浓度表示时：

$$N_A = k_X(X_i - X) \tag{6-34}$$

式中　k_X——以液相摩尔比差表示推动力的液相传质系数，kmol/(m^2·s)；

X——溶质在液相主体中的摩尔比；

X_i——溶质在相界面处的摩尔比。

【几点说明】

① 不同形式的传质速率方程具有相同的意义，可用任意一个进行计算；

② 每个吸收传质速率方程中传质系数的数值和单位各不相同；

③ 传质系数的下标必须与推动力的组成表示法相对应。

想一想

上面的液膜吸收速率方程和气膜吸收速率方程中都涉及界面处的气相组成和液相组成，如何来测定液相组成和气相组成呢？

无论用其中的任何一式，均须知道两相界面上的组成，而界面上的组成是难以测定的，故前面得到的各种计算式没有实际使用价值。

五、总吸收系数及相应的吸收速率方程式

（一）吸收的总传质速率方程式

$$N_A = K_G\left(p - p^*\right) \tag{6-35}$$

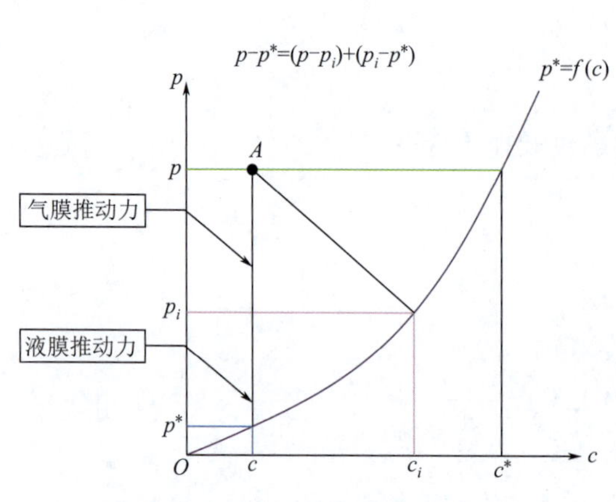

图6-23　主体浓度与平衡浓度示意图

式中　K_G——以 Δp 为推动力的气相总吸收系数，kmol/(m^2·s·Pa)；

p^*——与液相主体浓度 c 成平衡的气相分压，Pa；

p——气相主体的实际分压，Pa。

【说明】

① 上式中 p 可通过检测得到数据。

② 式中的 p^* 可通过检测液相主体浓度 c 的大小，然后由气液相平衡关系曲线或平衡关系式（亨利定律）得到数据。

③ 因 p、p^* 均是可以测得的量，故总传质速率方程式可用于实际过程的计算。

图 6-23 为主体浓度与平衡浓度表示推动力的示意图。

（二）总传质速率方程的各种表达形式

用气相组成表示吸收推动力时，总传质速率方程均称为气相总传质速率方程，具体如下：

$$N_A = K_G\left(p_A - p_A^*\right)$$

$$N_A = K_y\left(y_A - y_A^*\right) \tag{6-36}$$

$$N_A = K_Y\left(Y_A - Y_A^*\right)$$

式中　K_G——以$\left(p_A - p_A^*\right)$为推动力的气相总吸收系数，kmol/(m^2·s·Pa)。

K_y——以$\left(y_A - y_A^*\right)$为推动力的气相总吸收系数，kmol/(m^2·s)。

K_Y——以$\left(Y_A - Y_A^*\right)$为推动力的气相总吸收系数，kmol/(m^2·s)。

六、影响吸收速率的因素

影响吸收速率的主要因素有：吸收系数、吸收推动力、气液接触面积。

（一）总吸收系数

$$N_A = K_G\left(p - p^*\right) \tag{6-37}$$

液膜吸收速率方程式：

$$N_A = k_L(c_i - c) \tag{6-38}$$

再由亨利定律：

$$c_i = Hp_i，\ c = Hp^* \tag{6-39}$$

代入上式得：

$$N_A = k_L(c_i - c) = K_L H\left(p - p^*\right) \tag{6-40}$$

$$p_i - p^* = \frac{N_A}{Hk_L} \tag{6-41}$$

气膜吸收速率方程式：

$$N_A = k_G\left(p - p_i\right) \tag{6-42}$$

得：

$$p - p_i = \frac{N_A}{k_G} \tag{6-43}$$

联立公式 $p_i - p^* = \frac{N_A}{Hk_L}$ 得：

$$p - p^* = \left(p - p_i\right) + \left(p_i - p^*\right) = N_A\left(\frac{1}{k_G} + \frac{1}{Hk_L}\right) \tag{6-44}$$

整理得：

$$N_A = \frac{1}{\left(\frac{1}{Hk_L} + \frac{1}{k_G}\right)}\left(p_A - p_A^*\right) \tag{6-45}$$

用类似的方法可推得：

$$N_A = \frac{1}{\left(\frac{1}{k_L} + \frac{H}{k_G}\right)}\left(p_A - p_A^*\right) \tag{6-46}$$

【总传质阻力的构成】

$$传质速率 = \frac{传质推动力}{传质阻力} \tag{6-47}$$

$$\frac{1}{K_G}\left(总阻力\right) = \frac{1}{Hk_L}\left(液膜阻力\right) + \frac{1}{k_G}\left(气膜阻力\right) \tag{6-48}$$

$$\frac{1}{K_L}\left(总阻力\right) = \frac{1}{k_L}\left(液膜阻力\right) + \frac{H}{k_G}\left(气膜阻力\right) \tag{6-49}$$

【结论】总传质阻力等于两相传质阻力之和，即：总传质阻力 = 液膜阻力 + 气膜阻力。

1. 气膜控制过程

$$\frac{1}{K_G}=\frac{1}{Hk_L}+\frac{1}{k_G} \tag{6-50}$$

对于 H 值较大的易溶气体，有：

$$\frac{1}{k_G} \gg \frac{1}{Hk_L} \tag{6-51}$$

因此：

$$\frac{1}{K_G} \approx \frac{1}{k_G} \tag{6-52}$$

【结论】传质阻力主要集中在气相，此吸收过程由气相阻力控制（气膜控制），总传质速率取决于气相传质速率的大小。如图 6-24 所示。

【说明】气膜推动力越大，其阻力亦越大，此时应增加气相流率，k_G 提高，加快吸收过程。

【实例】用水吸收氯化氢、氨气等过程。

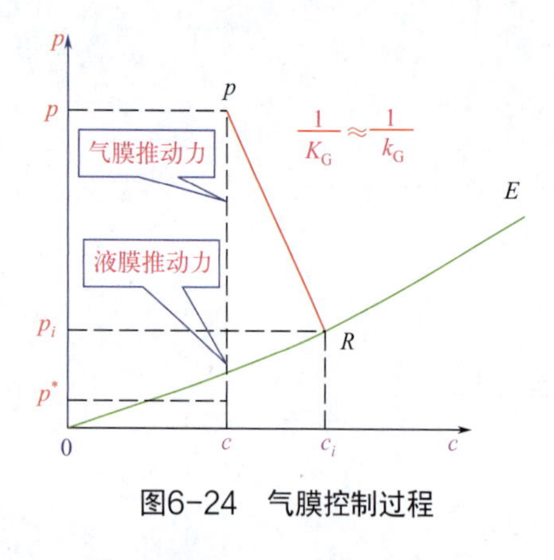

图6-24　气膜控制过程

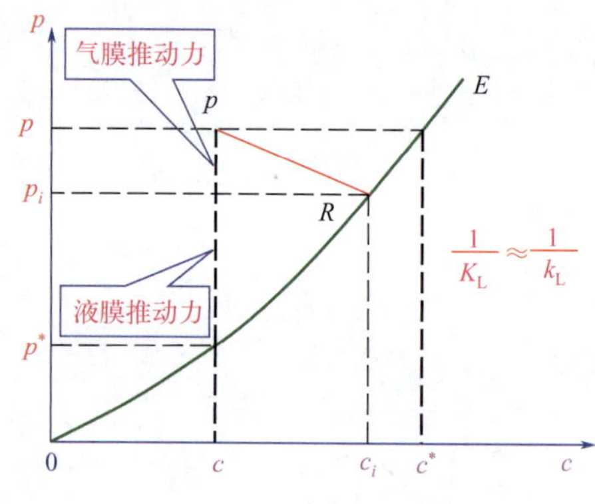

图6-25　液膜控制过程

2. 液膜控制过程

$$\frac{1}{K_L}=\frac{1}{k_L}+\frac{H}{k_G} \tag{6-53}$$

对于 H 值较小的难溶气体，有：

$$\frac{H}{k_G} \ll \frac{1}{k_L} \tag{6-54}$$

【结论】传质阻力主要集中在气相，此吸收过程由气相阻力控制（气膜控制），总传质速率取决于气相传质速率的大小。如图 6-25 所示。

【说明】液膜推动力越大，阻力越大。应增加液相流速，提高 k_L，加快吸收过程。

【例如】用水吸收二氧化碳、氧气等过程。

3. 对于溶解度适中的气体吸收过程

气膜阻力和液膜阻力均不可忽略，要提高过程速率，必须兼顾气液两端阻力的降低。例如用水吸收二氧化硫的过程。

【结论】对于溶解度适中的气体吸收过程：

在气膜控制的吸收过程中，要提高吸收速率，关键在于增大气体的流速和湍动程度，减薄气膜层的厚度；

在液膜控制的吸收过程中，要提高吸收速率，关键在于增大液体的流速和湍动程度，减薄液膜层的厚度。

对于中等溶解度的气体，则要同时增大气相和液相主体的流速，减小气、液两个膜层的厚度来增大吸收速率。

气体吸收的三种情况见表 6-3。

表6-3　常见的气体吸收过程

气膜控制	液膜控制	气液膜同时控制
用氨水或水吸收氨气	用水或弱碱吸收二氧化碳	用水吸收二氧化硫
用稀盐酸或水吸收氯化氢	用水吸收氧气或氢气	用水吸收丙酮
用碱液吸收硫化氢	用水吸收氯气	用浓硫酸吸收二氧化碳

（二）吸收推动力

可以通过两种途径来增大吸收过程的推动力（$p-p^*$），即提高吸收质在气相中的分压 p 或降低与液相平衡的气相分压 p^*。但是提高吸收质在气相中的分压与吸收目的不符，因此，要增大吸收过程的推动力，最好的方法就是降低与液相平衡的气相分压，采取降低吸收温度、提高系统压力、选择溶解度大的吸收剂等措施。

（三）气液接触面积

选用比表面积大的填料可以有效地增大气液接触面积。

想一想

对于难溶气体，如欲提高其吸收速率，较为有效的手段是什么？对易溶气体呢？

七、吸收塔的物料衡算与操作线方程

常用的吸收塔有填料塔与板式塔，本章主要介绍气液连续接触式的填料塔，填料塔内气液两相可作逆流流动，也可做并流流动，通常采用逆流流动。

（1）设计型计算

① 吸收塔的塔径；

② 吸收塔的塔高等。

（2）操作型计算

① 吸收剂的用量；

② 吸收液的浓度；

③ 在物系、塔设备一定的情况下，对指定的生产任务，核算塔设备是否合用。

吸收塔的计算要用相平衡关系、操作线方程及传质速率方程。下面介绍操作线方程。

（一）全塔物料衡算

在吸收塔的计算中，气液相组成采用摩尔比 Y、X 比较方便。因为惰性气体流量 V 及吸收剂流量 L 分别为一定值。

图 6-26 为稳定操作状态下单组分吸收逆流接触的填料吸收塔，图中：

V——单位时间通过任一塔截面惰性气体的量，kmol/s；

L——单位时间通过任一塔截面的纯吸收剂的量，kmol/s；

Y_1，Y_2——进塔、出塔气体中溶质 A 的摩尔比；

X_1，X_2——出塔、进塔溶液中溶质 A 的摩尔比。

想一想

（1）如果吸收剂的用量为 L(kmol/s)，那么吸收液的流量为多少？

（2）混合气体和尾气中哪个组分的含量不变？

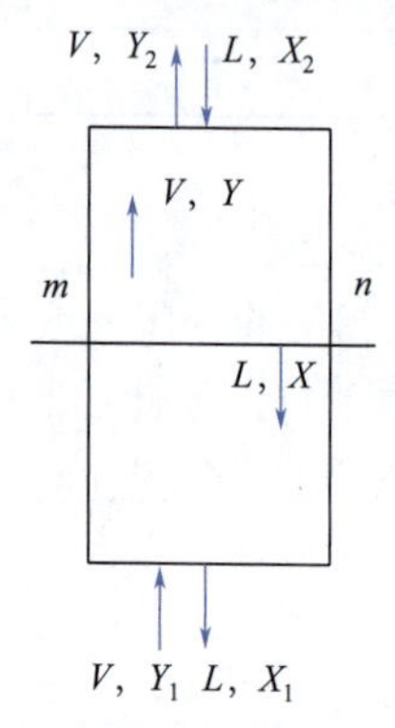

图6-26 逆流吸收操作线推导示意图

假设溶剂不挥发，惰性气体不溶于溶剂（即操作过程中 L、V 为常数）。以单位时间为基准，在全塔范围内，对溶质 A 作物料衡算得：

$$VY_1 + LX_2 = VY_2 + LX_1 \tag{6-55}$$

得：

$$V(Y_1 - Y_2) = L(X_1 - X_2) \tag{6-56}$$

吸收液的浓度：

$$X_1 = X_2 + \frac{V}{L}(Y_1 - Y_2) \tag{6-57}$$

溶质的回收率：

我们将被吸收的溶质的量与进塔时混合气体中溶质的量的比值称为回收率，用符号 η 表示。

$$\eta = \frac{V(Y_1 - Y_2)}{VY_1} = \frac{Y_1 - Y_2}{Y_1} \tag{6-58}$$

$Y_2 = Y_1(1-\eta)$ 表示塔底、塔顶组成与回收率之间的关系。

（二）吸收操作线方程与操作线

逆流吸收塔内任取一截面，在该截面上混合气体中溶质的摩尔比为 Y，吸收剂中溶质的摩尔比为 X，在该截面与塔顶间对溶质 A 进行物料衡算：

$$VY + LX_2 = VY_2 + LX \tag{6-59}$$

整理得：

$$Y = \frac{L}{V}X + Y_2 - \frac{L}{V}X_2 \tag{6-60}$$

若在塔底与塔内任一截面间对溶质 A 作物料衡算，则得到：

$$VY_2 + LX = VY + LX_2 \tag{6-61}$$

或者

$$Y=\frac{L}{V}X-Y_1+\frac{L}{V}X_1 \tag{6-62}$$

式（6-60）和式（6-62）称为吸收操作线方程。表明了塔内任一截面上气相组成 Y 与液相组成 X 之间的关系。

【逆流吸收操作线方程的讨论】

① 如图 6-27 所示，当定态连续吸收时，若 L、V 一定，Y_1、X_1 恒定，则该吸收操作线在 X-Y 图上为一直线，通过塔顶 A（X_2，Y_2）及塔底 B（X_1，Y_1），其斜率为 L/V，L/V 称为吸收操作的液气比。

塔内任一截面的气相浓度 Y 与液相浓度 X 之间呈直线关系。

② 吸收操作线仅与液气比、塔底及塔顶溶质组成有关，与系统的平衡关系、塔型及操作条件 T、p 无关。

③ 吸收操作时，$Y>Y^*$ 或 $X^*>X$，故吸收操作线在平衡线 $Y^*=f(X)$ 的上方，操作线离平衡线愈远吸收的推动力愈大。

④ 对于解吸操作，$Y<Y^*$ 或 $X^*<X$，故解吸操作线在平衡线的下方。

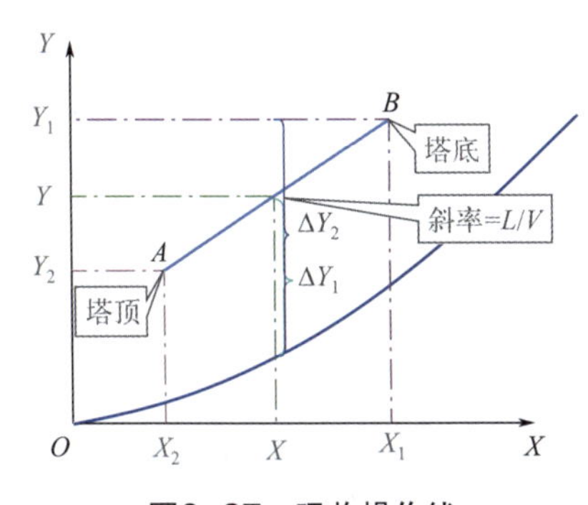

图6-27　吸收操作线

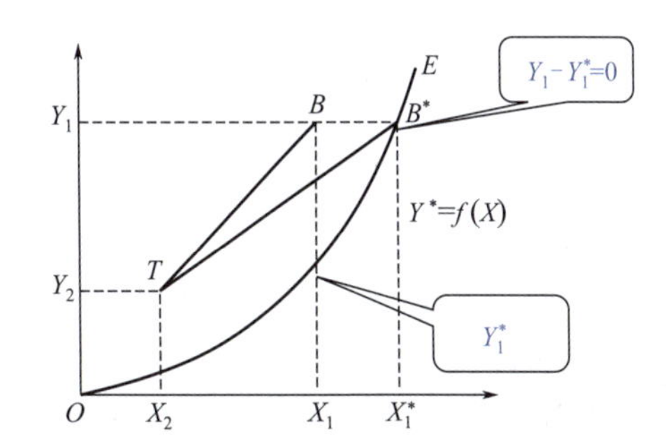

图6-28　最小液气比下的操作线

八、吸收剂用量与最小液气比

（一）最小液气比

对于一定的分离任务，即 L/V、X_2、Y_2 为定值，则操作线（图 6-28）中 T 点确定，斜率确定，则吸收操作线确定。从 T 点（Y_2、X_2）画一条斜率为 L/V 的操作线，与纵坐标为 Y_1 的水平线相交于 B 点（Y_1、X_1 为塔底气液组成）。

当惰性气体流量 V 为一定值时，减少吸收剂用量 L，操作线斜率 L/V 将变小，向平衡线靠近，当吸收剂量 L 减少到一定量时，操作线与平衡线相交于图 6-28 中的 B^* 点。在交点 $B^*(X_1^*$，$Y_1)$ 处，气液两相为平衡状态，塔的底端传质推动力 $\Delta Y=0$。为使尾气达到 Y 的分离要求，所需要填料层高度为无穷高。这是液 - 气比的下限，称为最小液 - 气比，以 $(L/V)_{\min}$ 表示。

相应的吸收剂用量为最小吸收剂用量 $L_{\min}$。

想一想

如果进一步减小液气比，将会出现什么状况？

（二）吸收剂对吸收操作的影响

1. 增大吸收剂用量对吸收操作的影响

【设备费用降低】如图 6-29 所示，增大吸收剂用量，操作线的斜率变大，操作线往上抬。则出塔吸收液的组成 X_1 减小，操作线远离平衡线，吸收的推动力增大，若欲达到一定吸收效果，则所需的塔高将减小，设备费用会减少。

【操作费用增加】吸收剂用量增加到一定程度后，塔高减小的幅度就不显著，而吸收剂消耗量却过大，造成输送及吸收剂再生等操作费用剧增。

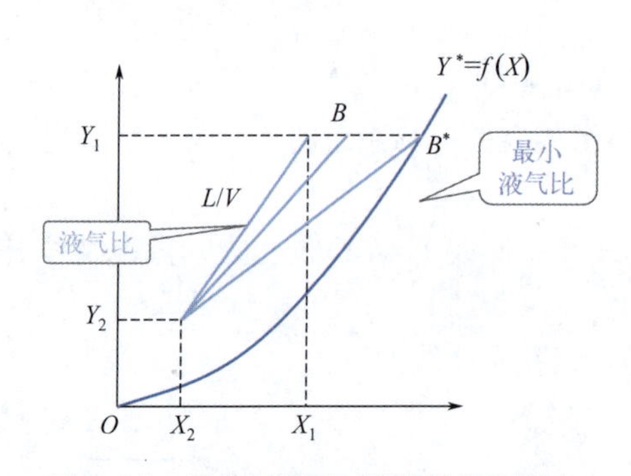

图6-29　吸收剂用量对吸收操作的影响

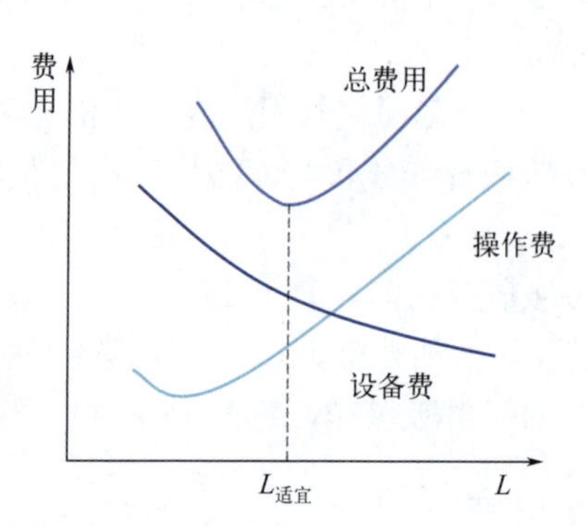

图6-30　吸收-费用示意图

2. 减少吸收剂用量对吸收操作的影响

【设备费用增加】减少吸收剂用量，操作线的斜率变小，操作线往下压。则出塔吸收液的组成 X_1 增大，操作线靠近平衡线，吸收的推动力减小，若欲达到一定吸收效果，则所需的塔高将增大，设备投资会增加。

【操作费用降低】随着吸收剂用量的减少，吸收后所获得的吸收液浓度会增大，降低了解吸工段的难度；同时吸收剂消耗量也会较少，输送及吸收剂再生等操作费用减少。

（三）吸收剂用量的确定

【确定原则】实际采用的液气比必须大于最小液气比。具体大多少要由经济核算决定，应选择适宜的液气比，使操作费用和设备费用之和最少（图 6-30）。

【确定方法】根据生产实际经验，通常吸收剂用量为最小用量比的 1.1 ～ 2.0 倍，即：

$$L_{适宜}=(1.1\sim2.0) \quad 或 \quad \left(\frac{L}{V}\right)_{适宜}=(1.1\sim2.0)\left(\frac{L}{V}\right)_{\min}$$

（四）最小液气比的确定

1. 图解法

① 在 X-Y 图上分别画出平衡线与操作线，如图 6-31；

② 根据交点坐标值计算：

$$\left(\frac{L}{V}\right)_{\min}=\frac{Y_1-Y_2}{X_1^*-X_2}$$

$$\left(\frac{L}{V}\right)_{\min}=\frac{Y_1-Y_2}{X_1^*-X_2}$$

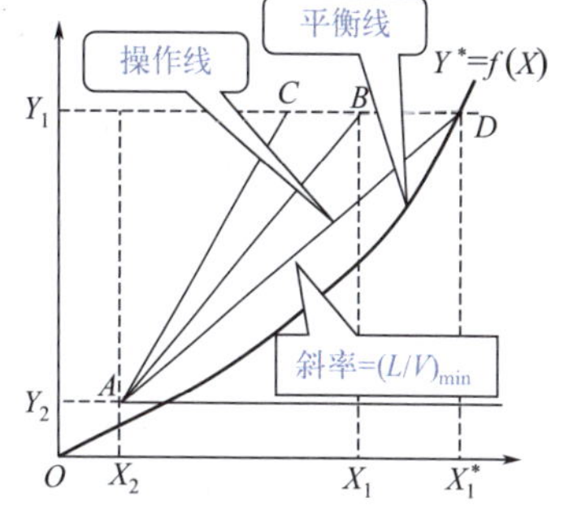

图6-31　最小液气比示意图

2. 解析法

若平衡关系符合亨利定律$Y^*=mX$，则采用下列解析式计算最小液气比：

$$Y^*=\frac{Y_1}{m}\quad\left(\frac{L}{V}\right)_{\min}=\frac{Y_1-Y_2}{X_1^*-X_2}$$

$$\left(\frac{L}{V}\right)_{\min}=\frac{Y_1-Y_2}{\dfrac{Y_1}{m}-X_2}$$

【例题 6-6】 用清水在常压塔内吸收含 SO_2 9%(摩尔分数)的气体。温度为 20℃，逆流操作，处理量为 $1m^3/s$。要求 SO_2 的回收率为 95%，吸收剂用量为最小吸收剂用量的 120%。求吸收后吸收液的浓度和吸收用水量。已知操作条件下的气液平衡关系为$Y^*=31.13X$。

解：已知$Y_1=0.09$　$\eta=95\%=0.95$

$$Y_1=\frac{y_1}{1-y_1}=\frac{0.09}{1-0.09}=0.099$$

$$Y_2=(1-\eta)Y_1=(1-0.95)0.099=0.00495$$

由 $Y^*=31.13X$　知 $m=31.13$

$$\left(\frac{L}{V}\right)_{\min}=\frac{Y_1-Y_2}{\dfrac{Y_1}{m}-X_2}$$

$$\left(\frac{L}{V}\right)_{\min}=\frac{0.099-0.00495}{\dfrac{0.099}{31.13}-0}=29.6$$

$$L=120\%L_{\min}=1.2L_{\min}$$

$$\frac{L}{V}=1.2\left(\frac{L}{V}\right)_{\min}=1.2\times29.6=35.5$$

$$\frac{L}{V}=\frac{Y_1-Y_2}{X_1-X_2}$$

$$=\frac{0.099-0.00495}{X_1-0}=35.5$$

可解得吸收液的浓度$X_1=0.00265$

$$V=\frac{1000}{22.4}\times\frac{273}{293}\times(1-0.09)=37.85(\text{mol/s})$$

故吸收用水量

$$L=35.5V=35.5\times37.85=1343(\text{mol/s})=1.343(\text{kmol/s})$$

【例题 6-7】 空气与氨的混合气体，总压为 101.33kPa，其中氨的分压为 1333Pa，用 20℃的水吸收混合气中的氨，要求氨的回收率为 99%，每小时的处理量为 1000kg 空气。物系的平衡关系列于下表，若吸收剂用量取最小用量的 2 倍，试求每小时送入塔内的水量。

溶液浓度 /(gNH_3/100gH_2O)	2	2.5	3
分压 /Pa	1600	2000	2427

解:

（1）平衡关系：

$$Y^*=\frac{y^*}{1-y^*}=\frac{p^*}{1-p^*}=\frac{1.6\times10^3}{101.33\times10^3-1.6\times10^3}=0.01604$$

$$X=\frac{2/17}{100/18}=0.0212$$

$$m=\frac{Y^*}{X}=\frac{0.01604}{0.0212}=0.757$$

平衡关系为：$Y=0.757X$

（2）最小吸收剂用量

$$L_{\min}=V\frac{Y_1-Y_2}{\frac{Y_1}{m}-X_2}$$

其中

$$V=\frac{1000}{29}=34.5(\text{kmol/h})$$

$$Y_1=\frac{1.333}{101.33-1.333}=0.0133$$

$$Y_2=(1-0.99)Y_1=0.01\times0.0133=0.000133$$

$$X_2=0\quad m=0.757$$

$$L_{\min}=\frac{V(Y_1-Y_2)}{\frac{Y_1}{m}-X_2}=\frac{34.5(0.0133-0.000133)}{\frac{0.0133}{0.757}-0}$$
$$=25.8(\text{kmol/h})$$

（3）每小时用水量

$$L=2L_{\min}=2\times25.8=51.6(\text{kmol/h})=928.8(\text{kg/h})$$

（五）确定液气比时要考虑的其他因素：

① 要确实保证填料层充分润湿，喷淋密度（指单位时间内，单位塔截面积上所喷淋的液体量）不能太小。当采用最小吸收剂用量时，可能会造成喷淋密度过小，吸收率下降，达不到生产的要求。

② 当生产任务发生变化时，例如被分离的混合气中溶质的浓度发生变化，在这种情况下，为了保证达到预期的吸收要求，可采用调节液气比的方法。

思考与练习

思考题

1. 简述一下吸收过程的双膜理论？
2. 吸收过程为什么常常采用逆流操作？
3. 吸收过程的相组成用什么来表示？为什么？
4. 什么是气膜控制和液膜控制？
5. 液气比对吸收操作的影响是什么？

填空题

1. 吸收达到气液平衡时符合关系式 $y^*=mx_i$，当 y__________ y^* 时是吸收过程。

2. 提高液气比，从提高吸收推动力和降低吸收阻力两方面综合考虑，__________控制有利。

3. 低浓度逆流吸收操作中，若其他入塔条件不变，仅增加入塔气体浓度 Y_1，则出塔气体浓度 Y_2 将__________；出塔液体浓度 X_1__________。

4. 吸收操作中增加吸收剂用量，操作线的斜率__________，吸收推动力__________。

5. 当吸收剂用量为最小用量时，完成一定的吸收任务所需填料层高度将为__________。

6. 在吸收操作中，气相总量和液相总量将随吸收过程的进行而__________，但惰性气体和溶剂的量则始终保持__________。

7. 由双膜理论可知，________________为吸收过程主要的传质阻力；吸收中，吸收质以__________的方式通过气膜，并在界面处__________，再以__________的方式通过液膜。

8. 对极稀溶液，吸收平衡线在坐标图上是一条通过__________点的__________线。

9. 对接近常压的低溶质浓度的气液平衡系统，当总压增大时，亨利系数 E 不变，相平衡常数 m____________，溶解度系数 H____________。

10. 由于吸收过程中，气相中的溶质组分分压总是____________溶质的平衡分压，因此吸收操作线总是在平衡线的____________。

选择题

1. 当吸收过程为液膜控制时，（　　）。

A. 提高液体流量有利于吸收　　B. 提高气速有利于吸收

C. 降低液体流量有利于吸收　　D. 降低气体流速有利于吸收

2. 适宜的空塔气速与泛点气速之比称为泛点率，根据生产实际综合考虑，泛点率一般选为（　　）。

A.1.2 ～ 2.0　　B.0.5 ～ 0.8　　C. 不大于 1/8　　D.0.2 ～ 1.0

3. 下述说法中错误的是（　　）。

A. 溶解度系数 H 值很大，为易溶气体　　B. 亨利系数 E 值很大，为易溶气体

C. 亨利系数 E 值很大，为难溶气体　　D. 平衡常数 m 值很大，为难溶气体

4. 在一符合亨利定律的气液平衡系统中，溶质在气相中的摩尔浓度与其在液相中的摩尔浓度的差值为（　　）。

A. 正值　　B. 负值　　C. 零　　D. 不确定

5. 吸收过程的推动力为（　　）。

A. 浓度差　　B. 温度差　　C. 压力差　　D. 实际浓度与平衡浓度差

6. 在吸收操作中，吸收塔某一截面总推动力（以气相浓度差表示）为（　　）。

A.$Y-Y^*$　　B.Y^*-Y　　C.$Y-Y_i$　　D.Y_i-Y

7. 对某一气液平衡物系，在总压一定时，若温度升高，由其亨利系数 E 将（　　）。

A. 减小　　B. 增加　　C. 不变　　D. 不确定

8. 某相际传质过程为气膜控制，究其原因，甲认为是由于气膜传质速率小于液膜传质速率的缘故；乙认为是气膜传质推动力较小的缘故。正确的是（　　）。

A. 甲对　　B. 乙对　　C. 甲、乙都对　　D. 甲、乙都不对

9. 依据“双膜理论”，下列判断中可以成立的是（　　）。

A. 可溶组分的溶解度小，吸收过程的速率为气膜控制

B. 可溶组分的亨利系数大，吸收过程的速率为液膜控制

C. 可溶组分的相平衡常数大，吸收过程的速率为气膜控制

D. 液相的黏度低，吸收过程的速率为液膜控制

10. 提高吸收塔的液气比，甲认为将增大逆流吸收过程的推动力；乙认为将增大并流吸收过程的推动力，正确的是（　　）。

A. 甲对　　B. 乙对　　C. 甲、乙都不对　　D. 甲、乙都对

计算题

1. 在 20℃和 101.3kPa 条件下，若混合气中氨的体积分数为 9.2%，在 1kg 水中最多可溶解 NH_3 32.9g。试求在该操作条件下 NH_3 溶解于水中的亨利系数 E 和相平衡常数 m。

2. 常压、25℃下，气相中溶质 A 的分压为 5.47kPa 的混合气体，分别与下面三种水溶液接触，已知 E=1.52×10^{5}kPa，求下列三种情况下的传质方向和传质推动力。① 0.001kmol/m^3；② 0.002kmol/m^3；③ 0.003kmol/m^3。

3. 含 NH_3 3%(体积分数) 的混合气体，在填料塔中吸收。试求氨溶液的最大浓度。已知塔内绝压为 202.6 kPa，操作条件下气液平衡关系为：。

4. 在一逆流吸收塔中，用清水吸收混合气体中的 CO_2。惰性气体处理量为 300m^3/h(标准)，进塔气体中含 CO_2 8%（体积分数），要求吸收率 95%，操作条件下，操作液气比为最小液气比的 1.5 倍。求①水用量和出塔液体组成；②写出操作线方程式。

5. 某混合气体中吸收质含量为 5%（体积分数），要求吸收率为 80%。用纯吸收剂吸收，在 20℃、101.3kPa 下相平衡关系为，试问：逆流操作的最小液气比为多少？

6. 某吸收塔每小时从混合气中吸收 200kgSO_2，已知该塔的实际用水量比最小用水量大

65%，试计算每小时实际用水量是多少 m^3？进塔气体中含 SO_2 18%（质量），其余是惰性组分，分子量取为 28。在操作温度 293K 和压力 101.3kPa 下 SO_2 的平衡关系用直线方程式表示。

7. 用清水吸收混合气体中的 SO_2，已知混合气量为 5000m^3/h(标准)，其中 SO_2 含量为 10%（体积分数），其余是惰性组分，分子量取为 28。要求 SO_2 吸收率为 95%。在操作温度 293K 和压力 101.3kPa 下 SO_2 的平衡关系用直线方程式表示：。现设取水用量为最小用量的 1.5 倍，试求：水的用量及吸收后水中 SO_2 的浓度。

8. 在 293K 和 101.3kPa 下用清水分离氨和空气的混合气体。混合气中氨的分压是 13.3kPa，经吸收后氨的分压下降到 0.0068kPa。混合气的流量是 1020kg/h，操作条件下的平衡关系是。试计算吸收剂最小用量；如果适宜吸收剂用量是最小用量的 1.5 倍，试求吸收剂实际用量。

9. 试求油类吸收苯的气相吸收平均推动力。已知苯在气相中的最初浓度为 4%（体积分数），并在塔中吸收 80% 苯，离开吸收塔的油类中苯的浓度为 0.02kmol 苯 /kmol 油，吸收平衡线方程式为。

拓展阅读

亨利简介

发明亨利定律的是威廉 • 亨利（Wiiiiam　Henry），他的父亲名托马斯 • 亨利 (Thomas Henry)，他的儿子名威廉 • 查尔斯 • 亨利（William Charles Henry）。他们三代是十八世纪到十九世纪的著名学者。

威廉 • 亨利于 1774 年出生在英国的曼彻斯特市。曼彻斯特市是英国很早就有名的纺织业中心。纺织工业的发展，引起了化学在这里的发展。

1802 年威廉 • 亨利在英国皇家学会上宣读的一篇论文里，详细说明了亨利定律的内容。从此以后，这个定律就被命名为亨利定律了。

威廉 • 亨利在 1795 年进入爱丁堡大学，一年之后，因为他父亲医务工作上需要助手，他离开了大学 , 在家里做实习医师。到 1805 年他又回到爱丁堡大学继续学业，1807 年完成了医学博士学位。他当时的研究课题是关于尿酸的，后来，成为一位泌尿科医生，同时发表了不少关于泌尿疾病的论文。可是，他一直没有放弃化学方面的实验工作。

亨利在 1804 年说过：“每一种气体对于另一种气体来说，等于是一种真空。”他的这句话当时引起了一些科学家的反对。道尔顿用实验证明了亨利的意见是正确的；同时也由此为道尔顿的分压定律建立了可靠的基础。他在 1805 年进行了大量的研究工作，主要是关于烷烃混合物的分析，他在这方面的研究工作帮助了道尔顿原子学说的迅速推广。

从 1809 年起，亨利利用他的分析技术，证明氨里面并不含有氧。1824 年证明了盖 • 吕萨克定律的正确性 ; 同时他又用实验证明了氮有好几种氧化物。在发表最后一篇论文以后，因为身体日渐衰弱，他不能再从事化学研究了。后来亨利还对于杀菌问题做了一些实验，可惜当时并没有受到人们的注意。一直到几十年后，巴斯德证明了可以通过加热消灭病菌，从而成为医学上极重要的发明。实际上，亨利是最早发明消毒方法的人，只是被人们忽视了。

威廉·亨利除了发表过一些论文外，还编著过两部书。第一部书名《化学三部曲》，初版于1801年，先后经历四版之多。第二部书名是《实验化学纲要》，初版于1802年，前后修订达十一版，到1830年才停止再版，这可以说是19世纪初期，风行于英美的一部化学实验书。

亨利晚年因为严重的头痛和失眠，几乎无法工作，于1836年离开人世，终年62岁。

任务三　吸收装置及流程

学习目标

1. 了解吸收装置。
2. 识读吸收工艺流程图。

一、填料塔的结构与填料性能

（一）填料塔简介

① 填料塔最初出现在十九世纪中叶，在1881年用于蒸馏操作，二十世纪初被引入炼油工业。

② 填料塔是最常用的气液传质设备之一，它广泛应用于蒸馏、吸收、解吸、汽提、萃取、化学交换、洗涤和热交换等过程。其实物图和结构如图6-32、图6-33所示。

图6-32　填料塔实物图

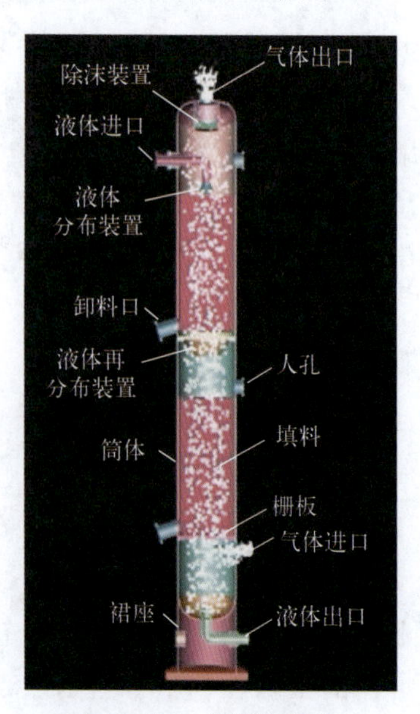

图6-33　填料塔结构

（二）填料塔的操作

1. 填料塔的操作方式

① 液体从塔顶经液体分布器喷淋到填料上，并沿填料表面流下；

② 气体从塔底送入，经气体分布装置分布后，与液体呈逆流连续通过填料层的空隙；

③ 在填料表面上，气液两相接触进行传质。

2. 填料塔的操作特点

① 填料塔属于微分接触式气液传质设备，两相组成沿塔高连续变化；

② 在正常操作状态下，气相为连续相，液相为分散相。

（三）填料类型

1. 散装填料

散装填料是一个个具有一定几何形状和尺寸的颗粒体，一般以随机的方式堆积在塔内，又称为乱堆填料或颗粒填料。如图 6-34 所示。

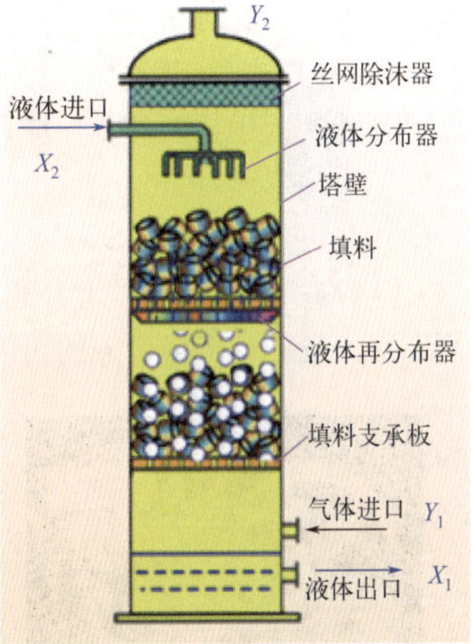

散装填料根据结构特点不同，可分为：拉西环，鲍尔环，阶梯环，弧鞍形、矩鞍形、球形等填料。

Y_2
丝网除沫器
液体进口
X_2
液体分布器
塔壁
填料
液体再分布器
填料支承板
气体进口 Y_1
液体出口 X_1

图6-34　散装填料

2. 规整填料

【定义】按一定的几何构形排列，整齐堆砌的填料。

规整填料种类很多，据其几何结构，主要有：格栅填料、波纹填料、脉冲填料。

（1）拉西环（Rasching ring）

拉西环填料于 1914 年由拉西（F. Rashching）发明。

【结构特点】外径与高度相等的圆环。如图 6-35 所示。

【性能特点】

① 拉西环是最早使用的人造填料（此前的填料为碎石、砖块、焦炭等），制造容易，曾得到极为广泛的应用。

② 大量的工业实践表明，拉西环由于高径比太大，堆积时相邻之间容易形成线接触，填料层的均匀性差。因此，拉西环填料层中的液体存在着严重的壁流和沟流现象。

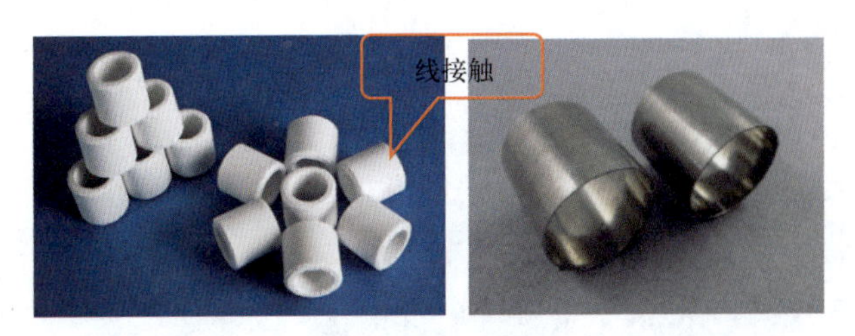

图6-35　拉西环

③ 目前，拉西环填料在工业上的应用日趋减少。

【沟流】液体的偏流称为“沟流”。产生沟流的原因有以下两个：

① 因操作时液体并不能全部润湿填料表面，于是，液体只沿润湿表面流下，形成沟流。

② 因为每个填料与相邻填料都有若干个接触点，该填料自某些接触点得到液体，又从某

些接触点流走液体。液体来去之间总优先“走近路”。可见，即使填料表面全部润湿，仍存在液流不均匀问题。

【壁流】液体有朝塔壁汇集的趋向，即存在“塔壁效应”。液体自一个填料流至下一个填料的过程中，液体通过填料与塔壁的接触点流至塔壁后，即顺塔壁流下，基本上不再返回填料层中。

液体流过一段填料层后，填料层中心部位液流量明显减小，甚至出现干填料区。

【沟流和壁流的影响】填料塔操作时存在着气、液相在塔横截面上分布不均匀的情况，其结果必减少气、液接触机会，影响传质效果。

拉西环的改进——“截短”型拉西环

【改进原因】当拉西环在塔内是直立状时，填料内、外表面都是气、液传质表面，且气流阻力小，但当其横卧或呈倾斜状时填料部分内表面不仅不能成为有效的气液传质区，而且使气流阻力增大。填料间的线接触会阻碍气、液流过。

【改进方法】“截短”拉西环，即高径比为 0.5 的短管。这种填料保留了原来拉西环的优点，性能稍优于拉西环，但应用并不普遍。

（2）鲍尔环 (Pall ring)

1948 年出现的鲍尔环是对拉西环作出重大改进的一种填料。

【结构特点】在侧壁上开出两排长方形的窗孔，被切开的环壁的一侧仍与壁面相连，另一侧向环内弯曲，形成内伸的舌叶。如图 6-36 所示。

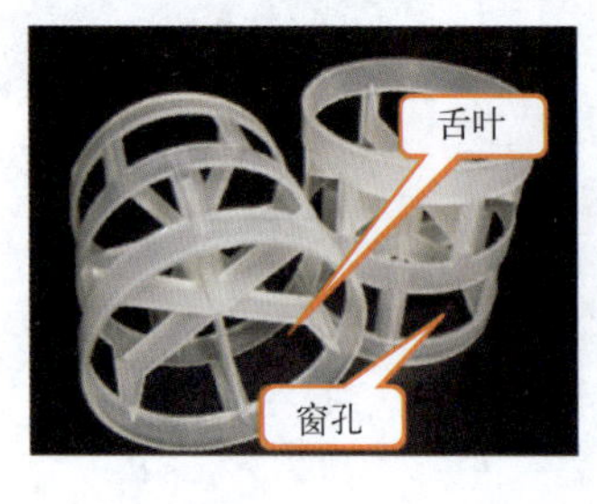

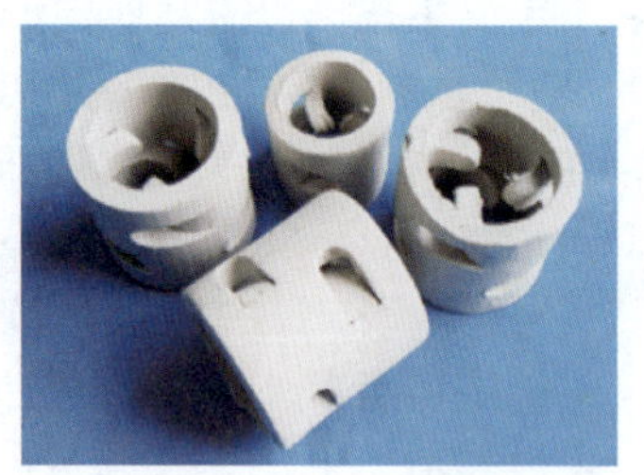

图6-36　鲍尔环

【鲍尔环的性能特点】不论填料在塔内置于什么方位，流体均可通过填料，从而使填料内、外壁面均成为有效传质区域。与拉西环相比，鲍尔环的气体通量可增加 50% 以上，传质效率提高 30% 左右。

（3）阶梯环 (cascade mini rings)

【结构特点】阶梯环是对鲍尔环的改进，与鲍尔环相比，阶梯环高度减少了一半并在一端增加了一个锥形翻边。如图 6-37 所示。

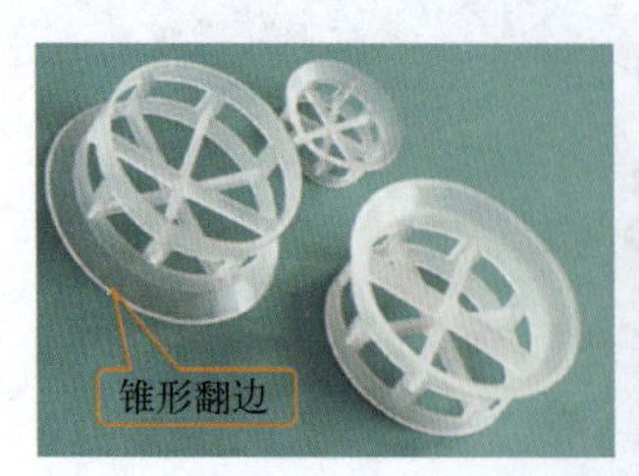

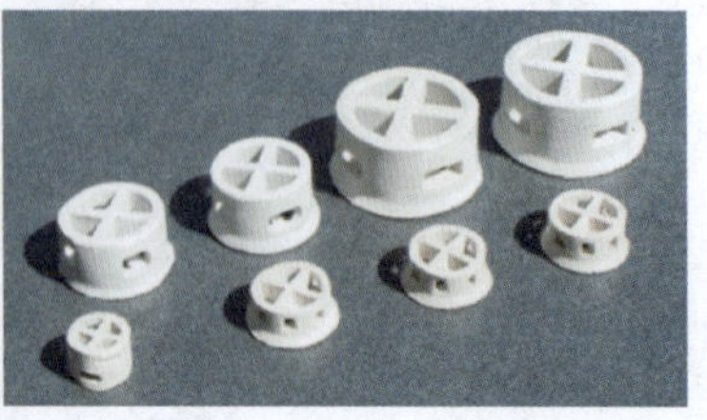

图6-37　阶梯环

【锥形翻边的作用】

① 增加了填料的机械强度；②使填料之间由线接触为主变成以点接触为主，增加了填料间的空隙，可以促进液膜的表面更新，有利于传质效率的提高。

【性能特点】

① 由于高径比减少，气体绕填料外壁的平均路径大为缩短，减少了气体通过填料层的阻力。

② 阶梯环的性能略优于鲍尔环，与鲍尔环相比，生产能力可提高 10%，气体阻力可降低 5% 左右，是短管形填料中较好的一种。

（4）弧鞍形与矩鞍形填料（berl saddle and intolox saddle）

【弧鞍形填料】1931 年出现的这类填料称弧鞍形填料，因形如马鞍而得名。如图 6-38 所示。

【结构特点】这种填料层中主要为弧形的液体通道，填料层内的空隙较环形填料（尤其较拉西环填料）更加连续，可使气体向上流动时主要沿弧形通道流动。

【性能特点】空隙率大，压降和传质单元高度低，泛点高，气液接触充分，比重小，传质效率高，通量大，效率高，负荷弹性大，抗污性好。

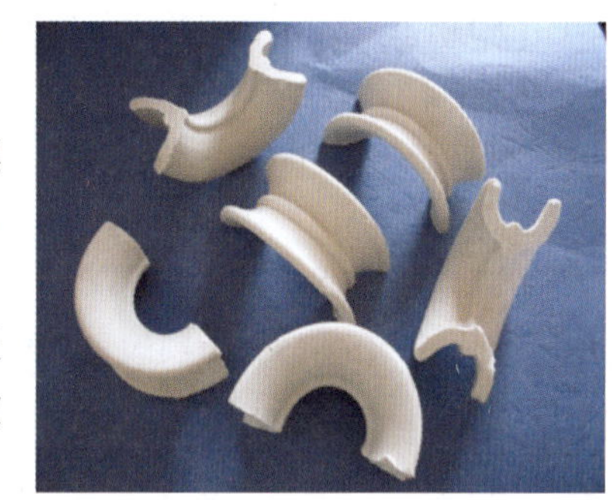

图6-38 弧鞍与矩鞍

【矩鞍形填料】

① 1950 年出现的矩鞍形填料是改进型填料；

② 其形状仍像马鞍，但做得较厚实，形状比弧鞍形填料简单；

③ 两个鞍形填料不论以何种方式接触都不会叠合。

④ 矩鞍形填料是当前应用较多的一种填料。

（5）波纹填料

波纹整砌填料是我国成功开发并于 1971 年应用的填料类型。

【结构特点】由许多具有相同几何形状的填料单元体——波纹片相互平行、叠加组成的圆柱状单元。如图 6-39 所示。

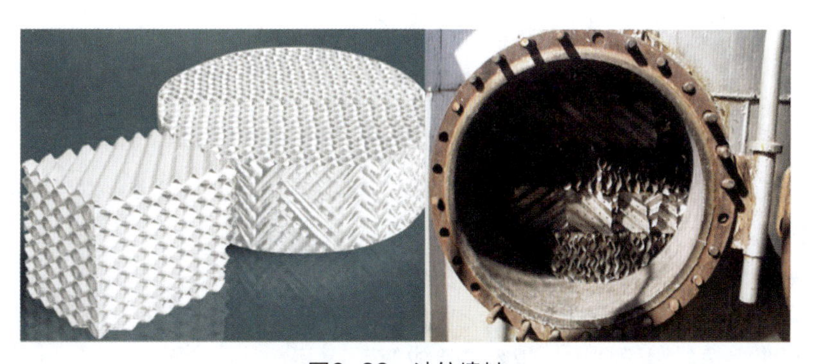

图6-39 波纹填料

【波纹填料的性能特点】

① 由于波纹填料独特的结构，其表面的倾斜曲折通道可形成极薄的液膜及气流；

② 能促进气、液流的湍动程度，但又不阻挡气、液流；

③ 极大地增大了气液两相的传质速率。

【波纹填料的材料】碳钢、不锈钢、铝、陶瓷、玻璃钢及纸浸树脂等。

【波纹填料的优点】波纹填料与板式塔、散堆填料相比，具有以下优异的性能：

① 流通量大，新塔设计可缩小直径，老塔改造可大幅度增加处理量；

② 分离效率高，较散堆填料有大得多的比表面积；

③ 压降低，可节约大量能源；

④ 操作弹性大，持液量小，放大效应不明显；

（四）填料的特性

1. 比表面积 a

【定义】塔内单位体积填料层具有的填料表面积，单位为 m^2/m^3。

【影响】填料比表面积的大小是气液传质比表面积大小的基础条件。填料的比表面积愈大，所提供的气液传质面积愈大。因此，比表面积是评价填料性能优劣的一个重要指标。

【两点说明】

① 操作中有部分填料表面不被润湿，以致比表面积中只有某个部分的面积才是润湿面积。据资料介绍，填料真正润湿的表面积（有效表面积）只占全部填料表面积的 20% ～ 50%。

② 有的部位填料表面虽然润湿，但液流不畅，液体有某种程度的停滞现象。这种停滞的液体与气体接触时间长，气液趋于平衡态，在塔内几乎不构成有效传质区。

【结论】填料的比表面积并非有效的传质面积。

2. 空隙率 ε

【定义】塔内单位体积填料层具有的空隙体积。

【影响】ε 为一分数。ε 值大则气体通过填料层的阻力小，故 ε 值以高为宜。

填料的空隙率越大，气体通过的能力（处理能力）越大且压降低。因此，空隙率是评价填料性能优劣的重要指标。

3. 填料因子

【定义】比表面积 a 与空隙率 ε 所组成的复合量 a/ε^3。

① 干填料因子：填料未被液体润湿时的 a/ε^3 称为干填料因子，它反映了填料的几何特性；

② 湿填料因子：填料被液体润湿后，填料表面覆盖了一层液膜，空隙率变小，此时的 a/ε^3 称为湿填料因子，用 ϕ 表示。其单位为 1/m。

湿填料因子反映了填料的流体力学性能，空隙率 ε 越大，ϕ 值越小，表明流动阻力越小。

【填料因子的用途】

① 填料因子反映某种填料所构成的填料层中流体通道的特性；

② 填料因子是表示填料层阻力与液泛条件的重要参数，为填料塔设计所必需；

③ 一般说来，填料因子越大，越容易造成液泛；

④ 可根据填料因子确定泛点气速→空塔气速→填料塔的直径。

（五）填料的性能评价

【评价依据】填料性能的优劣通常根据效率、通量及压降三要素衡量。

① 效率要高。在相同的操作条件下，填料的比表面积越大，气液分布越均匀，表面的润湿性能越好，则传质效率越高；

② 通量（处理量）要大，压降要小。填料的空隙率越大，结构越开敞，则通量越大，压降亦越低。

几种填料的性能评价见表 6-4。

表6-4　填料的性能评价

填料名称	评估值	语言描述	排序
丝网波纹填料	0.86	很好	1
孔板波纹填料	0.61	相当好	2
金属Intalox	0.59	相当好	3
金属鞍形环	0.57	相当好	4
金属阶梯环	0.53	一般好	5
金属鲍尔环	0.51	一般好	6
瓷Intalox	0.41	较好	7
瓷鞍形环	0.38	略好	8
瓷拉西环	0.36	略好	9

二、填料层内气液两相的流体力学特性

填料塔的流体力学性能主要包括填料层的持液量、填料层的压降、液泛等。

（一）填料层的持液量

在一定操作条件下，由于液膜与填料表面的摩擦以及液膜与上升气体的摩擦，有部分液体停留在填料表面及其缝隙中。

【定义】单位体积填料层内所积存的液体体积。

【持液量的影响】一般来说，适当的持液量对填料塔操作的稳定性和传质是有益的，可以提供更大的气液相接触面积；但持液量过大，将减少填料层的空隙和气相流通截面，使压降增大，处理能力下降。

【结论】持液量不宜太小，也不宜太大。

（二）填料层的压降

【产生原因】在操作过程中，从塔顶喷淋下来的液体，依靠重力在填料表面成膜状向下流动，上升气体与下降液膜的摩擦阻力形成了填料层的压降。

【影响因素】压降与液体喷淋量及气速有关，如图 6-40 所示：

① 一定的气速下，液体喷淋量越大，压降越大；

② 在一定的液体喷淋量下，气速越大，压降也越大。

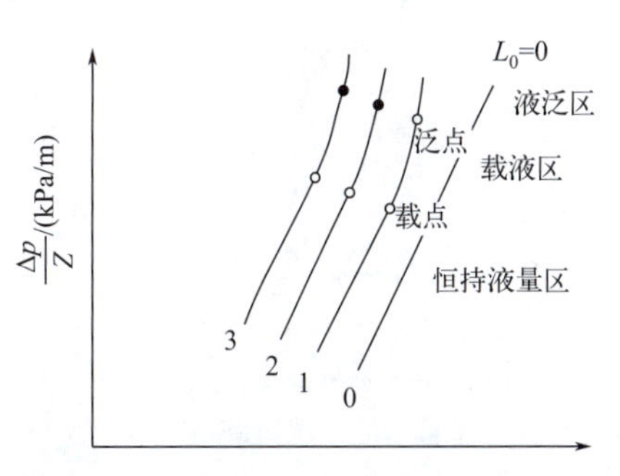

图6-40　填料层压降与空塔气速的关系

【构成】将不同液体喷淋量下的单位高度填料层的压降 $\Delta p/Z$ 与空塔气速 u 的关系标绘在对数坐标纸上，所得到的曲线簇。

【空塔气速】气体的体积流量除以塔截面积所得的流速。

（三）填料塔的液泛

【现象】在泛点气速下，持液量的增多使液相由分散相变为连续相，而气相则由连续相变为分散相，此种情况称为淹塔或液泛，如图 6-41 所示。

图6-41　填料塔的液泛

【危害】液泛时，气体呈气泡形式通过液层，传质速率下降；液体被大量带出塔顶，塔的操作极不稳定，甚至会被破坏。

【影响液泛的因素】影响因素很多，如填料的特性、流体的物性及操作的液气比等。

【特点】气体为分散相，液体为连续相。

三、填料塔的附件

如图 6-42 所示，填料塔的附件有：①填料支承装置；②填料压紧装置；③液体分布装置；④液体再分布装置。

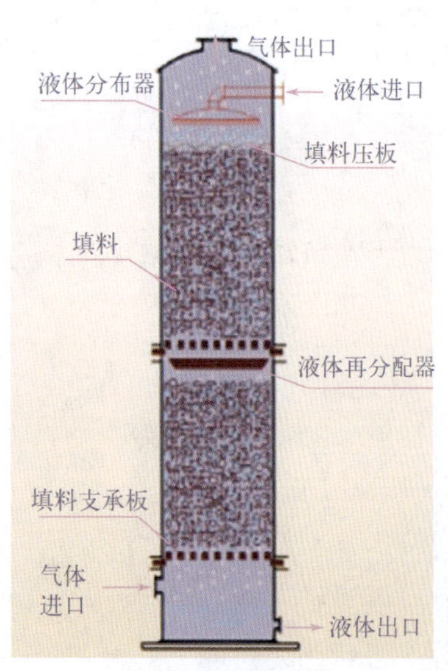

图6-42　填料塔

（一）填料支承装置

【作用】填料支承安装在填料层底部，主要有以下两个作用：

① 阻止填料掉下来；

② 支承操作状况下填料床层的重量。

【分类】

如图 6-43 ～图 6-46 所示，常用的填料支承装置有：①栅板型；②床层限制板；③梁型；④升气管型等。

（二）填料压紧装置

【作用】防止在气流的作用下填料床层发生松动和跳动而引起的填料破碎或被气流带走。

【分类】填料压紧装置分为填料压板和床层限制板两大类，每类又有不同的型式。

图6-43 栅板型

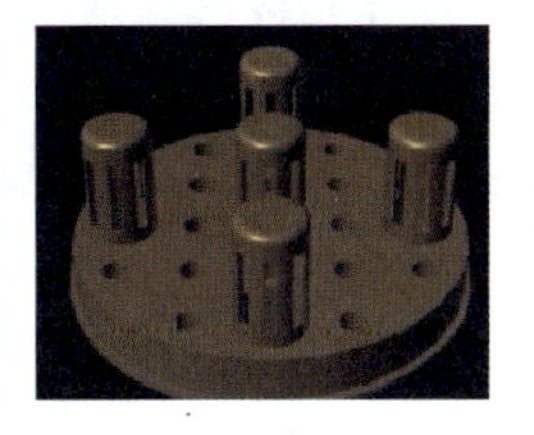
图6-44 床层限制板

图6-45 梁型

图6-46 升气管型

1. 填料压板

填料压板自由放置于填料层上端，靠自身重量将填料压紧。它适用于陶瓷、石墨等制成的易发生破碎的散装填料。图 6-47 为各种填料压板。

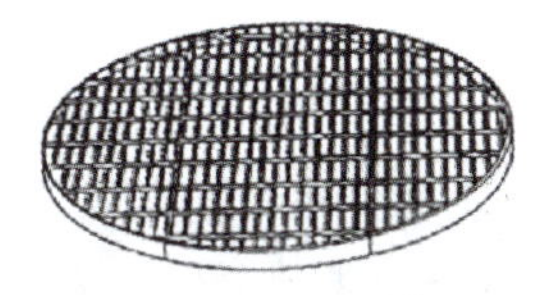
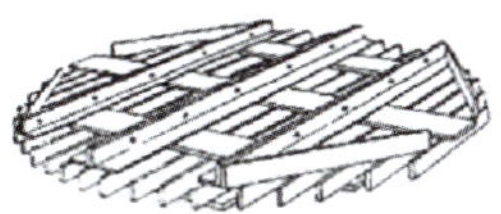
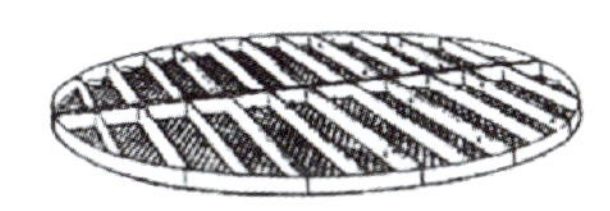
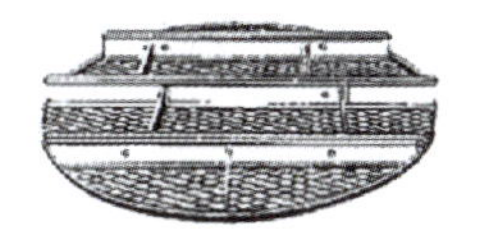

图6-47 各种填料压板

【特点】无需固定，产生的压强为 1100Pa 左右。

2. 床层限制板

【使用对象】床层限制板（图 6-48）用于金属、塑料等制成的不易发生破碎的散装填料及所有规整填料。

【使用方法】床层限制板要固定在塔壁上，为不影响液体分布器的安装和使用，不能采用连续的塔圈固定，对于小塔可用螺钉固定于塔壁，而大塔则用支耳固定。

【特点】产生的压强为 300Pa 左右。

图6-48 床层限制板

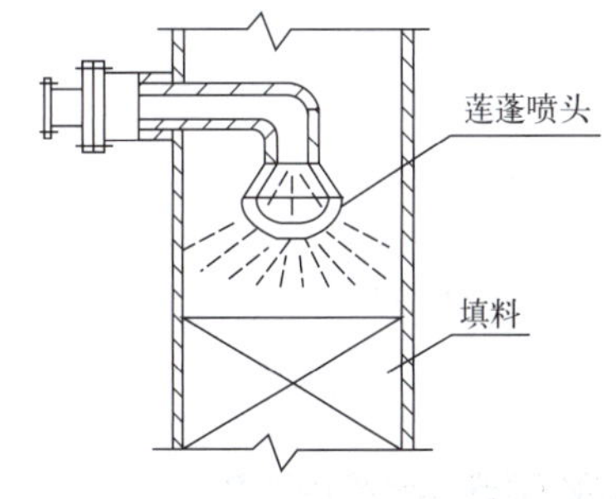

图6-49 液体分布装置

（三）液体分布装置

图 6-49 展示了液体分布装置。

【作用】使加入到塔内的吸收剂分布均匀。

液体淋洒不良就不能在填料表面散布均匀，甚至出现沟流现象，严重影响填料表面的有效利用率。

要做到液体开始分布良好，需在填料塔顶设置液体分布器。

【分类】液体分布装置的种类多样，有喷头式、盘式、管式、槽式及槽盘式等。

【原理】液体加至分布盘上，经筛孔或溢流管流下。

【应用】分布盘直径为塔径的 0.6 ~ 0.8 倍，此种分布器用于 $D<800$mm 的塔中。

管式液体分布器多用于中等以下液体负荷的填料塔中。在波纹填料塔中，由于液体负荷较小故常用之。常见的分布器见图 6-50 ~图 6-56。

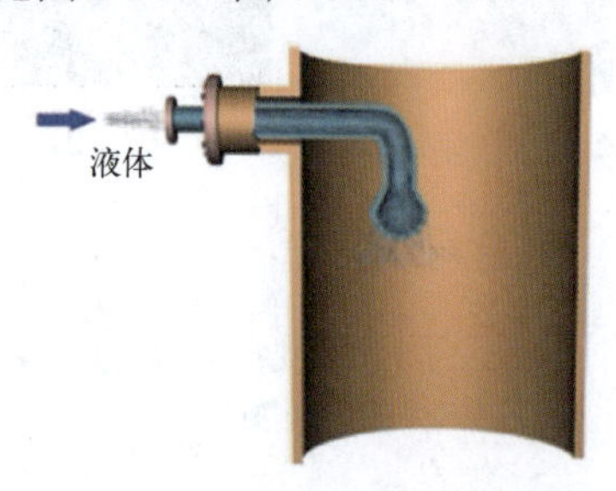

图6-50　喷头式液体分布器

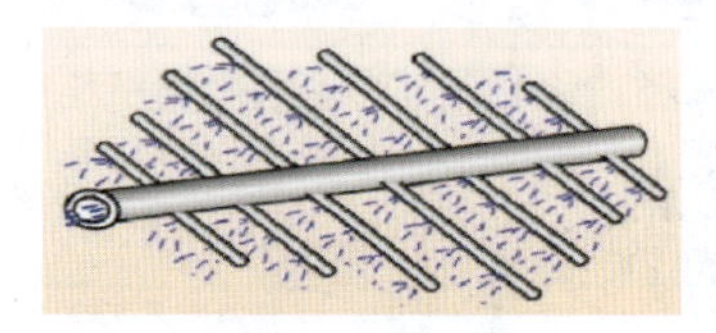

图6-51　管式液体分布器

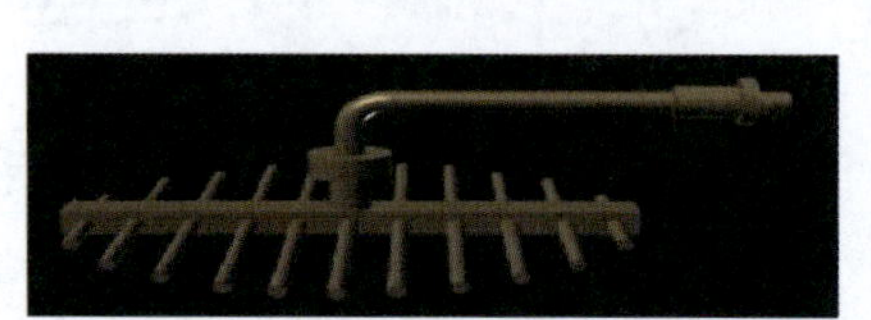

图6-52　环管式液体分布器

图6-53　弹溅式液体分布器

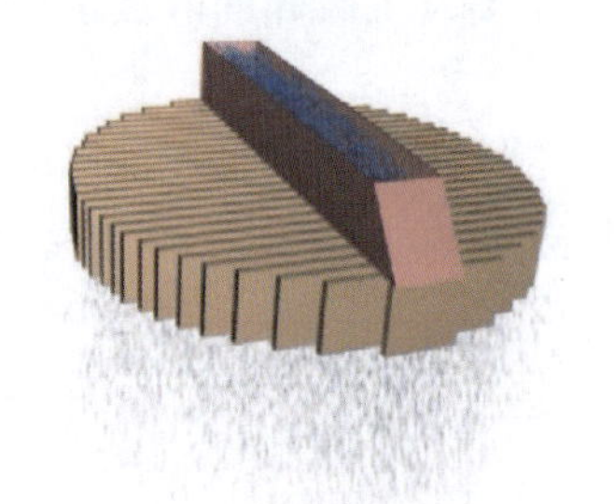

图6-54　槽式液体分布器

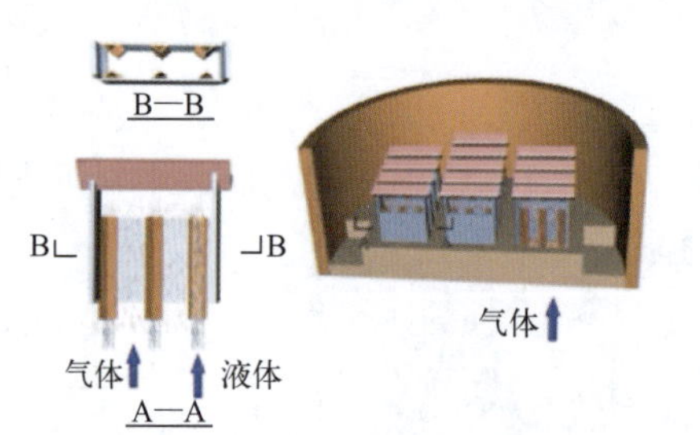

图6-55　盘槽式液体分布器

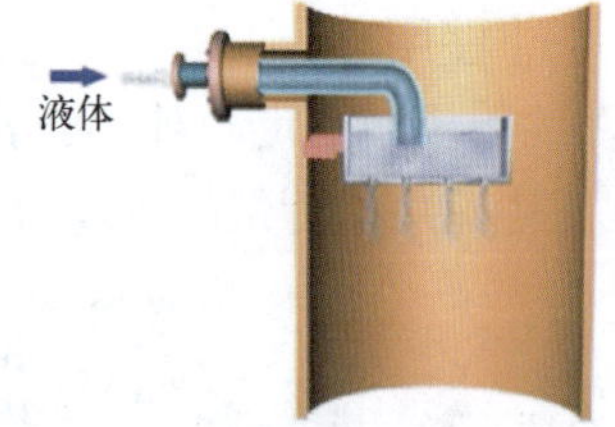

图6-56　盒式塞孔液体分布器

（四）液体再分布装置

图 6-57 为液体再分布装置。

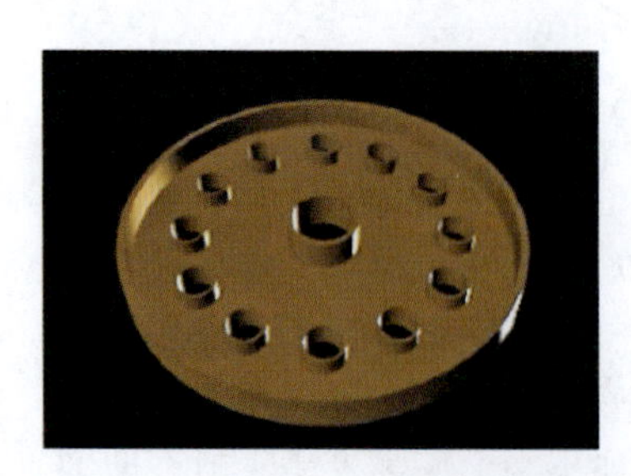

图6-57　液体分布器

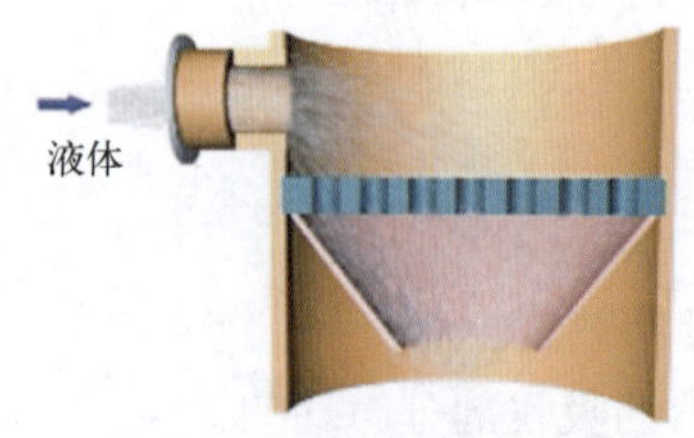

图6-58　截锥式分布器

【使用原因】液体沿填料层向下流动时，存在壁流现象。壁流将导致填料层内气液分布不均，使传质效率下降。为减小壁流现象，可间隔一定高度（3 ～ 6m，因填料的种类而异）在填料层内设置液体再分布装置。

【作用】收集上段来液，为下一段创造均匀分布液体的条件，避免发生壁流现象，保证填料层内气液分布均匀，确保一定的传质效率。

【分类】常用的有截锥式（图 6-58）、升气管式、槽式等。

【应用】一般用于直径 D>1200mm 的大塔。

思考与练习

思考题

1. 吸收塔的结构？
2. 填料的作用是什么？对填料有哪些基本要求？
3. 化工生产中常用的填料有哪些类型？其特点是什么？
4. 吸收塔内为什么安装液体分布器和液体再分布器？作用分别是什么？

填空题

1. 在填料塔操作时，影响液泛气速的因素有__________、__________和__________。

2. 在填料塔设计中，空塔气速一般取__________气速的 50% ～ 80%。若填料层较高，为了有效地润湿填料，塔内应设置__________装置。

3. 填料塔操作中，气液两相在塔内互成________流接触，两相的传质通常在__________的液体和气体间的界面上进行。

拓展阅读

湍球塔

湍球塔也是吸收操作中使用较多的一种塔型，如图 6-59 所示，操作时把一定数量的球形填料放在网板上，液体自上而下喷淋，在球面形成液膜；气体由塔底通入，当达到一定气速时，小球将悬浮于气流之中，形成湍动和旋转，并相互碰撞，使膜表面不断更新，从而强化了传质过程。此外，由于小球向各个方向的无规则运动，球面互相碰撞又能起到清洗作用。

湍球塔的优点是结构简单，气液分布均匀，操作弹性及处理能力大，不易被固体和黏性物料阻塞，由于强化传质而使塔高降低。缺点是小球无规则湍动造成一定程度的反混，只适合于传质推动力大的过程。操作时，为保证小球能悬浮于气流中，小球要轻，常用塑料制造，所以操作温度不能太高，一般在 80℃以下。

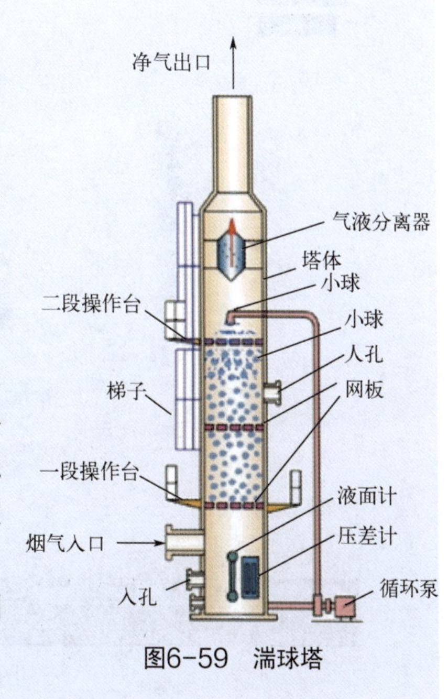

图6-59　湍球塔

任务四 吸收仿真操作

任务概述

本流程是利用吸收方法，用C6油分离提纯混合物富气中的C4组分，流程分为吸收和解吸两部分，每部分都有独立的仿DCS图和仿真现场图。

要完成该任务，学生应熟悉工艺流程和操作界面，通过对温度、压力、流量、物位等四大参数的跟踪和控制，能够完成吸收仿真操作的冷态开车、正常操作、正常停车，并能对操作中出现的常见故障（冷却水中断、加热蒸汽中断、仪表风中断、停电、调节阀卡、解吸塔釜加热蒸汽异常）进行判断和处理。

学习目标

1. 能正确标识阀门、仪表、各种设备的位号及作用，能识读带控制点的工艺流程图。
2. 学会吸收解吸系统正确的开车、停车的操作方法，了解相应的操作原理。
3. 熟悉吸收解吸系统正常运行的操作参数及相互影响关系，调节参数并达到规定的工艺要求和质量指标。
4. 能正确分析吸收解吸系统操作常见事故产生的原因，学会常见事故的判断及处理方法。

一、工艺流程认知

认一认

吸收解吸塔DCS界面与现场界面分别如图6-60、图6-61所示，观察仿真界面和现场界面，识读工艺流程。

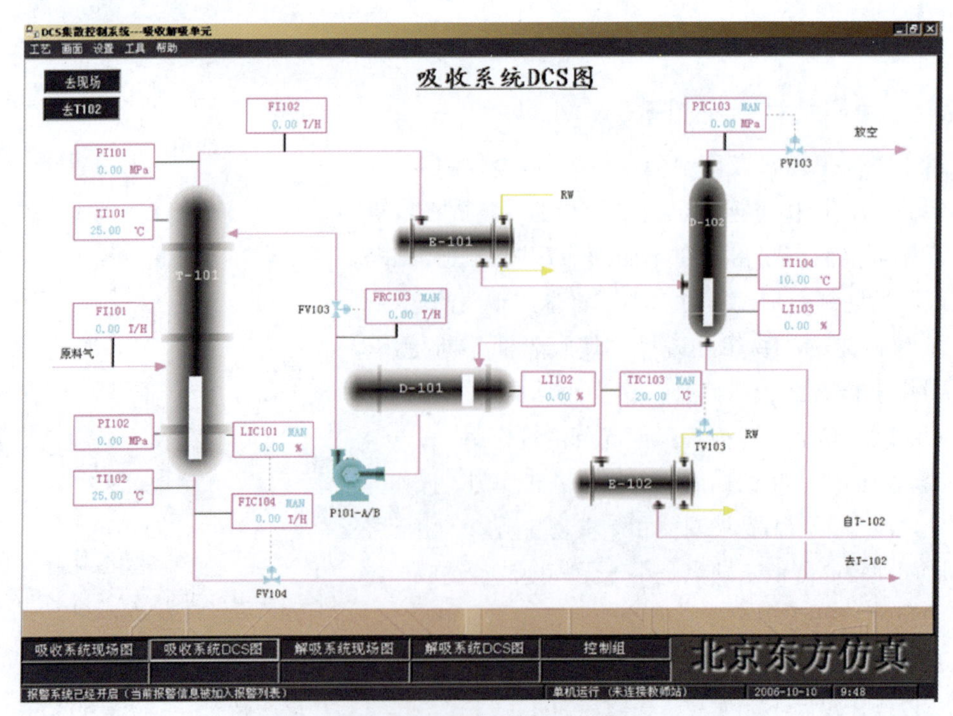

图6-60 吸收系统DCS图

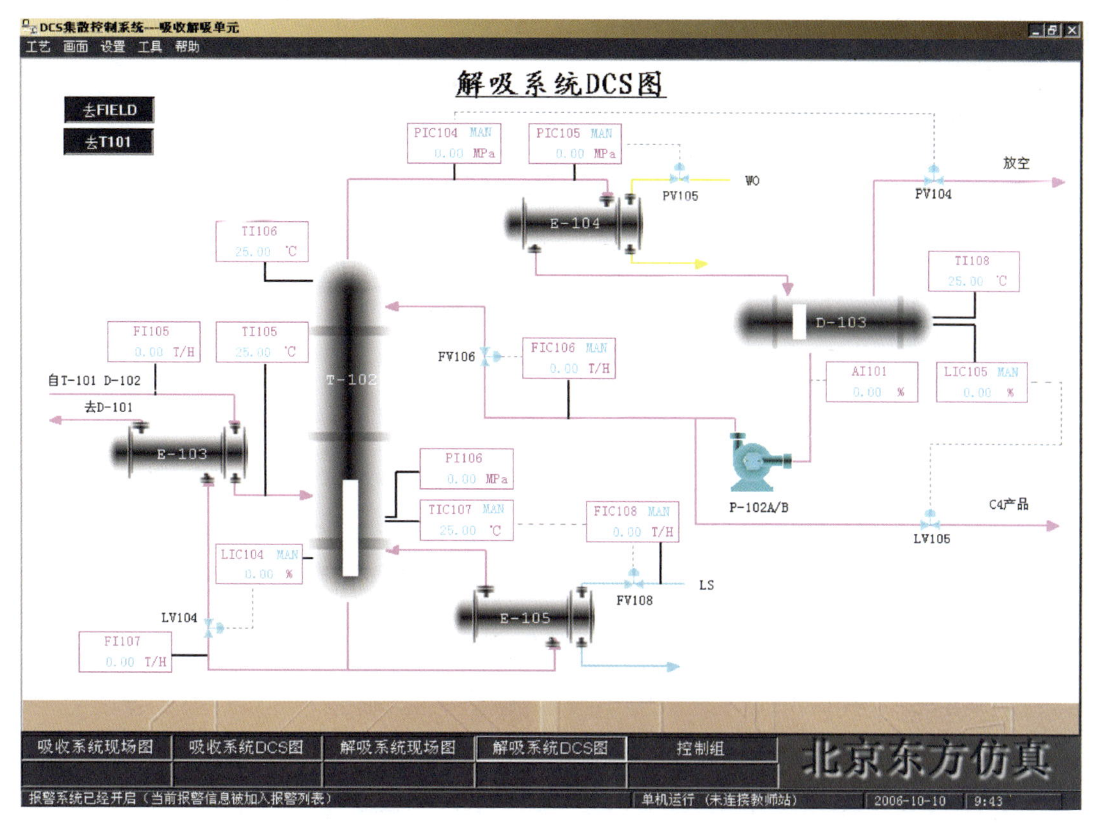

图6-61　解吸系统DCS图

二、单元操作的基本要求

① 混合气体：其中 C4 25.13%，CO 和 CO_2 6.26%, N_2 64.58%，H_2 3.5%,O_2 0.53%。

② 吸收剂：C6 油。

③ 富油：吸收了 C4 组分的 C6 油。

④ 贫油：分离了 C4 组分的 C6 油。

三、主要设备

① T102：解吸塔（精馏塔）

② E103：贫富油换热器

③ E104：解吸塔顶冷凝器

④ E105：T102 再沸器

⑤ D103：C4 产品冷凝液罐

⑥ P102A/B：T102 塔回流泵

⑦ E101：吸收塔顶冷凝器

⑧ D101：储罐（C6 油）

⑨ D102：气液分离罐

⑩ E102：冷却器（C6 油）

⑪ P101A/B：溶剂输送泵

四、吸收解吸单元操作规程

（一）开车操作规程

1. 冲压

① 打开吸收塔 T-101 的 N_2 充压阀 V2，给吸收系统充压至塔顶压力 PI101 为 1.0MPa 左右时，关闭 V2。

② 打开解吸塔 T-102 的 N_2 充压阀 V20，给解吸系统。

2. 进吸收油

（1）吸收系统进吸收油

① 打开 C6 储罐 D-101 的进料阀 V9 至开度 50% 左右，向 D-101 充 C6 油至液位 LI102 大于 70% 时，关闭 V9。

② 按正确操作步骤依次启动 C6 油泵 P-101A，打开调节阀 FV103(开度为 30% 左右)，向吸收塔 T-101 充 C6 油，此过程中注意观察 D-101 液位。必要时向其补充新 C6 油。

（2）解吸系统进吸收油

按正确步骤手动打开调节阀 FV104(开度 50% 左右)，给解吸塔 T-102 进吸收油；此过程注意维持 T-101、D-101 的液位和两塔压力的稳定。

3. 建立 C6 油冷循环

① 当储罐 D-101、吸收塔 T-101、解吸塔 T-102 的液位均达到 50% 左右，且吸收系统与解吸系统保持稳定、合适的压差时，按正确操作步骤逐渐手动打开调节阀 LV104，向 D-101 进油。

② 调整调节阀 LV-104，使 T-102 液位逐渐稳定在 50% 后，将调节器 LIC104 投自动，设定值为 50%。

③ 手动调整调节阀 LV103，使 T-101 液位逐渐稳定在 50% 后，将调节器 LIC101 投自动，设定值为 50%，同时，使 C6 油进塔 T-101 的流量 FRC103 稳定到正常值后，将调节器 FRC103 投自动，设定值为 13.50t/h，继续保持冷循环 10min。

4. 向解吸塔回流罐 D-103 进物料

打开回流罐 D-103 进料阀 V21，向 D-103 罐进 C4 至液位 LIC105 大于 40%，关闭 V21。

5. 建立 C6 油热循环

完成 C6 油冷循环，且回流罐 D-103 已建立液位后，可开始建立 C6 油热循环。

（1）T-102 再沸器投用

① 微开调节阀 TV-103，控制 C6 油出换热器 E-102 温度接近稳定到为 5℃；

② 逐渐打开调节阀 PV-105 至开度为 70%、FV-108 至开度为 50%、PV-104，维持解吸塔 T-102 塔顶压力稳定在 0.5MPa。

（2）建立 T-102 回流

① 随着 T-102 塔釜温度逐渐升高，当塔顶温度 TI106 大于 45℃时，启动回流泵，打开调节阀 FV106，逐渐控制塔顶温度 TI106 在 51 ～ 55℃；

② 当 T-102 塔釜温度 TIC107 稳定到 102℃时，FIC108 设定为 3t/h；并将调节器 FIC108 投串级。

③ 保持热循环 10min。

6. 进富气

① 完成 C6 油热循环，且确认系统各工艺指标稳定正常后，打开吸收塔顶盐水冷凝器 E-101 进水阀 V4，启用冷凝器 E-101。

② 逐渐打开富气进料阀 V1，手动控制调节阀 PV103，使塔顶压力 PIC103 稳定在 1.2MPa。

③ 调节 PV105，维持 T-102 塔顶压力稳定在 0.5MPa，同时，将 PIC104 设定为 0.55MPa。

④ 当 T-102 温度、压力控制稳定后，调节 FIC106 稳定到 8.0t/h。

⑤ 当回流罐 D-103 液位 LIC105 高于 50% 时，打开 LV105 调整液位稳定在 50%。

（二）停车操作规程

1. 停用解析系统停富气、停 C4 产品采出

① 停富气进料。

② 停 C4 产品采出。

③ 调节 PV103，维持 T-101 塔顶压力 PIC103 大于 1.0MPa，调节 PV104，维持解吸塔 T-102 塔顶压力在 0.2MPa 左右。

④ 继续维持 C6 油在吸收塔、解吸塔和 C6 油储罐之间的热循环。

2. 停用吸收系统

① 停 C6 油进料。

② 吸收系统卸油。

③ 吸收系统泄压。

3. 停解吸系统

① 停再沸器 E-105、降温。

② 停解吸塔 T-102 回流。

③ 解吸系统泄油。

④ 解吸塔 T-102 泄压。

4.C6 油储罐 D-101 泄液

继续开大 C6 油储罐 D-101 的泄液阀 V10，当其液位为 0 时，关闭 V10；根据工程需要可安排氮气吹扫、蒸汽吹扫，最后完成停车操作。

（三）主要事故

事故名称	主要现象	处理方法
冷却水中断	冷却水流量为0 入口路各阀常开状态	① 停止进料，关V1阀 ② 手动关PV103保压 ③ 手动关FV104，停T-102进料 ④ 手动关LV105，停出产品 ⑤ 手动关FV103，停T-101回流 ⑥ 手动关FV106，停T-102回流 ⑦ 手动关LIC104前后阀，保持液位
加热蒸汽中断	①加热蒸汽管路各阀开度正常 ②加热蒸汽入口流量为0 ③塔釜温度急剧下降	① 停止进料，关V1阀 ② 停T-102回流 ③ 停D-103产品出料 ④ 停T-102进料 ⑤ 关PV103保压 ⑥ 关LIC141前后阀，保持液位

续表

事故名称	主要现象	处理方法
仪表风中断	各调节阀全开或全关	① 打开FRC105旁路阀V3 ② 打开FIC104旁路阀V5 ③ 打开PIC103旁路阀V6 ④ 打开TIC103旁路阀V8 ⑤ 打开LIC104旁路阀V12 ⑥ 打开FIC106旁路阀V13 ⑦ 打开PIC105旁路阀V14 ⑧ 打开PIC104旁路阀V15 ⑨ 打开LIC105旁路阀V16 ⑩ 打开FIC108旁路阀V17
停电	泵P-101A/B停	① 打开泄液阀V10，保持LI102液位在50% ② 打开泄液阀V19，保持LI105液位在50% ③ 关小加热油流量，防止塔温上升过高 ④ 关止进料，关V1阀
P-101A泵坏	①FRC103流量降为0 ②塔顶C4上升，温度上升，塔顶压上升 ③釜液位下降	① 切换为P-101B ② 由FRC103调至正常值，并投自动 ③ 通知维修部门
LIC104调节器卡	①FIC107降至0 ②塔釜液位上升，并可能报警	① 关LIC104前后阀VI13、VI14；开LIC104旁路阀V12至60%左右 ② 调整旁路阀V12开度，使液位保持50% ③ 通知维修部门
换热器E-105结垢严重	①调节阀FIC108开度增大 ②加热蒸汽入口流量增大 ③塔釜温度下降，塔顶温度也下降，塔釜C4组成上升	① 关闭富气进料阀V1 ② 手动关闭产品出料阀LIC102 ③ 手动关闭再沸器后，清洗换热器E-105

任务评价

任务名称	吸收仿真操作				
班级		姓名		学号	
序号	评价内容	评价步骤		各步骤分数	
1	吸收的知识	吸收的原理			
		仿真操作工艺流程描述			
2	开停车仿真操作和正常运行	正常开车			
		正常运行			
		正常停车			
3	故障处理	冷却水中断			
		加热蒸汽中断			
		仪表风中断			
		停电			
		P-101A泵坏			
		LIC104调节器卡			
仿真总成绩					
教师点评	教师签名				
学生反思	学生签名				

思考与练习

问答题

1. 什么叫吸收？在化工生产中分离什么样的混合物？

2. 吸收的主要设备有哪些？

3. 吸收岗位的操作是在高压、低温的条件下进行的，为什么说这样的操作条件对吸收过程的进行有利？

4. 操作时若发现富油无法进入解吸塔，会有哪些原因导致？应如何调整？

拓展阅读

看不见摸不着的二氧化碳如何捕捉？

最近几年，“碳中和”成为被频频提及的热词。碳中和，是指各企业的生产活动或个人生活中，在一定时间内直接或间接产生的二氧化碳或温室气体排放总量，通过植树造林、节能减排等形式，自己抵消自己产生的排放量，实现正负抵消，达到相对“零排放”。

捕获是碳捕获与封存 (carbon capture and storage，简称 CCS 技术) 的第一步。二氧化碳在运输和封存时需要以较高的纯度存在，而在大多数情况下工业尾气中二氧化碳的浓度达不到这个要求，所以必须从尾气中将二氧化碳分离出来，这一过程称为二氧化碳的捕获。

电力行业是 CCS 技术应用的主要领域。化石燃料燃烧释放的二氧化碳是最主要的温室气体来源，其中发电行业的排放量占比最大。一座中等规模（400 ～ 600MW) 的燃煤发电厂每年排放的二氧化碳在数百万吨。发电行业具有能耗高、二氧化碳排放量大且集中等特点。与汽车尾气和居民生活排放的二氧化碳相比，这种来源固定、量大且集中的二氧化碳排放方式更易于统一处理。

目前，二氧化碳捕集技术主要有固体吸附法、溶剂吸收法、离子液体法、膜分离法以及低温精馏法。其中溶剂吸收法中的化学吸收是最为普及的一种方法。化学吸收法主要通过二氧化碳与氨类物质发生酸碱中和的化学原理实现。

任务五　吸收实训操作

任务概述

气体的吸收与解吸装置是化工常见的装置，在气体净化中常使用溶剂来吸收有害气体，保证合格的原料气供给，在合成氨、石油化工中原料气的净化过程中均有广泛应用。在合成氨脱硫、脱碳工段均采用溶剂吸收法脱除有害气体，溶剂吸收法吸收效率高，装置运行费用低廉。

某学校根据实际需求状况，采用水 - 二氧化碳体系为吸收 - 解吸体系，进行实训装置设计。

根据生产任务要求吸收的空气。

学习目标

1. 认识吸收解吸装置，了解填料塔的结构特点，通过实训掌握吸收操作的要点。

2. 掌握实训中吸收操作的工艺流程和操作原理。

3. 掌握吸收解吸操作中的工艺参数：吸收剂用量、吸收温度、吸收塔液位和吸收塔液位的控制。

4. 通过亲自动手操作，掌握实际生产中的传热操作技能，提高动手能力。

5. 在实训操作中培养团队合作精神。

一、工艺流程认知

小组活动

根据前面课程认识的工艺流程，小组到实训现场对着装置熟悉流程（图 6-62），小组代表讲解，教师点评。

图6-62 吸收现场装置

二、传热装置开停车

（一）开车前准备

小组活动

小组讨论制定开停车步骤，教师点评并补充细节。

① 穿戴好个人防护装备并相互检查。

② 小组分工，各岗位熟悉岗位职责。

③ 明确工艺操作指标。

二氧化碳钢瓶出口压力：≤4.8MPa

减压阀后压力：≤0.04MPa

二氧化碳减压阀后流量：约 100L/h

吸收塔风机出口风量：约 $1.9m^3/h$

吸收塔进气压力：2.0 ～ 6.0kPa

贫液泵出口流量：约 $1m^3/h$

解吸塔风机出口风量：约 $16m^3/h$

解吸塔风机出口压力：约 1.0kPa

富液泵出口流量：约 $1m^3/h$

贫液槽液位：1/3 ～ 2/3 液位计

富液槽液位：1/3 ～ 2/3 液位计

吸收塔液位：1/3 ～ 2/3 液位计

解吸塔液位：1/3 ～ 2/3 液位计

④ 由相关岗位对本装置所有设备、管道、阀门、仪表、电气、保温等按工艺流程图要求和专业技术要求进行检查。

⑤ 加装实训用水

打开贫液槽（V403）、富液槽（V404）、吸收塔（T401）、解吸塔（T402）的放空阀，关闭各设备排污阀。

往贫液槽（V403）和富液槽（V404）内加入清水，至贫液槽液位 1/2 ～ 2/3 处，关进水阀。

（二）开车

1. 液相开车

① 开启贫液一路：打开泵（P401）进水阀（V16)、启动贫液泵（P401）、开启贫液泵（P401）出口阀 (V19)，往吸收塔（T401）送入吸收液，调节贫液泵（P401）出口流量为 $1m^3/h$，开启阀 V22、阀 V23，控制吸收塔（扩大段）液位在 1/3 ～ 2/3 处。

② 开启富液一路：泵（P402）进水阀（V30)，启动富液泵（P402），开启富液泵出口阀（V32），调节富液泵（P402）出口流量 $0.5m^3/h$，全开阀 V33、阀 V37。

③ 稳定系统液位：调节富液泵（P402）、贫液泵（P401）出口流量趋于相等，控制富液槽（V404）和贫液槽（V403）液位处于 1/3 ～ 2/3 处，调节整个系统液位、流量稳定。

2. 气液联动开车

① 开气体一路阀门：启动风机Ⅰ（C401），打开风机Ⅰ（C401）出口阀（V01），稳压罐（V402）出口阀（V08）向吸收塔（T401）供气，逐渐调整出口风量为 $2m^3/h$。调节二氧化碳钢瓶（V401）减压阀（V04），控制减压阀（V04）后压力 <0.1MPa，流量为 100L/h。

② 稳定系统压力和液位：调节吸收塔顶放空阀 V12，控制塔内压力在 0 ～ 7.0kPa。根据实验选定的操作压力，选择相应的吸收塔（T401）排液阀（V22、V23、V24、V25），稳定吸收塔（T401）液位在可视范围内。

③ 解析塔开车：吸收塔气液相开车稳定后，进入解吸塔气相开车阶段。启动风机Ⅱ（C402），打开解吸塔气体调节阀（V41、V42、V43），调节气体流量在 $4m^3/h$，缓慢开启风

机Ⅱ（C402）出口阀（V45），调节塔釜压力在 -7.0 ～ 0kPa，稳定解吸塔（T402）液位在可视范围内。

④ 采样分析：系统稳定半小时后，进行吸收塔进口气相采样分析、吸收塔出口气相采样分析、解吸塔出口气相组分分析，视分析结果，进行系统调整，控制吸收塔出口气相产品质量。视实训要求可重复测定几组数据进行对比分析。

3. 液泛实验

① 解吸塔液泛：当系统液相运行稳定后，加大气相流量，直至解吸塔系统出现液泛现象。

② 吸收塔液泛：当系统液相运行稳定后，加大气相流量，直至吸收塔系统出现液泛现象。

（三）停车

① 关二氧化碳钢瓶出口阀门。

② 关贫液泵出口阀（V19），停贫液泵（P401）。

③ 关富液泵出口阀（V32），停富液泵（P402）。

④ 停风机Ⅰ（C401）。

⑤ 停风机Ⅱ（C402）。

⑥ 将两塔（T401、T402）内残液排入污水处理系统。

⑦ 检查停车后各设备、阀门、仪表状况。

⑧ 切断装置电源，做好操作记录。

⑨ 场地清理。

（四）注意事项

① 安全生产，控制好吸收塔和解吸塔液位，富液槽液封操作，严防气体漏入贫液槽和富液储槽；严防液体进入风机Ⅰ和风机Ⅱ。

② 符合净化气质量指标前提下，分析有关参数变化，对吸收液、解吸液、解析空气流量进行调整，保证吸收效果。

③ 注意系统吸收液量，定时往系统补入吸收液。

④ 要注意吸收塔进气流量及压力稳定，随时调节二氧化碳流量和压力至稳定值。

⑤ 防止吸收液跑、冒、滴、漏。

⑥ 注意泵密封与泄漏。注意塔、槽液位和泵出口压力变化，避免产生汽蚀。

⑦ 经常检查设备运行情况，如发现异常现象应及时处理或通知老师处理。

⑧ 整个系统采用气相色谱在线分析。

三、吸收解吸实训操作报表

序号	时间	吸收塔进塔气相温度/℃	吸收塔进塔液相温度/℃	吸收塔出塔气相温度/℃	富液泵出口温度/℃	解吸塔出塔液相温度/℃	解吸塔进塔液相温度/℃	吸收塔底气相压力/kPa	吸收塔顶气相压力/kPa	解吸塔底气相压力/kPa	解吸塔顶气相压力/kPa	风机Ⅰ出口流量/（m^3/h）	解吸塔进塔气相流量/(m^3/h)	贫液泵出口流量/（m^3/h）	富液泵出口流量/（m^3/h）	操作记事
1																
2																
3																
4																
5																

续表

序号	时间	吸收塔进塔气相温度/℃	吸收塔进塔液相温度/℃	吸收塔出塔气相温度/℃	富液泵出口温度/℃	解吸塔出塔液相温度/℃	解吸塔进塔液相温度/℃	吸收塔底气相压力/kPa	吸收塔顶气相压力/kPa	解吸塔底气相压力/kPa	解吸塔顶气相压力/kPa	风机Ⅰ出口流量/(m^3/h)	解吸塔进塔气相流量/(m^3/h)	贫液泵出口流量/(m^3/h)	富液泵出口流量/(m^3/h)	操作记事
6																异常情况
7																
8																
9																
操作员：										指导老师：						

任务评价

任务名称	吸收解析实训操作			
班级		姓名		学号
序号	任务要求		占分	得分
1	实训准备	正确穿戴个人防护装备	5	
		熟练讲解实训操作流程	5	
2	气液相开车	液相开车	10	
		气液相联动开车	10	
		液泛实验	10	
		停车	10	
3	装置稳定运行	吸收塔液位稳定	10	
		解析塔液位稳定	10	
		吸收塔压力稳定	5	
		解析塔压力稳定	5	
4	故障处理	能针对操作中出现的故障正确判断原因并及时处理	10	
5	小组合作	内操外操分工明确，操作规范有序	5	
6	结束后清场	恢复装置初始状态，保持实训场地整洁	5	
实训总成绩				
教师点评	教师签名			
学生反思	学生签名			

思考与练习

问答题

1. 吸收剂的选择原则。

2. 精馏和吸收有何异同？

3. 为什么在高压、低温条件下进行操作对吸收过程的进行有利？

4. 假如本单元的操作已经平稳，这时吸收塔的进料气体温度突然升高，分析会导致什么现象？如果造成系统不稳定，吸收塔的塔顶压力上升，有哪些手段可以将系统调节正常？

5. 吸收操作中当出口气体中 CO_2 的浓度过高，应如何处理？

 拓展阅读

水泥中的 CO_2 捕捉

据 2018 年统计，水泥生产产生的 CO_2 排放量约占全球 CO_2 排放总量的 7%。水泥工业中可以通过采取各种不同的技术措施来降低 CO_2 排放，如 MEA（乙醇胺）化学吸收法。

MEA 化学吸收法 CO_2 捕获是一种燃烧后捕获技术，采用 MEA 溶剂从烟气中吸收 CO_2，其工艺流程见图 6-63。为了防止溶剂的降解，在烟气进入吸收塔前，必须先降低烟气中 NO_x 和 SO_x 的含量。假定烟气进入吸收塔前已经通过 SNCR 系统降低了 NO_x 含量，然后烟气在直接接触式冷却器（DCC）中冷却，SO_x 通过 NaOH 洗涤去除，再除去水，最后冷却后的烟气再进入吸收塔，通过 30% 的 MEA 溶液从烟气中吸收 CO_2。挥发的 MEA 在吸收塔顶部的水洗段中被回收。富含 CO_2 的 MEA 溶剂在解吸塔中再生，得到高纯度的 CO_2，CO_2 经压缩后再运输处置。

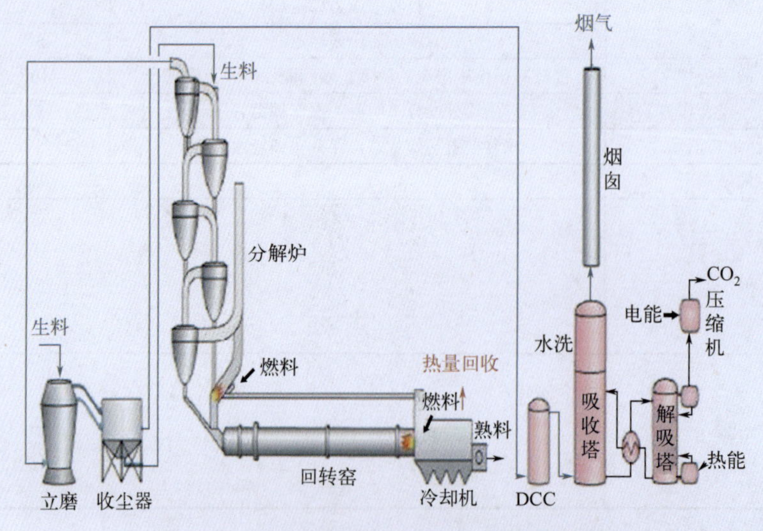

图6-63 MEA化学吸收法 CO_2 捕获工艺流程

溶剂再生需要消耗相当大的热量，吸收过程中的风机、泵以及 CO_2 的压缩等都需要能耗。对于水泥厂来说，熟料生产的余热可满足溶剂再生所需热量的 4%。

项目评价

项目实训评价					
评价项目		评价			
		A	B	C	D
任务1吸收概述					
学习目标	吸收概述				
	吸收和解析流程				
	吸收分类				
	相组成的表示方法				
任务2吸收相关计算					
学习目标	溶解度的概念				
	亨利定律				
	相平衡关系在吸收过程中的应用				
	物料衡算和操作线方程				
	吸收剂用量与最小液气比				
任务3吸收装置及流程					
学习目标	吸收装置				
	识读吸收工艺流程图				
任务4 吸收仿真操作					
学习目标	吸收的基础知识				
	开停车仿真操作				
	稳定运行仿真操作				
	故障处理				
任务5 吸收实训操作					
学习目标	装置开停车				
	装置稳定运行				
教师点评：					

吸收操作流程

PROJECT 07

项目七　蒸馏

任务一　蒸馏原理及其应用

任务二　精馏计算

任务三　精馏装置及流程

任务四　精馏的仿真操作

任务五　精馏的实训操作

项目导入

小张最近痴迷唐诗宋词，“人生得意须尽欢，莫使金樽空对月”。“岑夫子，丹丘生，将进酒，杯莫停”。“酒酣拔剑舞，慷慨送子行。”“昨夜雨疏风骤，浓睡不消残酒”“今宵酒醒何处？杨柳岸，晓风残月”他发现很多脍炙人口的诗词都与酒有关，中国酒文化源远流长。那么酒是怎么酿造的呢？其实啊，这里面有很多的化工知识。人们常说白酒是“蒸”出来的。发酵好的酒浆中含有许多其他物质，因此要用蒸馏的方法进行提纯，得到可以饮用的白酒。下面就让我们一起去了解蒸馏的相关知识吧！

项目目标

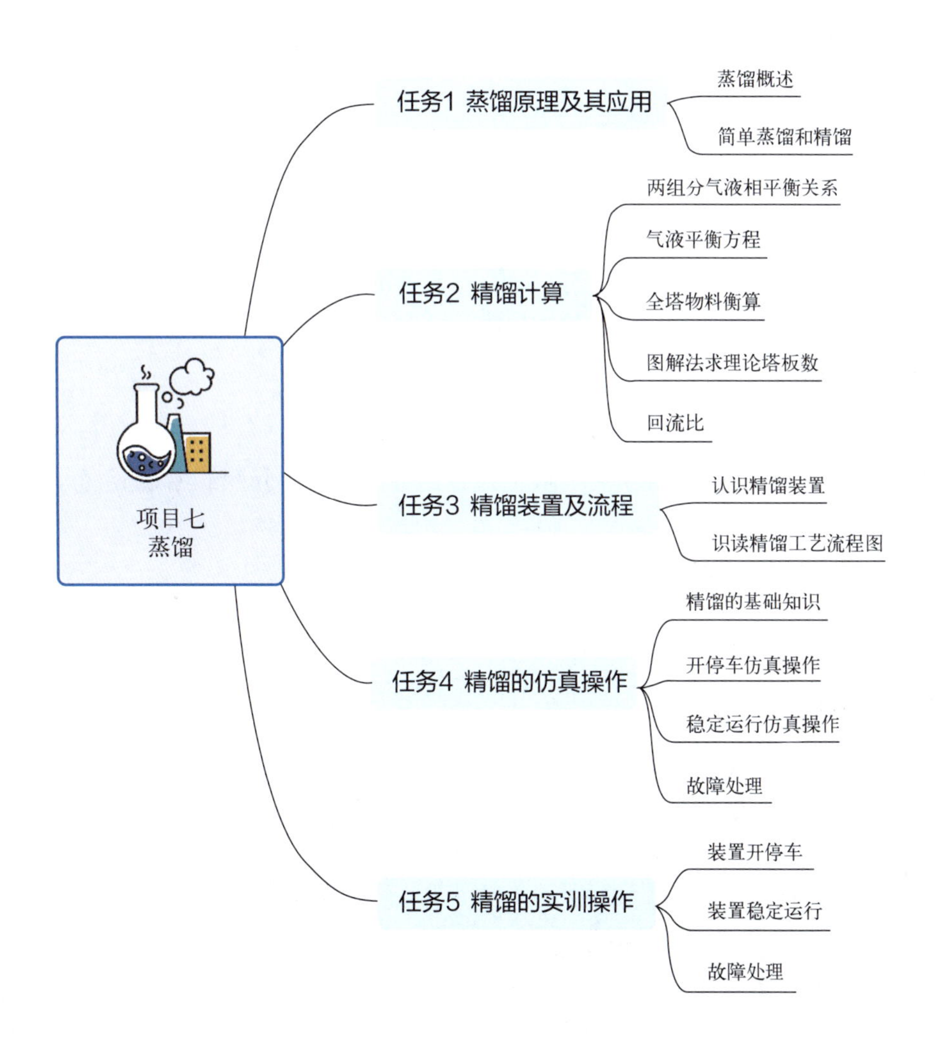

任务实施

任务一　蒸馏原理及其应用

学习目标

1. 了解蒸馏在化工生产中的应用。
2. 熟悉蒸馏的分离任务及分离依据。
3. 熟悉蒸馏的分类。
4. 熟悉简单蒸馏的原理、特点及应用。
5. 熟悉精馏的原理、特点及应用。

一、蒸馏概述

想一想

酿酒中需要蒸馏来提高酒精的浓度，那么蒸馏前的酒精溶液是什么物系呢？

（一）蒸馏的任务

蒸馏是用来分离液液均相混合物的一种单元操作。

（二）蒸馏的原理

分离依据：各组分的挥发度不同。

挥发度大、沸点低的叫轻组分，一般记为A组分；挥发度小、沸点高的组分，一般记为B组分。

① 液体混合物中各组分挥发性的大小不同；

② 在分离设备中，以热能为媒介使其部分汽化，形成气、液两相物系；

③ 在气相富集轻组分，液相富集重组分，使液体混合物得以分离。

（三）蒸馏的分类

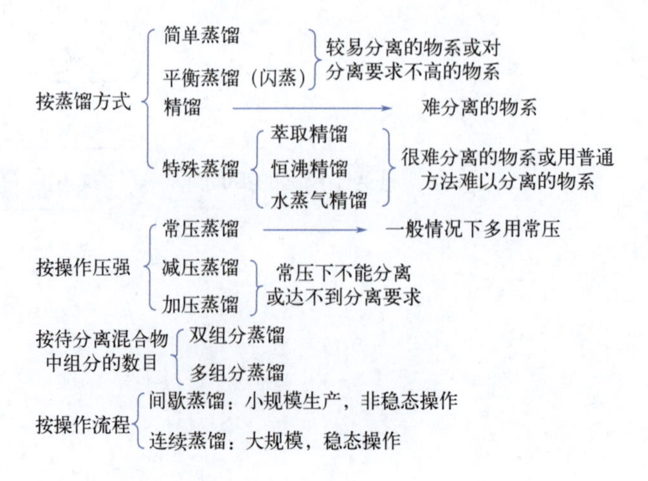

（四）蒸馏的用途

蒸馏用途广泛，是分离互溶液体混合物最常用的单元操作之一（图 7-1），如：

① 将原油蒸馏可得到汽油、煤油、柴油及重油等；

② 将混合芳烃蒸馏可得到苯、甲苯及二甲苯等；

③ 将液态空气蒸馏可得到纯态的液氧和液氮等。

图7-1　精馏塔

二、简单蒸馏和精馏

（一）简单的蒸馏

想一想

你做过蒸馏实验（图 7-2）吗？工业上的简单蒸馏（图 7-3）跟实验室蒸馏原理是一样的。

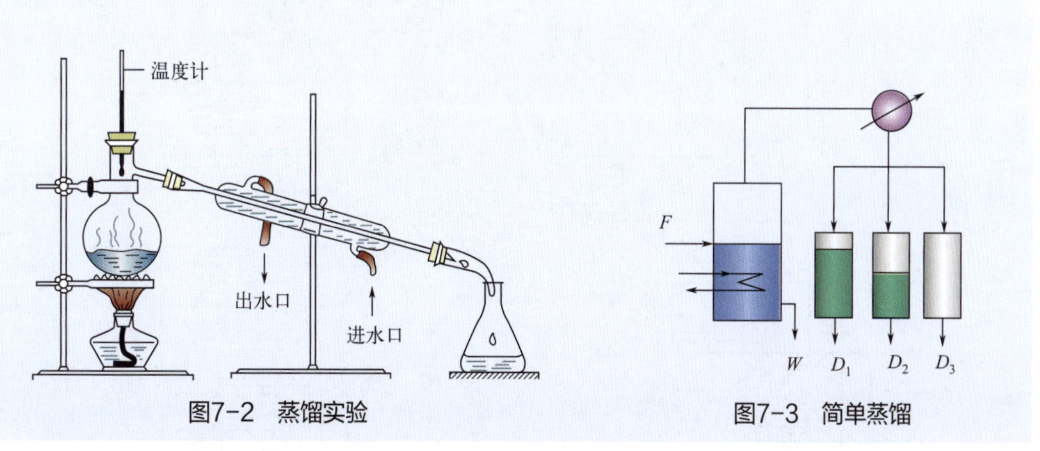

图7-2　蒸馏实验　　图7-3　简单蒸馏

流程及原理：在恒定压力下，将蒸馏釜中的溶液加热至沸腾，并使液体不断汽化，产生的蒸气随即进入冷凝器中冷凝，冷凝液用多个罐子收集。

特点：①得不到大量高纯度的产品；②釜液与蒸气的组成都是随时间而变化的，是一种非稳态过程；③只能进行初步分离，而且生产能力低，适合于组分挥发度相差较大的情况。

应用：简单蒸馏的分离效果很有限，工业生产中一般用于混合液的初步分离或除去混合液中不挥发的杂质。

（二）精馏

想一想

你能描述一下简单蒸馏和多次蒸馏吗？（x_F 为原料中轻组分的摩尔分数，x_D 为馏出液中轻组分的摩尔分数，x_1，x_2，x_3…为各阶段轻组分的液相摩尔分数，y_1，y_2，y_3…为各阶段轻组分的气相摩尔分数。）

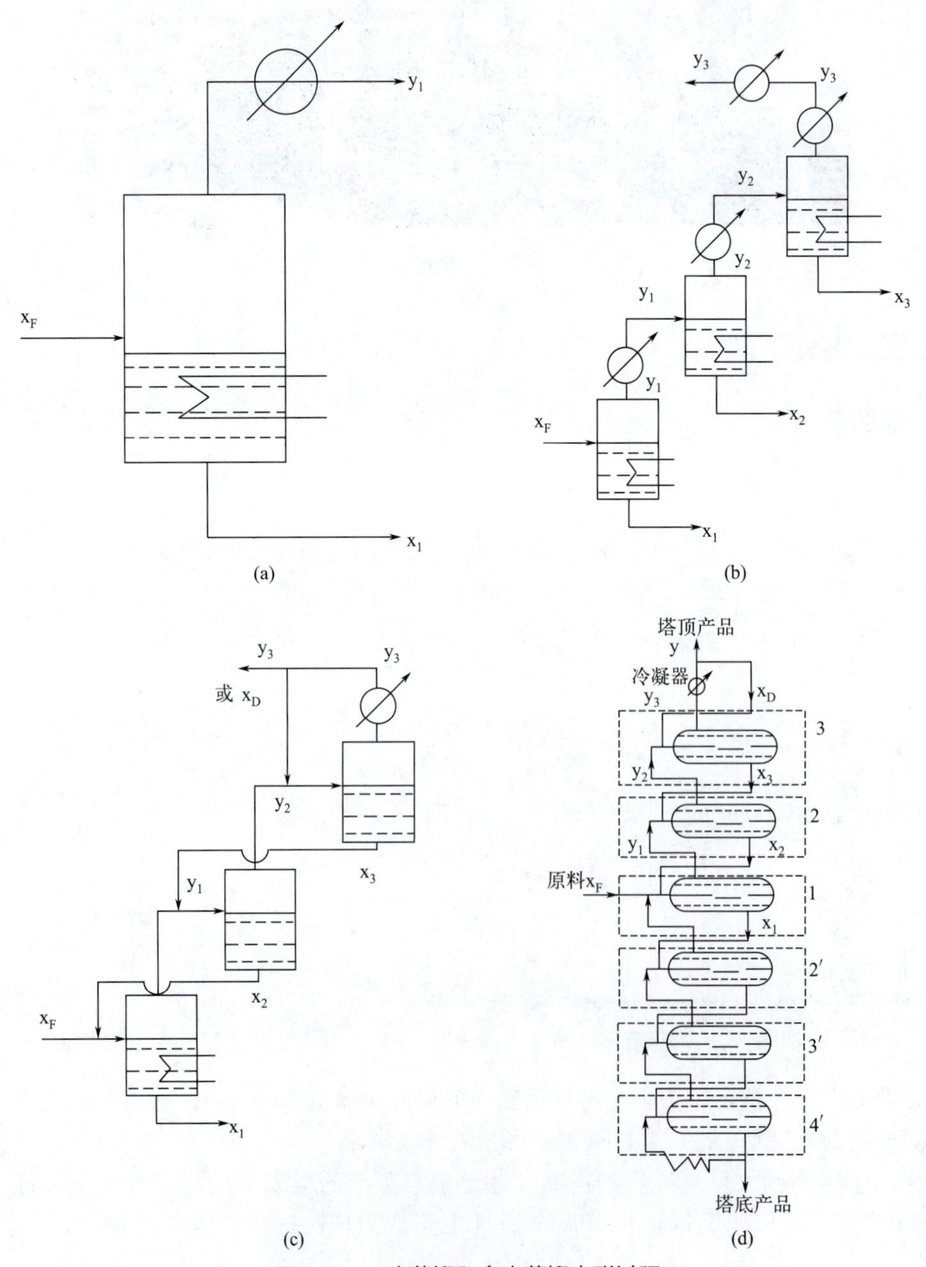

图7-4　一次蒸馏和多次蒸馏串联过程

由图 7-4 简单蒸馏和多级蒸馏串联示意图可以看出：精馏相当于多级蒸馏串联，每一块塔板都相当于一个简单蒸馏釜。塔板是提供气液两相接触、进行传质传热的场所。在塔板上，易挥发组分由液相向气相传递，难挥发组分由气相向液相传递。最终使得：

① 气体混合物经过多次部分冷凝后可变为高纯度的易挥发组分。

② 液体混合物经过多次部分汽化后可变为高纯度的难挥发组分。

精馏原理：精馏是多次部分汽化与多次部分冷凝的联合操作。

【精馏的必要条件】

① 有无回流。

② 塔顶液体的回流——液体回流，顶端冷凝器的部分冷凝液的“回流”保证提供“冷源”。

③ 塔釜液体的部分气化——蒸气回流，底端加热器的“蒸气”保证提供“热源”。

思考与练习

选择题

1. 精馏是分离（　　）混合物的化工单元操作，其分离依据是利用混合物中各组分（　　）的差异。

A. 气体　　B. 液体　　C. 固体　　D. 挥发度

E. 溶解度　　F. 温度

2. 蒸馏是利用各组分（　　）不同的特性实现分离的目的。

A. 溶解度　　B. 等规度　　C. 挥发度　　D. 调和度

3. 在二元混合液中，沸点低的组分称为（　　）组分。

A. 可挥发　　B. 不挥发　　C. 易挥发　　D. 难挥发

4.（　　）是保证精馏过程连续稳定操作的必不可少的条件之一。

A. 液相回流　　B. 进料　　C. 侧线抽出　　D. 产品提纯

5. 在（　　）中溶液部分汽化而产生上升蒸气，是精馏得以连续稳定操作的一个必不可少条件。

A. 冷凝器　　B. 蒸发器　　C. 再沸器　　D. 换热器

6. 在二元混合液中，（　　）的组分称为易挥发组分。

A. 沸点低　　B. 沸点高　　C. 沸点恒定　　D. 沸点变化

填空题

根据蒸馏操作采用的方法不同，分为__________和特殊蒸馏。

判断题

1. 简单蒸馏适用于沸点相差较大，分离程度要求不高的溶液分离。（　　）

2. 精馏过程是利用多次部分汽化和多次部分冷凝的原理完成的。（　　）

3. 没有回流，任何蒸馏操作都无法进行。（　　）

4. 分离液体混合物时，精馏比简单蒸馏更完全。（　　）

拓展阅读

酒精是怎样提浓的?

我们都知道酒精按用途来分可分为：医用酒精、食用酒精和工业酒精。这些酒精都是由精馏塔通过“提浓”得到的合格产品。说到“提浓”，则与蒸馏、精馏有着密切的关系。

酒精蒸馏的历史可追溯到几千年前，古时候人们因饥饿会将落地很久的野果拿来充饥，结果发现这些野果有一种浓香甜美的味道，从中得到启示学会了酿酒（图 7-5）。可是直接酿造的酒不易保存，时间一久就会变味儿，后来人们通过加热延长保存时间，但那样会影响口感。一次偶然的机会，有人发现酒在加热的过程中，锅盖上凝结的液体同样具有浓香甜美的味道，于是便学会了用蒸煮的办法收集蒸气，再用水冷却，得到清澈透明的冷凝液（酒），既可以保存较长时间，又能保证其原有风味。从此酒精蒸馏开始应用并不断得到发展。

图7-5　古代酿酒过程

利用加热容器对酒进行蒸煮，将酒蒸气冷凝，这样一个过程称为简单蒸馏，只经过一次简单蒸馏所得到的酒依然是浑浊的，口味浓烈辛辣，有“浊酒”“白酒”之称。后来人类又采用多次蒸馏的方法，使酒变得越来越清澈，酒的浓度也在不断地提高，产生了“烈酒”。

任务二　精馏计算

学习目标

1. 了解气液平衡线的用途。
2. 理解饱和蒸气压、拉乌尔定律、道尔顿分压定律等基本概念。
3. 掌握用饱和蒸气压来求平衡时气液相组成的方法。
4. 能够绘制气液相平衡线。
5. 理解挥发度和相对挥发度的概念。
6. 能够用相对挥发度推导气液平衡方程式（难点）。
7. 能够根据气液平衡方程式绘制气液相平衡。

一、两组分的气液相平衡关系

（一）气液平衡线的用途

想一想

（1）精馏最主要的设备是什么？其作用是什么？实现其作用的场所是哪里？
（2）精馏塔理论上需要几块塔板？

1. 拉乌尔定律和道尔顿分压定律

（1）溶液的气 - 液平衡状态

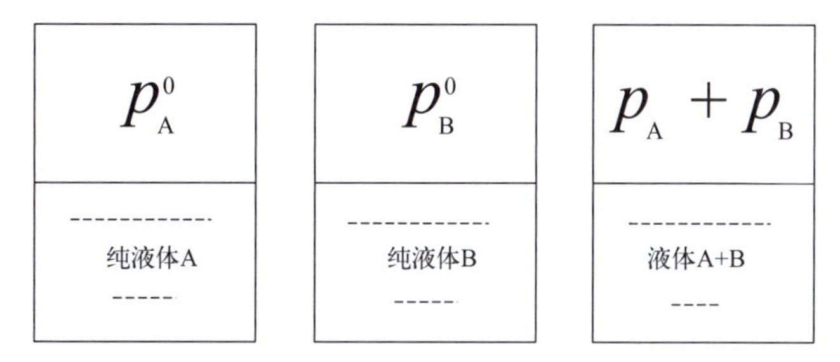

A: 易挥发组分，沸点低。

B: 难挥发组分，沸点高。

（2）饱和蒸气压

【定义】

① 在密闭容器内，在一定温度下，纯组分液体的气液两相达到平衡状态，称为饱和状态；

② 其蒸气称为饱和蒸气，其压力就是饱和蒸气压，简称蒸气压。

A 和 B 的饱和蒸气压分别用p_A^0、p_B^0表示，$p_A < p_A^0$，$p_B < p_B^0$。

（3）拉乌尔（Raoult）定律

若为理想溶液：

$$p_A = p_A^0 x_A \tag{7-1}$$

同样：

$$p_B = p_B^0 x_B = p_B^0 (1 - x_A) \tag{7-2}$$

（4）道尔顿分压定律

理想气体：

$$y_A = \frac{p_A}{p} = \frac{p_A}{p_A + p_B} \tag{7-3}$$

$$y_B = \frac{p_B}{p} = \frac{p_B}{p_A + p_B} \tag{7-4}$$

x：液相中易挥发组分的摩尔分数；

y：气相中易挥发组分的摩尔分数；

【例题 7-1】 若苯 - 甲苯混合液在 45℃时沸腾，外界压力为 20.3kPa。已知在 45℃时，纯苯的饱和蒸气压$p_苯^0$ =22.7kPa, 纯甲苯的饱和蒸气压$p_苯^0$ =7.6kPa。求其气液相的平衡组成。

解:（1）平衡时苯的液相组成 $x_苯$、气相组成 $y_苯$

$$x_苯 = \frac{p - p_{甲苯}^0}{p_苯^0 - p_{甲苯}^0} = \frac{20.3 - 7.6}{22.7 - 7.6} = \frac{12.7}{15.1} = 0.84$$

$$y_苯 = \frac{p_苯^0}{p} x_苯 = \frac{22.7}{20.3} \times 0.84 = 0.94$$

（2）平衡时，甲苯在液相和气相中的组成分别为 $x_{甲苯}$ 和 $y_{甲苯}$

$$x_{甲苯}=1-x_{苯}=1-0.84=0.16$$

$$y_{甲苯}=1-y_{苯}=1-0.94=0.06$$

（二）绘制气液平衡线

【例题 7-2】 苯（A）和甲苯（B）的饱和蒸气压和温度关系如下，试利用拉乌尔定律和相对挥发度分别计算苯 - 甲苯混合液在总压 101.33kPa 下的气液平衡数据，并绘制出气液平衡图 x-y 图。

t/℃	80.1	85	90	95	100	105	110.6
p_A^0/kPa	101.33	116.9	135.5	155.7	179.2	204.2	240
p_B^0/kPa	40.0	46.0	54.0	63.3	74.3	86.0	101.33

解：以 t=85℃为例

$$x_A=\frac{p-p_B^0}{p_A^0-p_B^0}=\frac{101.33-46.0}{116.9-46.0}=0.780$$

$$y_A=\frac{p_A^0}{p}x_A=\frac{116.9}{101.33}\times 0.780=0.9$$

t/℃	80.1	85	90	95	100	105	110.6
x	1.000	0.780	0.581	0.412	0.258	0.130	0
y	1.000	0.900	0.777	0.633	0.456	0.262	0

做出 x-y 图（图 7-6）：

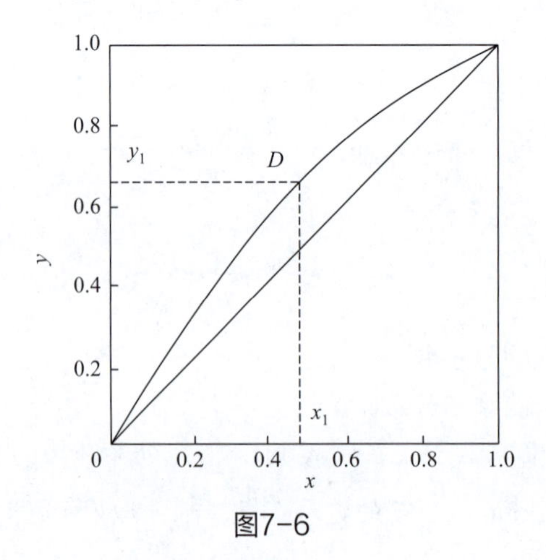

图7-6

二、用相对挥发度求气液平衡方程

（一）挥发度和相对挥发度

【挥发度（ν）】

某组分在气相中的平衡分压与该组分在液相中的摩尔分数之比

$$\nu_A = \frac{p_A}{x_A} \qquad \nu_B = \frac{p_B}{x_B} \tag{7-5}$$

若为理想溶液，则$\nu_A = \frac{p_A}{x_A} = \frac{p_A^0 x_A}{x_A} = p_A^0$

挥发度为表征该组分挥发能力大小的标志。

【相对挥发度（α）】

定义：溶液中易挥发组分挥发度与难挥发组分挥发度之比

理想溶液 $\alpha = \frac{\nu_A}{\nu_B} = \frac{p_A^0}{p_B^0}$

【讨论】

若 α>1，α 越大，越容易精馏分离；

若 α=1，则不能采用普通精馏分离。

【结论】α 可以用来判别精馏分离的难易程度，以及用普通精馏方法能否达到分离的目的。

（二）相对挥发度

【定义】溶液中易挥发组分挥发度与难挥发组分挥发度之比

$$\alpha = \frac{\nu_{A（轻组分）}}{\nu_{B（重组分）}} = \frac{p_A x_B}{p_B x_A} = \frac{p y_A x_B}{p y_B x_A} = \frac{y_A x_B}{y_B x_A}$$

$$\frac{y_A}{y_B} = \alpha \frac{x_A}{x_B}$$

$$\frac{y_A}{1-y_A} = \alpha \frac{x_A}{1-x_A}$$

气液平衡方程：

$$y = \frac{\alpha x}{1+(\alpha-1)x} \tag{7-6}$$

三、全塔物料衡算

（一）理论板和恒摩尔流假定

【理论板】在其上气、液两相都充分混合，离开该板时气、液两相达到平衡状态，即两相温度相等，组成互成平衡。

【操作关系】y_{n+1} 与 x_n 之间的关系

（1）恒摩尔气流：每层塔板的上升蒸气的摩尔流量恒定。

精馏段： $V_1=V_2=V_3=\cdots=V=$常数 （7-7）

提馏段： $V_4'=V_5'=V_6'=\cdots=V'=$常数 （7-8）

式中 V——精馏段上升蒸气的摩尔流量，kmol/h;

V'——提馏段上升蒸气的摩尔流量，kmol/h。

（2）恒摩尔液流：精馏段内，每层塔板下降的液体摩尔流量都相等，提馏段也一样。

精馏段
$$L_1=L_2=L_3=\cdots=L=\text{常数} \tag{7-9}$$

提馏段
$$L_4'=L_5'=L_6'=\cdots=L'=\text{常数} \tag{7-10}$$

式中 L——精馏段下降液体的摩尔流量，kmol/h;

L'——提馏段下降液体的摩尔流量，kmol/h。

（下标1、2…表示自上而下的塔板序号。）

【注意】 V不一定等于V'，L不一定等于L'，受进料影响。

（二）全塔物料衡算顶轻组分的回收率

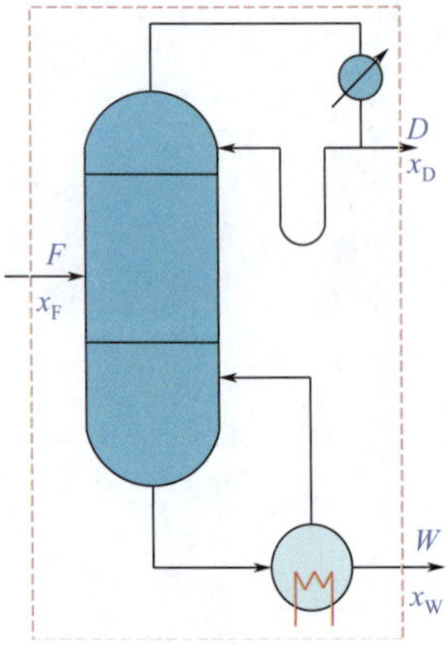

总物料衡算式（图7-7）：

$$F=D+W \tag{7-11}$$

式中 F——原料液流量，kmol/h；

D——塔顶产品流量（馏出液），kmol/h；

W——塔底产品流量（釜残液），kmol/h。

图7-7 全塔物料恒算

轻组分衡算式：

$$Fx_F=Dx_D+Wx_W \tag{7-12}$$

式中 x_F——原料中易挥发组分的摩尔分数；

x_D——馏出液中易挥发组分的摩尔分数；

x_W——釜残液中易挥发组分的摩尔分数。

塔顶易挥发组分回收率：

$$\eta=\frac{Dx_D}{Fx_F}\times100\% \tag{7-13}$$

【例题7-3】 将14.0kmol/h含苯0.45（摩尔分数，下同）和甲苯0.55的混合液在连续精馏塔中分离，要求馏出液含苯0.95，釜液含苯不高于0.1，求馏出液、釜残液的流量以及塔顶易挥发组分的回收率。

解：

已知：F=14.0kmol/h，x_F=0.45，x_W=0.1，x_D=0.95，求W，D，η。

$$F=D+W$$

$$Fx_F=Dx_D+Wx_W$$

代入上式，求得D=5.76kmol/h，W=8.24kmol/h，$\eta=\frac{Dx_D}{Fx_F}\times100\%=86.9\%$

答：馏出液的流量为5.76kmol/h，釜残液的流量为8.24kmol/h，回收率86.9%。

（三）精馏段和提馏段操作线方程

假若对精馏塔内某二截面以上或以下作物料衡算，就可得到任意板下降液相组成x_n及由其下一层上升的蒸气组成y_{n+1}之间关系的方程。表示这种关系的方程称为精馏塔的操作线方程。在连续精馏塔的精馏段和提馏段之间，因有原料不断地进入塔内，因此精馏段与提馏段两者的操作关系是不相同的，应分别讨论。先推导精馏段操作关系。

1．精馏段操作线方程

精馏段物料衡算示意图见图7-8，把精馏段内任一横截面（例如第n块与第n+1块塔板间）以上的塔段及塔顶冷凝器作为物料衡算区域。精馏段的操作线方程可通过对该区域的物料衡算求得。即

总物料
$$V=L+D \tag{7-14}$$

V——精馏段上升蒸气的摩尔流量，kmol/h；

L——精馏段下降液体的摩尔流量，即回流液的摩尔流量，kmol/h；

D——塔顶产品（馏出液），kmol/h。

易挥发组分
$$Vy_{n+1}=Lx_n+Dx_D \tag{7-15}$$

式中　x_n——精馏段中第n层板下降液相中易挥发组分的摩尔分数；

y_{n+1}——精馏段第n+1层板上升蒸气中易挥发组分的摩尔分数。

出以上两式整理，得

$$y_{n+1}=\frac{L}{L+D}x_n+\frac{D}{L+D}x_D \tag{7-16}$$

式（7-16）右边两项的分子分母除以馏出液流量D，并

令
$$R=\frac{L}{D} \tag{7-17}$$

R称为回流比，它是精馏操作的重要参数之一。R值的确定和影响将在后面讨论。则得

$$y_{n+1}=\frac{R}{R+1}x_n+\frac{x_D}{R+1} \tag{7-18}$$

式（7-18）称为精馏段操作线方程。它表示在一定的操作条件下，精馏段内自任意第n块板下降液相组成x_n与其相邻的下一块（即n+1）塔板上升蒸气组成y_{n+1}之间的关系。

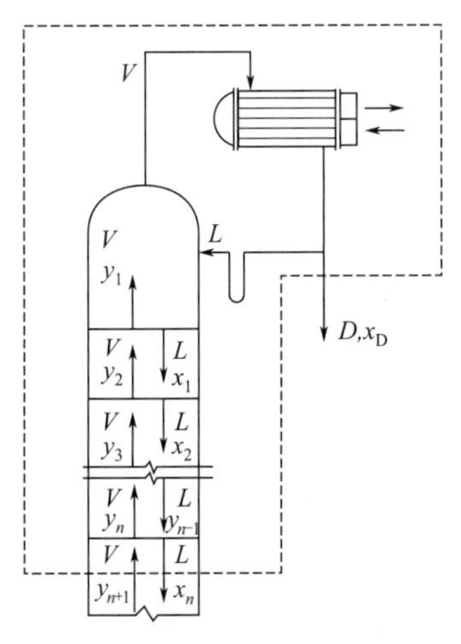

图7-8　精馏段物料衡算示意图

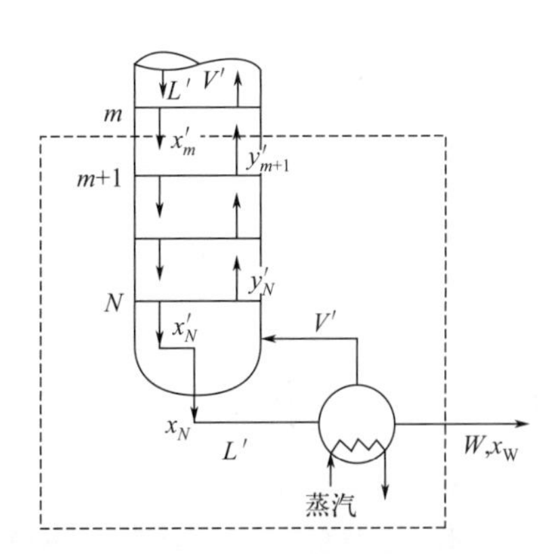

图7-9　提馏段物料衡算

2. 提馏段操作线方程

提馏段示意图如图 7-9 所示，同理对任意第 m 板和 m+1 板间以下塔段及再沸器作物料衡算式，即

总物料
$$L' = V' + W \tag{7-19}$$

易挥发组分

$$L'x'_m = V'y'_{m+1} + Wx_W \tag{7-20}$$

式中 x'_m——提馏段第 m 层板下降液相中易挥发组分的摩尔分数；

y'_{m+1}——提馏段第 m+1 层板上升蒸气中易挥发组分的摩尔分数。

由以上两式，得

$$y'_{m+1} = \frac{L'}{L' - W}x'_m - \frac{W}{L' - W}x_W \tag{7-21}$$

式（7-21）称为提馏段操作线方程。该方程表示在一定的条件下，提馏段内自任意第 m 块塔板下降液相组成x'_m与其相邻的下一块（即 m+1）塔板上升蒸气组成y'_{m+1}之间的关系。

四、回流比

1. 全回流和最少理论塔板数

若塔顶上升的蒸气冷凝后全部回流至塔内，这种回流方式称为全回流。

在全回流操作下，塔顶产品量 D 为零，进料量 F 和塔底产品量也均为零，既不向塔内进料，也不从塔内取出产品。因而精馏塔无精馏段和提馏段之分（图 7-10）。

全回流时回流比是回流比的最大值。

$$R = L/D = L/0 = \infty \tag{7-22}$$

精馏段操作线的斜率：

$$\frac{R}{R+1} = 1 \tag{7-23}$$

在 y 轴上的截距$\frac{x_D}{R+1} = 0$，操作线与 y-x 图上的对角线重合，即

$$y_{n+1} = x_n \tag{7-24}$$

在操作线与平衡线间绘直角梯级，其跨度最大，所需的理论板数最少，以 Nmin 表示。如图 7-11 所示。

全回流操作生产能力为零，因此对正常生产无实际意义。但在精馏操作的开工阶段或在实验研究中，多采用全回流操作，这样便于过程的稳定和精馏设备性能的评比。

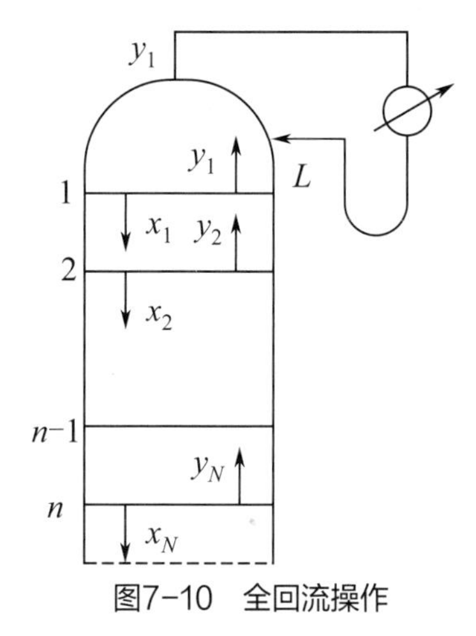

图7-10　全回流操作

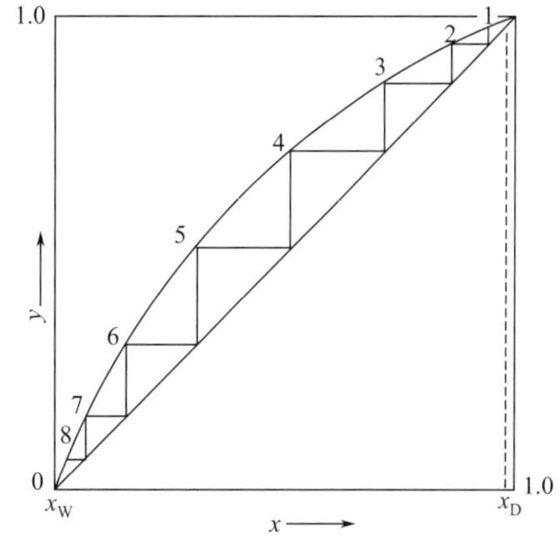

图7-11　全回流时理论塔板数

2. 最小回流比

对于一定的分离任务，若减小回流比，精馏段的斜率变小，两操作线的交点沿 q 线向平衡线趋近，表示汽 - 液相的传质推动力减小，达到指定的分离程度所需的理论板数增多。当回流比减小到某一数值时，两操作线的交点 d 落在平衡曲线上，如图 7-12 所示，在平衡线和操作线间绘梯级，需要无穷多的梯级才能达到 d 点，这是一种不可能达到的极限情况，相应的回流比称为最小回流比，以 $R_{\min}$ 表示。

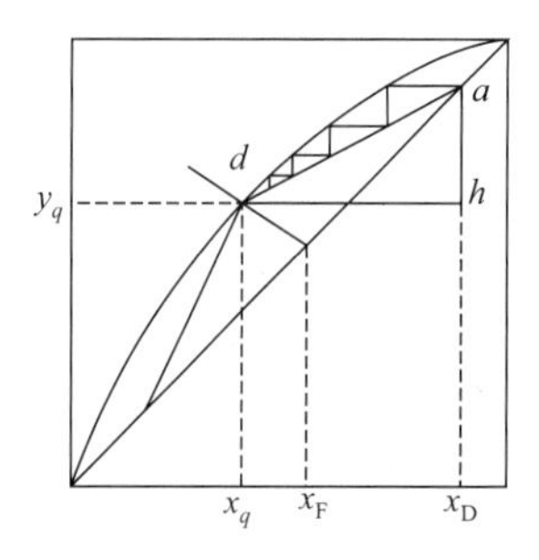

图7-12　最小回流比

3. 适宜回流比

【选择依据】费用最低。

总费用 = 操作费用 + 设备费。

① 精馏操作费主要取决于再沸器中的加热介、冷凝器中冷却介质消耗量

$$\begin{cases} V=(R+1)D \\ V'=V+(q-1)F \end{cases} \Rightarrow R\uparrow \Rightarrow \begin{cases} V\uparrow \\ V'\uparrow \end{cases} \Rightarrow \begin{cases} \text{冷却介质}\uparrow \\ \text{加热介质}\uparrow \end{cases} \Rightarrow \text{操作费用}\uparrow$$

式中：

② 设备费包括精馏塔、再沸器、冷凝器的费用

$$\begin{cases} R=R_{\min}\text{时，}N_T=\infty \quad \text{精馏塔费用高} \\ R\text{稍大于}R_{\min}\text{，}N_T\text{降为有限层，塔板费用}\downarrow \\ R\text{继续增大，板数减少的很少，}V\text{和}V'\uparrow\text{，塔径、冷凝器、再沸器尺寸}\uparrow\text{，设备费}\uparrow \end{cases}$$

4. 回流比对精馏的影响与选择

在精馏生产中，回流量是根据生产的质量要求进行控制的。

回流比的大小对产品量和产品质量影响很大；回流比越大，产品量越少，质量越高。在不同的分离效果时，塔顶和塔底的产品量都发生了变化，同时，回流比 R 也发生了改变，当塔顶产品量 D 减少时，则回流比 R 就增大，塔顶产品浓度就提高了。在生产中，常常采用增大回流比的方法来提高塔顶产品的浓度。操作时 R 的调节，要综合恒量随 R 的变化，费用及理论塔板数的变化（图 7-13），寻找最优回流比 R。

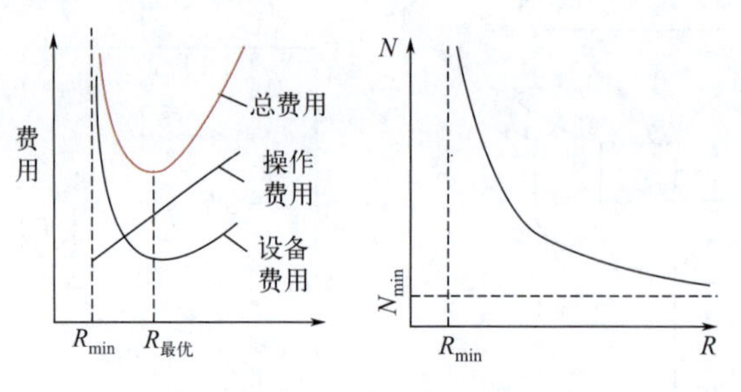

图7-13 费用及理论塔板数随R的变化

思考与练习

选择题

1. 某精馏塔的馏出液量是50kmol/h，回流比是2，则精馏段的回流量是（　　）。

A.100kmol/h　　B.50kmol/h

C.25kmol/h　　D.125kmol/h

2. 正常操作的二元精馏塔，塔内某截面上升气相组成 y_{n+1} 和下降液相组成 x_n 的关系是（　　）。

A.$y_{n+1}>x_n$　　B.$y_{n+1}<x_n$

C.$y_{n+1}=x_n$　　D. 不能确定

3.（　　）是指离开这种板的气液两相相互成平衡，而且塔板上的液相组成也可视为均匀的。

A. 浮阀板　　B. 喷射板

C. 理论板　　D. 分离板

4. 在 y-x 图中，平衡曲线离对角线越远，该溶液越（　　）。

A. 难分离　　B. 易分离

C. 无法确定分离难易　　D. 与分离难易无关

5. 混合液两组分的相对挥发度越小，则表明用蒸馏方法分离该混合液越（　　）。

A. 容易　　B. 困难

C. 完全　　D. 不完全

6. 当二组分液体混合物的相对挥发度为（　　）时，不能用普通精馏方法分离。

A.3.0　　B.2.0

C.1.0　　D.4.0

7. 下列说法错误的是（　　）。

A. 回流比增大时，操作线偏离平衡线越远，越接近对角线

B. 全回流时所需理论板数最小，生产中最好选用全回流操作

C. 全回流有一定的实用价值

D. 实际回流比应在全回流和最小回流比之间

8. 在蒸馏生产过程中，从塔釜到塔顶，压力（　　）。

A. 由高到低　　B. 由低到高

C. 不变　　D. 都有可能

9. 在精馏塔中，当板数及其他工艺条件一定时，适当增大回流比，将使塔顶产品浓度（　　）。

A. 变化无规　　B. 维持不变

C. 降低　　D. 提高

10. 精馏塔塔底产品纯度下降，可能是（　　）。

A. 提馏段板数不足　　B. 精馏段板数不足

C. 再沸器热量过多　　D. 塔釜温度升高

判断题

1. 根据恒摩尔流的假设，精馏塔中每层塔板液体的摩尔流量和蒸汽的摩尔流量均相等。（　　）

2. 精馏操作时，增大回流比，其他操作条件不变，则精馏段的液气比不变。（　　）

3. 实现稳定的精馏操作必须保持全塔系统的物料平衡和热量平衡。（　　）

4. 同一温度下，不同液体的饱和蒸汽压不同。（　　）

5. y-x 图中对角线上任何一点的气液组成都相等。（　　）

6. 在 y-x 图中，任何溶液的平衡线都在对角线上方。（　　）

7. 精馏操作时，增大回流比，其他操作条件不变，则精馏段的液气比和馏出液的组成均不变。（　　）

8. 精馏时塔顶温度高，可减小回流量加以调节。（　　）

9. 精馏的回流比是指塔顶的回流液量与塔顶产品量的比值。（　　）

10. 混合液的相对挥发度是指溶液中难挥发组分的挥发度与易挥发组分的挥发度之比。（　　）

11. 精馏塔内的温度随塔内易挥发组分含量的增大而升高。（　　）

12. 精馏塔釜压升高将导致塔内温度降低。（　　）

计算题

在一常压精馏塔内分离苯和甲苯混合物，塔顶为全凝器。进料量为1000kmol/h，含苯0.4，要求塔顶馏出液中含苯0.9（以上均为摩尔分数），苯的回收率不低于90%。试求塔顶产品量 D、塔底残液量 W 及组成 x_D。

填空题

1. 在总压为101.3kPa，温度为95℃下，苯与甲苯的饱和蒸汽压分别为 p_A^0=155.7kPa，p_B^0=63.3kPa，则平衡时苯的液相组成为 x=__________，气液组成为 y=__________，相对挥发度为______。

2. 溶液中两组分________之比，称为相对挥发度，理想溶液中相对挥发度等于两纯组分的________之比。

拓展阅读

从原油到成品油 / 化工原料，石油在炼厂都经历了什么？

石油炼化（图 7-14）常用的工艺流程为常减压蒸馏、催化裂化、延迟焦化、加氢裂化、溶剂脱沥青、加氢精制、催化重整。

从原油到石油的基本途径一般为：

① 将原油先按不同产品的沸点要求，分割成不同的直馏馏分油，然后按照产品的质量标准要求，除去这些馏分油中的非理想组分；

② 通过化学反应转化，生成所需要的组分，进而得到一系列合格的石油产品。

图7-14 石油炼化

任务三 精馏装置及流程

学习目标

1. 熟悉精馏塔的类型和主要部件。
2. 熟悉常见的板式塔及其特点。
3. 了解精馏操作的几种异常现象。
4. 能熟练识读精馏工艺流程图。
5. 能对着现场讲解工艺流程。

一、认知精馏装置

（一）精馏塔的分类

实现精馏过程是在气液传质设备中进行的。气液传质设备的形式多样，用得最多的是填料塔和板式塔。

1. 填料塔

组成

① 填料层：填料表面形成的液膜面能提供气液传质面。
② 液体分布器：均匀分布液体，以避免发生沟流现象。
③ 液体再分布器：避免壁流现象发生。
④ 支撑板：支撑填料层，使气体均匀分布。

⑤ 除沫器：防止塔顶气体出口处夹带液体。

常用填料

① 形状：环形（拉西环、鲍尔环、阶梯环），鞍形（矩鞍形、弧鞍形），波纹形（板波纹、网状波纹），如图 7-15 所示。

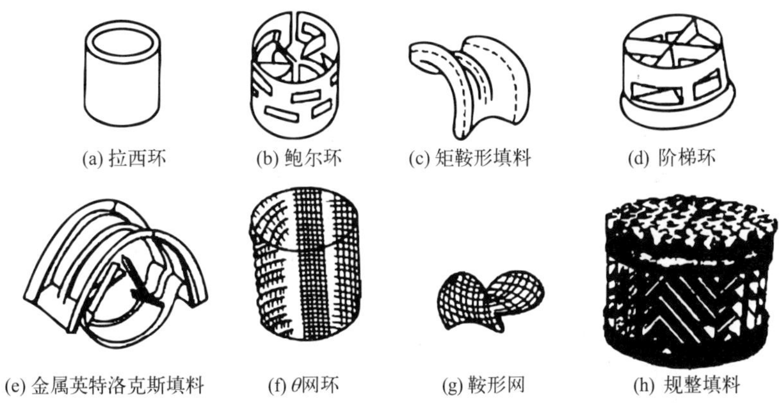

图7-15　常用填料

② 材料：陶瓷、金属、塑料。

③ 堆放：整砌、乱堆。

2. 板式塔

板式塔的塔体也为圆筒体，塔内装有若干层按一定间距放置的水平塔板。操作时，塔内液体依靠重力作用，由上层塔板的降液管流到下层塔板上，然后横向流过塔板，从另一侧的降液管流至下一层塔板。气相靠压强差推动，自下而上穿过各层塔板及板上液层而流向塔顶。塔板是板式塔的核心，在塔板上气液两相密切接触，进行热量和质量的交换。在正常操作下，液相为连续相，气相为分散相。

下面我们就来认识各种不同塔板组成的板式塔。

（1）泡罩塔

泡罩塔属于板式塔的一种。

泡罩塔的塔板结构如图 7-16 所示，在一块圆形板上，开有若干规则排列的圆孔，每个圆孔都装有升气管，泡罩固定在升气管上。当液体通过降液管从上一块塔板流入下一块塔板时，液体在塔板上和泡罩内形成了一定高度的液层，图 7-17 中气体从升气管进入，升至泡罩后又沿泡罩转向下流动，从升气管外侧的液层中穿出，继续向上一层塔板流动。气体在穿越液层时，发生传热和传质过程。

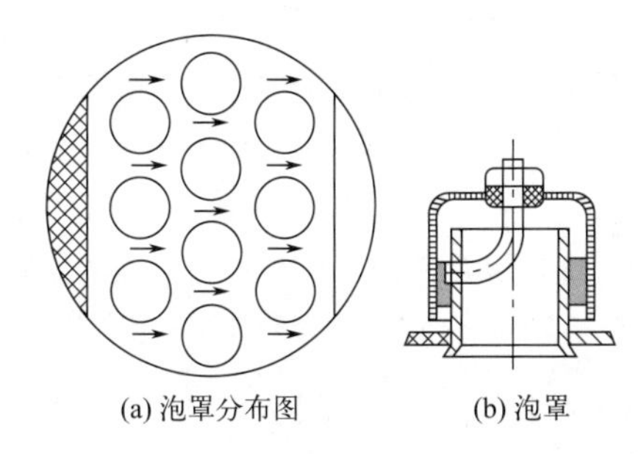

图7-16　泡罩塔

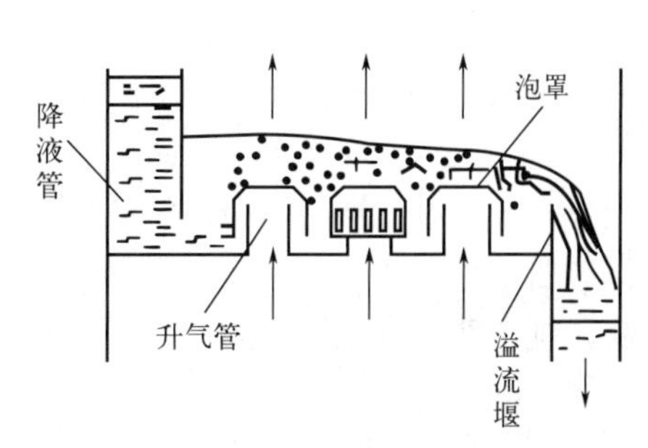

图7-17　泡罩塔操作示意

泡罩塔最大的优点是易于操作，操作弹性大。当液体流量变化时，由于塔板上液层厚度主要由溢流堰高度控制，使塔板上液层厚度变化很小。若气体流量变化，泡罩的开启度会随气体流量改变自动调节，故气体通过泡罩的流速变化亦较小。于是，塔板操作平稳，气液接触状况不因气液负荷变化而显著改变。

泡罩塔的缺点是结构复杂，造价高，气体通过每层塔板的压降大等，因此现在泡罩塔的应用已经比较少了。

（2）筛孔塔

筛板塔内装有若干块按一定的间距安装的筛板，如图 7-18 所示，筛板上开有许多筛孔，起到均匀分散气体的作用。筛板塔正常运行时，从上一层塔板上流下来的液体从筛板上横向流过，并保持一定的液层高度，气体则从筛孔上升以鼓泡的方式穿过液层。当气速过低时，液体会从筛孔漏下，称为漏液；若气速过高时，气体从筛孔上升并穿过液层时会带走一定量的液体，造成过量液沫夹带，漏液和液沫夹带都属于不正常的操作。所以，筛板塔长期以来被认为操作困难、操作弹性小而受到冷遇。然而，筛板塔具有结构简单的明显优点。

针对筛板塔操作中存在的问题，对筛板塔作出改进后，筛板塔一直是世界各国广泛应用的塔型。生产实践说明，筛板塔比起泡罩塔，生产能力可增大 10% ～ 15%，板效率约提高 15%，单板压降可降低 30% 左右，造价可降低 20% ～ 50%。

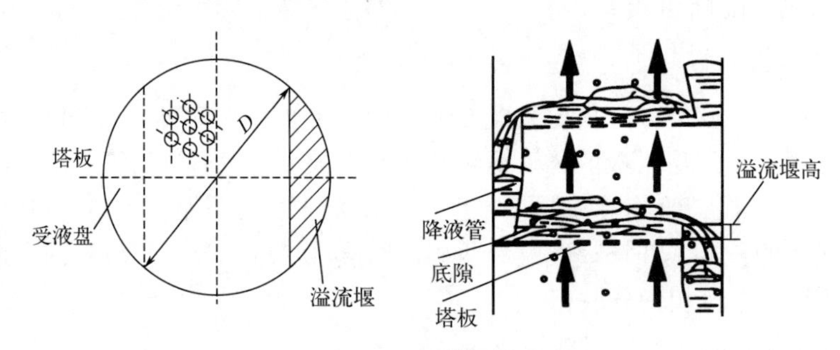

图7-18　筛板塔

（3）浮阀塔

在筛板塔的基础上，每个筛孔处安置一个可上下移动的阀片，见图 7-19。其特点是当筛孔气速高时，阀片被顶起，气体穿过阀片并通过阀片周围的液层向上流动；气速低时，阀片因自重而下降。阀片升降位置随气流量大小作自动调节，从而使进入液层的气速基本稳定。又因气体在阀片下侧水平方向进入液层，既减少液沫夹带量，又延长气液接触时间，可以强化传质效果。

浮阀的形状如图 7-19 所示。浮阀有三条带钩的腿。将浮阀放进筛孔后，将其腿上的钩扳转 90°，可防止操作时气速过大将浮阀吹脱。此外，浮阀边缘冲压出三块向下微弯的“脚”。当筛孔气速降低，浮阀降至塔板时，靠这三只“脚”使阀片与塔板间保持 2.5mm 左右的间隙；在浮阀再次升起时，浮阀不会被粘住，可平稳上升。

浮阀塔的生产能力比泡罩塔约大 20% ～ 40%，操作弹性可达 7 ～ 9，板效率比泡罩塔约高 15%，制造费用为泡罩塔的 60% ～ 80%，为筛板塔的 120% ～ 130%。浮阀一般都用不锈钢制成。

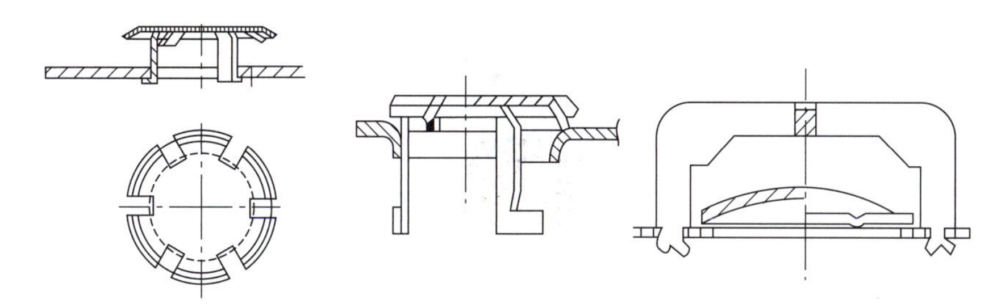

图7-19 几种浮阀形式

（二）精馏塔的几种异常现象

1. 漏液

气体通过筛孔的速度较小时，气体通过筛孔的动压不足以阻止板上液体的流下，液体会直接从孔口落下，这种现象称为漏液，如图 7-20 所示。正常操作时，一般控制漏液量不大于液体流量的 10%。严重的漏液会使筛板上不能积液而不能正常操作。漏液现象发生时，精馏塔的塔板效率极大地降低，分离效果变差，可能造成塔顶采出和塔釜采出（尤其是塔釜）产品不合格，严重时塔顶无采出，要避免漏液，必须使气体分布均匀，使每个筛孔都有气体通过。为使气体分布均匀，应使筛板结构设计合理，并避免气速过小。

图7-20 漏液

2. 液泛

为使液体能稳定地流入下一层塔板，降液管内须维持一定高度的液柱。气速增大，气体通过塔板的压降也增大，降液管内的液面相应地升高；液体流量增加，液体流经降液管的阻力增加，相应地，降液管液面也升高。降液管中泡沫液体高度超过上层塔板的出口堰，板上液体将无法顺利流下，从而导致液流阻塞，造成淹塔，即液泛，如图 7-21 所示。液泛是气液两相作逆向流动时的操作极限。发生液泛时，分散相由原来的气体变为液体，连续相由原来的液体变为气体，塔的正常操作将被破坏，在实际操作中要避免。

图7-21　液泛

二、装置工艺流程图识读

小组活动

小组成员一起识读精馏工艺流程图，完成以下任务。

（1）每组派一个代表到讲台上对着流程图讲解。

（2）完成下列表格。

过程	方法、途径	设备
轻组分汽化		
高纯度分离		
轻组分蒸气液化		
进料/回流		
产品恢复常温		
原料/产品存放		

设备	数量	位置
精馏塔		
再沸器		
冷凝器、冷却器		
泵		
储罐		

小组活动

小组成员到精馏现场，对着装置图 7-22 熟悉流程，每组派一个代表讲给教师听。

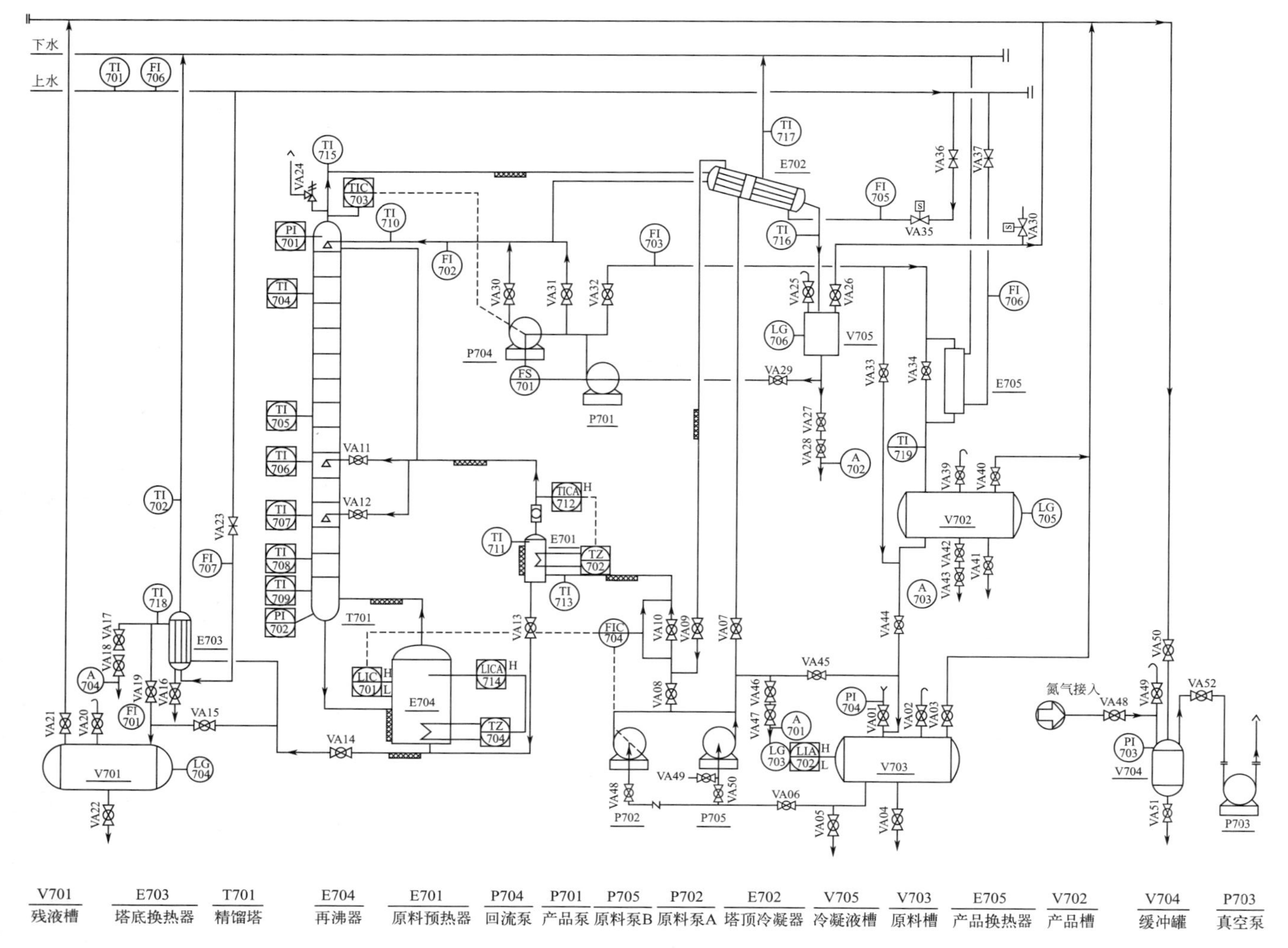

图7-22　精馏工艺流程图

思考与练习

1. 精馏塔中自上而下（　　）。

A. 分为精馏段、加料板和提馏段三个部分

B. 温度依次降低

C. 易挥发组分浓度依次降低

D. 蒸气质量依次减少

2. 由气体和液体流量过大两种原因共同造成的是（　　）现象。

A. 漏液　　B. 液沫夹带

C. 气泡夹带　　D. 液泛

3. 只要求从混合液中得到高纯度的难挥发组分，采用只有提馏段的半截塔，则进料口应位于塔的（　　）部。

A. 顶　　B. 中　　C. 中下　　D. 底

4. 在四种典型塔板中，操作弹性最大的是（　　）型，最小的是（　　）型。

A. 泡罩　　B. 筛板　　C. 浮阀　　D. 舌板

5. 下述分离过程中不属于传质分离过程的是（　　）。

A. 萃取分离　　B. 吸收分离

C. 精馏分离　　D. 离心分离

6. 若要求双组分混合液分离成较纯的两个组分，则应采用（　　）。

A. 平衡蒸馏　　B. 一般蒸馏

C. 精馏　　D. 无法确定

7. 当分离沸点较高，而且又是热敏性混合液时，精馏操作压力应采用（　　）。

A. 加压　　B. 减压

C. 常压　　D. 不确定

8. 下列判断不正确的是（　　）。

A. 上升气速过大引起漏液　　B. 上升气速过大造成过量雾沫夹带

C. 上升气速过大引起液泛　　D. 上升气速过大造成大量气泡夹带

9. 在精馏塔操作中，若出现淹塔时，可采取的处理方法有（　　）。

A. 调进料量，降釜温，停采出　　B. 降回流，增大采出量

C. 停车检修　　D. 以上三种方法

10. 在多数板式塔内气、液两相的流动，从总体上是（　　），而在塔板上两相为（　　）流流动。

A. 逆；错　　B. 逆；并　　C. 错；逆　　D. 并；逆

拓展阅读

五种进料热状况

在精馏生产中待分离的混合物入塔时可能有不同的情况，例如：混合物是液相或气液混合物，也可能是气相，温度也可能不同。下表反映了混合物进塔时的五种状况。

编号	1	2	3	4	5
进料热状况	冷液	饱和液体	气液混合物	饱和蒸气	过热蒸气
温度	低于沸点	沸点	沸点$<T<$露点	露点	高于露点
热状态参数	$q>1$	$q=1$	$0<q<1$	$q=0$	$q<0$

当原料液的温度低于沸点时称为冷液进料；原料液的温度等于沸点时称为饱和液体进料；在沸点和露点之间的原料是由气相和液相组成的，称为气液混合物进料；饱和蒸气进料的温度是露点；原料的温度高于露点时称为过热蒸气进料。

从表中可以看到，对于这五种不同的进料状况，都对应于一个 q 值，q 称为原料的热状态参数。q 值的大小可以表明了原料液中所含饱和液体的比例，例如原料为饱和液体时，$q=1$。

进料方程

进料方程又称为 q 线方程，表示进料板上气液两相之间的关系。

q 线方程：

$$y=\frac{q}{q-1}x-\frac{x_F}{q-1}$$

式中　y、x——进料板上气、液相的摩尔分数；

x_F——原料的摩尔分数；

q——进料热状态参数。

炼油工业中的常减压蒸馏

下面介绍炼油工业的常减压蒸馏。

1. 原料：原油等。

2. 产品：石脑油、粗柴油（瓦斯油）、渣油、沥青、减一线。

3. 基本概念

常减压蒸馏是常压蒸馏和减压蒸馏的合称，基本属物理过程。原料油在蒸馏塔里按蒸发能力分成沸点范围不同的油品（称为馏分），这些油有的经调合、加添加剂后以产品形式出厂，相当大的部分是后续加工的原料。

常减压蒸馏是炼油厂石油加工的第一道工序，称为原油的一次加工，包括三个工序：①原油的脱盐、脱水；②常压蒸馏；③减压蒸馏。

常减压蒸馏装置将不同种类原油进行混合加工、分离。常减压装置在运行中无化学反应过程，是个纯粹的物理分离。主要设备包括电脱盐罐、常压塔、减压塔、加热炉、换热系统、塔顶气压缩机、机泵等，其分离出的物料去向包括催化裂化 / 加氢裂化、催化重整、延迟焦化以及产品精制装置等。图 7-23 为常减压蒸馏加工劣质原油一般工艺流程。

仅从设备投资来说，1000 万吨 / 年规模的常减压蒸馏装置，投资需要 8 ～ 9 亿，1500 万吨 / 年的需投入 10 ～ 12 亿。

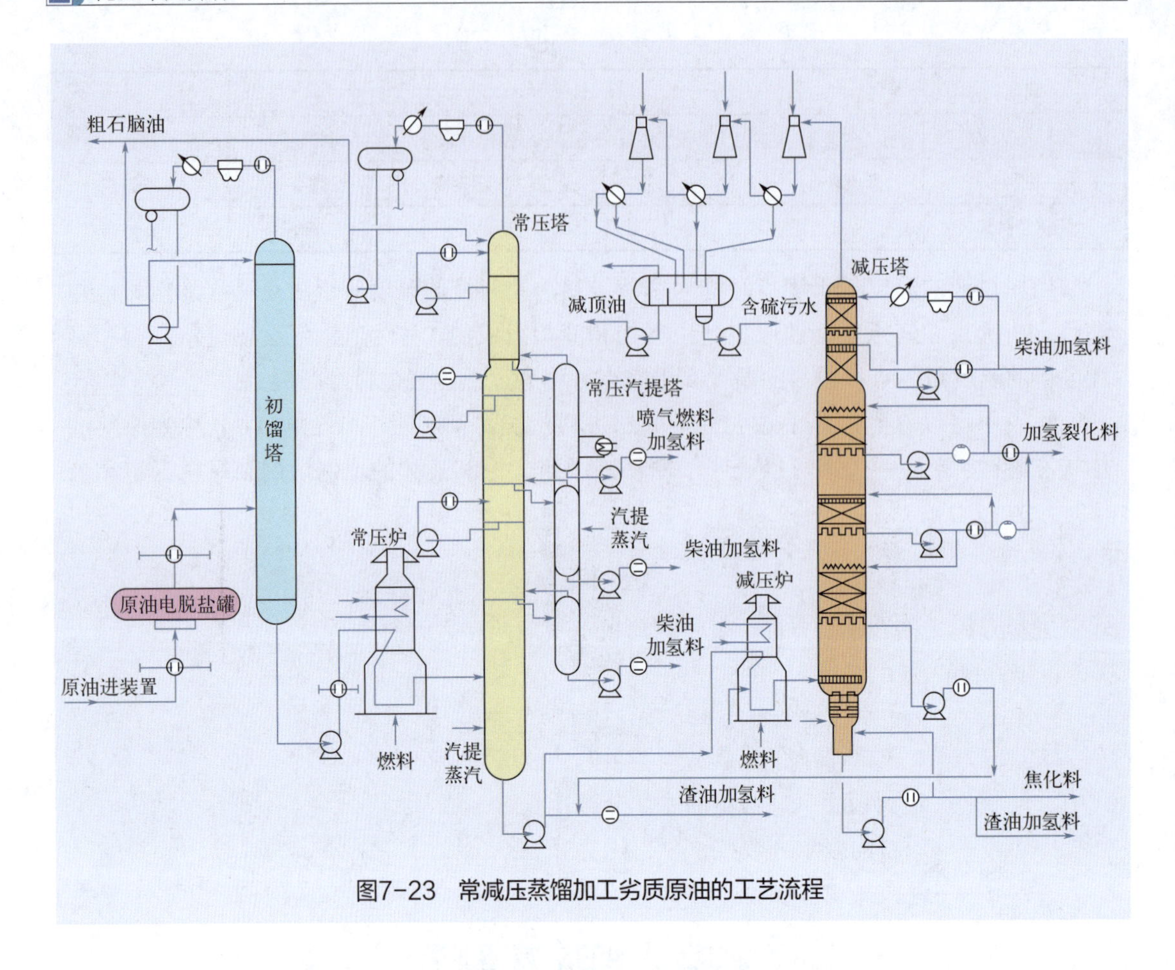

图7-23 常减压蒸馏加工劣质原油的工艺流程

任务四 精馏的仿真操作

任务概述

本流程是利用精馏方法，在脱丁烷塔中将丁烷从脱丙烷塔釜混合物中分离出来。

要完成该任务，学生应熟悉工艺流程和操作界面，通过对温度、压力、流量、物位等四大参数的跟踪和控制，能够完成精馏仿真操作的冷态开车、正常操作、正常停车，并能对操作中出现的常见故障（热蒸汽压力过高、热蒸汽压力过低、冷凝水中断、停电、回流泵GA412A 故障、回流控制阀 FC104 卡）进行判断和处理。

学习目标

1. 掌握仿真模拟训练中精馏单元操作的生产工艺流程和反应原理。

2. 在仿真模拟训练中总结生产操作的经验，吸取失败的教训，提高发现问题、分析问题和解决问题的能力。

3. 在仿真模拟训练中培养严谨、认真、求实的工作作风。

一、工艺流程认知

认一认

精馏塔 DCS 界面与现场界面分别如图 7-24、图 7-25 所示，观察仿真界面和现场界面，识读工艺流程。

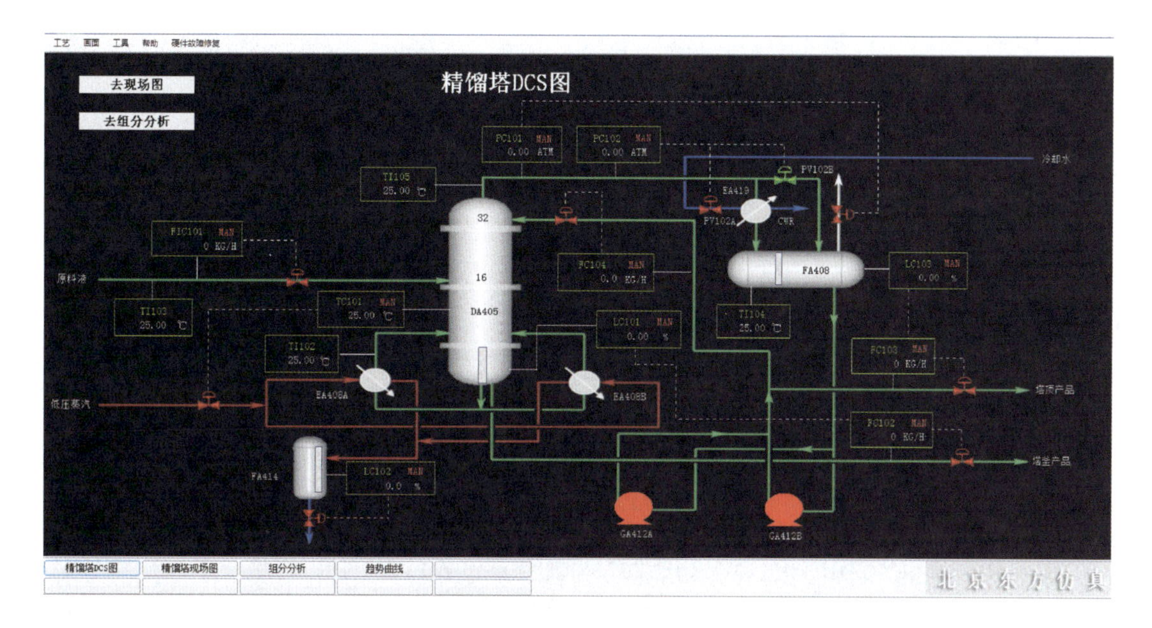

图7-24　精馏塔DCS图

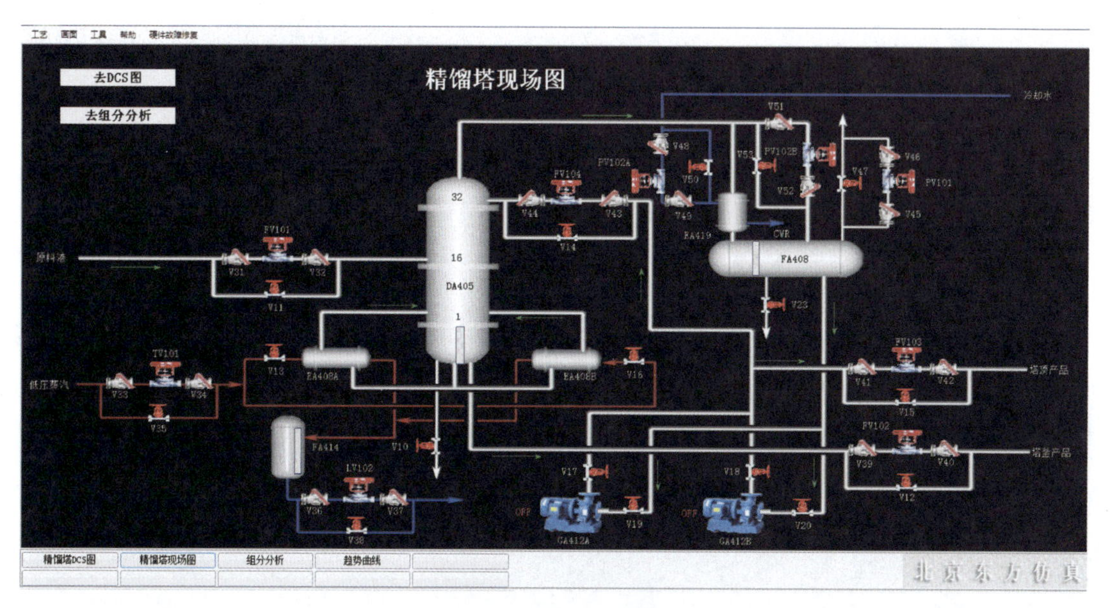

图7-25　精馏塔现场图

二、设备认知

DA-405：脱丁烷塔
EA-419：塔顶冷凝器
FA-408：塔顶回流罐
GA-412A、B：回流泵
EA-418A、B：塔釜再沸器
FA-414：塔釜蒸汽缓冲罐

三、精馏单元操作规程

（一）开车操作规程

1. 进料过程

① 开 FA-408 塔顶放空阀 PC101 排放不凝气，稍开 FIC101 调节阀（不超过 20%），向精馏塔进料。

② 进料后，塔内温度略升，压力升高。当 PC101 压力升至 0.5atm 时，关闭 PC101 调节阀投自动，并控制塔压不超过 4.25atm(如果塔内压力大幅波动，改回手动调节稳定压力)。

2. 启动再沸器

① 当 PC101 压力升至 0.5atm 时，打开冷凝水 PC102 调节阀至 50%；塔压基本稳定在 4.25atm 后，可加大塔进料（FIC101 开至 50% 左右）。

② 待塔釜液位 LC101 升至 20% 以上时，开加热蒸汽入口阀 V13，再稍开 TC101 调节阀，给再沸器缓慢加热，并调节 TC101 阀开度使塔釜液位 LC101 维持在 40% ～ 60%。待 FA-414 液位 LC102 升至 50% 时，投自动，设定值为 50%。

3. 建立回流

随着塔进料增加和再沸器、冷凝器投用，塔压会有所升高。回流罐逐渐积液。

① 塔压升高时，通过开大 PC102 的输出，改变塔顶冷凝器冷却水量和旁路量来控制塔压稳定。

② 当回流罐液位 LC103 升至 20% 以上时，先开回流泵 GA412A/B 的入口阀 V19，再启动泵，再开出口阀 V17，启动回流泵。

③ 通过 FC104 的阀开度控制回流量，维持回流罐液位不超高，同时逐渐关闭进料，全回流操作。

4. 调整至正常

① 当各项操作指标趋近正常值时，打开进料阀 FIC101。

② 逐步调整进料量 FIC101 至正常值。

③ 通过 TC101 调节再沸器加热量使灵敏板温度 TC101 达到正常值。

④ 逐步调整回流量 FC104 至正常值。

⑤ 开 FC103 和 FC102 出料，注意塔釜、回流罐液位。

⑥ 将各控制回路投自动，各参数稳定并与工艺设计值吻合后，投产品采出串级。

（二）正常操作规程

1. 正常工况下的工艺参数

① 进料流量 FIC101 设为自动，设定值为 14056kg/h。

② 塔釜采出量 FC102 设为串级，设定值为 7349kg/h，LC101 设自动，设定值为 50%。

③ 塔顶采出量 FC103 设为串级，设定值为 6707kg/h。

④ 塔顶回流量 FC104 设为自动，设定值为 9664kg/h。

⑤ 塔顶压力 PC102 设为自动，设定值为 4.25atm，PC101 设自动，设定值为 5.0atm。

⑥ 灵敏板温度 TC101 设为自动，设定值为 89.3℃。

⑦ FA-414 液位 LC102 设为自动，设定值为 50%。

⑧ 回流罐液位 LC103 设为自动，设定值为 50%。

2. 主要工艺生产指标的调整

【质量调节】本系统的质量调节以提馏段灵敏板温度作为主参数，以再沸器和加热蒸汽流量的调节系统，实现对塔的分离质量控制。

【压力控制】在正常的压力情况下，由塔顶冷凝器的冷却水量来调节压力，当压力高于操作压力 4.25atm(表压）时，压力报警系统发出报警信号，同时调节器 PC101 将调节回流罐的气相出料，为了保持同气相出料的相对平衡，该系统采用压力分程调节。

【液位调节】塔釜液位由调节塔釜的产品采出量来维持恒定。设有高低液位报警。回流罐液位由调节塔顶产品采出量来维持恒定。设有高低液位报警。

【流量调节】进料量和回流量都采用单回路的流量控制；再沸器加热介质流量，由灵敏板温度调节。

（三）停车操作规程

1. 降负荷

① 逐步关小 FIC101 调节阀，降低进料至正常进料量的 70%。

② 在降负荷过程中，保持灵敏板温度 TC101 的稳定性和塔压 PC102 的稳定，使精馏塔分离出合格产品。

③ 在降负荷过程中，尽量通过 FC103 排出回流罐中的液体产品，至回流罐液位 LC104 在 20% 左右。

④ 在降负荷过程中，尽量通过 FC102 排出塔釜产品，使 LC101 降至 30% 左右。

2. 停进料和再沸器

在负荷降至正常的 70%，且产品已大部采出后，停进料和再沸器。

① 关 FIC101 调节阀，停精馏塔进料。

② 关 TC101 调节阀和 V13 或 V16 阀，停再沸器的加热蒸汽。

③ 关 FC102 调节阀和 FC103 调节阀，停止产品采出。

④ 打开塔釜泄液阀 V10，排不合格产品，并控制塔釜降低液位。

⑤ 手动打开 LC102 调节阀，对 FA-114 泄液。

3. 停回流

① 停进料和再沸器后，回流罐中的液体全部通过回流泵打入塔，以降低塔内温度。

② 当回流罐液位至 0 时，关 FC104 调节阀，关泵出口阀 V17(或 V18)，停泵 GA412A(或 GA412B)，关入口阀 V19（或 V20)，停回流。

③ 开泄液阀 V10 排净塔内液体。

4. 降温，降压

① 打开 PC101 调节阀，将塔压降至接近常压后，关 PC101 调节阀。

② 全塔温度降至 50℃左右时，关塔顶冷凝器的冷却水 (PC102 的输出至 0)。

（四）主要事故

换热器常见故障及现象

事故	主要现象	处理方法
加热蒸汽压力过高	① 加热蒸汽流量过大 ② 塔釜温度持续上升	改TC101为手动，适当减小调节阀TV101的开度，约30%
加热蒸汽压力过低	① 加热蒸汽流量减小 ② 塔釜温度持续下降	改TC101为手动，适当增大调节阀TV101的开度，约75%
冷凝水中断	塔顶TI105温度升高，PC101压力升高	通知调度室，得到停车指令后进行如下操作： ① 打开回流罐放空阀PV101进行保压； ② 手动关闭FV101，停止进料； ③ 手动关闭TV101，停止加热蒸汽； ④ 手动关闭FV103，和FV102停止产品采出； ⑤ 打开塔釜泄液阀V10及回流罐泄液阀V23，排出不合格产品； ⑥ 手动打开LV102，对FA414泄液； ⑦ 当回流罐液位为0，关闭V23； ⑧ 关闭回流泵GA412A的出口阀V17，停泵，关泵入口阀V19； ⑨ 当塔釜液位为0，关闭V10； ⑩ 当塔顶压力降至常压，关闭冷凝器
回流泵GA412A故障	① 回流中断 ② 塔顶温度、压力上升	按照泵的切换顺序启用备用泵GA412B
回流调节阀FV104阀卡	① 回流量减小 ② 塔顶温度、压力上升	打开旁通阀V14，保持回流

任务评价

<table>
<tr><td>任务名称</td><td colspan="5">精馏仿真操作</td></tr>
<tr><td>班级</td><td></td><td>姓名</td><td></td><td>学号</td><td></td></tr>
<tr><td>序号</td><td>评价内容</td><td colspan="2">评价步骤</td><td colspan="2">各步骤分数</td></tr>
<tr><td rowspan="2">1</td><td rowspan="2">精馏的知识</td><td colspan="2">精馏的工业用途</td><td colspan="2"></td></tr>
<tr><td colspan="2">仿真操作工艺流程描述</td><td colspan="2"></td></tr>
<tr><td rowspan="3">2</td><td rowspan="3">开停车仿真操作和正常运行</td><td colspan="2">正常开车</td><td colspan="2"></td></tr>
<tr><td colspan="2">正常运行</td><td colspan="2"></td></tr>
<tr><td colspan="2">正常停车</td><td colspan="2"></td></tr>
<tr><td rowspan="6">3</td><td rowspan="6">故障处理</td><td colspan="2">加热蒸汽压力过高</td><td colspan="2"></td></tr>
<tr><td colspan="2">加热蒸汽压力过低</td><td colspan="2"></td></tr>
<tr><td colspan="2">冷凝水中断</td><td colspan="2"></td></tr>
<tr><td colspan="2">停电</td><td colspan="2"></td></tr>
<tr><td colspan="2">回流泵故障</td><td colspan="2"></td></tr>
<tr><td colspan="2">回流控制阀FC104阀卡</td><td colspan="2"></td></tr>
<tr><td colspan="2">仿真总成绩</td><td colspan="4"></td></tr>
<tr><td>教师点评</td><td colspan="5">教师签名</td></tr>
<tr><td>学生反思</td><td colspan="5">学生签名</td></tr>
</table>

思考与练习

问答题

1. 什么叫蒸馏？在化工生产中分离什么样的混合物？蒸馏和精馏的关系是什么？

2. 精馏的主要设备有哪些？

3. 在本单元中，如果塔顶温度、压力都超过标准，可以有几种方法将系统调节稳定？

4. 若精馏塔灵敏板温度过高或过低，则意味着分离效果如何？应通过改变哪些变量来调节至正常？

拓展阅读

你知道国内新建炼化一体化项目，需要准备多少资金吗？

进入2022年，新建一个炼化一体化项目需要哪些工艺流程设备以及多少资金，在这里和大家盘点盘点。

乙烯装置：200亿～300亿；

芳烃联合装置：40亿～100亿；

常减压：8亿～12亿；

催化裂化：不少于6亿；

催化重整：8亿～18亿；

延迟焦化：3亿～4亿；

加氢裂化：至少10亿；

渣油加氢：11亿到30亿不等；

汽油吸附脱硫：2亿～3亿；

烷基化：3亿～7亿不等；

硫黄回收：3亿～5亿不等；

气体分馏：1亿～2亿；

制氢工艺：8亿～20亿不等。

任务五　精馏的实训操作

任务概述

精馏是分离液体混合物最常用的一种操作，在化工、医药、炼油等领域得到了广泛的应用。精馏是同时进行传热和传质的过程，为实现精馏过程，需要为该过程提供物料的贮存、输送、传热、分离、控制等设备和仪表。

本装置采用水 - 乙醇作为精馏体系，正确操作精馏装置，对浓度为 15% ～ 20% 的乙醇进行提纯，使其浓度达到 90% 以上。

学生要完成该精馏任务，首先需要熟悉精馏装置的工艺流程，熟悉各阀门、仪表、设备的使用方法，内外操合作对精馏装置进行冷态开车、稳定操作和正常停车，使塔顶产品中乙醇浓度能达到 90%，会记录并分析数据，并能对操作故障进行分析和处理。

学习目标

1. 认识精馏单元操作中的主要设备，知道各设备的作用。

2. 掌握实训中精馏单元操作的生产工艺流程和精馏原理。

3. 通过动手操作，掌握精馏操作技能，提高动手能力。主要掌握精馏装置正常开车、全回流稳定操作、部分回流稳定操作、正常停车，并能对常见故障进行排除。

4. 在实训操作中培养团队合作精神，树立安全意识。

一、工艺流程认知

小组活动

小组到实训现场对着装置（图 7-26）熟悉流程（图 7-27），小组代表讲解，教师点评。

图7-26 精馏现场装置

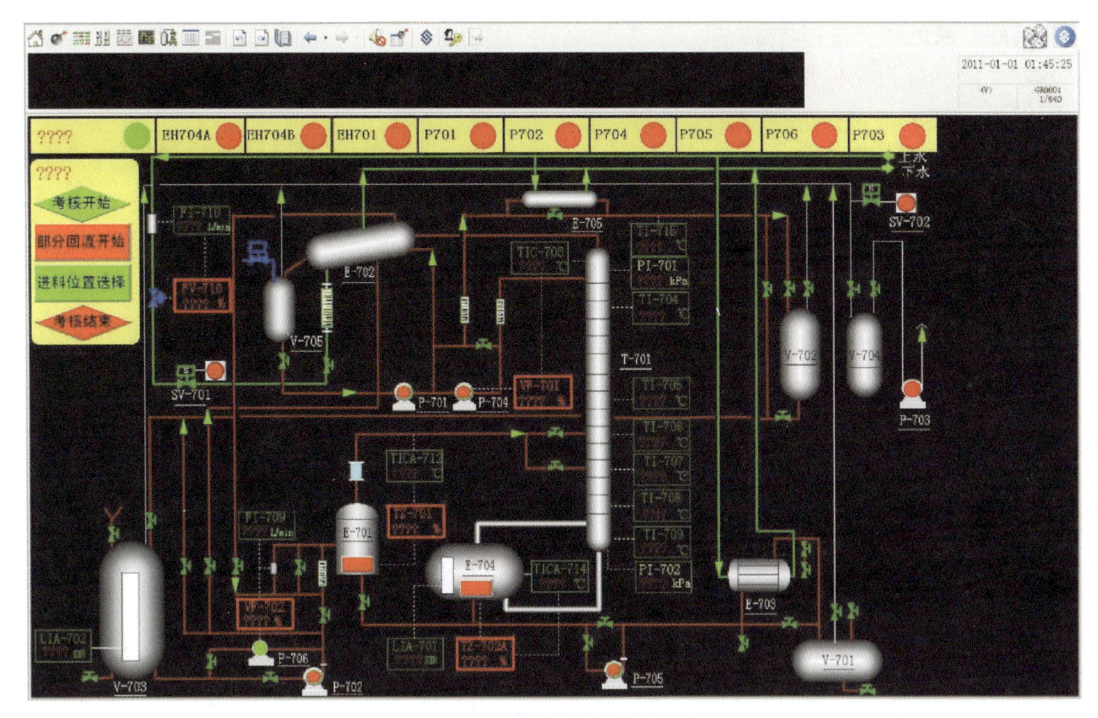

图7-27　精馏实训装置总貌

二、精馏装置开停车

（一）开车前准备

小组活动

讨论制定开停车步骤，教师点评并补充细节。

① 穿戴好个人防护装备并相互检查。

② 小组分工，各岗位熟悉岗位职责。

③ 明确工艺操作指标：

温度控制：预热器出口温度（TICA712)75 ～ 85℃，高限报警 H=85℃

再沸器温度（TICA714)：80 ～ 100℃，高限报警 H=100℃

塔顶温度（TIC703)：78 ～ 80℃

冷凝器上冷却水流量：600L/h；

进料流量：约 40L/h；

回流流量与塔顶产品流量由塔顶温度控制；

再沸器液位控制：高限报警 H=196mm，低限报警 L=84mm；

原料槽液位：高限报警 H=800mm，低限报警 L=100mm；

系统压力：-0.04 ～ 0.02MPa；

原料中乙醇含量：约 20%；

塔顶产品乙醇含量：约 90%；

塔底产品乙醇含量：<5%；

以上浓度分析指标是指用酒精比重计在样品冷却后进行粗测定的值，若分析方法改变，则应作相应换算。

④ 由相关岗位对本装置所有设备、管道、阀门、仪表、电气、保温等按工艺流程图要求和专业技术要求进行检查。

（二）开车

1. 配料并进料

① 配料，混合，测浓度在 15% 以上。记录原料罐液位。

② 检查电源、水源，记录电表水表读数。

③ 检查并清空回流罐、产品罐中积液。

④ 进料到液位在 84 ～ 100mm 之间，“确认”“清零”“复位”考核开始。

2. 正常开车

① 加热升温。

② 适时开冷凝水。

③ 全回流操作 20min。(注意控制回流罐液位及回流量)

④ 进料（开始连续操作），进料流量≤ 100L/h，开启进料 5min 内 TICA712（预热器出口温度）必须超过 75℃，同时须防止预热器过热操作。

讨论

为了完成这个要求，需要提前开预热器，通过操作摸索预热器温度的调控。

3. 收集产品

① 规范操作回流泵，经塔顶产品罐冷却器，将塔顶馏出液冷却至 50℃以下后收集塔顶产品。

② 启动塔釜冷却器，冷却至 60℃以下后，收集塔釜残液。

（三）停车

① 停进料泵。

② 停预热器及再沸器。

③ 点击考核结束，停回流。

④ 开大塔顶采出，使得塔顶馏出液全部进入塔顶产品罐，停冷却水，停采出泵。

⑤ 停止塔釜残液采出，塔釜冷却水，关闭上水阀、回水阀，并正确记录水表读数、电表读数。

⑥ 各阀门恢复开车前的状态。

⑦ 记录 DCS 操作面板原料储罐液位，收集并称量产品罐中馏出液，取样测试浓度。

（四）安全生产

① 原料预热器上方玻璃管内要有液体，不能干烧。

② 塔顶冷凝管温度控制在 60℃以下，防止过热冷凝液经过采出泵造成损坏 (采出泵不能空转)。

③ 塔顶压力控制在 <1kPa，塔底压力控制在 <4kPa，塔底和塔顶压差不超过 4kPa。

如发生人为操作安全事故 / 预热器干热（预热器上方视镜无液体 + 现场温度超过 80℃ + 预热器正在加热无进料），设备人为损坏，操作不当导致的严重泄漏、伤人等情况，作弊以

序号	时间	进料系统				塔系统												冷凝系统				回流系统			残液系统	
		原料槽液位/mm	进料流量/(L/h)	预热器加热开度/%	进料温度/℃	塔釜液位/mm	再沸器加热开度/%	再沸器温度/℃	第三塔板温度/℃	第八塔板温度/℃	第十塔板温度/℃	第十二塔板温度/℃	第十四塔板温度/℃	塔底蒸气温度/℃	塔底压力/kPa	塔顶压力/kPa	塔顶蒸气温度/℃	冷凝液温度/℃	冷却水流量/(L/h)	冷却水出口温度/℃	塔顶温度/℃	回流温度/℃	回流流量/(L/h)	产品流量/(L/h)	残液流量/(L/h)	冷却水流量/(L/h)
1																										
2																										
3																										
4																										
5																										
6																										
7																										
操作记事																										
异常现象记录																										
操作人：												指导老师：														

获得高产量，扣除全部操作分30分。

任务评价

任务名称		传热实训操作			
班级		姓名		学号	
序号	任务要求			占分	得分
1	实训准备	正确穿戴个人防护装备		5	
		熟练讲解实训操作流程		5	
2	精馏装置开停车	进料，在再沸器内建立一定液位		10	
		加热，对再沸器和预热器升温		10	
		全回流稳定操作		10	
3	精馏装置稳定运行	控制好各塔板温度		10	
		控制好塔顶塔釜压力差		10	
		控制好出预热器的温度和进料板的温度差		10	
		控制好回流罐液位和回流液温度		10	
4	故障处理	能针对操作中出现的故障正确判断原因并及时处理		10	
5	小组合作	内操外操分工明确，操作规范有序		5	
6	结束后清场	恢复装置初始状态，保持实训场地整洁		5	
实训总成绩					
教师点评		教师签名			
学生反思		学生签名			

思考与练习

问答题

1. 本实训装置分离的物系是什么？
2. 如何测量原料浓度？
3. 为什么塔釜液位控制在 80 ～ 100mm ？如何控制？
4. 原料泵和采出泵有什么区别？如何正确启动和关闭？
5. 什么时候开塔顶冷凝水？
6. 为什么要维持塔顶温度在 78℃？

拓展阅读

原料进料位置的选择

从连续精馏的操作过程中我们知道，当某一塔板下降的液体组成与原料液组成相近

时，这块板即为精馏塔的进料板。也就是说，当精馏操作条件和分离任务确定后，精馏塔的进料位置也就确定了。如果进料位置提前或推迟，会对精馏产品产生什么样的影响呢？

当进料位置偏高时，塔顶产品中难挥发组分含量增高，影响塔顶产品质量，即 x_D 减小；反之如果进料位置偏低，使塔底残液中易挥发组分含量增高，即 x_W 减小，因此确定正确的进料位置可以有效地保证塔顶和塔底产品的质量。通常，精馏塔进料口有三个，安装在塔的不同高度上。生产中应根据具体情况，选择适当的进料口，必要时还需进行调整。一般来说，当被分离混合物中易挥发组分增多时，就选用位置较高的进料口，以增加提馏段的板数，反之，用位置较低的进料口。

项目评价

<table>
<tr><th colspan="6">项目实训评价</th></tr>
<tr><th colspan="2" rowspan="2">评价项目</th><th colspan="4">评价</th></tr>
<tr><th>A</th><th>B</th><th>C</th><th>D</th></tr>
<tr><td colspan="6">任务1蒸馏的原理及其应用</td></tr>
<tr><td rowspan="2">学习目标</td><td>蒸馏概述</td><td></td><td></td><td></td><td></td></tr>
<tr><td>简单蒸馏和精馏</td><td></td><td></td><td></td><td></td></tr>
<tr><td colspan="6">任务2精馏的计算</td></tr>
<tr><td rowspan="5">学习目标</td><td>两组分气液相平衡关系</td><td></td><td></td><td></td><td></td></tr>
<tr><td>气液平衡方程</td><td></td><td></td><td></td><td></td></tr>
<tr><td>全塔物料衡算</td><td></td><td></td><td></td><td></td></tr>
<tr><td>图解法求理论塔板数</td><td></td><td></td><td></td><td></td></tr>
<tr><td>回流比</td><td></td><td></td><td></td><td></td></tr>
<tr><td colspan="6">任务3精馏装置及流程</td></tr>
<tr><td rowspan="2">学习目标</td><td>认识精馏装置</td><td></td><td></td><td></td><td></td></tr>
<tr><td>识读精馏工艺流程图</td><td></td><td></td><td></td><td></td></tr>
<tr><td colspan="6">任务4 精馏的仿真操作</td></tr>
<tr><td rowspan="4">学习目标</td><td>精馏的基础知识</td><td></td><td></td><td></td><td></td></tr>
<tr><td>开停车仿真操作</td><td></td><td></td><td></td><td></td></tr>
<tr><td>稳定运行仿真操作</td><td></td><td></td><td></td><td></td></tr>
<tr><td>故障处理</td><td></td><td></td><td></td><td></td></tr>
<tr><td colspan="6">任务5精馏的实训操作</td></tr>
<tr><td rowspan="3">学习目标</td><td>装置开停车</td><td></td><td></td><td></td><td></td></tr>
<tr><td>装置稳定运行</td><td></td><td></td><td></td><td></td></tr>
<tr><td>故障处理</td><td></td><td></td><td></td><td></td></tr>
<tr><td colspan="6">教师点评：</td></tr>
</table>

精馏操作流程

精馏塔进料操作流程

精馏主要设备及作用

PROJECT 08

项目八　萃取

任务一　萃取的基本原理及应用

任务二　萃取设备及流程

任务三　萃取的仿真操作

任务四　萃取的实训操作

项目导入

周末妈妈在家中洗衣服，学生小张路过洗衣房。

妈妈说道："你知道洗衣服为什么要用肥皂吗？为什么使用清水多次漂洗，就可以清洗干净吗？"

小张大声地叫道："我知道！是不是使用肥皂后溶解污渍，使污渍与衣服分离，然后进行漂洗，将污渍、肥皂沫与衣服尽可能分离，漂洗次数越多，衣服与肥皂沫分离越完全，这样就可以得到干净的衣服了！这里面用到的原理就是刚学习的萃取！"

妈妈惊讶地说道："孩子，你好棒啊！具体再给我讲讲吧！"

项目目标

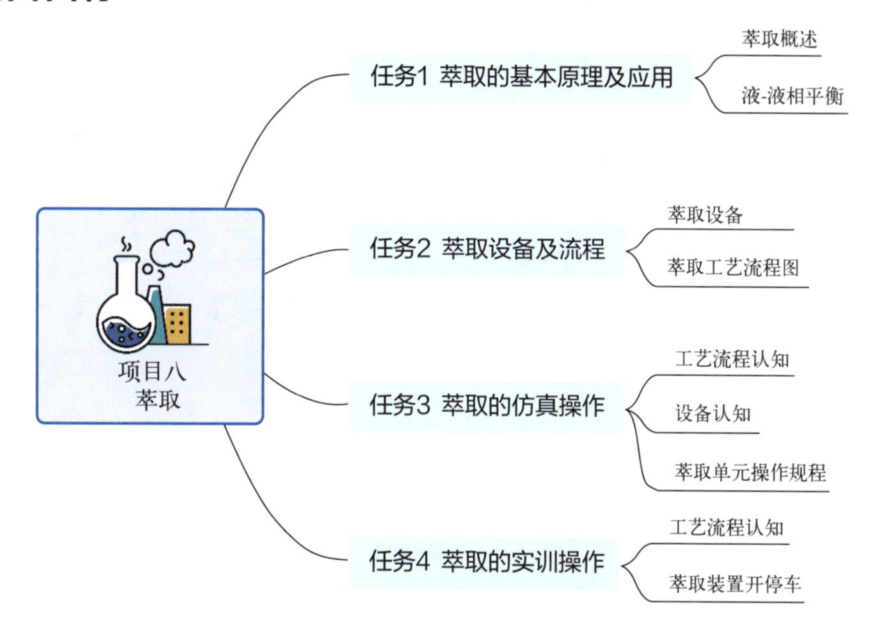

任务实施

任务一 萃取的基本原理及应用

学习目标

1. 了解萃取的原理和应用。
2. 熟悉液 - 液相平衡。

一、萃取概述

利用混合物中各组分在溶剂中溶解度的差异以分离混合物的传质过程叫做萃取。我们常说的萃取指的是把某种溶剂加入液体混合物中，该溶剂对液体混合物中某些溶质有较大的溶解能力，从而实现液体混合物的分离，这就是液 - 液萃取过程，如用苯分离煤焦油中的酚或稀醋酸水溶液的提浓等都是液 - 液萃取过程。也可用溶剂浸取固体来提取某些成分，这叫固 -

液萃取，如用水浸取甜菜中的糖类或用酒精浸取黄豆中的豆油以提高油产量等。

（一）萃取的分离目的和依据

目的：分离液 - 液混合物。

依据：利用混合物中各组分在某一溶剂中的溶解度之间的差异。

（二）基本概念

萃取的基本过程如图 8-1 所示，萃取过程涉及以下基本概念。

萃取剂：以 S 表示，所选用的外加溶剂应对原料液中一个组分有较大的溶解能力。

溶质：以 A 表示，在萃取剂中溶解度大的组分。

稀释剂：以 B 表示，原溶剂，在萃取剂中不溶解或部分溶解的组分。

萃取相：以 E 表示，加入萃取剂后使混合物混合均匀，沉降、分层，其中含萃取剂（S）多的一相。

萃余相：以 R 表示，沉降、分层后，含稀释剂（B）多的一相。

萃取液：以 E′ 表示，用精馏等方法从萃取相中脱除萃取剂后的液体。

萃余液：以 R′ 表示，用精馏等方法从萃余相中脱除萃取剂后的液体。

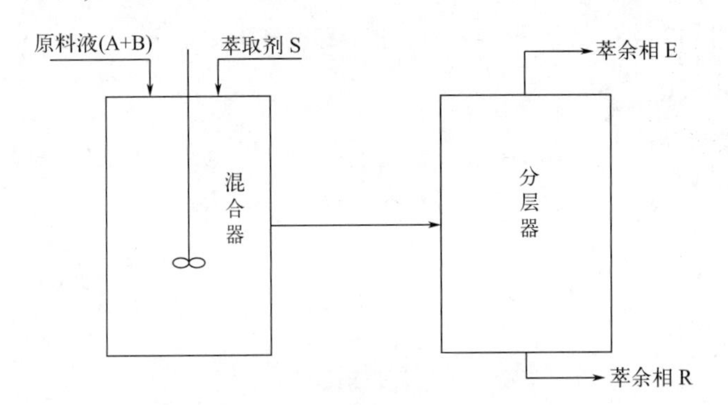

图8-1　萃取的基本过程

（三）萃取操作的特点

萃取过程本身并未完全完成分离任务，而只是将难于分离的混合物转变成易于分离的混合物，要得到纯产品并回收溶剂，必须辅以精馏（或蒸发）等操作。

萃取操作一般用于：

① 混合液中各组分的沸点很接近或形成恒沸混合物，用一般精馏方法不经济或不能分离；

② 混合液中含热敏性物质，受热易分解、聚合或发生其他化学变化；

③ 混合液中需分离的组分浓度很低，采用精馏方法须将大量的稀释剂汽化，能耗太大。

（四）萃取的要求

① 选择适宜的溶剂。溶剂能选择性地溶解各组分，即对溶质具有显著的溶解能力，而对其他组分和原溶剂完全不溶或部分互溶。

② 原料液与溶剂充分混合、分相，形成的液 - 液两相较易分层。

③ 脱溶剂得到溶质，回收溶剂。溶剂易于回收且价格低廉。

讨论

萃取与精馏比较：

相同点：都是分离液态混合物的单元操作。

不同点：精馏是利用组分挥发度的差异完成混合物分离，萃取是利用组分溶解度差异，将难分的混合物转为易分的混合物。

二、液-液相平衡

萃取操作是两相间的传质过程，需要研究两液相间的平衡关系和相际间的传质速率问题。

萃取相、萃余相的相平衡关系是萃取设计、计算的基本条件，相平衡数据来自实验或由热力学关系推算。工业萃取过程中萃取剂与稀释剂一般为部分互溶，涉及的是三元混合物的平衡关系，一般采用三角形坐标图来表示。

（一）三角形坐标图

混合液的组成在等腰直角三角形坐标图上表示最方便，因此萃取计算中常采用等腰直角三角形坐标图，如图8-2所示。组分的浓度以摩尔分数、质量分数表示均可。本章中 x_A、x_B、x_S 分别表示A、B、S的质量分数。

在图中，三角形的三个顶点分别表示A、B、S三个纯组分。三条边上的任一点代表某二元混合物的组成，不含第三组分。如AB边上的H点代表由A和B两组分组成的混合液，其中A的质量分数为0.7，B为0.3.三角形内任一点代表一个三元混合物，如图中的 M 点，过 M 点分别作三个边的平行线ED、HG、KF，其中A的质量分数以线段$\overline{MF}$表示，B的以$\overline{MK}$表示，S的以线段$\overline{ME}$表示。由图可读得：$x_A=0.4$，$x_B=0.3$，$x_S=0.3$。可见三个组分的质量分数之和等于1。

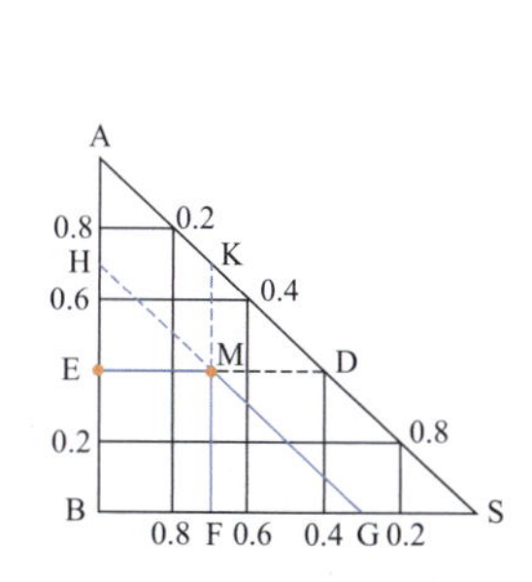

图8-2　混合液组成在三角形相图上的表示方法

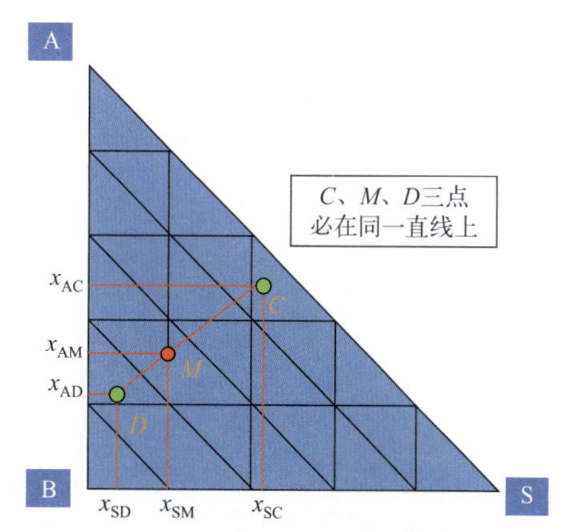

图8-3　杠杆规则

（二）物料衡算与杠杆规则

描述两个混合物C和D形成一个新的混合物M时，或者一个混合物M分离为C和D两个混合物时，其质量之间的关系可以用杠杆规则，如图8-3所示。

① M 点为 C 点与 D 点的和点，C 点为 M 点与 D 点的分点或差点，D 点为 M 点与 C 点的分点。分点与和点在同一条直线上，分点位于和点的两边。

② 分量与和量的质量与直线上相应线段的长度成比例，即：

$$C/D=\frac{\overline{DM}}{\overline{CM}}\qquad C/M=\frac{\overline{DM}}{\overline{CD}}\qquad D/M=\frac{\overline{CM}}{\overline{CD}}$$

CD 线上不同的点代表 C、D 以不同质量比进行混合所得的混合物。

混合物 M 可分解成任意两个分量，只要这两个分量位于通过 *M* 点的直线上，在 *M* 点的两边即可。

（三）溶解度曲线

按组分间互溶度的不同，可将三元混合液分为：

① 溶质 A 可完全溶解于 B 及 S 中，而 B、S 不互溶；

② 溶质 A 可完全溶解于 B 及 S 中，而 B、S 只能部分互溶；

③ 溶质 A 与 B 完全互溶，B 与 S 和 A 与 S 部分互溶。

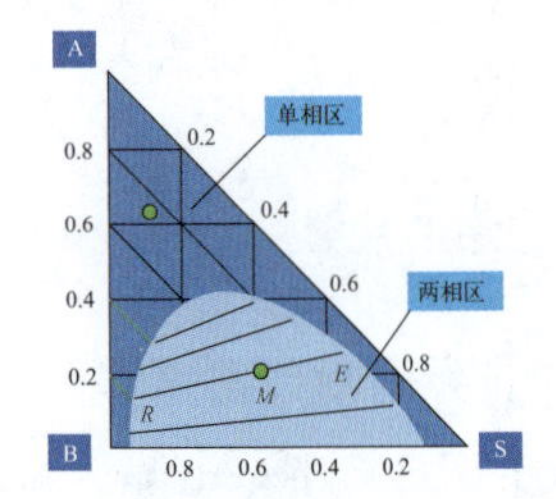

图8-4　溶解度曲线与联结线

萃取中②类物系较普遍，故主要讨论该类物系的液 - 液相平衡。

组成落在单相区的三元混合物形成一个均匀的液相其溶解度曲线与联结线如图 8-4 所示。

共轭相：组成落在双相区的三元混合物所形成的两互成平衡的液相，其组成分别由 *R* 和 *E* 点表示；

联结线：联结 *E*、*R* 两点的直线。

1. 分配系数

一定温度下，A 组分在互成平衡的两液相中的浓度比。

$$k_A=\frac{\text{A组分在萃取相中的浓度}}{\text{A组分在萃余相中的浓度}}=\frac{y_A}{x_A}\qquad k_A=\frac{y_B}{x_B}\tag{8-1}$$

一般在 A 浓度变化不大和恒温条件下，k_A 可视为常数，其值由实验测得。

注意：k_A 只反映 S 对 A 的溶解能力，不反映 A、B 的分离程度。

2. 选择性系数 β

两相平衡时，萃取相 E 中 A、B 组成之比与萃余相 R 中 A、B 组组成之比的比值。

$$\beta=\frac{y_A/y_B}{x_A/x_B}\xrightarrow[k_B=\frac{y_B}{x_B}]{k_A=\frac{y_A}{x_A}}\beta=\frac{k_A}{k_B}\tag{8-2}$$

β 表示 S 对 A、B 组分溶解能力差别，即 A、B 的分离程度。

k_A 增大，k_B 减小，β 增大。

k_B 一定：k_A 增大，β 增大。

k_A 一定：k_B 减小，β 增大。

选择与稀释剂互溶度小的溶剂，可提高分离效果。

（四）萃取剂的选择

（1）化学稳定性

萃取剂应不易水解和热解，耐酸、碱、盐、氧化剂或还原剂，腐蚀性小。在原子能工业中，还应具有较高的抗辐射能力。

（2）溶剂的可回收性

回收采用的方法是蒸馏、蒸发、结晶等方法。

（3）溶剂的物理性质

主要物理性质有密度差、界面张力、黏度。

要求：密度差大，界面张力适中，黏度较低。

（4）稳定性、腐蚀性、价格

良好的稳定性，腐蚀性小，毒性低，资源充足，价格适宜等。

思考与练习

选择题

1. 能获得含溶质浓度很高的萃取相和含溶质浓度很低的萃余相的是（　　）萃取流程。

A. 单级　　B. 多级错流　　C. 多级逆流　　D. 无法比较

2. 在萃取过程中，所用的溶剂称为（　　）。

A. 萃取剂　　B. 稀释剂　　C. 溶质　　D. 溶剂

3. 萃取操作是（　　）相间的传质过程。

A. 气 - 液　　B. 气 - 固　　C. 液 - 液　　D. 液 - 固

4. 萃取中出现下列情况时，说明萃取剂的选择是不适宜的（　　）。

A. $k_A<1$　　B. $k_A=1$　　C. $\beta>1$　　D. $\beta<1$

5. 关于萃取剂选择应考虑的主要因素：（1）萃取剂的溶解度与选择性；（2）溶剂与萃取剂的互溶度；（3）萃取剂回收的难易；（4）其他物理性质。则说法（　　）。

A.（1）、（2）正确　　B.（1）、（4）正确

C.（1）、（2）、（4）正确　　D.（1）、（2）、（3）、（4）正确

填空题

1. 在三角形相图上，三角形的顶点代表__________物系、三条边上的点代表__________物系、三角形内的点代表__________物系。

2. 分配系数是指____________________，用符号__________表示。分配系数越大，萃取分离的效果__________。

3. 萃取剂的选择性系数 β 等于 1，则表示____________________。

4. 溶解度曲线将三角形相图分成__________和__________两个区域，萃取分离应在__________区内进行。

判断题

1. 三角形相图中顶点代表纯组分。（　　）

2. 进行萃取操作时，应使溶质的分配系数大于 1。（　　）

3. 在溶解度曲线以下的两相区内，随着温度的升高，溶解度曲线范围会缩小。（　　）

4. 在萃取过程中稀释剂和萃取剂必须互不相溶。（　　）

5. 同一物系在不同温度下，溶解度曲线的形状不同。（　　）

6. 分配系数越大，说明每次萃取能取得的分离效果越好。（　　）

拓展阅读

萃取应用

19 世纪，用于无机物和有机物的分离，如 1842 年用二乙醚萃取硝酸铀酰，用乙酸乙脂类的物质分离水溶液中的乙酸等。图 8-5 为单级萃取装置示意图。

石油化工：链烷烃与芳香烃共沸物的分离。例如用二甘醇从石脑油裂解副产物汽油中或重整油中萃取芳烃，如苯、甲苯和二甲苯（尤狄克斯法）。

工业废水处理：用二烷基乙酰胺脱除染料厂、炼油厂、焦化厂废水中的苯酚。

图8-5　单极萃取装置示意图

有色金属冶炼：萃取是湿法冶金中溶液分离、浓缩和净化的有效方法。例如铌 - 钽、镍 - 钴、铀 - 钒体系的分离，以及核燃料的制备。

制药工业：从复杂的有机液体混合物中分离青霉素、链霉素以及维生素等。

萃取操作在化学和石油化学工业上得到广泛发展。

如：乙酸乙酯溶剂萃取石油馏分氧化所得的稀醋酸 - 水溶液，以 SO_2 为溶剂从煤油中除去芳香烃。

任务二　萃取设备及流程

学习目标

1. 了解萃取装置。
2. 识读萃取工艺流程图。

一、萃取设备

（一）混合澄清器

图 8-6 为混合澄清器。

优点：

① 处理量大，级效率高；

② 结构简单，容易放大和操作；

③ 两相流量比范围大，运转稳定可靠，易于开、停工；对物系的适应性好，对含有少量悬浮固体的物料也能处理；

④ 易实现多级连续操作，便于调节级数。不需要高大的厂房和复杂的辅助设备。

缺点：

① 占地大，溶剂储量大。

② 需要动力搅拌和级间物流输送设备，设备费和操作费较高。

应用：

适用于所需级数少、处理量大的场合。

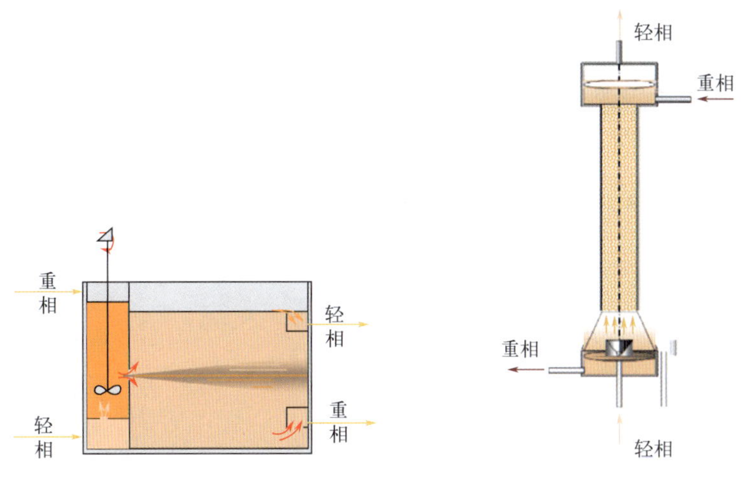

图8-6　混合澄清器　　　　图8-7　Elgin型喷淋萃取塔

（二）萃取塔

1. 喷洒塔（喷淋塔）

特点：无塔内件，阻力小，结构简单，投资少易维护。但两相很难均匀分布，轴向反混严重，理论级数不超过 1 ～ 2 级，传质系数小。图 8-7 为 Elgin 型喷淋萃取塔。

2. 筛板萃取塔

为保证筛板塔正常操作，应考虑以下几点：

① 分散相应均匀地通过全部筛孔，防止连续相短路而降低分离效率；

② 两相在板间分层明显，而且要有一定高度的分散相累积层。

图 8-8、图 8-9 为轻液、重液分散的筛板萃取塔。

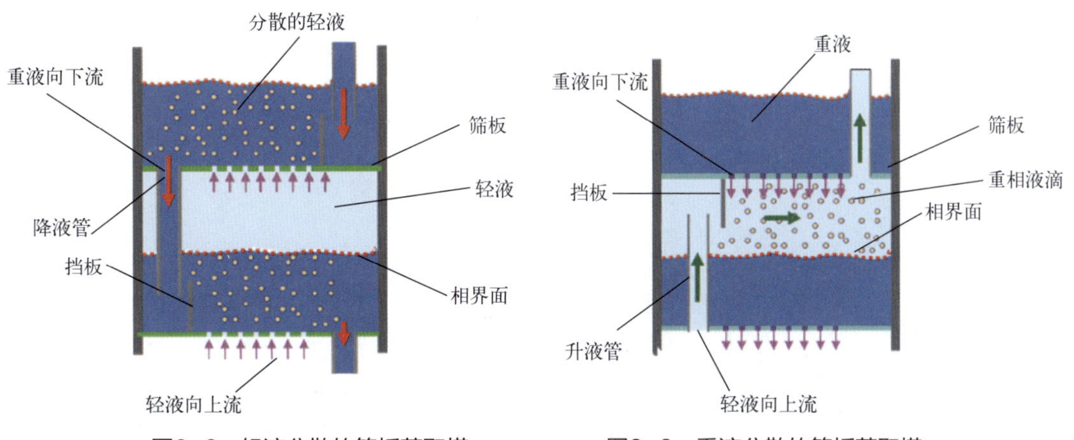

图8-8　轻液分散的筛板萃取塔　　　　图8-9　重液分散的筛板萃取塔

3. 填料萃取塔

特点：填料萃取塔结构简单，造价低廉，操作方便，级效率较低，在工艺要求的理论级小于 3、处理量较小时可考虑采用。如图 8-10 所示。

4. 转盘萃取塔

特点：结构简单，造价低廉，维修方便，操作弹性和通量较大，应用较广。如图 8-11 所示。

5. 搅拌填料塔

搅拌填料塔由转轴、搅拌器、丝网填料组成，如图 8-12 所示。

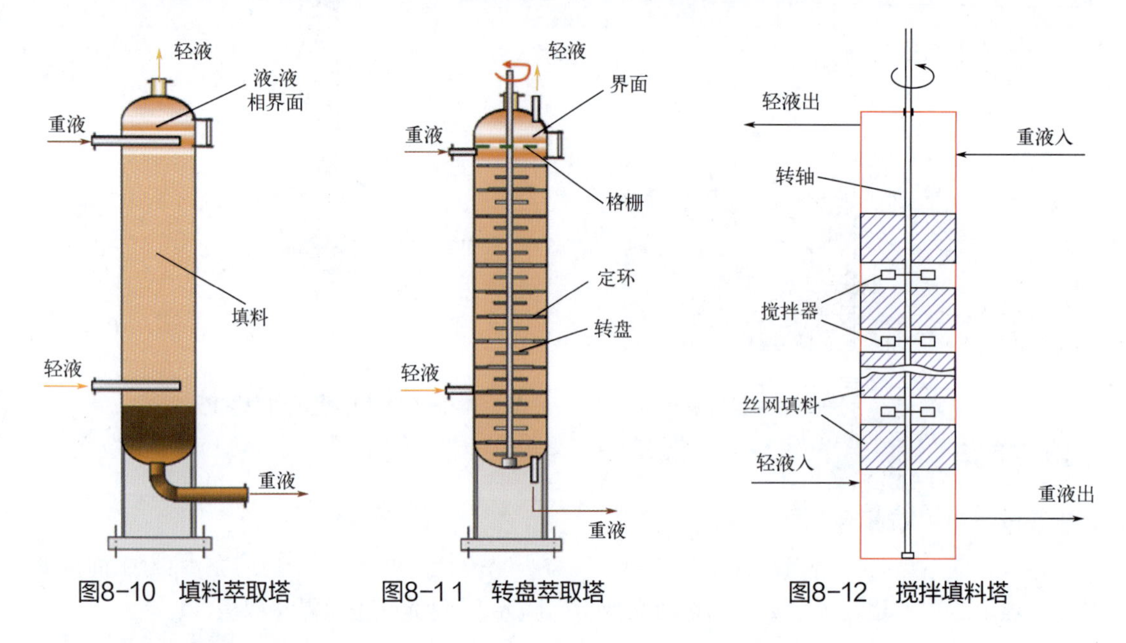

图8-10 填料萃取塔　　图8-11 转盘萃取塔　　图8-12 搅拌填料塔

（三）离心萃取器

优点：处理量大，效率较高，提供较多理论级，结构紧凑，占地面积小，应用广泛。

缺点：能耗大，结构复杂，设备及维修费用高。

应用：适用于要求接触时间短，物流滞留量低，易乳化，难分相的物系。

图 8-13 为波式离心萃取器示意图。

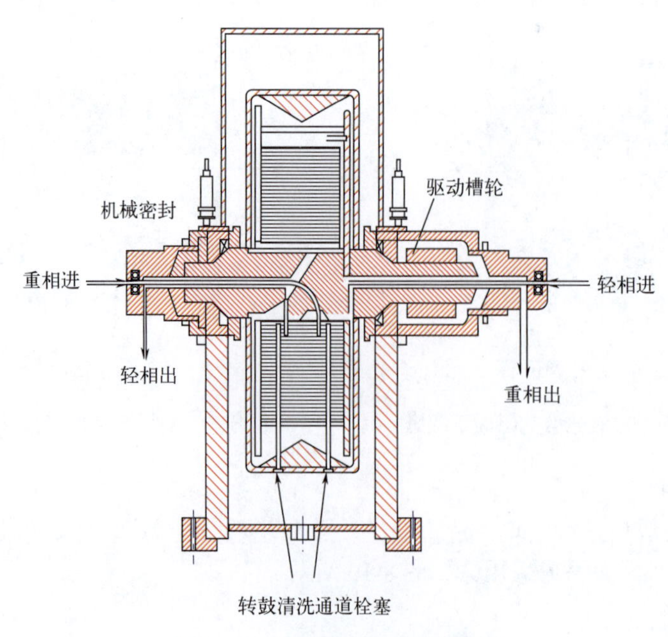

图8-13 波式离心萃取器示意图

（四）萃取设备的选择

不同的萃取设备有各自的特点。设计时应根据萃取体系的物理化学性质、处理量、萃取要求及其他因素进行选择。

① 物系的稳定性和停留时间：要求停留时间短可选择离心萃取器，停留时间长可选用混合澄清器。

② 所需理论级数：所需理论级数多时，应选择传质效率高的萃取塔，如所需理论级数少，可采用结构与操作比较简单的设备。

③ 处理量：处理量大可选用混合澄清器、转盘塔和筛板塔，处理量小可选用填料塔等。

④ 系统物性：易乳化、密度差小的物系宜选用离心萃取设备；有固体悬浮物的物系可选用转盘塔或混合澄清器；腐蚀性强的物系宜选用结构简单的填料塔；放射性物系可选用脉冲塔。

⑤ 厂房条件：面积大的厂房可选用混合澄清器；面积小、但高度不受限制的厂房可选用塔式设备。

⑥ 费用：设备的一次性投资和维护。

⑦ 经验：对特定设备的实际生产经验。

讨论

扫一扫二维码，观看本节课所讲的萃取塔的结构动态图。

二、萃取操作流程

想一想

只给一盆水怎样能将衣服洗得更干净？

按溶液与萃取剂的接触方式分：分级接触式和连续接触式。

分级接触式：单级，多级错流，多级逆流。

（一）单级萃取

单级萃取流程（图 8-14）如下：

① 混合传质过程：(A+B) 及 S 充分接触，组分发生相转移；

② 沉降分相过程：形成两相 E、R，由于密度差而分层；

③ 脱除溶剂过程：两相分萃取相 E，y，溶剂相中出现 (S+A+B) 和萃余相 R，x，原溶剂相中出现 (B+S+A)。脱溶剂后分萃取相脱除溶剂得萃取液 E′，y' 和萃余相脱除溶剂得萃余液 R′，x'。

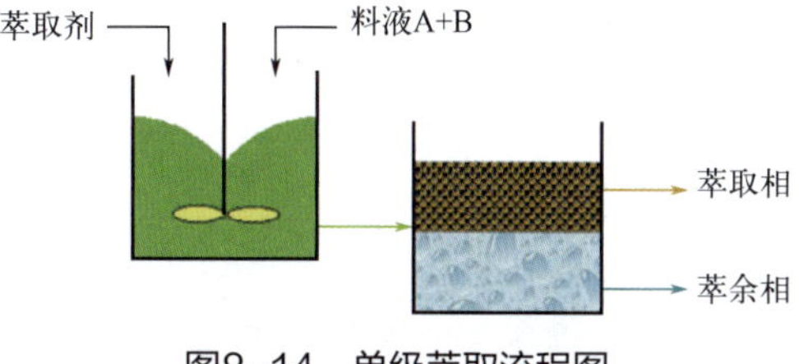

图8-14　单级萃取流程图

单级萃取最多为一次平衡，故分离程度不高，只适用于溶质在萃取剂中的溶解度很大或溶质萃取率要求不高的场合。

（二）多级错流萃取

多级萃取流程如图 8-15 所示，原料液依次通过各级，新鲜溶剂则分别加入各级的混合槽中，萃取相和最后一级的萃余相分别进入溶剂回收设备。

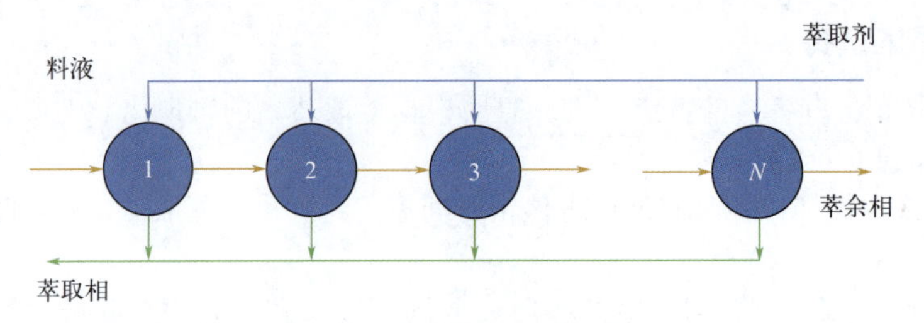

图8-15 多级错流萃取流程图

特点：萃取率比较高，但萃取剂用量较大，溶剂回收处理量大，能耗较大。

（三）多级逆流萃取

多级逆流萃取流程如图 8-16 所示，原料液和萃取剂依次按反方向通过各级，最终萃取相从加料一端排出，并引入溶剂回收设备中，最终萃余相从加入萃取剂的一端排出，引入溶剂回收设备中。

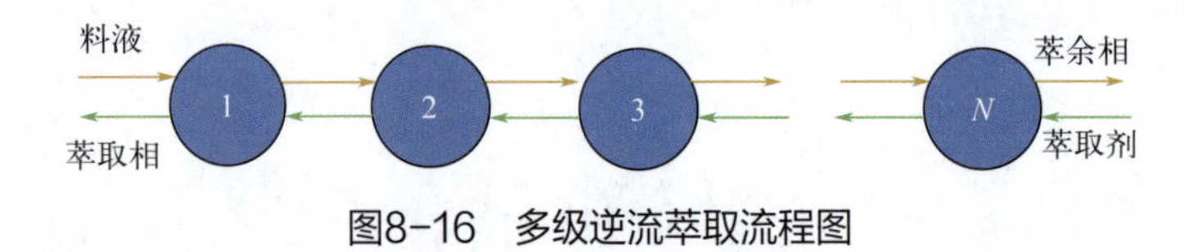

图8-16 多级逆流萃取流程图

特点：可用较少的萃取剂获得比较高的萃取率，工业上广泛采用。

三、萃取工艺流程图

工艺流程示意图见图 8-17。加入约 1% 苯甲酸 - 煤油溶液至轻相储槽（V203）至 1/2 ～ 2/3 液位，加入清水至重相储槽（V205）1/2 ～ 2/3 液位，启动重相泵（P202）将清水由上部加入萃取塔内，形成并维持萃取剂循环状态，再启动轻相泵（P201）将苯甲酸 - 煤油溶液由下部加入萃取塔，通过控制合适的塔底重相（萃取相）采出流量（24 ～ 40L/h），维持塔顶轻相液位在视盅低端 1/3 处左右，启动高压气泵向萃取塔内加入空气，增大轻 - 重两相接触面积，加快轻 - 重相传质速度，系统稳定后，在轻相出口和重相出口处，取样分析苯甲酸含量，经过萃余分相罐（V206）分离后，轻相采出至萃余相储槽 (V202)，重相采出至萃取相储槽 (V204)。改变空气量和轻、重相的进出口物料流量，取样分析，比较不同操作条件下萃取效果。

小组活动

小组成员一起识读萃取工艺流程图（图 8-17），完成以下任务：

1. 每组派一个代表到讲台上对着流程图讲解；
2. 用方框图简单说明原溶剂和萃取剂在萃取装置中的工艺流程。

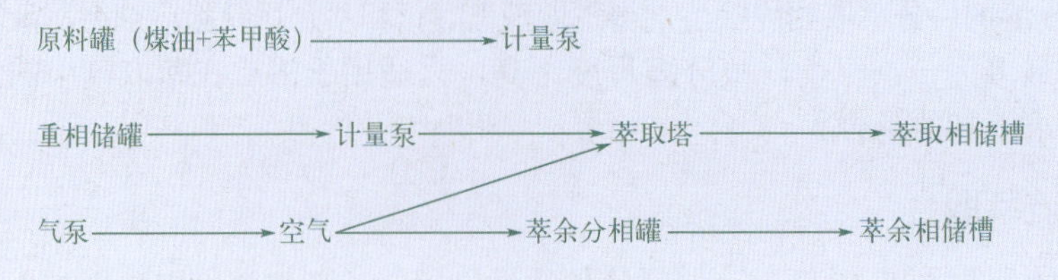

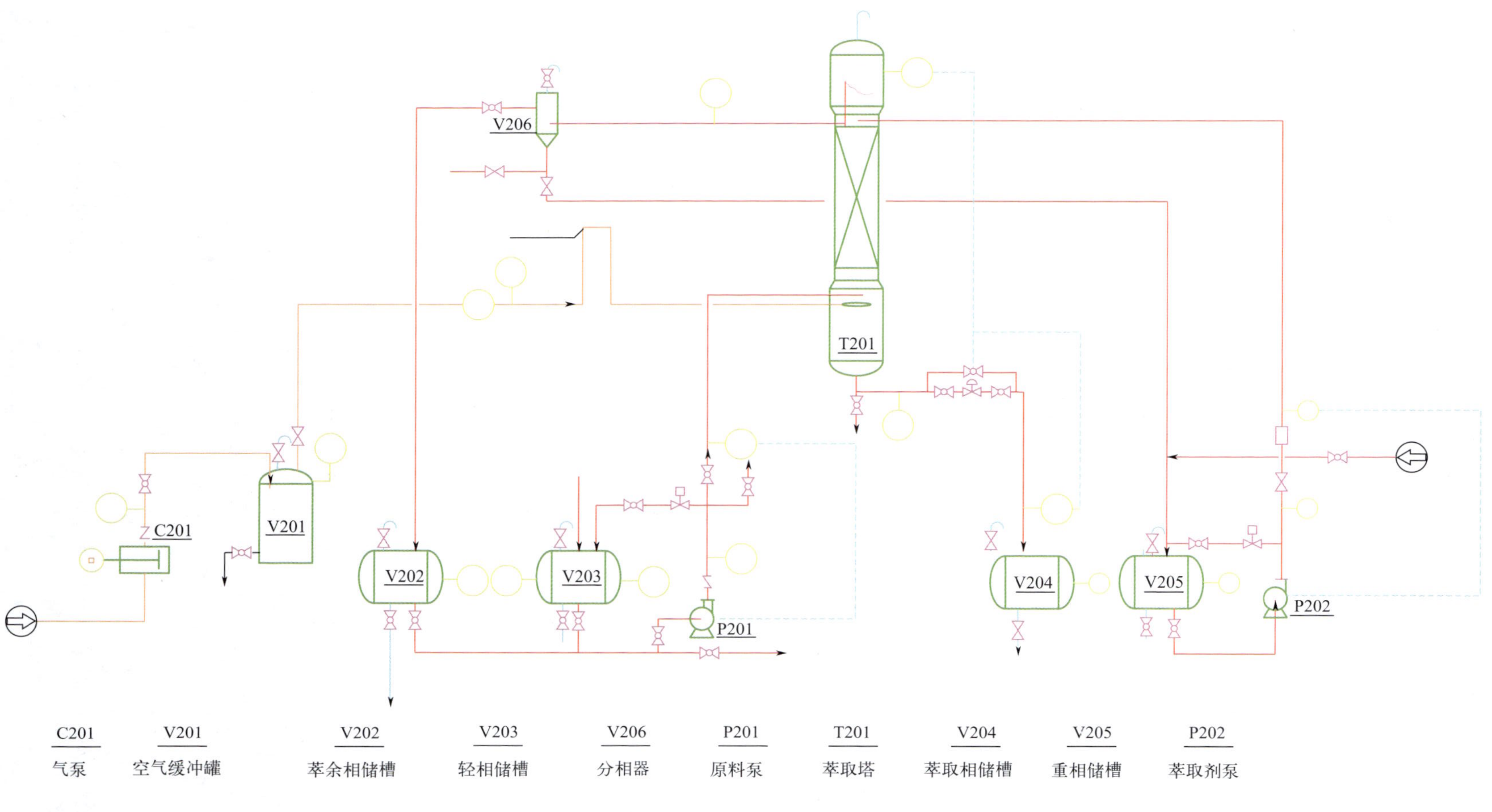

图8-17 萃取工艺流程图

思考与练习

选择题

1. 在萃取操作中，下列（　　）不是选择溶剂的原则（　　）。

A. 较强的溶解能力　　B. 较高的溶解性

C. 易于回收　　D. 沸点较高

2. 单级萃取流程不包括（　　）。

A. 混合　　B. 分层

C. 脱溶剂　　D. 过滤

3. 萃取剂（　　）。

A. 对溶液中被萃取的溶质有显著的溶解能力，对稀释剂必须不溶

B. 在操作条件下必须使萃取相和萃余相保持一定的密度差

C. 界面张力越大越好

D. 黏度大对萃取有利

4. 在下列萃取设备中，若处理腐蚀性强的物料，宜选用（　　）。

A. 填料塔　　B. 筛板塔

C. 转盘塔　　D. 离心萃取器

思考题

1. 萃取相和萃余相分别是什么物质？

2. 本装置有哪些流体输送设备？

3. 轻相液储槽中和重相液储槽内分别装有什么物质？

4. 萃余分相罐的作用是什么？

拓展阅读

化工好故事系列——中国科学院

中科院化学领域“四大家族”

在新中国成立初期，国际环境十分恶劣，由优秀科学家担任所长的中科院四个最知名的化学研究所，为扬我国威，打造原子弹等化学科研任务做出了卓越贡献。下面我们就一起来回忆一下这“四大家族”以及它们的第一代“掌门人”。

● 上海有机化学研究所

创建于 1950 年 6 月，第一任所长庄长龚。70 多年来，几代人艰苦创业、奋力拼搏，在以有机化学研究为中心的基础研究、应用研究与高新技术开发、人才培养等方面均取得令人瞩目的成就。

● 北京化学研究所

创建于1956年，第一任所长周大纲。北京化学所是以基础研究为主，有重点地开展国家急需的、有重大战略目标的高新技术创新研究，并与高新技术应用和转化工作相协调发展的多学科、综合性研究所。主要学科方向为高分子科学、物理化学、有机化学、分析化学、无机化学。

● 长春应用化学研究所

始建于1948年12月，第一任所长吴学周。经过几代应化人的不懈努力，现已发展成为集基础研究、应用研究和高技术创新研究及产业化于一体，在国内外享有极高声誉和影响的综合性化学研究所。主要学科方向：高分子化学与物理、无机化学、分析化学、有机化学和物理化学。

● 大连化学物理研究所

创建于1949年3月，第一任所长张大煜。大连化物所是一个基础研究与应用研究并重、应用研究和技术转化相结合，以任务带学科为主要特色的综合性研究所。重点学科领域为：催化化学、工程化学、化学激光和分子反应动力学以及近代分析化学和生物技术。

任务三 萃取的仿真操作

任务概述

本装置用水做萃取剂，来萃取丙烯酸丁酯生产过程中的催化剂对甲苯磺酸。

要完成该任务，学生应熟悉工艺流程和操作界面，通过对温度、压力、流量、物位等四大参数的跟踪和控制，能够完成萃取仿真操作的正常开车、正常运行、正常停车，并能对操作中出现的常见故障（P412A泵坏、调节阀FV4020卡、调节阀FV4021卡）进行判断和处理。

学习目标

1. 掌握仿真模拟训练中萃取单元操作的生产工艺流程和反应原理。

2. 在仿真模拟训练中总结生产操作的经验，吸取失败的教训，提高发现问题、分析问题和解决问题的能力。

3. 在仿真模拟训练中培养严谨、认真、求实的工作作风。

一、工艺流程认知

认一认

催化剂萃取DCS界面与现场界面分别如图8-18、图8-19所示，观察仿真界面和现场界面，识读工艺流程。

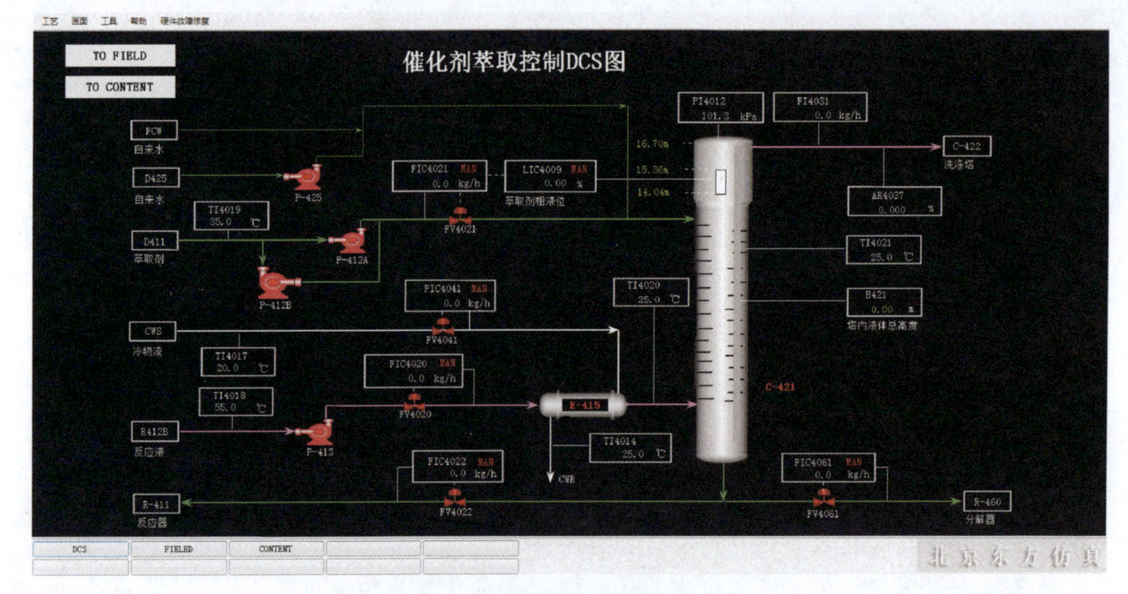

图8-18　催化剂萃取控制DCS图

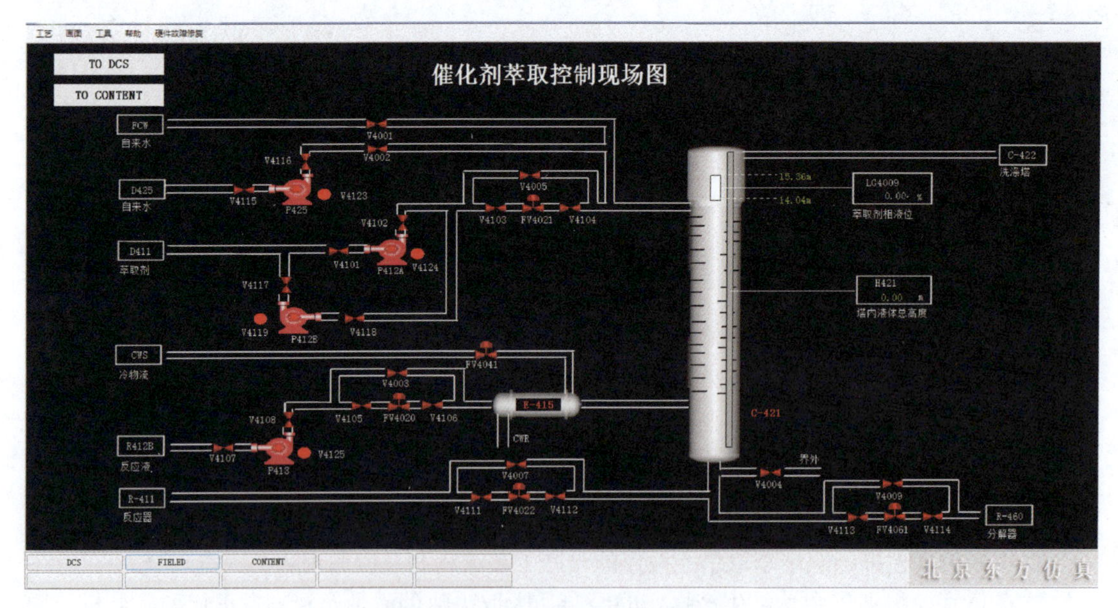

图8-19　催化剂萃取控制现场图

将自来水（FCW）通过阀V4001或者通过泵P425送进催化剂萃取塔C421，当液位调节器LIC4009为50%时，关闭阀V4001或泵P425。从R412B来的反应物料（含有产品和催化剂）用泵P413加压后，经换热器E415被冷却，送入催化剂萃取塔C421的塔底，反应物料流量由FIC4020控制在21126.6kg/h。开启泵P412A，将来自D411的萃取剂（水）从塔顶部加入，流量由FIC4021和LIC4009串级控制在2112.7kg/h；萃取后的丙烯酸丁酯主物料从塔顶排出，进入洗涤塔C422；塔底排出的水相中含有催化剂（占大部分）及未反应的丙烯酸分两路出系统，一路返回反应器R-411，另一路去重组分分解器R460作为分解用的催化剂。

二、设备认知

P425：进水泵
P412A/B：溶剂进料泵
P413：主物料进料泵
E415: 冷却器
C421: 萃取塔

三、萃取单元操作规程

写一写

根据仿真软件页面提示，进行仿真操作练习，并总结开停车步骤，把下列操作规程补充完整。

（一）开车操作规程

1. 灌水

① 按正确操作步骤启动泵 P425；

② 打开手阀 V4002，开度为 50%，给萃取塔 C421 灌水；

③ 当 C421 内的萃取剂液位 LIC4009 接近 50%，关闭阀门 V4002；

④ 按正确操作步骤停泵 P425。

2. 启动冷却器

开启调节阀 FV4041，开度为 50%，对换热器 E415 通冷物料。

3. 引反应液

① 按正确操作步骤启动泵 P413；

② 按正确操作步骤手动打开调节阀 FV4020，开度约为 50%，将 R412B 出口液体经热换器 E415，送至 C421。

4. 引萃取剂

① 按正确操作步骤启动泵 P412A；

② 按正确操作步骤手动打开调节阀 FV4021，开度约为 50%，将 D411 出口液体送至 C421。

5. 放萃取剂

① 按正确操作步骤手动打开调节阀 FV4022，开度约为 50%，将 C421 塔底的部分液体返回 R411 中；

② 按正确操作步骤手动打开调节阀 FV4061，开度约为 50%，将 C421 塔底的另外部分液体送至重组分分解器 R460 中。

6. 调至平衡

① 萃取剂液位 LIC4009 达到 50% 且稳定时，投自动（设定值为 50%）；

② FIC4021 的流量稳定在 2112.7kg/h 时，将 FIC4021 投自动（设定值为 2112.7kg/h），并与 LIC4009 串级；

③ FIC4020 的流量稳定在 21126.6kg/h 时，将 FIC4020 投自动（设定值为 21126.6kg/h）；
④ FIC4022 的流量稳定在 1868.4kg/h 时，将 FIC4022 投自动（设定值为 1868.4kg/h）；
⑤ FIC4061 的流量稳定在 77.1kg/h 时，将 FIC4061 投自动（设定值为 77.1kg/h）；
⑥ FIC4041 流量稳定在 20000.0kg/h 时，将 FIC4041 投自动（设定值为 20000.0kg/h）。

（二）停车操作规程

1. 停主物料进料

① 按正确操作步骤关闭调节阀 FV4020；
② 按正确操作步骤停泵 P413。

2. 停换热器

① 将 FIC4041 改为手动；
② 将 FIC4041 关闭。

3. 灌自来水

① 打开进自来水阀 V4001，开度为 50%；
② 当罐内物料相中的丙烯酸丁酯 BA 含量小于 0.9% 时，关闭进水阀 V4001。

4. 停萃取剂

① 将 LIC4009 改为手动并关闭；
② 将 FIC4021 改为手动；
③ 按正确操作步骤关闭调节阀 FV4021；
④ 按正确操作步骤关闭泵 P412A。

5. C421 泄液

① 将 FIC4022 改为手动；
② 将 FV4022 的开度调为 100%；
③ 打开调节阀 FV4022 的旁通阀 V4007；
④ 将 FIC4061 改为手动；
⑤ 将 FV4061 的开度调为 100%；
⑥ 打开调节阀 FV4061 的旁通阀 V4009；
⑦ 打开阀 V4004；
⑧ 当 FIC4022 的值小于 0.5kg/h 时，按正确操作步骤关闭调节阀 FV4022；
⑨ 关闭 FV4022 旁通阀 V4007；
⑩ 按正确操作步骤关闭调节阀 FV4061；
⑪ 关闭 FV4061 旁通阀 V4009；
⑫ 关闭 C421 泄液阀 V4004。

（三）主要事故

写一写

根据仿真软件页面提示，进行仿真操作练习，并总结常见故障及现象，填写小结。

故障类型	主要现象	处理方法
P412A泵坏	① P412A泵的出口压力急剧下降； ② FIC4021的流量急剧减小	① 停泵P12A； ② 换用泵P412B
调节阀FV4020卡	FIC4020的流量不可调节	① 开旁通阀V4003； ② 关闭FV4020的前后阀V4105、V4106
调节阀FV4021卡	FIC4021的流量不可调节	① 开旁通阀V4005； ② 关闭FV4020的前后阀V4103、V4104

任务评价

任务名称	传热仿真操作				
班级		姓名		学号	
序号	评价内容	评价步骤		各步骤分数	
1	萃取的知识	萃取的工业用途			
		仿真操作工艺流程描述			
2	开停车仿真操作和正常运行	正常开车			
		正常运行			
		正常停车			
3	故障处理	P412A泵坏			
		调节阀FV4020卡			
		调节阀FV4021卡			
仿真总成绩					
教师点评	教师签名				
学生反思	学生签名				

思考与练习

问答题

1. 本单元的萃取剂是什么？萃取剂的选择有什么要求？
2. 萃取操作是物理过程还是化学过程？为什么？
3. 萃取塔的分类有哪些，填料萃取塔的一般结构是怎样的？
4. LG4009 的液位有几种控制方法？
5. 反应液温度的高低对萃取操作是否有影响？

拓展阅读

化工好故事系列——上海有机所

上海有机所——科技报国

上海有机所成立于1950年，70多年来研究所的发展始终与国家需求紧密联系在一起，为扬我国威做出了卓越贡献。

1958年，国家发出“向科学进军”的号召，上海有机所通过“三天三夜大讨论”，决定以国家利益为重，研究要面向国家需求，“主要搞尖端、领先的科学项目，通过任务带动学科”。黄鸣龙、黄耀曾、黄维垣等（图8-20）一批科学家带头放弃自己钟爱、熟悉、颇有建树的研究领域，转向开展国防建设急需的新材料研究，带领全所近2/3科技人员攻坚克难，先后成功研制了全氟润滑油、含氟材料、萃取剂、高能燃料、高能炸药、有机温控涂层等几十种材料，满足了国家重大战略需求，特别是在“两弹一星”等国防科技任务中，做出了重要贡献。

图8-20　黄鸣龙、黄耀曾、黄维垣（从左至右）

任务四　萃取的实训操作

任务概述

萃取是利用混合物中各组分在外加溶剂中溶解度差异而实现分离的单元操作。液-液萃取是实际工业生产中一种常见的分离液态混合物方式，利用萃取分离液态混合物分离效率高，运行费用低廉，能取得良好的工业效果。因此，液-液萃取装置是化工领域中常见装置，在无机化工、石油化工、医药化工、食品化工等行业中均有广泛应用。

本萃取实训装置采用水、煤油-苯甲酸溶液为萃取体系，进行萃取实训操作。

学习目标

1. 了解萃取的目的、原理和操作流程
2. 熟悉萃取设备的结构和萃取装置的仪表
3. 掌握萃取装置的操作技能
4. 掌握萃取操作过程中常见异常现象的判别及处理方法

一、工艺流程认知

小组活动

根据前面课程认识的工艺流程，小组到实训现场对着装置（图8-21、图8-22）熟悉流程，小组代表讲解，教师点评。

图8-21　萃取实训装置图

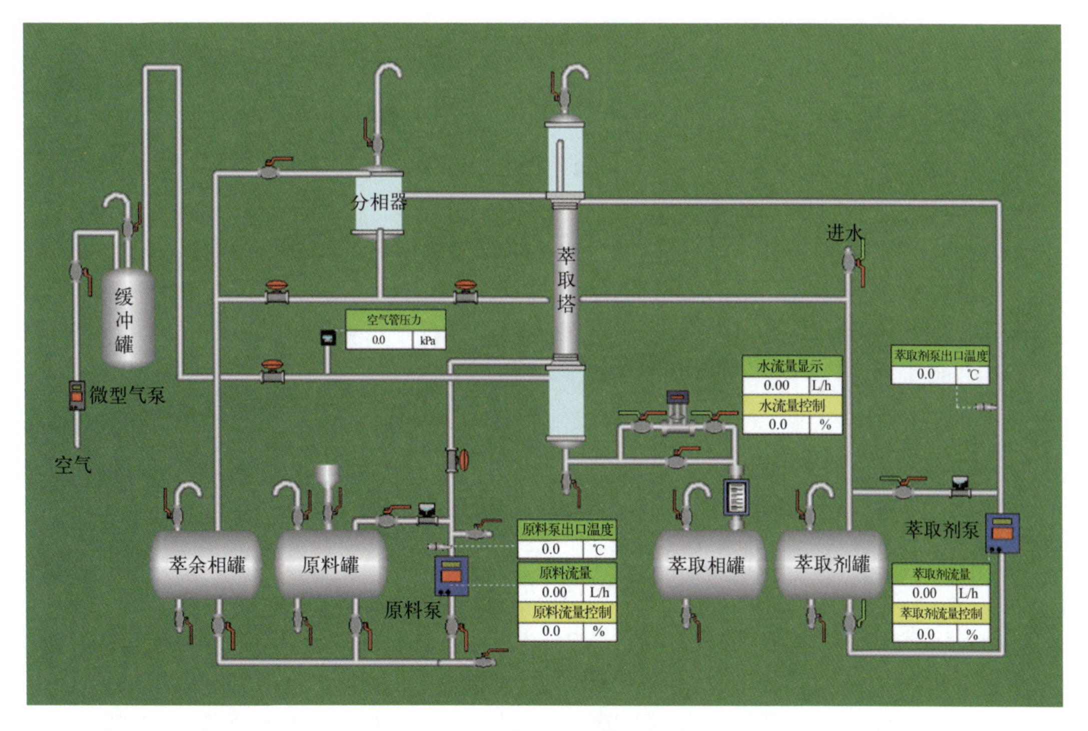

图8-22　萃取实训装置总貌

二、传热装置开停车

（一）开车前准备

小组活动

讨论制定开停车步骤，教师点评并补充细节。

① 穿戴好个人防护装备并相互检查。

② 小组分工，各岗位熟悉岗位职责。

③ 明确工艺操作指标：

原料泵出口温度：室温；

萃取剂泵出口温度：室温；

萃取塔进口空气流量：10 ～ 50L/h ；

原料泵出口流量：20 ～ 60L/h ；

萃取剂泵出口流量：20 ～ 60L/h ；

水位达到萃取塔顶玻璃视镜段的 1/3 位置；

气泵出口压力：0.01 ～ 0.08Mpa ；

空气缓冲罐压力：0 ～ 0.06MPa ；

空气管道压力控制：0.01 ～ 0.03MPa。

④ 由相关岗位对本装置所有设备、管道、阀门、仪表、电气、保温等按工艺流程图要求和专业技术要求进行检查。

（二）开车

1. 原料准备

① 取苯甲酸钠一瓶（0.5kg），煤油 50kg，在敞口容器内配制成苯甲酸钠 - 煤油饱和溶液，并滤去溶液中未溶解的苯甲酸钠。

② 关闭轻相储槽排污阀（V08）、出口阀（V09），打开轻相储槽放空阀（V31），将苯甲酸钠 - 煤油饱和溶液加入轻相储槽，到其容积的 1/2 ～ 2/3。

③ 关闭重相储槽排污阀（V24）、出口阀（V25），打开重相储槽放空阀（V29），在重相储槽内加入自来水，控制水位在 1/2 ～ 2/3。

2. 萃取开车

① 开关相关阀门：关闭萃取塔排污阀 (V19)、萃取塔液相出口阀及其旁路阀 (V20、V21），关闭萃取相储槽排污阀 (V23)、打开放空阀（V30），关闭分相器轻相出口阀（V11）、重相出口（V13、V14）、打开放空阀（V12），关闭萃余相储槽出口阀 (V07)、排污阀（V06）、打开放空阀（V32），关闭缓冲罐放空阀（V04）、排污阀（V03）。

② 加萃取剂：开启萃取剂泵进口阀（V25），启动萃取剂泵，开启萃取剂泵出口阀 (V27)，以萃取剂泵的最大流量 (60L/h) 从萃取塔顶向系统加入清水，当水位达到萃取塔塔顶（玻璃视镜段）2/3 位置偏上时，适当调小重相进口流量为 10 ～ 30L/h，开启萃取相出口阀 (V21、V22），通过电动调节阀控制出塔流量和进塔流量相当。

③ 通空气：启动气泵，当空气缓冲罐充压至 0.03 ～ 0.10MPa 时 , 开启缓冲罐进口阀（V02)、出口阀（V05），调节适当的空气流量，保证萃取塔一定的鼓泡数量。

④ 维持塔液位：观察萃取塔内气液运行情况，调节萃取塔出口流量，维持萃取塔塔顶液位在玻璃视镜段 1/3 处位置。

⑤ 进原料，开始萃取：开启轻相储槽出口阀（V09）、原料泵进口阀 (V16), 启动原料泵，开启出口阀 (V18)。将原料泵出口流量调节至 10 ～ 30L/h，向系统内加入苯甲酸钠 - 煤油饱和溶液，观察塔内油、水接触情况，控制进、出塔轻相流量相等，控制油水界面稳定在玻璃

视镜段 1/3 处。

⑥ 轻相重相分液：油层（即轻相）由塔顶出液管溢出至分相器，在分相器内油、水再次分层，打开分相器轻相出口阀（V11），油层经分相器轻相出口管道流出至萃余相储槽，打开分相器重相出口阀（V14），水相（即重相）进入萃取相储槽。

⑦ 取样分析：当萃取系统稳定运行 20min 后，在阀门（V06、V19）处取样分析。

（三）停车

① 关闭原料泵出口阀门（V18），停止原料泵，关闭原料泵进口阀门（V16）。

② 关闭分相器排水阀（V14）、萃取塔底部重相液出口阀（V21），增大萃取剂泵流量，注意观察分相器内油水层界面，将萃取塔及分相器中的轻相全部排到萃余相储槽。

③ 当系统油相基本撤除后，及时停止萃取剂泵或开启分相器排水阀（V14），防止水相进入萃余相储槽。注意：防止萃取相流量计损坏，电磁阀开度不能太大，要保证流量小于 50L/h，以防止萃取剂流量超过流量计的量程。

④ 当分相器内油相排净后，停气泵，停止萃取剂泵，开启分相器排水阀（V14），将分相器内的水相排入萃取相储槽。

⑤ 开启萃取塔排污阀（V22），将萃取塔内水相排空。

⑥ 进行现场清理，保持各设备、管路的洁净。

⑦ 做好操作记录于表 8-1 中。

⑧ 切断控制台、仪表盘电源。

（四）异常现象及处理

异常现象	原因分析	处理方法
重相储槽中轻相含量高	轻相从塔顶混入重相储槽	减小轻相流量、加大重相流量并减小重相采出量，加大轻相采出量
轻相储槽中重相含量高	重相从塔顶混入轻相储槽	减小重相流量、加大轻相流量并减小轻相采出量，加大重相采出量
	重相由分相器内带入轻相储槽	及时将分相器内重相排入重相储槽
分相不清晰、溶液乳化、萃取塔液泛	进塔空气流量过大	减小空气流量
油相、水相传质不好	进塔空气流量过小 轻相加入量过大	加大空气流量减小轻相加入量或增加水相加入量

表8-1　萃取操作记录表

时间/min	缓冲罐压力/MPa	分相器液位/mm	空气流量/（m^3/h）	萃取相流量/(L/h)	萃余相流量/(L/h)	萃余相浓度(NaOH)/mg	萃余相进口浓度(NaOH)/mg	萃取相出口浓度(NaOH)/mg	萃取效率/%

续表

时间/min	缓冲罐压力/MPa	分相器液位/mm	空气流量/(m^3/h)	萃取相流量/(L/h)	萃余相流量/(L/h)	萃余相浓度(NaOH)/mg	萃余相进口浓度(NaOH)/mg	萃取相出口浓度(NaOH)/mg	萃取效率/%
操作记事									
异常情况记录									
操作人：						指导老师：			

任务评价

任务名称	萃取实训操作			
班级		姓名	学号	
序号	任务要求		占分	得分
1	实训准备	正确穿戴个人防护装备	5	
		熟练讲解实训操作流程	5	
2	萃取装置开车	原料准备	10	
		正常开车	20	
3	稳定运行	萃取装置稳定运行	10	
		取样分析并记录数据	10	
4	萃取装置停车	正常停车	20	
5	故障处理	能针对操作中出现的故障正确判断原因并及时处理	10	
6	小组合作	内操外操分工明确，操作规范有序	5	
7	结束后清场	恢复装置初始状态，保持实训场地整洁	5	
实训总成绩				
教师点评		教师签名		
学生反思		学生签名		

 思考与练习

问答题

1. 装置中压缩空气的作用是什么？
2. 本装置中流体的流向属于哪一种类型？
3. 萃取剂是从萃取塔的哪个地方进入？
4. 为什么一定要先加萃取剂水后加原料液？
5. 本操作中，轻相流量是怎么控制的？
6. 萃取相、萃余相、原料液中苯甲酸钠含量由高到低的顺序是什么？
7. 重相液流量增加或减少对分离效果有什么影响？轻相液流量增加或减少呢？

拓展阅读

化工好故事系列——上海有机所2

上海有机所在萃取领域的贡献

在上海有机所科技报国的身影中，有很多关于萃取的研究。1958年8月，上海有机所接受研制用于从铀矿中提取纯铀的萃取剂的任务。攻关组经过四年时间，研制了系列新型高效萃取剂。钱三强曾对该项工作给予高度评价：“提取铀用的萃取剂的研究，在当时对国防建设起了关键作用，没有它就提取不出纯铀。”1960年11月，上海有机所临危受命，接受中科院下达的研制和生产特种氟油的任务（“两弹一星”三大技术难关之一），在不到三年的时间里完成了氟油的研制、中试、扩大生产等工作，满足国家的急需。钱三强曾赞誉这项工作“让我国原子弹比原计划提前一年爆炸”。

项目评价

<table>
<tr><th colspan="6">项目实训评价</th></tr>
<tr><th colspan="2" rowspan="2">评价项目</th><th colspan="4">评价</th></tr>
<tr><th>A</th><th>B</th><th>C</th><th>D</th></tr>
<tr><td colspan="6">任务1 萃取的基本原理及应用</td></tr>
<tr><td rowspan="2">学习目标</td><td>萃取概述</td><td></td><td></td><td></td><td></td></tr>
<tr><td>液-液相平衡</td><td></td><td></td><td></td><td></td></tr>
<tr><td colspan="6">任务2萃取设备和流程</td></tr>
<tr><td rowspan="3">学习目标</td><td>萃取设备</td><td></td><td></td><td></td><td></td></tr>
<tr><td>萃取流程</td><td></td><td></td><td></td><td></td></tr>
<tr><td>萃取工艺流程图</td><td></td><td></td><td></td><td></td></tr>
<tr><td colspan="6">任务3萃取的仿真操作</td></tr>
<tr><td rowspan="4">学习目标</td><td>萃取的基础知识</td><td></td><td></td><td></td><td></td></tr>
<tr><td>开停车仿真操作</td><td></td><td></td><td></td><td></td></tr>
<tr><td>稳定运行仿真操作</td><td></td><td></td><td></td><td></td></tr>
<tr><td>故障处理</td><td></td><td></td><td></td><td></td></tr>
<tr><td colspan="6">任务4萃取的实训操作</td></tr>
<tr><td rowspan="3">学习目标</td><td>装置开停车</td><td></td><td></td><td></td><td></td></tr>
<tr><td>装置稳定运行</td><td></td><td></td><td></td><td></td></tr>
<tr><td>故障处理</td><td></td><td></td><td></td><td></td></tr>
<tr><td colspan="6">教师点评：</td></tr>
</table>

萃取操作流程

PROJECT 09

项目九　干燥

任务一　干燥的基础知识

任务二　干燥的简单计算

任务三　干燥设备及干燥流程

任务四　干燥实训操作

项目导入

奶粉是将哺乳类动物鲜奶除去水分后制成的粉末，它适宜保存，便于携带。水分的含量是奶粉重要的质量指标之一，一定的水分含量可保持食品品质，延长食品保存期，奶粉要求水分为3.0% ~ 5.0%，若为4% ~ 6%，奶粉就容易结块，则商品价值就低，水分提高后奶粉易变色，另外有些食品水分过高，组织状态发生软化，弹性也降低或者消失。奶粉的水分含量过高，还可能导致营养素损失、微生物滋长、奶粉结块变质等问题。

各种化学成品在贮存、运输、加工和应用时对某些性能的要求是不同的，其中湿分（水分或化学溶剂）的含量就有固定的标准。例如一级尿素成品含水量不能超过0.5%，聚氯乙烯含水量不能超过0.3%（以上均为湿基）。所以，固体物料成为成品之前，必须除去其中超过规定的湿分。本章就来讲讲干物料干燥的相关知识。

项目目标

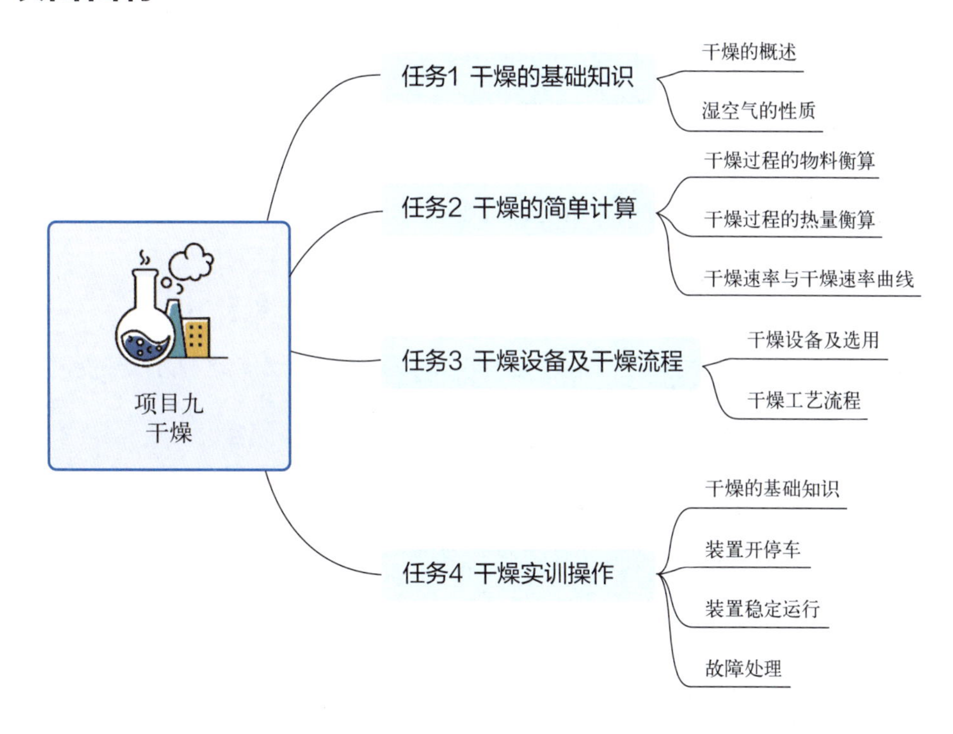

任务实施

任务一　干燥的基础知识

学习目标

1. 了解干燥的基础知识。
2. 了解湿空气的性质及湿度图。

讨论

生活中有哪些干燥现象和干燥设备？它们依靠的是什么原理？

实验室中有哪些干燥设备？

一、去湿及其方法

化工生产中，有些固体物料的成品或者半成品中含有水分或其他溶剂（统称为湿分）需要除去，简称去湿。

常见的去湿方法有：机械去湿法、化学去湿法和干燥去湿法。干燥设备见图 9-1。

图9-1 干燥设备

（一）机械去湿法

对于含有较多湿分的悬浮液，通常先用沉降、过滤或离心分离等机械分离法，除去其中的大部分液体。这种方法能量消耗较少，一般用于初步去湿。

（二）化学去湿法

用生石灰、浓硫酸、无水氯化钙等吸收物料来除去湿分。这种方法费用高、操作麻烦，适用于小批量固体物料的去湿，或除去气体中水分的情况。

（三）加热去湿法

对湿物料加热，使其所含的湿分汽化。这种方法称为物料的干燥。这种方法热能消耗较多。

想一想

（1）洗完衣服烘干是哪种去湿的方法？

（2）食品包装袋中的干燥剂是哪种去湿的方法？

（3）举出生活中加热去湿的例子。

二、湿物料的加热干燥方法

（一）热传导干燥法

热能通过传热壁面以传导方式传给物料，产生的湿分蒸气被气相（又称干燥介质）带走，或用真空泵排走。

【优点】热能利用率高。

【缺点】与传热壁面接触的物料易局部过热而变质，受热不均匀。

【案例】纸制品可以铺在热滚筒上进行干燥。

（二）对流传热干燥法

热能以对流给热的方式由热干燥介质（通常为热空气）传给湿物料，使物料中的水分汽化。物料内部的水分以气态或液态形式扩散至物料表面，然后汽化的蒸汽从表面扩散至干燥介质主体，再由介质带走。

【优点】受热均匀，所得产品的含水量均匀。

【缺点】热利用率低。

【案例】干燥介质：热空气。湿分：水。如太阳能干燥箱（图 9-2）。

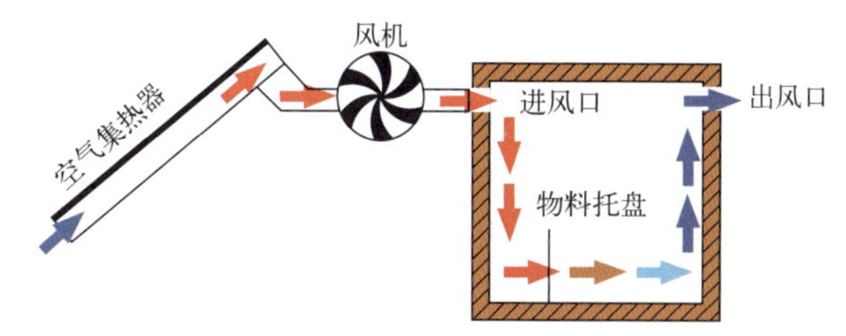

图9-2　太阳能干燥箱

（三）辐射干燥法

由辐射器产生的辐射能以电磁波形式达到物料表面，为物料所吸收而重新变为热能，从而使湿分汽化。

【优点】生产能力强，干燥产物均匀。

【缺点】能耗大。

【案例】用红外线干燥法（图 9-3）将自行车表面油漆干燥。

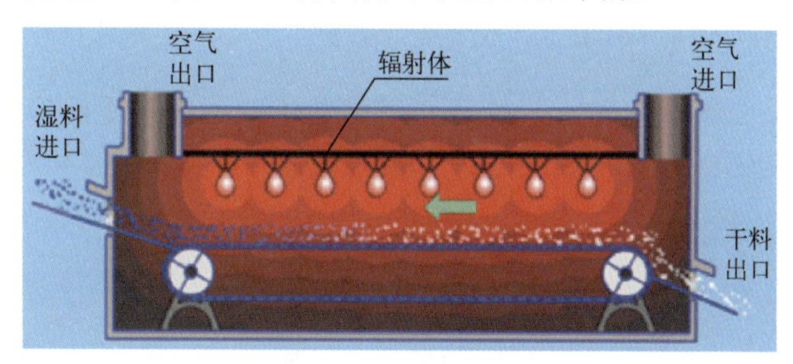

图9-3　红外线干燥器

（四）介电加热干燥

将需要干燥的电解质物料置于高频电场内，利用高频电场的交变作用将湿物料加热，水分汽化，物料被干燥。图 9-4 为介电加热干燥。

【优点】干燥时间短，干燥产品均匀而洁净。

【缺点】费用高。

图9-4　介电加热干燥

（五）微波炉加热干燥法

微波是一种超高频电磁波。其工作原理是湿物料中水分子的偶极子在微波能量的作用下，发生激烈的旋转运动，在此过程中水分子之间会产生剧烈的碰撞与摩擦而产生热能，这种加热从湿物料内部到外部，干燥时间短，干燥均匀。

【案例】微波干燥食品。

（六）冷冻干燥法

将湿物料在低温下冻结成固态，然后在高真空下，对物料提供必要的升华热，使冰升华为水汽，水汽用真空泵排出。干燥后物料的物理结构和分子结构变化极小，产品残存的水分也很小。冷冻干燥法常用于医药、生物制品及食品的干燥。

按操作压力不同，干燥可分为常压干燥和真空干燥。

三、干燥过程

工业上应用最多的是对流加热干燥法，本章主要介绍以空气为干燥介质，除去的湿分为水的对流干燥。

在对流干燥过程中，热空气将热量传给湿物料使其表面水分汽化，并通过表面外的气膜向气流主体扩散，汽化的水汽由空气带走；同时，由于汽化后物料表面的水分浓度较内部小，水分由物料内部向表面扩散。因此，干燥是传热和传质相结合的过程，而干燥介质既是干燥过程中的载热体，又是载湿体。

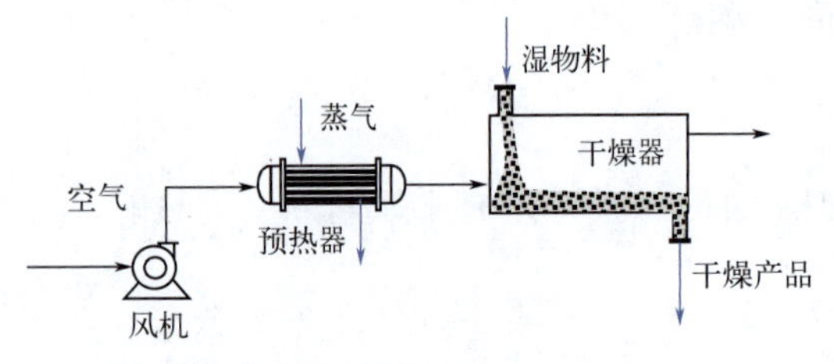

图9-5 对流干燥流程示意图

典型空气干燥器的工艺流程如图 9-5 所示。它是利用热气体与湿物料作相对运动，热空气将热量传递给湿物料，使湿物料的湿分汽化并扩散到空气，并被带走。

写一写

根据上面的干燥流程示意图，试着写一写热量传递过程和质量传递过程。

将干燥介质、湿物料表面、湿物料内部分别填在下列空中。

① 传热过程

________ $\xrightarrow{Q}$ ________ $\xrightarrow{Q}$ ________

② 传质过程

________ $\xrightarrow{\text{湿分}}$ ________ $\xrightarrow{\text{湿分}}$ ________

③ 对流干燥的特点

	传热	传质
方向	从气相到固体	从固体到气相
推动力	温度差	水汽分压差

④ 对流干燥的必要条件

a. 湿物料表面水汽压力大于干燥介质水汽分压。

b. 干燥介质将汽化的水汽及时带走。

四、湿空气的性质

在干燥操作中，载热体和载湿体的不饱和湿空气的状态变化，反映了干燥过程中传热和传质，因此，在讨论干燥器的物料衡算与热量衡算之前，首先应了解湿空气的性质。

湿空气：干空气和水蒸气的混合物，这种混合物称湿空气。

想一想

对流干燥的过程中，湿空气哪一项组分在干燥前后没有发生变化？用柱状图表示一下干燥前后湿空气的含量变化？

由于绝干空气的质量在干燥前后没有变化，故湿空气各种有关性质都是以1kg绝干空气（干气）为基准。

（一）湿空气中水气分压 p

作为干燥介质的湿空气是不饱和的空气，其水汽分压 $p_{水}$ 与干气分压 $p_{空}$ 及其总压力 p 的关系为

$$p = p_{空} + p_{水} \tag{9-1}$$

式中　p——总压，Pa或kPa；

$p_{空}$——绝干空气的分压，Pa或kPa；

$p_{水}$——湿空气中水汽分压，Pa或kPa。

（二）湿度 H

H 是指湿空气中单位质量绝干空气所带有的水蒸气的质量，或湿空气中所含水蒸气的质量与绝干空气质量之比值。即：

$$H = \frac{湿空气中的水蒸气质量}{湿空气中的绝干空气的质量} = \frac{M_{水}n_{水}}{M_{空}n_{空}} = \frac{18n_{水}}{29n_{空}} \tag{9-2}$$

式中　H——空气的湿度，kg/kg；

M——摩尔质量，kg/kmol；

n——物质的量，kmol。

下标“水”表示水蒸气，“空”表示绝干空气。

若湿空气为理想气体，根据道尔顿分压定律，摩尔之比等于压力之比，则：

$$H = \frac{18p_{水}}{29\left(p - p_{水}\right)} = 0.622\frac{p_{水}}{p - p_{水}} \tag{9-3}$$

若湿空气中的水蒸气分压等于该温度下水的饱和蒸气压，即表示空气呈饱和状态，则湿空气的相应湿度称为湿空气的饱和湿度，即：

$$H_{S} = 0.622\frac{p_{饱}}{p - p_{饱}} \tag{9-4}$$

式中　H_S——湿空气的饱和湿度；

$p_{饱}$——纯水的饱和蒸气压，Pa或kPa。

（三）相对湿度 φ

在一定的总压下，湿空气中水蒸气分压 $p_{水}$ 与同温度下水的饱和蒸气压 $p_{饱}$ 之比，称为相对

湿度，用φ表示。

$$\varphi=\frac{p}{p_{饱}}\times100\% \tag{9-5}$$

相对湿度φ代表偏离饱和空气的程度。

想一想

φ值的大小对干燥有什么影响？完全干燥空气的φ值为多少？饱和空气的φ值为多少？

讨论

φ=0，表示空气中不含水分，吸纳水汽能力最强。

φ=1，表示湿空气为水汽饱和，不能作为干燥介质。

0<φ<1，湿空气未达到饱和，φ越小吸湿能力越大。

H是湿空气中含水的绝对值，由湿度值不能分辨湿空气的吸湿能力。

知识拓展

高温干燥和低压干燥的原理

由相对湿度的公式得：

$$p_{水}=\varphi p_{饱}\Rightarrow H=\frac{0.622\varphi p_{饱}}{p-\varphi p_{饱}}\Rightarrow\varphi=\frac{pH}{p_{饱}(0.622+H)}$$

$p_{饱}$是温度的函数，温度越高，$p_{饱}$越高。

高温干燥原理：H一定，温度越高，水的饱和蒸气压就越高，而空气中水的分压不变，根据公式因此相对湿度φ降低，则吸湿能力越高，对干燥有利。

低压干燥原理：总压p降低，温度不变，则$p_{饱}$不变，而H不受压力变化，因此也不变，通过上述公式得出φ降低，吸湿能力变强，对干燥有利。

想一想

在t、H相同的条件下，提高压强对于干燥操作是否有利？为什么？

（四）湿空气的比热容c_H

在常压下将1kg的绝干空气和其所带有的H（kg水蒸气）的温度升高1℃所需的总热量，称为湿空气的比热容，简称湿比热。

$$c_H=c_{空}+c_{水}H \tag{9-6}$$

式中　c_H——湿空气的比热，kJ/（kg绝干空气·℃）；

　　　$c_{空}$——干空气的比热，kJ/（kg绝干空气·℃）；

$c_{水}$——水蒸气的比热，kJ/（kg 绝干空气·℃）；

H——湿度，kg 水汽 /kg 绝干空气。

在工程计算中，$c_{空}$、$c_{水}$通常取为常数，$c_{空}=1.01\text{kJ}/(\text{kg}\cdot℃)$，$c_{水}=1.88\text{kJ}/(\text{kg}\cdot℃)$，则

$$c_H=1.01+1.88H\left[\text{kJ}/\left(\text{kg}\cdot℃\right)\right] \tag{9-7}$$

从上式看出，湿空气的比热只随空气的湿度变化。

（五）湿空气（绝干空气和水汽）的焓I

1kg 绝干空气和其所带的 H（kg 水蒸气）所具有的焓，称湿空气的焓 I_H，即

$$I_H=I_{空}+I_{水}H \tag{9-8}$$

式中：I_H——湿空气的焓，kJ/kg 绝干空气；

$I_{空}$——绝干空气的焓，kJ/kg 绝干空气；

$I_{水}$——水蒸气的焓，kJ/kg 水蒸气；

H——湿度，kg 水汽 /kg 绝干空气。

注：由于焓值只有相对量没有绝对量，故存在基准问题，由物化知识可知焓值取物质常态为基准态，通常规定，0℃时绝干空气及液态水的焓为零。

$$I_{空}=c_{空}t \tag{9-9}$$

$$I_{水}=r_0+c_{水}t \tag{9-10}$$

$$I_H=\left(1.01+1.88H\right)t+2492H \tag{9-11}$$

式中　r_0——水在 0 ℃时的汽化潜热，SI 制中r_0 =2492kJ/kg。

（六）湿空气的比体积v_H（湿比体积，湿比容）

湿比体积为单位质量绝干空气的体积和其所带有 H（kg 水汽）的体积之和，记为v_H：

$$v_H=\frac{湿空气的体积}{湿空气中干空气的质量} \tag{9-12}$$

在标准状态下，气体的标准摩尔体积为 22.4m^3/kmol。因此在总压为p、温度为t、湿度为H的湿空气的比容为v_H。

绝干空气比容：

$$v_{空}=\frac{22.4}{29}\times\frac{273+t}{273}\times\frac{101.33}{p} \tag{9-13}$$

水汽的比容：

$$v_{水}=\frac{22.4}{18}\times\frac{273+t}{273}\times\frac{101.33}{p} \tag{9-14}$$

$$v_H = v_{空} + v_{水}H = \left(0.773 + 1.244H\right)\frac{273+t}{273} \times \frac{101.3}{p} \tag{9-15}$$

式中　v_H——湿比容，m^3/kg 绝干空气；

$v_{空}$——绝干空气比容，m^3/kg 绝干空气；

$v_{水}$——水汽的比容，m^3/kg 水蒸气。

【例题 9-1】 常压下湿空气温度 20℃、湿度 0.014673kg/kg 绝干气，试求：（1）湿空气的相对湿度；（2）湿空气的比容；（3）湿空气的比热；（4）湿空气的焓。若将上述空气加热到 50℃，再分别求上述各项。

解：

（1）20℃时：

① 相对湿度：由附录四查出 20℃时水蒸气饱和蒸气压。

$$\left.\begin{aligned} p_s &= 2.335\text{kPa} \\ H &= \frac{0.622\varphi p_s}{p_t - \varphi p_s} \end{aligned}\right\} \Rightarrow 0.014673 = \frac{0.622 \times 2.335\varphi}{101.3 - 2.335\varphi}$$

$$\Rightarrow \varphi = 100\%\left(\text{不可用做干燥介质}\right)$$

② 比容

$$v_H = \left(0.772 + 1.244H\right) \times \frac{273+t}{273} \times \frac{101.3 \times 10^5}{p}$$

$$= \left(0.772 + 1.244 \times 0.014673\right) \times \frac{273+20}{273} = 0.848\left(\text{m}^3\text{湿空气/kg绝干气}\right)$$

③ 比热

$$c_H = 1.01 + 1.88H = 1.01 + 1.88 \times 0.014673 = 1.038\left[\text{kJ/(kg绝干气·℃)}\right]$$

④ 焓

$$I = \left(1.01 + 1.88H\right)t + 2490H$$

$$= \left(1.01 + 1.88 \times 0.014673\right) \times 20 + 2490 \times 0.014673$$

$$= 57.29\left[\text{kJ/(kg绝干气)}\right]$$

（2）50℃时：$p_S = 12.34$kpa

	H	φ	v_H	c_H	I
20℃	0.014673	100%	0.848	1.038	57.29
50℃	不变	18.92%	0.935	不变	88.42

（七）干球温度(t)

湿空气的真实温度，简称温度 (℃或 K)。将温度计直接插在湿空气中即可测量。

（八）露点温度(t_d)

不饱和湿空气在总压 p 和湿度 H 一定的情况下进行冷却、降温，直至水蒸气饱和，此时

的温度称为露点温度，用 t_d 表示，有

$$H_S = 0.622\frac{p_{饱}}{p - p_{饱}} \tag{9-16}$$

式中　$p_{饱}$——露点t_d时饱和蒸气压，即该空气在初始状态下的水蒸气分压p_v。

可见，在一定总压下，只要测出露点温度，便可从手册中查得此温度下对应的饱和蒸气压，从而求得空气湿度。反之，若已知空气的湿度，可根据上式求得饱和蒸气压，再从水蒸气表中查出相应的温度，即为露点温度。

知识拓展

天气预报中所说的温度是指哪里的温度?

首先说明一点，天气预报中的温度，与地表温度、体感温度是不完全一样的(图 9-6)。

气象学中所说的温度，其实是指的大气温度，它是由离地面 1.5 米高的百叶箱（图 9-7）里测得的温度。测温必须在比较空旷的地方完成，温度计又高于地面 1.5 米，而且放在百叶箱中，避免了太阳直射。这样测得的温度才是气象学上所说的气温，即大自然状态下的空气流动温度。

百叶箱中安装有干球温度表、湿球温度表、最高温度表、最低温度表等仪器。其中干湿球温度表是用于测定空气的温度和湿度的仪器。它由两支型号完全一样的温度表组成，气温由干球温度表测定，湿度是根据热力学原理由干球温度表与湿球温度表的温度差值计算得出。

最后再说体感温度，它是指人对冷热的温度感觉，不能简单地理解为是人体皮肤温度。在相同的气温条件下，人们会因湿度、风速、太阳辐射、着装颜色甚至心情等的不同而产生不同的冷暖感受。湿热气候条件下，汗液难以蒸发带走身体热量，使得人体感到更热、不舒适。

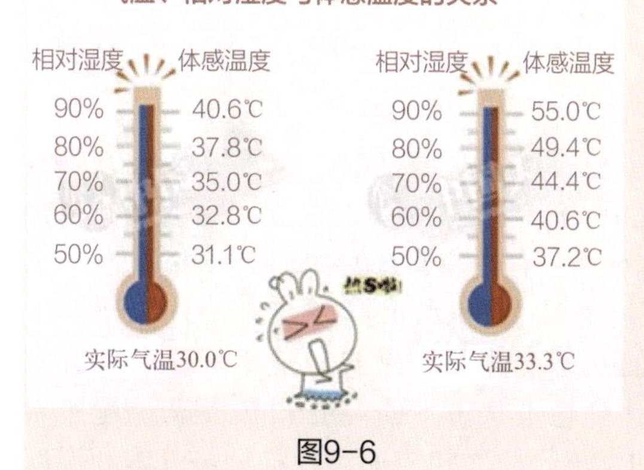

图9-6

图9-7　百叶箱

（九）湿球温度 t_w

湿球温度计：用湿纱布包裹温度计的感温部分（水银球），纱布下端浸在水中，以保证纱布一直处于充分润湿状态，这种温度计称为湿球温度计，如图 9-8 所示。

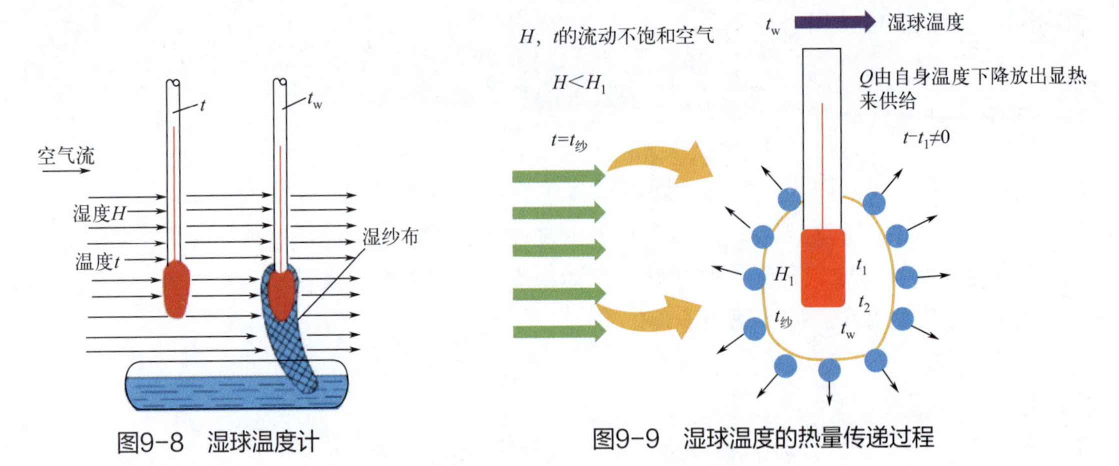

图9-8　湿球温度计　　　　图9-9　湿球温度的热量传递过程

将湿球温度计置于温度为t、湿度为H的流动不饱和空气中，湿纱布中的水分汽化，并向空气主流中扩散；同时汽化吸热使湿纱布中的水温下降，与空气间出现温差，引起空气向水分传热。

湿球温度t_w：当空气传给水分的显热恰好等于水分汽化所需的潜热时，空气与湿纱布间的热量传递和质量传递达到平衡，湿球温度计上的温度维持恒定。此时湿球温度计所测得的温度称为湿空气的湿球温度。热量传递过程如图9-9所示。

水蒸气蒸发要吸热，这个热量的提供就是靠自身降温，蒸发的快慢与相对湿度有关系。

湿球温度实际上是湿纱布中水分的温度，而并不代表空气的真实温度，由于湿球温度由湿空气的温度、湿度所决定，故称其为湿空气的湿球温度，所以它是表明湿空气状态或性质的一种参数。

对于某一定干球温度的湿空气，其相对湿度越低，湿球温度值越低。对于饱和湿空气而言，其湿球温度与干球温度相等。

（十）绝热饱和温度t_{as}

绝热饱和温度t_{as}：在与外界绝热情况下，空气与大量水经过无限长时间接触后，达到与水温相等的空气温度。图9-10为绝热冷却塔示意图。

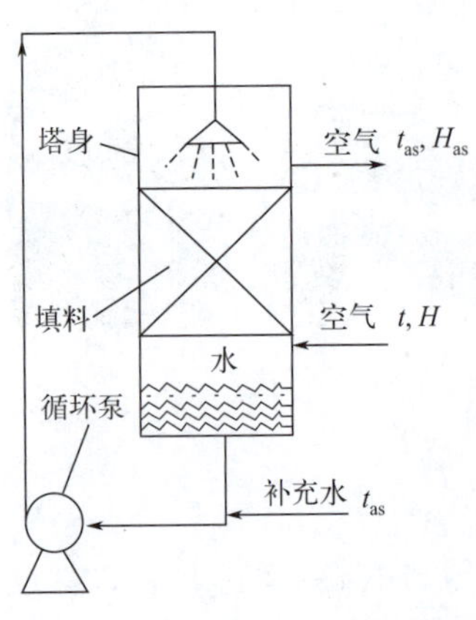

图9-10　绝热饱和冷却塔示意图

设塔与外界绝热，初始湿空气（t,H）与大量水充分接触，水分汽化进入空气中，汽化所需热量由空气温度下降放出显热供给。若空气与水分两相有足够长的接触时间，最终空气为水汽所饱和，而温度降到与循环水温相同。

空气在塔内的状态变化是在绝热条件下降温、增湿直至饱和的过程，达到稳定状态下的温度t_{as}就是初始湿空气（t,H）的绝热饱和温度，与之相应的湿度称为绝热饱和湿度H_{as}。

水分向空中汽化，汽化所需的热由空气温度下降放出显热而供给。足够长时间后，空气为水所饱和，温度降到与循环水温相同。

【例题9-2】 常压下湿空气的温度为30℃、湿度为0.02403kg/kg绝干气，试计算湿空气。的各种性质，即：(1) 分压 $p_{水}$；(2) 露点 t_d；(3) 绝热饱和温度 t_{as}；(4) 湿球温度 t_w。

解：

(1) 分压 $p_{水}$

$$H=\frac{0.622p}{p-p_{水}}\quad H=0.02403\text{kg/kg绝干气}\quad p=1.013\times10^5\text{Pa}$$

解得 $p_{水}=3768\text{Pa}$

(2) 露点 t_d

将湿空气等湿冷却到饱和状态时的温度为露点，相应的蒸气压为水的饱和蒸气压，由查附录五，对应的温度为27.5℃，此温度即为露点。

(3) 绝热饱和温度 t_{as}

$$t_{as}=t-\frac{r_0}{c_H}\left(H_{as}-H\right)$$

由于 H_{as} 是 t_{as} 的函数，故用上式计算 t_{as} 时要用试差法。其计算步骤为：

设① $t_{as}=28.4℃$

② $H_{as}=\dfrac{0.622Hp_{as}}{p-p_{as}}$

由附录查出28.4℃时水的饱和蒸气压为3870Pa，故：

$$H_{as}=\frac{0.622\times3870}{1.013\times10^5-3870}=0.0247(\text{kg/kg绝干气})$$

③ 求 c_H，即

$$c_H=1.01+1.88H\ 或\ c_H=1.01+1.88\times0.02403=1.055\left[\text{kJ}/\left(\text{kg}\cdot℃\right)\right]$$

④ 核算 t_{as}

0℃时水的汽化热 $r_0=2490\text{kJ/kg}$

$$t_{as}=30-\frac{2490}{1.055}\times\left(0.02471-0.02403\right)=28.395(℃)$$

故假设 $t_{as}=28.4℃$ 可以接受。

(4) 湿球温度 t_w

对于水蒸气空气系统，湿球温度 t_w 等于绝热饱和温度 t_{as}，但为了方便计算，仍用公式计算湿球温度 t_w。

$$t_w=t-\frac{k_H r_{tw}}{\alpha}\left(H_{tw}-H\right)$$

与计算 t_{as} 一样，用试差法计算，计算步骤如下：

① 假设 t_w=28.4℃

② 对水蒸气 - 空气系统，$\alpha/kH≈0.92$

③ 由附录四查出 28.4℃时水的汽化热 r_0 为 2427.3kJ/kg

④ 前面已算出 28.4℃时湿空气的饱和温度为 0.0247kg/kg 绝干气。

⑤ $t_w = 30 - \dfrac{2427.3}{0.92}(0.02471 - 0.02403) = 28.21(℃)$

与假设的 28.4℃很接近，故假设正确。计算结果证明对水蒸气 - 空气系统，$t_{as} = t_w$。

写一写

由以上的讨论可知，表示湿空气性质的特征温度，有干球温度 t、湿球温度 $t_{湿}$、绝热饱和温度 $t_{绝}$、露点温度 t_d。对于空气 - 水物系，$t_{湿} \sim t_{绝}$，并且有下列关系：

不饱和湿空气：$t > t_{湿} > t_d$

饱和湿空气：$t=t_{湿}=t_d$

五、湿空气的 *H-I* 图

湿空气性质的各项参数 $p_{水}$、φ、H、I、t、t_d、$t_w=t_{as}$，在一定的总压力下，只要规定其中两个相互独立的参数，湿空气状态即可确定。

在干燥过程计算中，需要知道湿空气的某些参数，用公式计算比较烦琐，而且有时还需用试差法求解。工程上为了方便起见，将各参数之间的关系标绘在坐标图上，只要知道湿空气任意两个独立参数，就能从图上迅速查到其他参数，这种图通常称为湿度图。下面介绍工程上常用的一种湿度图，称焓湿图。

教材中（*H-I*）图是根据常压数据绘制的，若系统总压偏离常压较远，则不能应用此图。

（一）焓湿图的构成

焓湿图的构成有等H线（等湿度线）、等I线（等焓线）、等t线（等干球温度线）、等φ线（等相对湿度线）和p_v线（蒸气分压线）。

如图 9-11 是在总压力 p=101.325kPa 下，以湿空气的焓 I 为纵坐标，湿度 H 为横坐标绘制的。为了避免图中许多线条挤在一起而难以读数，本图采用夹角为 135° 的斜角坐标。又为了便于读取湿度数值，作一水平辅助轴，将横轴上的湿度值投影到水平辅助轴上。图中共有 5 种线，分别介绍如下。

1. 等湿度线（等 H 线）

等 H 线是一系列平行于纵轴的直线。同一条等 H 线上，不同点代表不同状态的湿空气，但具有相同的湿度。

2. 等焓线（等 I 线）

等 I 线是一系列与水平线呈 45° 的斜线。同一条等 I 线上，不同点代表不同状态的湿空气，但具有相同的焓值。

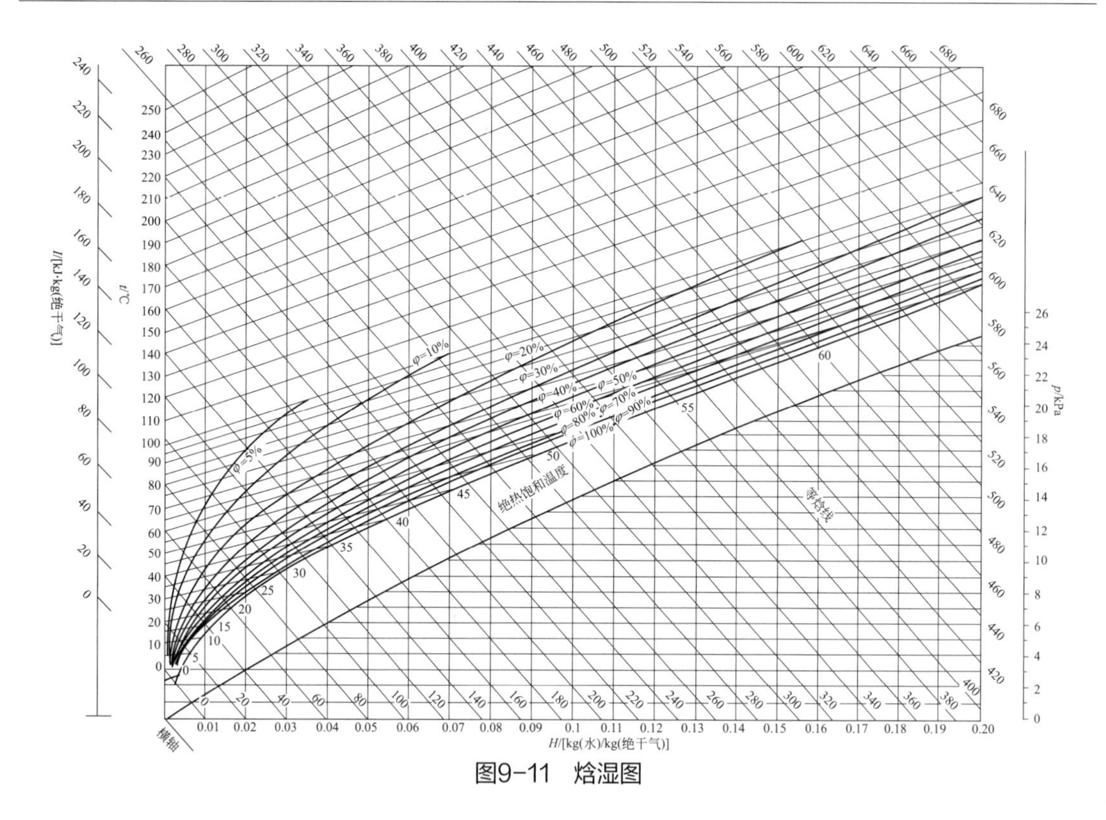

图9-11　焓湿图

3. 等干球温度线（等 *t* 线）

将式（9-11）写成

$$I=1.01t+(1.88t+2492)H \qquad (9\text{-}17)$$

由此式可知，当 *t* 为定值，*I* 与 *H* 呈直线关系。因直线斜率（1.88*t*+2492）随 *t* 的升高而增大，所以这些等 *t* 线互不平行。

4. 等相对湿度线（等 *φ* 线）

$$p_{水}=\frac{pH}{0.622+H} \qquad (9\text{-}18)$$

等相对湿度（*φ*）线就是用上式绘制的一组曲线。当总压 *p*=101.325kPa 时，因 $\varphi=f(H, p_{饱})$，$p_{饱}=f(t)$ 所以对于某一 *φ* 值，在 *t*=0 ～ 100℃范围内，给出一系列 *t*，就可根据水蒸气表查到相应的 $p_{饱}$ 数值，再根据式（9-18）计算出相应的湿度 *H*，在图上标绘一系列（*t*，*H*）点，将上述各点连接起来，就构成了等相对湿度线。

5. 水蒸气分压线

水蒸气分压线标绘在饱和空气线（*φ*=100%）的下方，是水汽分压 $p_{水}$ 与湿度 *H* 之间的关系曲线，是在总压力 *p*=101.325kPa 下标绘的。水蒸气分压 $p_{水}$ 的坐标位于图的右端纵轴上。

（二）*H-I* 图应用

利用 *H-I* 图可方便地确定湿空气的性质。首先，须确定湿空气的状态点，然后由 *H-I* 图中读出各项参数。假设已知湿空气的状态点 *A* 的位置，如图 9-12 所示。可直接读出通过 *A* 点的四条参数线的数值。他们是相互独立的参数 *t*、*φ*、*H* 及 *I*，进而可由 *H* 值读出与其相关

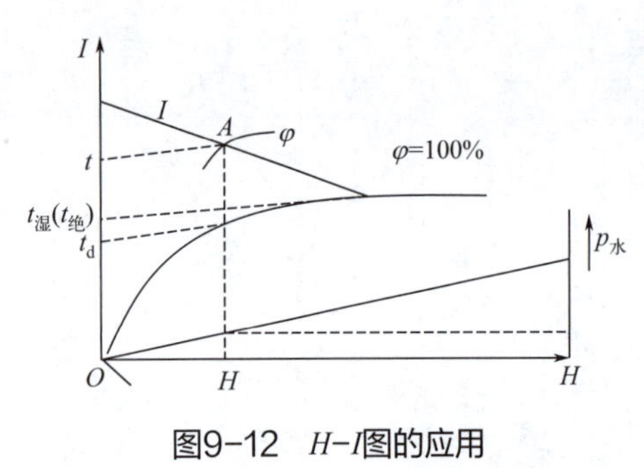

图9-12 H-I图的应用

但互不独立的参数 $p_水$、t_d 的数值；由 I 值读出与其相关但互不独立的参数 $t_{as}≈t_w$ 的数值。

具体方法如下：

① 湿度 H，由 A 点沿等湿线向下与水平辅助轴的交点，即可读出 A 点的湿度 H 值。

② 焓值 I，通过 A 点做等焓线的平行线，与纵轴相交，由交点可得焓 I 值。

③ 水汽分压 $p_水$，由 A 点沿等湿度线向下交水汽分压线于一点，在图右端纵轴上读出水汽分压值。

④ 露点 t_d，由 A 点沿等湿度线向下与φ=100% 饱和线交于一点，再由过该点的等温线读出露点温度。

⑤ 湿球温度 $t_湿$（绝热饱和温度 $t_绝$），由 A 点沿着等焓线与φ=100% 饱和线交于一点，再由过该点的等温线读出湿球温度（绝热饱和温度）。

根据湿空气的任意两个独立的参数，可确定其状态点。

（注意：t_d-H、p-H、t_d-p、t_w-I、t_{as}-I 等各对都不是相互独立的）

湿空气的温度 t 和湿球温度 t_w, 状态点的确定如图 9-13（a）。

湿空气的温度 t 和露点温度 t_d，状态点的确定见图 9-13（b）。

湿空气的温度 t 和相对湿度φ，状态点的确定如图 9-13（c）。

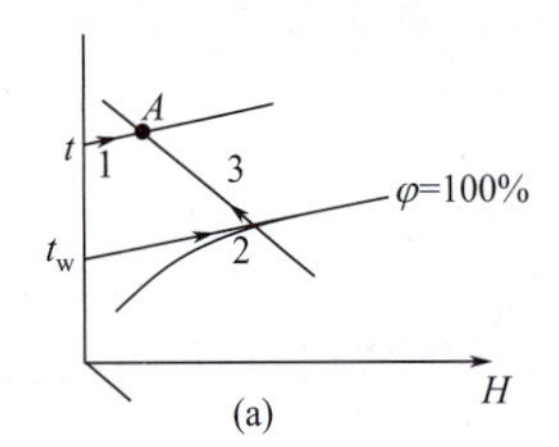

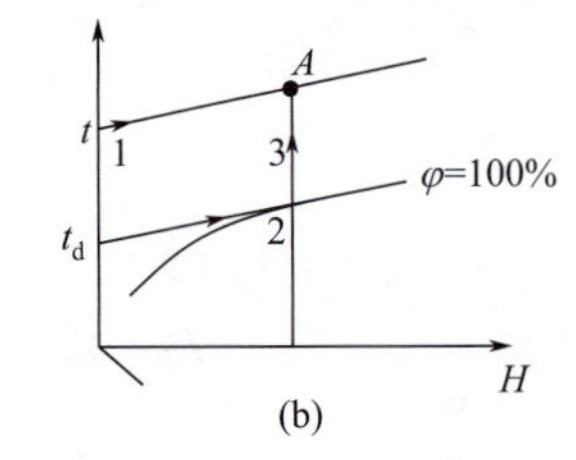

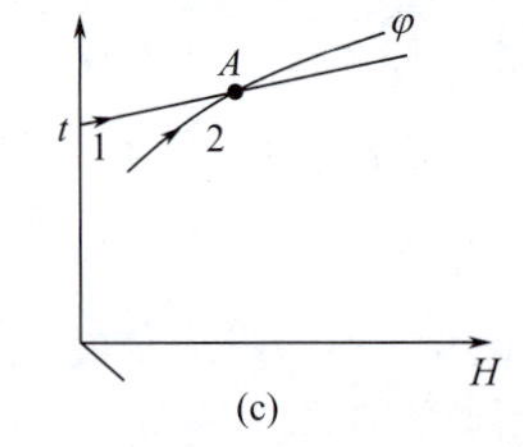

图9-13 状态点的确定

思考与练习

问答题

1. 已知湿空气的干球温度 t=30℃，相对湿度φ=0.6，求湿空气的湿度 H，露点 t_d、t_{as}（图 9-14、图 9-15）。

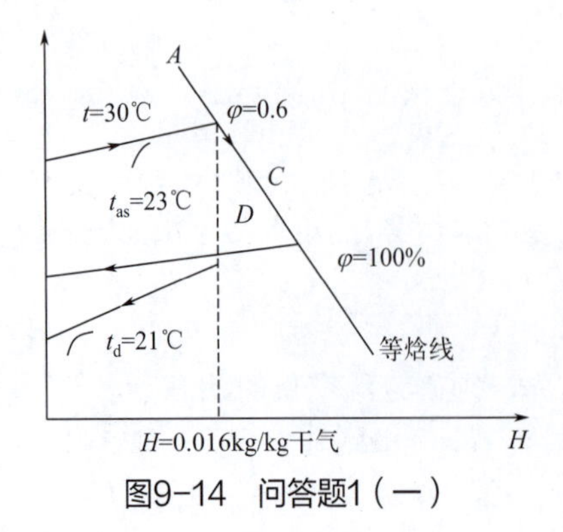

图9-14 问答题1（一）

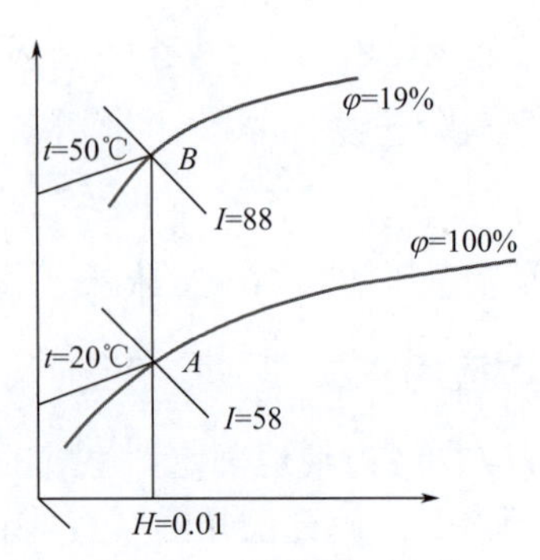

图9-15 问答题1（二）

2. 若常压下，某湿空气的温度为20℃，湿度为0.014673kg/kg绝干空气，试求20℃及50℃：（1）湿空气的相对湿度；（2）湿空气的焓。

3. 若常压下，某湿空气的温度为30℃，湿度为0.02403kg/kg（绝干空气），试求20℃及50℃：（1）分压p。（2）露点t_d。（3）绝热饱和温度t_{as}（图9-16）。

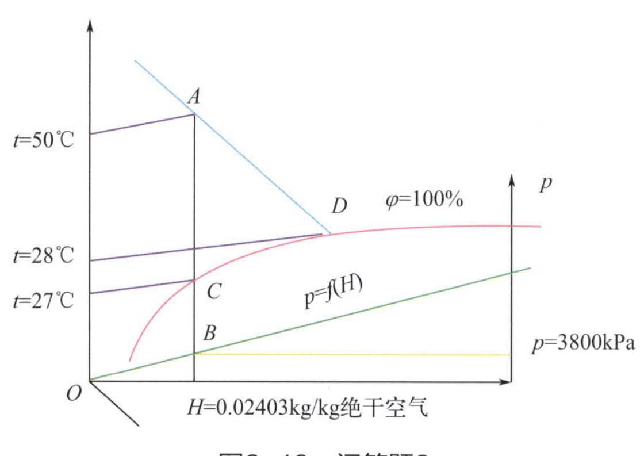

图9-16　问答题3

思考题

1. 固体物料的除湿方法有哪些？

2. 干燥过程按热量供给方式是怎么分类的？

3. 测量湿球温度时，当水的初始温度不同时，对测量结果有无影响，简要说明理由。

4. 表示湿空气性质的参数有哪些？如何确定湿空气的状态？

填空题

1. 将不饱和空气在间壁式换热器中由t_1加热至t_2，则其湿球温度t_W__________，露点温度t_d__________，相对湿度φ__________。（增加，不变，减小）

2. 相对湿度φ值可以反映湿空气吸收水汽能力的大小，当φ值大时，表示该湿空气的吸收水汽的能力________。在湿度一定时，不饱和空气的温度越低，其相对湿度越__________。（小，大）

3. 在同一房间里不同物体的平衡水汽分压是否相同？__________；它们的含水量是否相同？__________；湿度是否相同？__________。

4. 在实际的干燥操作中，常用__________来测量空气的温度。

5. 在101.325kPa下，不饱和湿空气的温度为40℃，相对湿度为60%，若加热至80℃，则空气的下列状态参数如何变化？湿度H__________，相对湿度φ__________，湿球温度t_w__________，露点t_d__________。

6. 已知常压下某湿空气的温度为20℃，水蒸气的饱和蒸气压为2.3346kPa，湿度为0.014673kg/kg绝干气，湿空气的相对湿度φ=__________，__________作为干燥介质用。

选择题

1. 一定状态的空气温度不变，增大总压，则湿度（　　），容纳水分的能力（　　），所以干燥过程多半在常压或真空条件下进行。

A. 增大　　B. 减小　　C. 不变　　D. 不确定

2. 一定状态的空气，总压不变，升高温度，则湿度（　　），容纳水的能力（　　），所以干燥过程中须将气体预热至一定温度。

A. 增大　　B. 减小　　C. 不变　　D. 不确定

3. 不饱和湿空气的干球温度 t，湿球温度 t_w，露点 t_d 的大小顺序为（　　）。饱和湿空气的干球温度 t，湿球温度 t_w，露点 t_d 的大小顺序为（　　）。

A. $t>t_w>t_d$　　B. $t>t_w<t_d$　　C. $t=t_w=t_d$　　D. $t<t_w<t_d$

4. 在总压不变的条件下，将湿空气与不断降温的冷壁相接触，直至空气在光滑的冷壁面上析出水雾，此时的冷壁温度称为（　　）。

A. 湿球温度　　B. 干球温度　　C. 露点　　D. 绝对饱和温度

5. 在总压 101.33kPa，温度 20℃下，某空气的湿度为 0.01kg/kg 绝干空气，现维持总压不变，将空气温度升高到 50℃，则相对湿度（　　）。

A. 增大　　B. 减小　　C. 不变　　D. 无法判断

6. 在总压 101.33kPa，温度 20 ℃ 下，某空气的湿度为 0.01kg/kg 绝干空气，现维持温度不变，将总压升高到 125kPa，则相对湿度（　　）。

A. 增大　　B. 减小　　C. 不变　　D. 无法判断

7. 湿度表示湿空气中水汽含量的（　　）。

A. 相对值　　B. 绝对值　　C. 增加值　　D. 减少值

拓展阅读

人体适宜的温度和湿度

人体适宜的温度夏天是 26~28℃，冬天应在 18 ～ 20℃。湿度在 45%~65%。

科学家发现，25℃的环境最适宜人类生活。在这个温度下，身体内的毛细血管舒张平衡，感觉非常舒适。夏季，人体最适宜的温度比 25℃稍高，是 26~28℃。当气温开始上升，直到超过 32℃后，情绪产生波动。这个时候就需要采取一些措施，调节体温。

首先要使人感觉舒适。就温度而言，使人既不感到热，又不觉得冷的温度称为”生理零度”。生理零度是人感觉最舒适的温度。不同的人会有不同的生理零度。对于一般身体健康的正常人来说，生理零度在 28 ～ 29℃。因此，空调房间的温度应尽量选定在这个温度附近。 其次要有利于健康。室内与室外的温差不能太大，一般在 5 ～ 10℃为宜。 如果温差过大，使人进出时经受气温骤变，容易感冒。第三要考虑省电，制冷时温度调得过低或制热时温度调得过高，都比较耗能。所以从省电考虑，夏天不能把室温调得太低，冬天不能把温度调得太高。所以，综合起来看，空调房间合理的温度是夏天应在 26 ～ 28℃。冬天应在 18 ～ 20℃。

任务二　干燥的简单计算

学习目标

1. 了解干燥过程的物料衡算。
2. 了解干燥过程的热量衡算。
3. 了解干燥速率与干燥速率曲线。

对流干燥过程中干燥器及辅助设备的计算或者选型常以物料衡算、热量衡算、速率关系及平衡关系为依据。通过物料衡算和热量衡算可以确定干燥蒸发的水分量、热空气消耗量及所需热量，从而确定预热器的传热面积、干燥器的工艺尺寸、风机的型号等。

一、物料含水量的表示方法

湿物料的含水量可用湿基含水量和干基含水量两种方法表示。

(一) 湿基含水量

湿基含水量为水分在湿物料中的质量分数，用 w 表示，公式为：

$$w=\frac{\text{湿物料中水分质量}}{\text{湿物料总质量}}\times100\% \tag{9-19}$$

(二) 干基含水量

在干燥过程中，绝干物料的质量没有发生变化，故常用湿物料中水分与绝干物料的质量比表示湿物料的含量，称为干基含水量，用 X 表示，公式为：

$$X=\frac{\text{湿物料中水分质量}}{\text{湿物料中绝干物料质量}}\times100\% \tag{9-20}$$

式中　X——湿物料的干基含水量，kg 水 /kg 绝干料。

两种含水量之间换算关系：

$$w=\frac{X}{1+X} \qquad X=\frac{w}{1-w} \tag{9-21}$$

二、干燥系统的物料衡算

干燥过程的物料衡算示意图如图 9-17 所示。

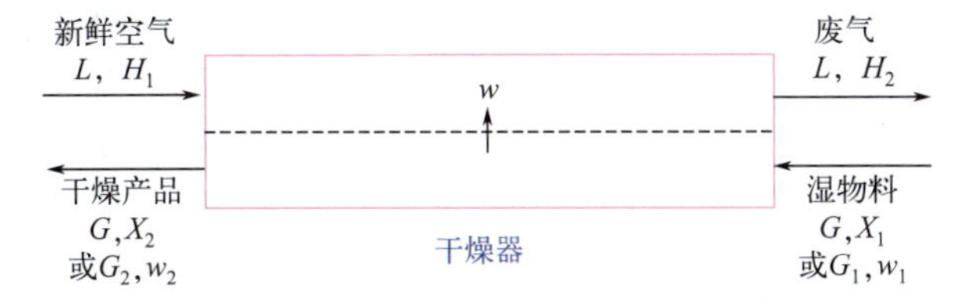

图9-17　物料衡算示意图

图中　L—— 绝干空气的消耗量，kg 绝干空气 /s；

H_1,H_2—— 湿空气进、出干燥器时的湿度，kg 水 /kg 绝干空气；

G——绝干物料进、出干燥器时的流量，kg 绝干料 /s；

X_1,X_2——湿物料进、出干燥器时的干基含水量，kg 水 /kg 绝干料；

G_1,G_2——湿物料进、出干燥器时的流量，kg 湿物料 /s；

w_1,w_2——湿物料进、出干燥器时的湿基含水量，kg 水 /kg 湿物料。

（一）水分蒸发量W

若不计干燥过程中物料的损失，空气中的水分质量和湿物料中水分质量之和守恒，即对水分作物料衡算：$LH_1+GX_1=LH_2+GX_2$

$$W=L\left(H_2-H_1\right)=G\left(X_1-X_2\right)\left(\text{kg水}/\text{s}\right) \tag{9-22}$$

想一想

在上述公式中 $L(H_2-H_1)$ 表示的是什么？ $G(X_1-X_2)$ 表示的是什么？

（二）空气消耗量L

由公式（9-22）得出：

$$L=\frac{G\left(X_1-X_2\right)}{H_2-H_1}=\frac{w}{H_2-H_1}\left(\text{kg绝干空气}/s\right) \tag{9-23}$$

每蒸发 1kg 水分时，消耗的绝干空气量为 l,（称为单位空气消耗量）

$$l=\frac{L}{W}=\frac{1}{H_2-H_1}\left(\text{kg绝干气}/\text{kg水}\right) \tag{9-24}$$

由式（9-24）可知，空气消耗量随着进干燥器的空气湿度 H_1 的增大而增多。因此，一般按夏季的空气湿度确定全年中最大空气消耗量，以此风量选择鼓风机。在选用风机型号时，应把空气消耗量的质量流量换算为标定状态（20℃，101.325kPa）下的体积流量 q_v（即风量）。

（三）干燥产品流量

若不计干燥过程中物料损失，则在干燥前后物料中的干物料质量不变，即对进出干燥器的绝干物料进行衡算：$G_2\left(1-w_2\right)=G_1\left(1-w_1\right)$

$$G_2=\frac{G_1\left(1-w_1\right)}{1-w_2}=\frac{G_1\left(1+X_2\right)}{1+X_1}\left(\text{kg湿物料}/\text{s}\right) \tag{9-25}$$

注意：干燥产品是指离开干燥器时的物料，并非绝干物料，它仍是含少量水分的湿物料。

【例题 9-3】 今有一干燥器，湿物料处理量为 800kg/h。要求物料干燥后含水量由 30% 减至 4%（均为湿基）。干燥介质为空气，初温 15℃，相对湿度为 50%，经预热器加热至 120℃进入干燥器，出干燥器时降温至 45℃，相对湿度为 80%。

试求：（1）水分蒸发量 W；

（2）空气消耗量 L、单位空气消耗量 l；

（3）如鼓风机装在进口处，求鼓风机在 15 ℃、101.325kPa 下的湿空气体积流量。

解：（1）水分蒸发量 W

已知 G_1=800kg/h，w_1=30%，w_2=4%，则

$$G_c=G_1(1-w_1)=800\times(1-0.3)=560\ (\text{kg/h})$$

$$X_1=\frac{w_1}{1-w_1}=\frac{0.3}{1-0.3}=0.429$$

$$X_2=\frac{w_2}{1-w_2}=\frac{0.04}{1-0.04}=0.042$$

$$W=G_c(X_1-X_2)=560\times(0.429-0.042)=216.7\ (\text{kg 水/h})$$

（2）空气消耗量 L、单位空气消耗量 l

由 H-I 图中查得，空气在 t=15℃，φ=50% 时的湿度为 H=0.005kg 水 /kg 绝干空气。

在 t_2=45℃，φ_2=80% 时的湿度为 H_2=0.052kg 水 /kg 绝干空气。

空气通过预热器湿度不变，即 H_0=H_1。

$$L=\frac{W}{H_2-H_1}=\frac{W}{H_2-H_0}=\frac{216.7}{0.052-0.005}=4610\ (\text{kg 绝干空气/h})$$

$$l=\frac{1}{H_2-H_0}=\frac{1}{0.052-0.005}=21.3\ (\text{kg 绝干空气/kg 水})$$

（3）风量 V

用式（9-15）计算 15℃、101.325kPa 下的湿空气比容为

$$v_H=(0.773+1.244H_0)\times\frac{15+273}{273}$$

$$=(0.773+1.244\times0.005)\times\frac{288}{273}$$

$$=0.822\ (\text{m}^3/\text{kg 绝干空气})$$

V=Lv_H=4610×0.822=3789.42（m^3/h）用此风量选用鼓风机。

三、干燥系统的热量衡算

连续干燥过程的热量衡算示意图如图 9-18 所示。

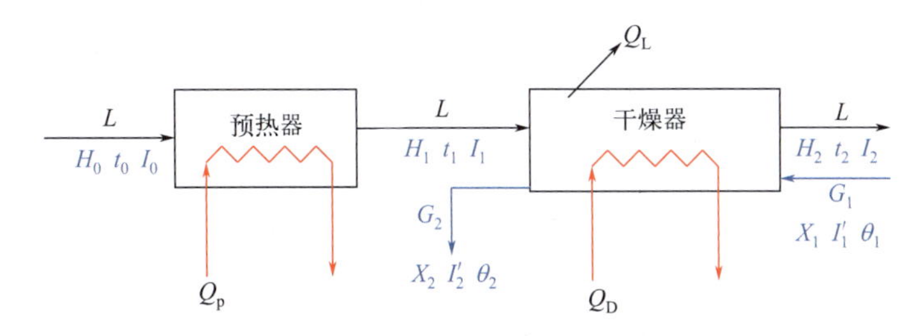

图9-18　连续干燥过程的热量衡算示意图

图中　H_0,H_1,H_2——湿空气进入预热器、离开预热器（进入干燥器）及离开干燥器时的湿度，kg/kg 绝干空气；

I_0,I_1,I_2——湿空气进入预热器、离开预热器（进入干燥器）及离开干燥器时的焓，kJ/kg 绝干空气；

t_0,t_1,t_2——湿空气进入预热器、离开预热器（进入干燥器）及离开干燥器时的温

度，℃；

Q_p—— 单位时间内预热器消耗的热量，kW；

θ_1,θ_2—— 湿物料进、出干燥器时的温度，℃；

I_1'，I_2'——湿物料进、出干燥器时的焓，kJ/kg 绝干料；

Q_D—— 单位时间内向干燥器补充的热量，kW；

Q_L—— 干燥器的热损失，kW。

（一）热量衡算的基本方程

系统所需总热量 $Q=Q_p+Q_D+Q_L=L(I_2-I_0)+G(I_2-I_1)+Q_L$

① 将湿度为H_0的新鲜空气L由t_0加热至t_2，所需热量为$L(1.01+1.88H_0)(t_2-t_0)$。

② 湿物料进料$G_1=G_2+w$，其中干燥产品G_1由θ_1加热至θ_2，所需热量为

$$Gc_{m2}(\theta_2-\theta_1) \tag{9-26}$$

水分w由θ_1被加热汽化并升温至t_2，所需热量为$w(2490+1.88t_2-4.187\theta_1)$。（温度$\theta_1$的水先降至0℃，汽化，再加热至$t_2$）。

③ 干燥系统损失的热量Q_L

因此$Q=Q_p+Q_D+Q_L$

$$=L(1.01+1.88H_0)(t_2-t_0)+Gc_{m2}(\theta_2-\theta_1)+w(2490+1.88t_2-4.187\theta_1)+Q_L$$

若忽略空气中水汽进出系统的焓变和湿物料中水分带入系统的焓，则有：

$$Q=Q_p+Q_D+Q_L$$

$$\approx \underset{\text{空气升温所需热量}}{\underline{1.01L(t_2-t_0)}}+\underset{\text{物料升温所需热量}}{\underline{Gc_{m2}(\theta_2-\theta_1)}}+\underset{\text{蒸发水分所需热量}}{\underline{w(2490+1.88t_2)}}+\underset{\text{干燥器热量损失}}{Q_L}$$

（二）干燥系统的热效率

$$\eta=\frac{\text{蒸发水分所需的热量}}{\text{向干燥系统输入的总热量}}\times100\% \tag{9-27}$$

即有：

$$\eta=\frac{w(2490+1.88t_2)}{Q}\times100\% \tag{9-28}$$

热效率愈高表明干燥系统的热利用率愈好。

可通过提高t_1、降低t_2、提高H_2及废热利用等措施来提高热效率。

但提高t_1不适合热敏性物料；降低t_2、提高H_2会导致干燥过程热质传递推动力的降低，从而降低干燥速率。

【例题 9-4】 某种湿物料在常压气流干燥器中进行干燥，湿物料的流量为 1kg/s，初始湿基含水量为 3.5%，干燥产品的湿基含水量为 0.5%。空气状况为：初始温度为 25℃，湿

度为 0.005kg/kg 绝干空气，经预热后进干燥器的温度为 140℃，若离开干燥器的温度选定为 60℃和 40℃，试分别计算需要的空气消耗量及预热器的传热速率。

又若空气在干燥器的后续设备中温度下降了 10℃，试分析以上两种情况下物料是否返潮？假设干燥器为理想干燥器。

解：理想干燥器，空气在干燥器内经历等焓过程，$I_{H1}=I_{H2}$

$$(1.01+1.88H_1)t_1+2490H_1=(1.01+1.88H_2)t_2+2490H_2$$

$t_1=140℃\quad H_1=H_0=0.005\text{kg/kg绝干空气}\quad t_2=60℃$

$$H_2=\frac{(1.01+1.88\times0.005)\times140}{1.88\times60+2490}+\frac{2490\times0.005-1.01\times60}{1.88\times60+2490}=0.0363(\text{kg/kg绝干空气})$$

绝干物料量：$G=G_1(1-w_1)=1\times(1-0.035)=0.965(\text{kg/s})$

$$X_1=\frac{w_1}{1-w_1}=\frac{3.5\%}{96.5\%}=0.0363(\text{kg水/kg绝干物})$$

$$X_2=\frac{0.5}{100-0.5}=0.0503(\text{kg水/kg绝干物})$$

绝干空气量：

$$L=\frac{G(X_1-X_2)}{H_2-H_1}=\frac{0.965\times(0.0363-0.00503)}{0.0363-0.005}=0.964(\text{kg/s})$$

预热器的传热速率：$Q_\text{p}=Lc_H(t_1-t_0)=L(1.01+1.88H_0)(t_1-t_0)$

$$=0.964\times(1.01+1.88\times0.005)\times(140-25)=113(\text{kJ/s})$$

$t_2=40℃\quad H_2'=0.0447\text{kg/kg绝干空气}\quad L'=0.76\text{kg/s}\quad Q_\text{p}'=89\text{kJ/s}$

分析物料的返潮情况：

当$t_2=60℃$时，干燥器出口空气中水汽分压为

$$p_2=\frac{pH_2}{0.622+H_2}=\frac{101.33\times0.0363}{0.622+0.0363}=2.59(\text{kPa})$$

t=60℃时，饱和蒸气压 p_s=12.34kPa，$p_\text{s}>p_2$，即此时空气温度尚未达到气体的露点，不会返潮。

当$t_2=40℃$时，干燥器出口空气中水汽分压为

$$p_2=\frac{101.33\times0.0447}{0.622+0.0447}=6.97(\text{kPa})$$

t=30℃时，饱和蒸气压 p_s=4.25kPa，$p_2>p_\text{s}$ 物料可能返潮。

四、干燥过程物料的平衡关系与速率关系

为了确定物料的干燥时间和干燥器的尺寸，需要知道物料的平衡含水量与干燥速率。下面分别介绍物料的平衡含水量、物料的干燥实验曲线以及干燥速率。

（一）物料中的水分

干燥传质过程：湿物料内部 $\xrightarrow{\text{水分扩散}}$ 湿物料表面 $\xrightarrow{\text{水分扩散}}$ 干燥介质

水分除去的难易程度取决于湿物料内部物料与水分的结合方式。其中按所含水分能否用干燥的方法除去来划分，可分为平衡水分与自由水分。

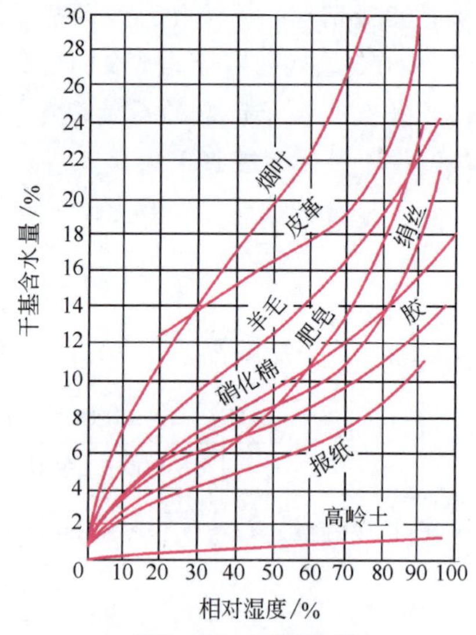

图9-19　平衡曲线

1. 平衡水分与自由水分

湿物料与某状态的空气接触足够长时间后，热质传递达平衡，物料表面水汽的分压等于空气中的水汽分压，此时物料含水量恒定，此含水量称为该物料在该空气状态下的平衡水分（平衡含水量），用X^*表示，单位为：kg 水 /kg 绝干料。平衡曲线如图 9-19 所示。

平衡水分是一定干燥条件下不能被干燥除去的那部分水分，是干燥的极限。

湿物料中超过平衡水分的那部分水分称为自由水分，自由水分可被干燥除去。

讨论

（1）在相同的空气状态下，不同物料的平衡水分有较大的差别；

（2）对于同一种物料，空气的相对湿度越小，平衡水分越低，此即能够被干燥除去的水分越多。

（3）φ=0 时，各种物料的平衡水分均为零，即只有绝干空气才有可能将湿物料干燥成绝干物料。

注意：

平衡水分与物料的种类有关。

平衡水分随空气相对湿度的增加而增加。

平衡水分随温度的升高而减少（因为温度升高，水的饱和蒸气压增大，空气相对湿度减小）。

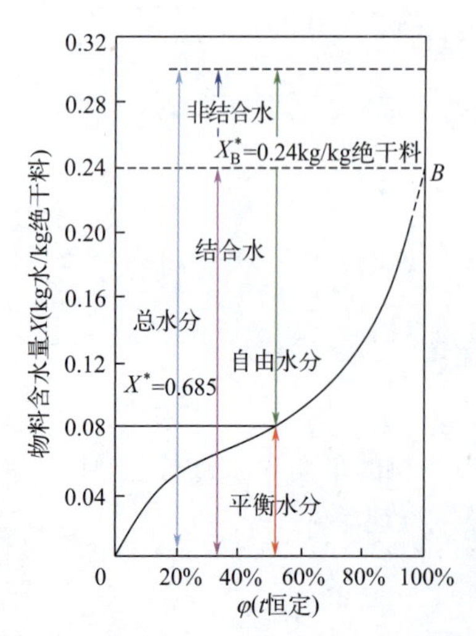

图9-20　固体物料（丝）中所含水分的性质

2. 结合水分与非结合水分

按照物料与水分的结合方式，将水分分为结合水分和非结合水分。其主要区别是表现出的平衡蒸气压不同。

如图 9-20 所示，将某湿物料的平衡曲线延长与φ=100% 线交于点 B。

湿物料在 B 点的平衡水分X_B^*称为结合水分。

湿物料中超出X_B^*的那部分水分称为非结合水分。

在点 B，湿物料与饱和空气达平衡，物料表面水汽的分压等于空气中的水汽分压，并等于同温度下纯水的饱和蒸气压$p_{饱}$。

非结合水分：机械地附着在物料表面（物料中的吸附水分和大孔隙中的水分），产生的蒸气压与纯水相同，易用干燥除去。

结合水分：通过物理或者化学作用与固体物料相结合的水分，包括结晶水、细胞中溶胀水分和毛细管中的水分，结合水与物料结合力较强，产生的蒸气压低于同温度下纯水的饱和蒸气压，难以用干燥除去 (其中平衡水分不能用干燥除去)。

(二) 恒定干燥条件下的干燥速率曲线

干燥过程分恒定干燥和变动干燥。

恒定干燥：干燥过程中空气的温度、湿度、流速及与物料的接触方式等都不发生变化，如用大量空气干燥少量物料。

变动干燥：干燥过程中空气的状态不断变化，如连续操作的干燥过程。

1. 干燥实验和干燥曲线

设计干燥器，需知物料达到一定的干燥要求所需要的干燥时间，为此要知道干燥速率。

由于干燥同时涉及传热和传质，机理复杂，目前只能通过间歇干燥实验来测定干燥速率曲线。

实验中，用大量热空气干燥少量湿物料，空气的温度、湿度、气速及流动方式都恒定不变。实验中，测定每个 $\Delta\tau$ 时间间隔内，物料质量变化 $\Delta W'$ 及物料的表面温度 θ，直到物料的质量不再变化，此时物料与空气达到平衡，物料中所含水分即为该干燥条件下物料的平衡水分。再将物料置于烘箱内烘干到恒重（控制温度低于物料的分解温度），即得绝干物料的质量。

将上述实验数据整理后绘制干燥曲线：X-τ 图（图 9-21）和 θ-τ 图（图 9-22），称为物料的干燥曲线。

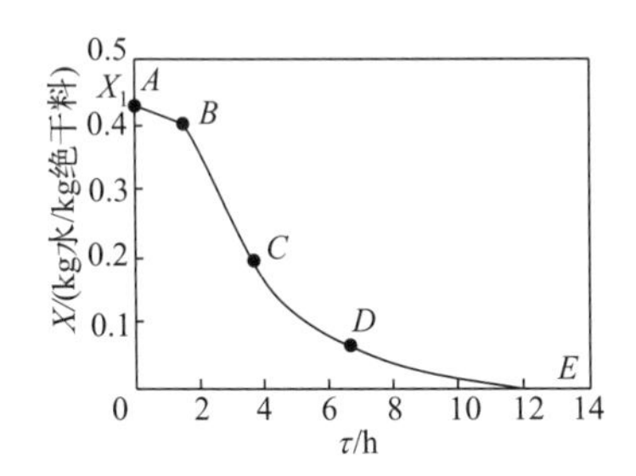

图9-21　物料含水量X与干燥时间τ的关系曲线

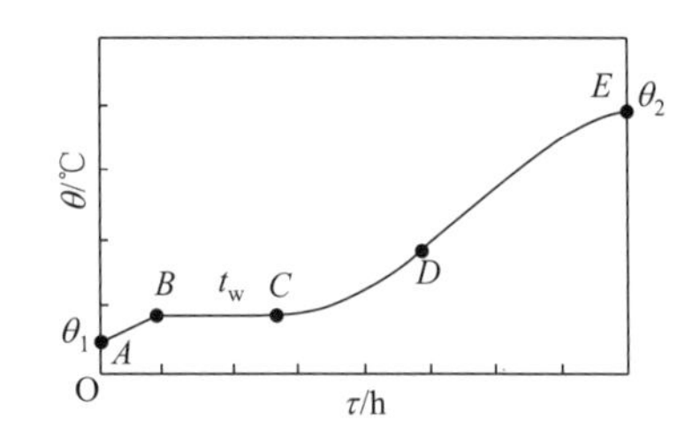

图9-22　物料表面温度θ与干燥时间τ的关系曲线

从实验曲线上可以看出，物料的干燥过程可分为 AB、BC 及 CDE 三个阶段。

实验结果应用于干燥器的设计与放大时，生产条件应与实验条件相似。

2. 干燥速率曲线

干燥速率（通量）：单位时间、单位干燥面积上汽化的水分质量，用 U 表示

$$U=\frac{\mathrm{d}W'}{S\mathrm{d}\tau}=-\frac{G'\mathrm{d}X}{S\mathrm{d}\tau}\quad \text{(干燥速率的微分式)}\quad \left[\mathrm{kg}/\left(\mathrm{m}^2\cdot\mathrm{s}\right)\right] \tag{9-29}$$

式中　W'——操作中汽化的水量，kg；

G'——操作中绝干物料的质量，kg。

由图中物料含水量 X 与干燥时间 τ 的关系曲线可得 $\mathrm{d}X/\mathrm{d}\tau$ 与 X 的关系，得到干燥速率曲线，由图 9-23 可看出，干燥过程可大致划分为两个阶段：

① ABC 段：恒速干燥阶段。AB 段一般很短，通常并入 BC 段内考虑。

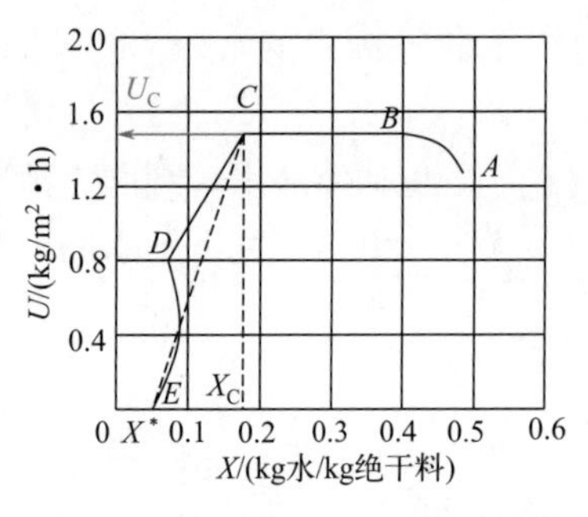

图9-23 恒定干燥条件下干燥速率曲线

其中AB段为预热段，干燥速率升高，物料含水量略有下降，表面温度略有升高。至B点，物料的表面温度升至空气的湿球温度t_w。

在BC段内，空气传给物料的显热恰等于水分汽化所需的潜热，物料表面温度维持在t_w不变，物料的含水量随干燥时间直线下降，而干燥速率保持恒定，故称为恒速干燥阶段。

② CDE段：降速干燥阶段。

干燥进入CD段后，物料开始升温，热空气传给物料的热量一部分用于加热物料使其由t_w升高到θ_2，另一部分用于水分汽化。

在此阶段内干燥速率随物料含水量的减少而降低，直至E点，物料的含水量等于平衡含水量X^*，干燥速率降为零，干燥过程停止。

两个干燥阶段间的交点C称为临界点，与点C对应的物料含水量称为临界含水量，以X_C表示，临界点的干燥速率仍等于恒速干燥阶段的速率，以U_C表示。

3. 干燥机理

恒速干燥阶段与降速干燥阶段中的干燥机理及影响因素各有不同。

（1）恒速干燥阶段

此阶段，物料表面充分润湿，与湿球温度计的湿纱布表面的状况类似。

物料表面的温度θ等于空气的湿球温度t_w，物料表面空气的湿度等于t_w下的饱和湿度H_{S,t_w}，且空气传给湿物料的显热恰等于水分汽化所需的汽化热：

$$dQ' = r_{t_w} dW' \tag{9-30}$$

其中空气与物料表面的对流传热通量为

$$\frac{dQ'}{Sd\tau} = \alpha\left(t - t_w\right) \tag{9-31}$$

湿物料与空气的传质速率为

$$U = \frac{dW'}{Sd\tau} = k_H\left(H_{S,t_w} - H\right) \tag{9-32}$$

因干燥在恒定的空气条件下进行，故随空气条件而变的α和k_H值均不变，且$\left(t - t_w\right)$及$\left(H_{S,t_w} - H\right)$也为定值。因此，上述二式表示的湿物料和空气间的传热速率及传质速率均保持不变，即湿物料以恒定的速率U向空气中汽化水分。

在恒速干燥阶段中，湿物料内部的水分向其表面传递的能力能完全满足水分自物料表面汽化的要求，从而使物料表面始终维持恒定充分的润湿状态。

恒速干燥阶段的干燥速率的大小取决于物料表面水分的汽化速率，亦即决定于物料外部的干燥条件，与物料内部水分的状态无关，所以恒速干燥阶段又称为表面汽化控制阶段。

一般来说，恒速干燥阶段汽化的水分为非结合水分，与自由液面的汽化情况相同。

（2）降速干燥阶段

湿物料的含水量降到X_C以后，水分自物料内部向表面迁移的速率小于物料表面水分汽化速率，物料表面不能维持充分润湿。

此时部分表面变干，空气传给的热量不能全部用于汽化水分，有一部分用于加热物料，因此干燥速率逐渐减小，物料温度升高，在部分表面上汽化的是结合水分。

至D点时，全部物料表面都不含非结合水分。

至点E时干燥速率降至零，物料中所含水分即为该空气状态下的平衡水分。

降速阶段的干燥速率取决于物料本身结构、形状和尺寸，而与干燥介质的状态参数关系不大。

（3）临界含水量X_C

临界含水量X_C是恒速干燥段和降速干燥段的分界点，X_C值越大，转入降速干燥段越早，相同的干燥任务所需干燥时间越长，对干燥过程不利。

X_C值的大小与物料的性质、厚度及干燥速率等有关。

例如，无孔吸水性物料的比多孔物料的大；物料层越厚越大；干燥介质温度高、湿度低，则恒速干燥段干燥速率大，这可能使物料表面板结，较早地进入降速干燥段，X_C较大。

了解影响X_C的因素，控制干燥操作：减低物料层的厚度，加强对物料的搅拌都可减小X_C，同时又可增大干燥面积。如采用气流干燥器或流化床干燥器时，X_C值一般均较低。

湿物料的临界含水量通常由实验测得，或从表9-1中查得。

表9-1　不同物料的临界含水量

有机物料		无机物料		临界含水量
特征	例子	特征	例子	水分（干基含水量）
很粗的纤维	未染过的羊毛	粗核无孔的物料，大至50目	石英	0.03～0.05
		晶体的、粒状的、孔隙较少的物料，粒度为60～325目	食盐、海沙、矿石	0.05～0.15
晶体的、粒状的、孔隙较少的物料	麸酸结晶	有孔的结晶物料	硝石、细沙、黏土、细泥	0.15～0.25
粗纤维的细粉	粗毛线、醋酸纤维、印刷纸、碳素颜料	细沉淀物、无定形和胶体状物料、粗无机颜料	碳酸钙、细陶土、普鲁士蓝	0.25～0.5
细纤维、无定形的和均匀状态的压紧物料	淀粉、纸浆、厚皮革	浆状、有机物的无机盐	碳酸钙、碳酸镁、二氧化钛、硬脂酸钙	0.5～1.0
分散的压紧物料、胶体状态和凝胶状态的物料	鞣制皮革、糊墙纸、动物胶	有机物的无机盐、催化剂、吸附剂	硬脂酸锌、四氯化锡、硅胶、氢氧化铝	1.0～30.0

（三）影响干燥速率的因素

1. 影响恒速干燥速率的因素

由恒速干燥的特点可知，恒速阶段的干燥速率与物料的种类无关，与物料内部结构无关，主要和以下因素有关。

① 干燥介质条件：干燥介质条件是指空气的状态（t，H等）及流动速率。提高空气温度t、降低湿度H，可增大传热及传质推动力。提高空气流速，可增大对流传热系数与对流传质系数。所以，提高空气温度，降低空气湿度，增大空气流速能提高恒速干燥阶段的干燥速率。

② 物料的尺寸及与空气的接触面积：物料尺寸较小时提供的干燥面积大，干燥速率高。同样尺寸的物料，物料与空气接触方式对干燥速率有很大影响。物料颗粒与空气一般有三种不同的接触方式。物料分散悬浮于气流中的接触方式最好，不仅对流传热系数与对流传质系数大，而且空气与物料接触面积也大，其次是气流穿过物料层的接触方式，而气流掠过物料层的接触方式与物料接触不良，干燥速率最低。

2. 影响降速干燥速率的因素

降速干燥阶段的特点是湿物料只有结合水分，干燥速率与干燥介质的条件关系不大，影响因素如下。

① 物料本身的性质：物料本身的性质包括物料的内部结构和物料与水的结合形式等，这些因素对干燥速率有很大影响。不过物料本身的性质，通常是不能改变的因素。

② 物料温度：在同一湿度的情况下，提高物料温度可以减小内部传质阻力，使干燥速率加快。

③ 物料的形状和尺寸：物料的形状和尺寸影响着内部水分的传递。物料越薄或直径越小对提高干燥速率有利。

④ 气体与物料接触方式：一定大小的物料如与气体接触方式不同，其传质距离和传质面积不同。若将物料分散在气流中，则传质距离会缩短，传质面积会大大提高，干燥速率会大幅度提高。

思考与练习

思考题

1. 有人说：“自由水分即为物料的非结合水分”。这句话对吗？请简要说明原因？

2. 在干燥操作中应如何强化干燥过程？

3. 用湿空气干燥某湿物料，该物料中含水量为50%（干基），已知其临界含水量为120%（干基）。有人建议提高空气温度来加速干燥，这个建议对？为什么？

4. 固体物料与一定状态的湿空气进行接触干燥时，可否获得绝干物料？为什么？

5. 物料中的非结合水分是指哪些水分？在干燥过程中能否除去？

6. 在对流干燥过程中。为什么说干燥介质湿空气既是载热体又是载湿体？

填空题

1. 除去固体物料中湿分的操作称为________。

2. 在一定空气状态下干燥某物料，能用干燥方法除去的水分为________；首先除去的水分为________；不能用干燥方法除的水分为________；

3. 湿空气的焓湿图由等湿度线群、等温线群、________、水气分压线和相对湿度线群构成。

4. 某物料含水量为0.5kg 水 /kg 绝干料，当与一定状态的空气接触时，测出平衡水分为0.1kg 水 /kg 绝干料，则此物料的自由水分为________。

5. 湿空气通过预热器预热后，其湿度________，热焓________，相对湿度________。

6. 干燥过程所消耗的热量用于________，________、________

____________、________________。

7. 用某湿空气干燥物料至其含水量低于临界含水量，则干燥终了时物料表面温度__________空气湿球温度。

选择题

1. 通过干燥，物料中不能够去除的水分为（　　）。

A. 非结合水分　B. 结合水分　C. 自由水分　D. 平衡水分

2. 物料中的水分随着温度的升高而（　　）。

A. 增大　B. 减小　C. 不变　D. 不一定

3. 同一物料，如恒速干燥阶段的干燥速率增加，则临界含水量（　　）。

A. 增大　B. 减小　C. 不变　D. 不一定

4. 关于对流干燥过程的特点，以下说法不正确的是（　　）。

A. 对流干燥过程是气固两相热、质同时传递的过程

B. 对流干燥过程中气体传热给固体

C. 对流干燥过程湿物料的水被汽化进入气相

D. 对流干燥过程中湿物料表面温度始终恒定于空气的湿球温度

5. 湿空气通过换热器预热的过程为（　　）。

A. 容过程　B. 湿度过程　C. 焓过程　D. 相对湿度过程

6. 已知湿空气的下列两个参数（　　），可利用焓 - 湿图查得其他参数。

A. 湿度和总压　B. 湿度和露点

C. 干球温度和湿球温度　D. 焓和湿球温度

7. 不仅与湿物料性质和干燥介质的状态有关，而且与湿物料同干燥介质的接触方式及相对速率有关的是湿物料的（　　）。

A. 平衡水分　B. 结合水分　C. 临界水分　D. 非结合水分

8. 物料的平衡水分一定是（　　）。

A. 非结合水分　B. 自由水分　C. 结合水分　D. 临界水分

9. 干燥过程中较易除去的是（　　）。

A. 结合水分　B. 非结合水分　C. 平衡水分　D. 自由水分

10. 湿物料在一定的空气状态下干燥的极限为（　　）。

A. 自由水分　B. 平衡水分　C. 结合水分　D. 非结合水分

拓展阅读

奶粉的干燥流程

奶粉生产工艺分干法、湿法两种。

采用湿法生产工艺时，新鲜奶源进入工厂，首先通过各种严苛的质量检验，并进行杀菌等各种处理工艺后，以小时为控制单位，直接以全密封管道的形式流入奶粉制作流水线，进行生产准备。完全以液态形态进行配方调配后，各配方组成成分充分融合，配比精确，再以新鲜的配方奶液直接喷雾制粉，制粉后更易吸收。全新的液态工艺，最大

限度降低了原料营养物质的热损耗，确保最终产品营养成分更接近天然，更容易被肠道消化和吸收。

（1）喷雾干燥

干燥的目的是为了除去液态乳中的水分，使产品以固态存在。由于滚筒干燥法生产的乳粉溶解度低，现已很少采用，国内基本上采用喷雾干燥法生产乳粉。

（2）喷雾干燥的原理

喷雾干燥是采用机械力量，通过雾化器将浓缩乳在干燥室内喷成极细小的雾状乳滴，以增大其表面积，加速水分蒸发速率。雾状乳滴一经与同时鼓入的热空气接触，水分便在瞬间蒸发除去，使细小的乳滴干燥成乳粉颗粒。喷雾干燥是喷雾和干燥密切的结合，用单独一次工序即可将浓缩乳干燥成乳粉，这两个方面同时影响产品的品质。

任务三　干燥设备及干燥流程

学习目标

1. 了解干燥设备及选用。
2. 了解干燥工艺流程线。

一、干燥器的主要型式

对各种干燥产品会有独特的要求，例如，有些产品有外型及限温的要求，有些产品有保证整批的均一性和防止交叉污染等特殊要求等等，这就要对干燥设备提出各式各样的条件。近年来随着技术的迅速发展，已开发出许多智能、节能、大型连续化等能适应各种独特要求的干燥器。

通常，对干燥器的主要要求有：

① 能保证干燥产品的质量要求，如含水量、强度、形状等；

② 干燥速率快、干燥时间短，尽量减小干燥器的尺寸，降低耗能量，同时还应考虑干燥器的辅助设备的规格和成本，即经济效益要好；

③ 操作控制方便，劳动条件好。

干燥器常按加热方式可分为以下几类：

① 对流干燥器：厢式干燥器、气流干燥器、沸腾干燥器、转筒干燥器、喷雾干燥器。

② 传导干燥器：滚筒干燥器、真空盘架式干燥器。

③ 辐射干燥器：红外线干燥器。

④ 介电加热干燥器：微波干燥器。

（一）厢式干燥器(盘式干燥器)

如图 9-24 所示，小型的称为烘箱，大型的称为烘房。典型的常压、间歇式、对流干燥设备。物料装在盘架上的浅盘中，盘架用小推车推进厢内。空气从进口吸入，经风机增压，少量由出口排出，其余经加热器预热后沿挡板均匀地进入各层，与湿物料表面接触，增湿降温后的废气再循环进入风机。浅盘中的物料干燥一定时间后达到产品质量要求，由器内取出。

恒速干燥阶段少量废气循环，降速干燥阶段增多循环量。

优点：构造简单，设备费用低；对物料的适应性较大，可同时干燥几种物料，适用于小批量的粉粒状、片状、膏状物。

缺点：物料得不到分散，干燥速率低，热利用率较差，产品质量不均匀，产量不大。

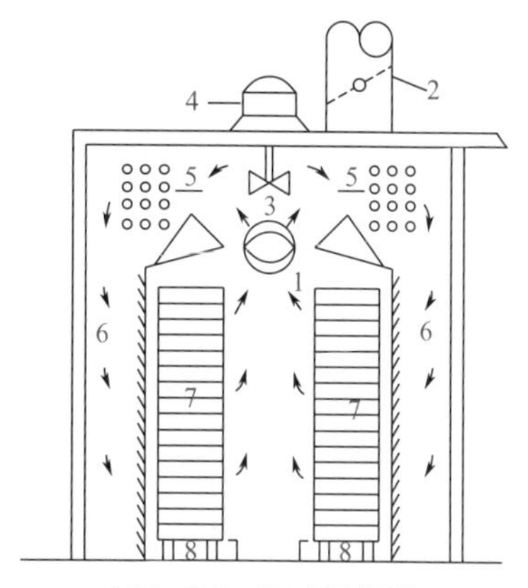

图9-24　厢式干燥器

1—空气入口；2—空气出口；3—风机；4—电动机；5—加热器；6—挡板；7—盘架；8—移动轮

（二）洞道式干燥器

洞道式干燥器是由厢式干燥器发展而来。将厢式干燥器的间歇操作改造成连续或半连续的操作，以适应大量生产的要求。如图 9-25 所示。干燥器为一较长的洞道，其中铺设铁轨，盛有物料的小车在铁轨上运行，空气连续地在洞道内被加热并强制地流过物料，小车可连续或半连续（隔一段时间运动一段距离）地移动，在洞道内物料和热空气接触而被干燥。

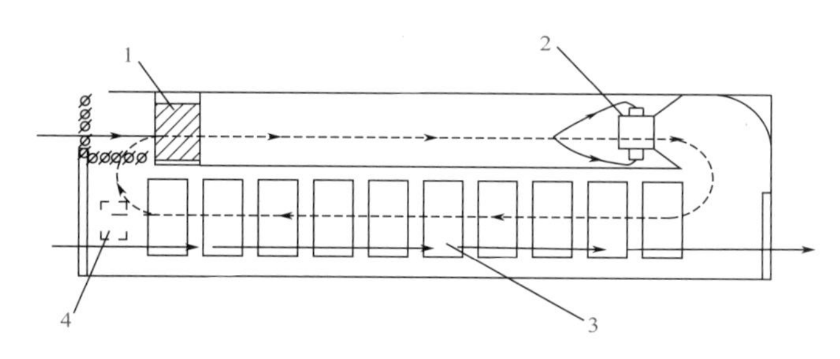

图9-25　洞道式干燥器

1—加热器；2—风扇；3—装料车；4—排气口

适用场合：处理量大、干燥时间长的物料。

（三）转筒干燥器

转筒干燥器用于粉粒状、片状及块状物料的连续干燥；图 9-26 所示为热空气直接加热式转筒干燥器，其圆形筒体与水平略成倾斜，慢速旋转，物料自高端加入，低端排出，筒体内壁装有若干抄板，在筒体旋转过程中把物料抄起来，再洒落，以增大物料与热空气的接触面积，提高干燥速率。干燥介质可用热空气、烟道气或其他气体，与物料可作并流或逆流流动。

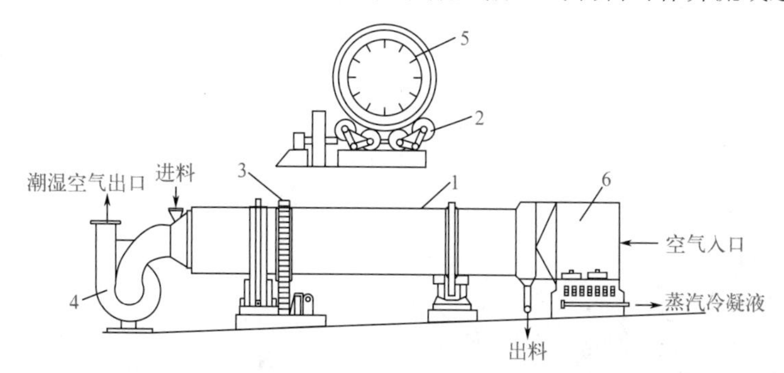

图9-26　热空气直接加热的逆流操作转筒干燥器

1—圆筒；2—支架；3—驱动齿轮；4—风机；5—抄板；6—蒸汽加热器

转筒干燥器的主要优点是可连续操作，处理量大；与气流干燥器、流化床干燥器相比，对物料含水量、粒度等变动的适应性强；操作稳定可靠。缺点是设备笨重、占地面积大。

（四）气流干燥器

气流干燥是气流输送技术在干燥中的一种应用。气流式干燥器利用高速热空气流使散粒状湿料被吹起，并悬浮于其中，在气流输送过程中对物料进行干燥，如图9-27所示。气流式干燥器的主体是干燥管，干燥管的基本方式为直立等径的长管，干燥管下部有笼式破碎机，其作用是对加料器送来的块状物料进行破碎。对于散粒状湿物料，不必使用破碎机。高速的热空气由底部进入，物料在干燥管中被高速上升的热气流分散并呈悬浮状，与热气流并流向上运动，湿物料在被输送过程中被干燥。干燥后的产品由下部收集，湿空气经袋式过滤器回收粉尘后排出。

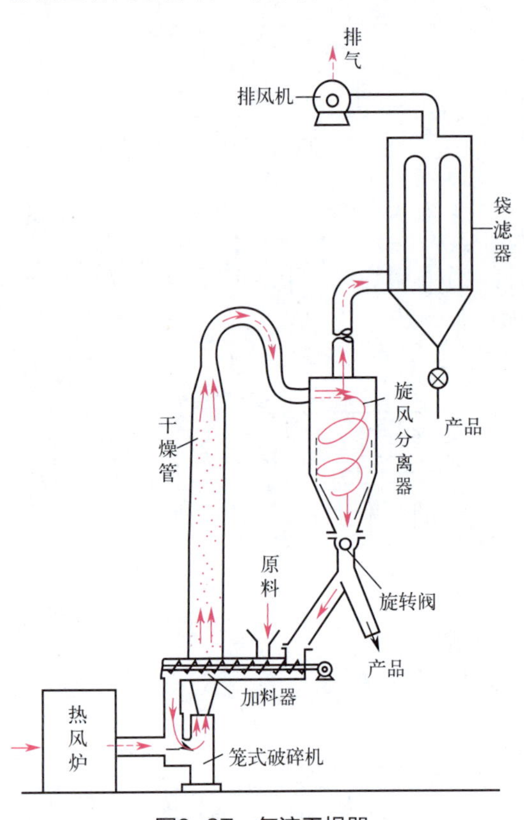

图9-27　气流干燥器

气流式干燥器适宜处理含非结合水及结块不严重又不怕磨损的粒状物料。对于黏性和膏状物料，采用干料返混的方法和适宜的加料装置，也可正常操作。

气流式干燥器的主要优点有：干燥速率快，干燥时间短，从湿物料投入到产品排出，只需1～2s。由于热风和湿物料并流操作，即使热空气温度高达700～800℃，而产品温度不超过70～90℃，所以适宜干燥热敏性和低熔点的物料。干燥器结构简单，占地面积小。缺点是：流速大造成压力损失大，物料颗粒有一定的磨损，对有些物料不适用。适用场合：干燥晶体和小颗粒物料，尤其是热敏性、易氧化、不宜粉碎的物料。

（五）沸腾床干燥器（流化床干燥器）

沸腾床干燥器是流态化原理在干燥中的应用。在沸腾床干燥器中，颗粒在热气流中上下翻动，彼此碰撞和混合，气、固间进行传热和传质，以达到干燥目的。图9-28所示为单层圆筒沸腾床干燥器。散粒物料由床侧加料口加入，热风通过多孔气体分布板由底部进入床层同物料接触，只要热风气速保持在一定的范围，颗粒即能在床层内悬浮，并作上下翻动，在与热风接触过程中使物料得到干燥。干燥后的颗粒由床的另一侧出料管卸出，废气由顶部排出，经气固分离设备后放空。

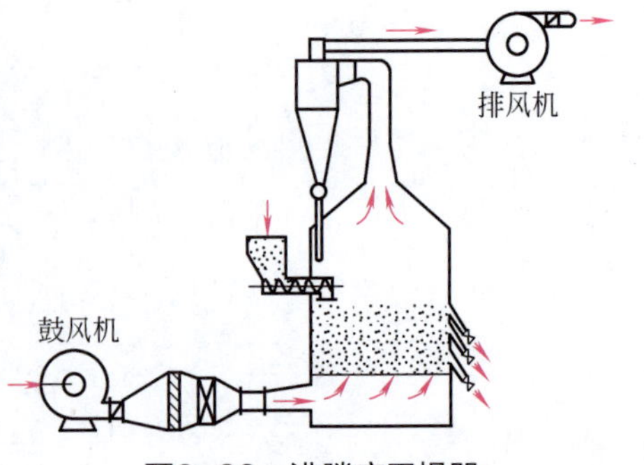

图9-28　沸腾床干燥器

在单层圆筒沸腾床干燥器中，由于床层中的颗粒的不规则运动，引起返混和短路现象，使得每个颗粒的停留时间是不相同的，这会使产品质量不均匀。为此，可采用多层沸腾床干燥器和卧式多室沸腾床干燥器。

多层沸腾床干燥器，物料由上面第一层加入，热风由底层吹入，在床内进行逆向接触。颗粒由上一层经溢流管流入下一层，颗粒在每一层内可以互相混合，但层与层之间不互混，经干燥后由下一层卸出。热风自下而上通过各层由顶部排出。

为了减小气体的流动阻力和保证操作的稳定性，国内在化纤、塑料和制药等行业已广泛地采用卧式多室沸腾床干燥器。它是在长方形床层中，沿垂直于颗粒流动的方向，安装若干垂直挡板，分隔为几个室，挡板下端距多孔分布板有一定距离，物料可以逐室流动，不致完全混合。这样，颗粒的停留时间分布较均匀，以防止未干颗粒排出。

流化床干燥器的主要优点有：传热、传质效率高，处理能力大；物料停留时间短，有利于处理热敏性物料；设备简单，可动部件少，操作稳定。缺点是对物料的形状和粒度有限制。适用场合：主要用于干燥晶体和小颗粒物料。

（六）喷雾干燥器

如图 9-29 所示。喷雾干燥器是用喷雾器将悬浮液、乳浊液等喷洒成直径为 10 ～ 200μm 的液滴后进行干燥，因液滴小，饱和蒸气压很大，分散于热气流中，水分迅速汽化而达到干燥目的。

喷雾干燥器工作时，料液由三联柱塞高压往复泵以 3 ～ 20MPa 的压力送到干燥器顶部的压力喷嘴，喷成雾状液滴，与鼓风机送来的热空气充分混合后并流向下，在干燥塔中物料中的水分汽化，流至气固两相分离室，空气经旋风分离器和排风机排出，干燥产品由分离器底部排出。由此可知，喷雾干燥有 4 个过程：①溶液喷雾；②空气与雾滴混合；③雾滴干燥；④产品的分离和收集。喷雾干燥器也可逆流操作，即热空气从干燥室下部沿圆周分布进入。喷雾器为重要部件，喷雾优劣将影响产品质量。

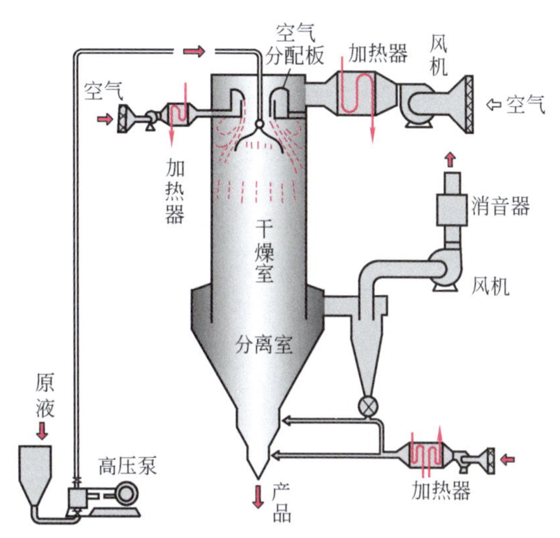

图9-29　喷雾干燥流程

液体在压力喷嘴式喷雾器的旋转室中剧烈旋转后，通过锐孔形成膜状喷射出来，在雾滴的中心留有空气，形成中空粉粒产品。用这种喷雾干燥生产的洗衣粉就是中空粉粒状，溶解性能良好。

为了避免粉粒黏附于器壁，有两处引入冷空气保护。一处是在干燥器的顶部空气分配板沿圆周引入，分布于热空气的周围向下流动。另一处是在分离器锥底下部引入已去湿的15~20℃冷空气，并有对产品的冷却与干燥作用，以保证底部堆积的粒状干燥产品质量。

喷雾干燥器的主要优点是由于液滴直径小，气液接触面积大，扰动剧烈，所以干燥速度快，干燥时间短，20 ～ 30s；恒速干燥阶段（即液滴水分多的阶段）其温度接近湿球温度（当热风温度为 180℃时，其温度约为 45℃），所以温度较低，因此适用于热敏性物料的大量生产。其缺点是为了减小产品的含水量需要增大空气量（减小排出空气的湿度）和提高排气温度，导致干燥器体积较大，热量消耗较多。

（七）滚筒干燥器

如图 9-30 所示。滚筒干燥器主要由不断旋转的滚筒、刮板等部分组成，不断旋转的滚筒使料浆连续均匀地涂布于滚筒表面，在高温下滚筒表面的料浆水分

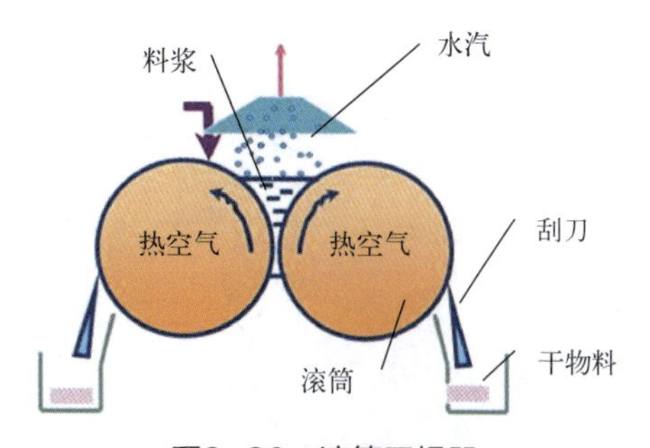

图9-30　滚筒干燥器

迅速蒸发，至刮板处脱离滚筒。蒸发的水分由顶部的抽风系统带走。滚筒干燥器适用于浆状物料的干燥，干燥速度快，可实现连续化生产，主要用于食品工业。制作的食品具有容重小、复水快、冲调性好等特点，常用以加工米片、麦片、水溶性淀粉等。

二、干燥器的选型

在选择干燥器时，首先应根据湿物料的形状、特性、处理量、处理方式及可选用的热源等选择出适宜的干燥器类型。通常，干燥器选型应考虑以下各项因素。

① 被干燥物料的性质如热敏性、黏附性、颗粒的大小形状、磨损性以及腐蚀性、毒性、可燃性等物理化学性质。

② 干燥产品的含水量、形状、粒度分布、粉碎程度等。如干燥食品时，产品的几何形状、粉碎程度均对成品的质量及价格有直接的影响。干燥脆性物料时应特别注意成品的粉碎。

③ 物料的干燥速率曲线与临界含水量。确定干燥时间时，应先由实验做出干燥速率曲线，确定临界含水量 X_C。物料与介质接触状态、物料尺寸与几何形状对干燥速率曲线的影响很大。例如，物料粉碎后再进行干燥时，除了干燥面积增大外，一般临界含水量 X_C 值也降低，有利于干燥。因此，在没有与设计类型相同的干燥器进行实验时，应尽可能用其他干燥器模拟设计时的湿物料状态，进行干燥速率曲线的实验，并确定临界含水量 X_C 值。

④ 回收问题，固体粉粒的回收及溶剂的回收。

⑤ 干燥热源，可利用热源的选择及能量的综合利用。

⑥ 干燥器的占地面积、排放物及噪声等方面均应满足环保要求。

表 9-2 列出主要需要干燥物料的特点，供干燥器选型时参考。

表9-2 主要需干燥物料的特点及适用的干燥器

湿物料的状态	物料的实例	处理量	适用的干燥器
液体或泥浆状	洗涤剂、树脂溶液、盐溶液、牛奶等	大批量	喷雾干煤器
		小批量	滚筒干燥器
泥糊状	染料、颜料、硅胶、淀粉、黏土、碳酸钙等的滤饼或沉淀物	大批量	气流干燥器、带式干燥器
		小批量	真空转筒干燥器
粉粒状（0.01～20μm）	聚氯乙烯等合成树脂、合成肥料、磷肥、活性炭、石膏、钛铁矿、谷物	大批量	气流干燥器、转筒干燥器、流化床干燥器
		小批量	转筒干燥器、厢式干燥器
块状（20～100μm）	煤、焦碳、矿石等	大批量	转筒干燥器
		小批量	厢式干燥器
片状	烟叶、薯片	大批量	带式干燥器、转筒干燥器
		小批量	穿流厢式干燥器
		小批量	高频干燥器
短纤维	酯酸纤维、硝酸纤维	大批量	带式干燥器
		小批量	穿流厢式干燥器
一定大小的物料或制品	陶瓷器、胶合板、皮革等	大批量	洞道干燥器

思考与练习

思考题

1. 评价干燥器的主要指标有哪些？

2. 干燥设备按照气流运动方式是如何分类的？

3. 干燥器按照加热方式可分为什么？

4. 在干燥过程中如何提高干燥器的效率？

填空题

1. 干燥介质和物料在干燥器内的流动，一般可分为________________、________________和________________。

2. 干燥器的种类很多，通常按加热方式可以分为________________、________________和________________。

3. 干燥速率太快会引起物料表面__________。

4. 在连续干燥中，常采用湿物料与热空气并流操作的目的在于__________。

5. 干燥过程中采用中间加热方式的优点是__________，代价是__________。

6. 干燥过程中采用废气再循环的目的是__________，代价是__________。

选择题

1. 对直管式气流干燥器，通常将其划分为加速段与等速段。下列关于这种划分正确的是（　　）。

甲：这种划分是以“干燥速率”的加速与恒速为根据的。

乙：这种划分是以物料颗粒相对设备的运动变化为根据的。

A. 甲对　　B. 乙对　　C. 甲、乙都对　　D. 甲、乙都不对

2. 理想干燥器的特点为（　　）。

A. 等焓过程　　B. 非等焓过程　　C. 热损失量较大　　D. 等温干燥过程

3. 干燥的热效率可以通过下列（　　）方式来提高。

甲：通过提高干燥介质入口湿度来实现。

乙：通过提高干燥介质入口温度来实现。

丙：通过强化干燥过程的传热传质，达到降低干燥介质出口温度的效果，从而实现干燥效率的提高。

A. 甲、乙都行　　B. 乙、丙都行

C. 丙、甲都行　　D. 三者都行

4. 对一定的水分蒸发量及空气的出口湿度，则应按（　　）的大气条件来选择干燥系统的风机。

A. 夏季　　B. 冬季

C. 夏季或冬季结果一样　　D. 条件不够，无法断定

拓展阅读

冻干粉

简单概括：冻干粉既不是一类产品，也不是一种成分，而是一种储存技术，冻干粉通

过将药液冷冻干燥，而保留原有的活性作用。

准确地说：冻干粉是在无菌环境下将药液冷冻成固态，抽真空将水分升华干燥而成的无菌粉注射剂。冻干粉是采用冷冻干燥机的真空冷冻干燥法预先将药液里面的水分冻结，然后在真空无菌的环境下将药液里面被冻结的水分升华，从而得到冻干粉。

对于热敏性制品和需要保持生物活性的物质，冻干是一种有效的方法。此法是将需要干燥的制品在低温下使其所含的水分冻结，然后放在真空的环境下干燥，让水分由固体状态直接升华为水蒸气并从制品中排除而使制品干燥。该方法具有很多优点，首先，有效地防止了制品理化及生物特性的改变，对生物组织和细胞结构的损伤较小，使其快速进入休眠状态，有效保护了许多热敏性药物生物制品有效成分的稳定性。如蛋白质、微生物类不会发生变性和丢失其生物活性。其次，冻干制品在干燥后形态疏松、颜色基本不发生改变，加水后能够快速溶解并恢复原有水溶液的理化特性和生物活性。第三，由于干燥在真空条件下进行，对于一些易氧化的物质具有很好的保护作用。第四，制品经过冻干后水分含量非常低，使制品的稳定性提高，受污染的机会减小，这不仅方便了运输还延长了制品保存期限。

图9-31　冻干粉

冻干粉产品（图 9-31）一般与液体溶酶配套使用。用之前把两者融合在一起，激活生物蛋白活性。

任务四　干燥实训操作

任务概述

干燥是利用热能使湿物料中的湿分（水或其他溶剂）汽化，水汽或蒸气经气流带走或由真空泵将其抽出以除去，从而获得固体产品的操作。在工业中得到广泛应用。流化床干燥器是一种较为常用的干燥设备，适合大批量、连续性、全封闭的操作，使其在化工、医药行业中受到青睐。

某学校实训室根据实际需求状况，选用小米（或其他）- 水 - 空气组成干燥物系，选用卧式流化床干燥器进行干燥实训装置设计。

科学研究表明根据小米的存储要求温度在 10℃以下，湿度在 12% 以下。在本实训操作中要求学生在规定的时间内对小米完成干燥，要求湿度控制在 10% 以下，满足储存要求。

学习目标

1. 认识卧式流化床干燥器的结构、优缺点，和流化床干燥器的适用范围。
2. 掌握实训中干燥单元操作的生产工艺流程和干燥原理。
3. 掌握卧式流化床干燥器的控制参数，能够通过调节工艺参数快速有效地干燥物料。
4. 通过亲自动手操作，掌握实际生产中的传热操作技能，提高动手能力。
5. 在实训操作中培养团队合作精神。

一、工艺流程认知

小组活动

根据前面课程认识的工艺流程，小组到实训现场对着装置（图9-32）熟悉流程，小组代表讲解，教师点评。

图9-32　干燥现场装置

二、干燥装置开停车

（一）开车前准备

小组活动

小组讨论制定开停车步骤，教师点评并补充细节。

① 穿戴好个人防护装备并相互检查。

② 小组分工，各岗位熟悉岗位职责。

③ 明确工艺操作指标：

物料：小米，比重为1.0～1.2，或粒径1～2mm的其他易吸水的固体物料。

物料湿含量：20%～30%

流化床进气温度：70～80℃

流化床床层温度：50～60℃

流化床床层压降：≤0.3kPa

气体流量：80～120m^3/h

循环风机出口压力：4～5kPa

循环气体流量：80～110m^3/h

下料器转速：200～400r/min

尾气放空量：适量（由物料湿度决定）

④ 由相关岗位对本装置所有设备、管道、阀门、仪表、电气、保温等按工艺流程图要求和专业技术要求进行检查。

⑤ 准备原料

取物料（小米或比重为1.0～1.2、粒径为1～2mm的其他固体物料）5～8kg，加水配制其湿含量20%～30%。

（二）开车

① 依次打开卧式流化床T501各床层进气阀：（VA02、VA03、VA04）和放空阀（VA05）。

② 启动鼓风机C501：通过鼓风机出口放空阀VA01手动调节其流量为80～120m^3/h，此时变频控制为全速。也可以关闭放空阀VA01，直接通过变频控制流量为80～120m^3/h。

③ 启动电加热炉E501加热系统：并调节加热功率使空气温度缓慢上升至70～80℃，并趋于稳定。

④ 打通循环回路；微开放空阀VA05，打开循环风机进气阀VA06、循环风机出口阀VA08、循环流量调节阀VA12。

⑤ 启动循环风机C502，开循环风机出口压力调节阀（VA10），通过循环风机出口压力电动调节阀VA11控制循环风机出口压力为4～5kPa。

⑥ 进料：待电加热炉出口气体温度稳定、循环气体的流量稳定后，将配制好的物料加入下料斗，启动星型下料器E502，控制加料速度在200～400r/min左右，并且注意观察流化床床层物料状态和其厚度。注：根据物料的湿度和流动性，通过流化床内的螺丝调节各床层间栅栏的高度，保证物料顺畅地流下。

⑦ 出料：物料进流化床体初期应根据物料被干燥状况控制出料，此时可以将物料布袋封起，物料循环干燥，待物料流动顺畅时，可以连续出料。

⑧ 观察流化状态，取样分析：调节流化床各床层进气阀（VA02、VA03、VA04）的开度和循环风机出口压力PIC501，使三个床层的温度稳定在55℃左右，并能观察到明显的流化状态。观察流化状态，并取样分析，填写操作报表（表9-3）。

表9-3　操作报表

序号	时间	进风流量/(L/h)	进风温度/℃	热风温度/℃	1#干燥室温度/℃	2#干燥室温度/℃	3#干燥室温度/℃	干燥室出口温度/℃	干燥室内压差/kPa	湿风流量/(L/h)	湿风管道压力/MPa	湿风放空PV502开度/%	进料速度/%	操作记事
1														
2														
3														
4														
5														
6														异常情况
7														
8														
9														
10														
操作员：								指导老师：						

（三）停车

① 关闭星型下料器E502，停止向流化床T501内进料。

② 当流化床体内物料排净后，关闭电加热炉E501的加热系统。

③ 打开放空阀VA05，关闭循环风机进口阀（VA06）、出口阀（VA08），停循环风机C502。

④ 当电加热炉E501出口温度降到50℃以下时，关闭流化床各床层进气阀VA02、VA03、VA04，停鼓风机C501。

⑤ 清理干净卧式流化床、粉尘接收器内的残留物。

⑥ 关闭操作台电源，整理出场地。

三、正常操作注意事项

① 经常观察床层物料流动和流化状况，调节相应床层气体流量和下料速度。

② 经常检查风机运行状况，注意电机温升。

③ 电加热炉内有流动的气体时才可启动加热系统，鼓风机出口流量不得低于 30m^3/h，电加热炉停车时，温度不得超过 50℃。

④ 做好操作巡检工作。

任务评价

<table>
<tr><td colspan="2">任务名称</td><td colspan="5">传热实训操作</td></tr>
<tr><td colspan="2">班级</td><td></td><td>姓名</td><td></td><td>学号</td><td></td></tr>
<tr><td>序号</td><td>任务要求</td><td colspan="3"></td><td>占分</td><td>得分</td></tr>
<tr><td rowspan="3">1</td><td rowspan="3">实训准备</td><td colspan="3">正确穿戴个人防护装备</td><td>5</td><td></td></tr>
<tr><td colspan="3">熟练讲解实训操作流程</td><td>5</td><td></td></tr>
<tr><td colspan="3">备料</td><td>10</td><td></td></tr>
<tr><td rowspan="2">2</td><td rowspan="2">干燥开停车</td><td colspan="3">干燥开车</td><td>20</td><td></td></tr>
<tr><td colspan="3">干燥停车</td><td>20</td><td></td></tr>
<tr><td>3</td><td>干燥稳定运行</td><td colspan="3">观察流化状态，分析取样并记录数据</td><td>20</td><td></td></tr>
<tr><td>4</td><td>故障处理</td><td colspan="3">能针对操作中出现的故障正确判断原因并及时处理</td><td>10</td><td></td></tr>
<tr><td>5</td><td>小组合作</td><td colspan="3">内操外操分工明确，操作规范有序</td><td>5</td><td></td></tr>
<tr><td>6</td><td>结束后清场</td><td colspan="3">恢复装置初始状态，保持实训场地整洁</td><td>5</td><td></td></tr>
<tr><td colspan="2">实训总成绩</td><td colspan="5"></td></tr>
<tr><td colspan="2">教师点评</td><td colspan="5">教师签名</td></tr>
<tr><td colspan="2">学生反思</td><td colspan="5">学生签名</td></tr>
</table>

思考与练习

1. 什么是恒定干燥条件？本实验装置中采用了哪些措施来保持干燥过程在恒定干燥条件下进行？

2. 什么要先启动风机，再启动加热器？实验过程中干、湿球温度计是否变化？为什么？如何判断实验已经结束？

3. 常见干燥方法有几种？本实验所用哪种类型的干燥器？

拓展阅读

古代的木建筑怕潮湿、易腐朽，古人要怎么使之保持干燥通风呢？

木材材料具有良好的抗弯、抗压和韧性，但也存在怕潮湿、易腐朽等缺陷。因此，使古建筑木构件始终处于一个干燥通风的环境，对于古建筑本身的延年益寿而言，是极其重要的（图 9-33）。

图9-33　木材材料

然而，从建筑工序的角度讲，通常是先安装木柱柱网和梁架，再砌墙。古建筑的墙体很厚，在与木柱相交的位置附近，砌墙时往往会把柱子包起来。封闭在墙体里的柱子，如果不经常通风干燥的话，很容易产生糟朽。为解决这一问题，聪明的我国古代工匠利用古建砖料巧妙地制作了一种“空气循环器”——透风。

“透风”，实际一块带有镂空雕刻的砖。通常工匠会在木柱与墙体相交的位置，让木柱并非直接接触墙体，而是与墙体之间存在 5 厘米左右的空隙，同时在柱底，对应的墙体位置留一个砖洞口，尺寸约为 15 厘米宽，20 厘米高。为美观起见，工匠们会采用各式刻有纹饰的镂空砖雕来砌筑这个洞口，这种带有镂空图纹的砖就被称为透风。

透风是依靠墙体外风力造成的风压，和墙体内外空气温度差，造成的热压等自然力，促使空气流动，从而使建筑内外可以进行空气交换的一种方式。这一通风方式在保证建筑功能情况下，让建筑通过自然通风来调节墙体附近木柱的湿度环境，从而保证了木柱本身的干燥状态。

项目评价

项目实训评价					
评价项目		评价			
		A	B	C	D
任务1干燥的基础知识					
学习目标	概述				
	湿空气的性质及湿度图				
任务2 干燥的简单计算					
学习目标	干燥过程的物料衡算				
	干燥过程的热量衡算				
	干燥速率与干燥速率曲线				
任务3 干燥设备及干燥流程					
学习目标	干燥设备及选用				
	干燥工艺流程				
任务4 干燥实训操作					
学习目标	干燥的基础知识				
	装置开停车				
	装置稳定运行				
	故障处理				
教师点评：					

干燥操作流程

附录

附录一　常用单位的换算

单位名称与符号	换算系数
1.长度	
英寸　in	2.54×10^{-2}m
英尺　ft(=12in)	0.3048m
英里　mile	1.609344km
埃　Å	10^{-10}m
码　yd(=3ft)	0.9144m
2.体积	
英加仑UKgal	4.54609dm^3
美加仑USgal	3.78541dm^3
3.质量	
磅　lb	0.45359237kg
短吨　(=2000lb)	907.185kg
长吨　(=2240lb)	1016.05kg
4.力	
达因　dyn(g·cm/s^2)	10^{-5}N
千克力　kgf	9.80665N
磅力　lbf	4.44822N
5.压力(压强)	
巴　bar(10^6dyn/cm^2)	10^5Pa
千克力每平方厘米kgf/cm^2 (又称工程大气压at)	980665Pa
磅力每平方英寸1bf/in^2(psi)	6.89476kPa
标准大气压atm (760mmHg)	101.325kPa
毫米汞柱mmHg	133.322Pa
毫米水柱mmH_2O	9.80665Pa
托　Torr	133.322Pa
6.表面张力	
达因每厘米dyn/cm	10^{-3}N/m
7.动力黏度(通称黏度)	
泊　P[=1g/(cm·s)]	10^{-1}Pa·s
厘泊　cP	10^{-3}Pa·s(mPa·s)
8.运动黏度	
斯托克斯St(=1cm^2/s)	$10^{-4}$$m^2$/s
厘斯　cSt	$10^{-6}$$m^2$/s
9.功、能、热	
尔格erg(=1dyn·cm)	10^{-7}J
千克力米kgf·m	9.80665J
国际蒸汽表卡cal	4.1868J
英热单位Btu	1.05506kJ
10.功率	
尔格每秒erg/s	10^{-7}W
千克力米每秒kgf·m/s	9.80665W
英马力hp	745.7W
千卡每小时kcal/h	1.163W
米制马力(=75kgf·m/s)	735.499W
11.温度	
华氏度°F	$\frac{5}{9}(t_F-32)$℃

附录二　饱和水的物理性质

温度 t /℃	饱和蒸气压 p/kPa	密度 ρ /(kg·m^{-3})	比焓 H /(kJ·kg^{-1})	比热容 $c_p\times10^{-3}$ /(J·kg^{-1}·K^{-1})	热导率 $\lambda\times10^2$ /(W·m^{-1}·K^{-1})	黏度 $\mu\times10^6$ /(Pa·s)	体积膨胀系数 $\beta\times10^4$/K^{-1}	表面张力 $\sigma\times10^4$ /(N·m^{-1})	普朗特数 Pr
0	0.611	999.9	0	4.212	55.1	1788	−0.81	756.4	13.67
10	1.227	999.7	42.04	4.191	57.4	1306	+0.87	741.6	9.52
20	2.338	998.2	83.91	4.183	59.9	1004	2.09	726.9	7.02
30	4.241	995.7	125.7	4.174	61.8	801.5	3.05	712.2	5.42
40	7.375	992.2	167.5	4.174	63.5	653.3	3.86	696.5	4.31
50	12.335	988.1	209.3	4.174	64.8	549.4	4.57	676.9	3.54
60	19.92	983.1	251.1	4.179	65.9	469.9	5.22	662.2	2.99
70	31.16	977.8	293.0	4.187	66.8	406.1	5.83	643.5	2.55
80	47.36	971.8	355.0	4.195	67.4	355.1	6.40	625.9	2.21
90	70.11	965.3	377.0	4.208	68.0	314.9	6.96	607.2	1.95
100	101.3	958.4	419.1	4.220	68.3	282.5	7.50	588.6	1.75
110	143	951.0	461.4	4.233	68.5	259.0	8.04	569.0	1.60
120	198	943.1	503.7	4.250	68.6	237.4	8.58	548.4	1.47
130	270	934.8	546.4	4.266	68.6	217.8	9.12	528.8	1.36

续表

温度 t /℃	饱和蒸气压 p/kPa	密度 ρ /(kg · m^{-3})	比焓 H /(kJ · kg^{-1})	比热容 $c_p \times 10^{-3}$ /(J · kg^{-1} · K^{-1})	热导率 $\lambda \times 10^2$ /(W · m^{-1} · K^{-1})	黏度 $\mu \times 10^6$ /(Pa · s)	体积膨胀系数 $\beta \times 10^4$/K^{-1}	表面张力 $\sigma \times 10^4$ /(N · m^{-1})	普朗特数 Pr
140	361	926.1	589.1	4.287	68.5	201.1	9.68	507.2	1.26
150	476	917.0	632.2	4.313	68.4	186.4	10.26	486.6	1.17
160	618	907.0	675.4	4.346	68.3	173.6	10.87	466.0	1.10
170	792	897.3	719.3	4.380	67.9	162.8	11.52	443.4	1.05
180	1003	886.9	763.3	4.417	67.4	153.0	12.21	422.8	1.00
190	1255	876.0	807.8	4.459	67.0	144.2	12.96	400.2	0.96
200	1555	863.0	852.8	4.505	66.3	136.4	13.77	376.7	0.93
210	1908	852.3	897.7	4.555	65.5	130.5	14.67	354.1	0.91
220	2320	840.3	943.7	4.614	64.5	124.6	15.67	331.6	0.89
230	2798	827.3	990.2	4.681	63.7	119.7	16.80	310.0	0.88
240	3348	813.6	1037.5	4.756	62.8	114.8	18.08	285.5	0.87
250	3978	799.0	1085.7	4.844	61.8	109.9	19.55	261.9	0.86
260	4694	784.0	1135.7	4.949	60.5	105.9	21.27	237.4	0.87
270	5505	767.9	1185.7	5.070	59.0	102.0	23.31	214.8	0.88
280	6419	750.7	1236.8	5.230	57.4	98.1	25.79	191.3	0.90
290	7445	732.3	1290.0	5.485	55.8	94.2	28.84	168.7	0.93
300	8592	712.5	1344.9	5.736	54.0	91.2	32.73	144.2	0.97
310	9870	691.1	1402.2	6.071	52.3	88.3	37.85	120.7	1.03
320	11290	667.1	1462.1	6.574	50.6	85.3	44.91	98.10	1.11
330	12865	640.2	1526.2	7.244	48.4	81.4	55.31	76.71	1.22
340	14608	610.1	1594.8	8.165	45.7	77.5	72.10	56.70	1.39
350	16537	574.4	1671.4	9.504	43.0	72.6	103.7	38.16	1.60
360	18674	528.0	1761.5	13.984	39.5	66.7	182.9	20.21	2.35
370	21053	450.5	1892.5	40.321	33.7	56.9	676.7	4.709	6.79

注：β值选自Steam Tables in SI Units,2nd Ed.,Ed.by Grigull,U.et.al.,Springer-Verlag,1984。

附录三　某些液体的物理性质

序号	名　称	分子式	分子量	密度(20℃) /(kg · m^{-3})	沸点(101.3 kPa) /℃	比汽化热(101.3 kPa) /(kJ · kg^{-1})	比热容(20℃) /(kJ · kg^{-1} · K^{-1})	黏度(20℃) /(mPa · s)	热导率(20℃) /(W · m^{-1} · K^{-1})	体积膨胀系数(20℃) /(10^{-4} ℃$^{-1}$)	表面张力(20℃) /(10^{-3} N · m^{-1})
1	水	H_2O	18.02	998	100	2258	4.183	1.005	0.599	1.82	72.8
2	盐水(25%NaCl)	—		1186(25℃)	107	—	3.39	2.3	0.57(30℃)	(4.4)	—
3	盐水(25%$CaCl_2$)	—		1228	107	—	2.89	2.5	0.57	(3.4)	—
4	硫酸	H_2SO_4	98.08	1831	340(分解)		1.47(98%)	—	0.38	5.7	—
5	硝酸	HNO_3	63.02	1513	86	481.1	—	1.17(10℃)	—	—	—
6	盐酸(30%)	HCl	36.47	1149	—	—	2.55	2(31.5%)	0.42	—	—
7	二硫化碳	CS_2	76.13	1262	46.3	352	1.005	0.38	0.16	12.1	32
8	戊烷	C_5H_{12}	72.15	626	36.07	357.4	2.24(15.6℃)	0.229	0.113	15.9	16.2

续表

序号	名 称	分子式	分子量	密度(20℃)/(kg·m^{-3})	沸点(101.3 kPa)/℃	比汽化热(101.3 kPa)/(kJ·kg^{-1})	比热容(20℃)/(kJ·kg^{-1}·K^{-1})	黏度(20℃)/(mPa·s)	热导率(20℃)/(W·m^{-1}·K^{-1})	体积膨胀系数(20℃)/(10^{-4}℃$^{-1}$)	表面张力(20℃)/(10^{-3}N·m^{-1})
9	己烷	C_6H_{14}	86.17	659	68.74	335.1	2.31 (15.6℃)	0.313	0.119	—	18.2
10	庚烷	C_7H_{16}	100.20	684	98.43	316.5	2.21 (15.6℃)	0.411	0.123	—	20.1
11	辛烷	C_8H_{18}	114.22	703	125.67	306.4	2.19 (15.6℃)	0.540	0.131	—	21.8
12	三氯甲烷	$CHCl_3$	119.38	1489	61.2	253.7	0.992	0.58	0.138 (30℃)	12.6	28.5 (10℃)
13	四氯化碳	CCl_4	153.82	1594	76.8	195	0.850	1.0	0.12	—	26.8
14	1,2-二氯乙烷	$C_2H_4Cl_2$	98.96	1253	83.6	324	1.260	0.83	0.14 (50℃)	—	30.8
15	苯	C_6H_6	78.11	879	80.10	393.9	1.704	0.737	0.148	12.4	28.6
16	甲苯	C_7H_8	92.13	867	110.63	363	1.70	0.675	0.138	10.9	27.9
17	邻二甲苯	C_8H_{10}	106.16	880	144.42	347	1.74	0.811	0.142	—	30.2
18	间二甲苯	C_8H_{10}	106.16	864	139.10	343	1.70	0.611	0.167	10.1	29.0
19	对二甲苯	C_8H_{10}	106.16	861	138.35	340	1.704	0.643	0.129	—	28.0
20	苯乙烯	C_8H_9	104.1	911 (15.6℃)	145.2	(352)	1.733	0.72	—	—	
21	氯苯	C_6H_5Cl	112.56	1106	131.8	325	1.298	0.85	0.14 (30℃)	—	32
22	硝基苯	$C_6H_5NO_2$	123.17	1203	210.9	396	1.466	2.1	0.15	—	41
23	苯胺	$C_6H_5NH_2$	93.13	1022	184.4	448	2.07	4.3	0.17	8.5	42.9
24	苯酚	C_6H_5OH	94.1	1050 (50℃)	181.8 40.9 (熔点)	511	—	3.4 (50℃)	—	—	—
25	萘	$C_{15}H_8$	128.17	1145 (固体)	217.9 80.2 (熔点)	314	1.80 (100℃)	0.59 (100℃)	—	—	—
26	甲醇	CH_3OH	32.04	791	64.7	1101	2.48	0.6	0.212	12.2	22.6
27	乙醇	C_2H_5OH	46.07	789	78.3	846	2.39	1.15	0.172	11.6	22.8
28	乙醇(95%)	—	—	804	78.3	—	—	1.4	—	—	—
29	乙二醇	$C_2H_4(OH)_2$	62.05	1113	197.6	780	2.35	23	—	—	—
30	甘油	$C_3H_5(OH)_3$	92.09	1261	290 (分解)	—	—	1499	0.59	53	—
31	乙醚	$(C_2H_5)_2O$	74.12	714	34.6	360	2.34	0.24	0.14	16.3	—
32	乙醛	CH_3CHO	44.05	783 (18℃)	20.2	574	1.9	1.3 (18℃)	—	—	—
33	糠醛	$C_5H_4O_2$	96.09	1168	161.7	452	1.6	1.15 (50℃)	—	—	—
34	丙酮	CH_3COCH_3	58.08	792	56.2	523	2.35	0.32	0.17	—	—
35	甲酸	$HCOOH$	46.03	1220	100.7	494	2.17	1.9	0.26	—	—
36	醋酸	CH_3COOH	60.03	1049	118.1	406	1.99	1.3	0.17	10.7	—
37	乙酸乙酯	$CH_3COOC_2H_5$	88.11	901	77.1	368	1.92	0.48	0.14 (10℃)	—	—
38	煤油			780~820	—	—	—	3	0.15	10.0	—
39	汽油			680~800	—	—	—	0.7~0.8	0.19 (30℃)	12.5	—

附录四　饱和水蒸气表（按温度排）

温度/℃	绝对压力/kPa	蒸汽密度/(kg · m^{-3})	比焓/(kJ · kg^{-1})		比汽化热/(kJ · kg^{-1})
			液 体	蒸 汽	
0	0.6082	0.00484	0	2491	2491
5	0.8730	0.00680	20.9	2500.8	2480
10	1.226	0.00940	41.9	2510.4	2469
15	1.707	0.01283	62.8	2520.5	2458
20	2.335	0.01719	83.7	2530.1	2446
25	3.168	0.02304	104.7	2539.7	2435
30	4.247	0.03036	125.6	2549.3	2424
35	5.621	0.03960	146.5	2559.0	2412
40	7.377	0.05114	167.5	2568.6	2401
45	9.584	0.06543	188.4	2577.8	2389
50	12.34	0.0830	209.3	2587.4	2378
55	15.74	0.1043	230.3	2596.7	2366
60	19.92	0.1301	251.2	2606.3	2355
65	25.01	0.1611	272.1	2615.5	2343
70	31.16	0.1979	293.1	2624.3	2331
75	38.55	0.2416	314.0	2633.5	2320
80	47.38	0.2929	334.9	2642.3	2307
85	57.88	0.3531	355.9	2651.1	2295
90	70.14	0.4229	376.8	2659.9	2283
95	84.56	0.5039	397.8	2668.7	2271
100	101.33	0.5970	418.7	2677.0	2258
105	120.85	0.7036	440.0	2685.0	2245
110	143.31	0.8254	461.0	2693.4	2232
115	169.11	0.9635	482.3	2701.3	2219
120	198.64	1.1199	503.7	2708.9	2205
125	232.19	1.296	525.0	2716.4	2191
130	270.25	1.494	546.4	2723.9	2178
135	313.11	1.715	567.7	2731.0	2163
140	361.47	1.962	589.1	2737.7	2149
145	415.72	2.238	610.9	2744.4	2134
150	476.24	2.543	632.2	2750.7	2119
160	618.28	3.252	675.8	2762.9	2087
170	792.59	4.113	719.3	2773.3	2054
180	1003.5	5.145	763.3	2782.5	2019
190	1255.6	6.378	807.6	2790.1	1982
200	1554.8	7.840	852.0	2795.5	1944
210	1917.7	9.567	897.2	2799.3	1902
220	2320.9	11.60	942.4	2801.0	1859
230	2798.6	13.98	988.5	2800.1	1812
240	3347.9	16.76	1034.6	2796.8	1762
250	3977.7	20.01	1081.4	2790.1	1709
260	4693.8	23.82	1128.8	2780.9	1652
270	5504.0	28.27	1176.9	2768.3	1591
280	6417.2	33.47	1225.5	2752.0	1526
290	7443.3	39.60	1274.5	2732.3	1457
300	8592.9	46.93	1325.5	2708.0	1382

附录五　饱和水蒸气表（按压力排）

绝对压力 /kPa	温度 /℃	蒸汽密度 /(kg · m^{-3})	比焓/(kJ · kg^{-1})		比汽化热 /(kJ · kg^{-1})
			液 体	蒸 汽	
1.0	6.3	0.00773	26.5	2503.1	2477
1.5	12.5	0.01133	52.3	2515.3	2463
2.0	17.0	0.01486	71.2	2524.2	2453
2.5	20.9	0.01836	87.5	2531.8	2444
3.0	23.5	0.02179	98.4	2536.8	2438
3.5	26.1	0.02523	109.3	2541.8	2433
4.0	28.7	0.02867	120.2	2546.8	2427
4.5	30.8	0.03205	129.0	2550.9	2422
5.0	32.4	0.03537	135.7	2554.0	2418
6.0	35.6	0.04200	149.1	2560.1	2411
7.0	38.8	0.04864	162.4	2566.3	2404
8.0	41.3	0.05514	172.7	2571.0	2398
9.0	43.3	0.06156	181.2	2574.8	2394
10.0	45.3	0.06798	189.6	2578.5	2389
15.0	53.5	0.09956	224.0	2594.0	2370
20.0	60.1	0.1307	251.5	2606.4	2355
30.0	66.5	0.1909	288.8	2622.4	2334
40.0	75.0	0.2498	315.9	2634.1	2312
50.0	81.2	0.3080	339.8	2644.3	2304
60.0	85.6	0.3651	358.2	2652.1	2394
70.0	89.9	0.4223	376.6	2659.8	2283
80.0	93.2	0.4781	39.01	2665.3	2275
90.0	96.4	0.5338	403.5	2670.8	2267
100.0	99.6	0.5896	416.9	2676.3	2259
120.0	104.5	0.6987	437.5	2684.3	2247
140.0	109.2	0.8076	457.7	2692.1	2234
160.0	113.0	0.8298	473.9	2698.1	2224
180.0	116.6	1.021	489.3	2703.7	2214
200.0	120.2	1.127	493.7	2709.2	2205
250.0	127.2	1.390	534.4	2719.7	2185
300.0	133.3	1.650	560.4	2728.5	2168
350.0	138.8	1.907	583.8	2736.1	2152
400.0	143.4	2.162	603.6	2742.1	2138
450.0	147.7	2.415	622.4	2747.8	2125
500.0	151.7	2.667	639.6	2752.8	2113
600.0	158.7	3.169	676.2	2761.4	2091
700.0	164.7	3.666	696.3	2767.8	2072
800	170.4	4.161	721.0	2773.7	2053
900	175.1	4.652	741.8	2778.1	2036
1×10^3	179.9	5.143	762.7	2782.5	2020
1.1×10^3	180.2	5.633	780.3	2785.5	2005
1.2×10^3	187.8	6.124	797.9	2788.5	1991
1.3×10^3	191.5	6.614	814.2	2790.9	1977
1.4×10^3	194.8	7.103	829.1	2792.4	1964

续表

绝对压力/kPa	温度/℃	蒸汽密度/(kg · m^{-3})	比焓/(kJ · kg^{-1})		比汽化热/(kJ · kg^{-1})
			液体	蒸汽	
1.5×10^3	198.2	7.594	843.9	2794.5	1951
1.6×10^3	201.3	8.081	857.8	2796.0	1938
1.7×10^3	204.1	8.567	870.6	2797.1	1926
1.8×10^3	206.9	9.053	883.4	2798.1	1915
1.9×10^3	209.8	9.539	896.2	2799.2	1903
2×10^3	212.2	10.03	907.3	2799.7	1892
3×10^3	233.7	15.01	1005.4	2798.9	1794
4×10^3	250.3	20.10	1082.9	2789.8	1707
5×10^3	263.8	25.37	1146.9	2776.2	1629
6×10^3	275.4	30.85	1203.2	2759.5	1556
7×10^3	285.7	36.57	1253.2	2740.8	1488
8×10^3	294.8	42.58	1299.2	2720.5	1404
9×10^3	303.2	48.89	1343.5	2699.1	1357

附录六　干空气的热物理性质

(p=1.01325×10^{5}Pa)

温度t/℃	密度ρ/(kg · m^{-3})	比热容c_p/(kJ · kg^{-1} · ℃$^{-1}$)	热导率$\lambda\times10^2$/(W · m^{-1} · ℃$^{-1}$)	黏度$\mu\times10^6$/(Pa · s)	运动黏度$\nu\times10^6$/(m^2 · s^{-1})	普朗特数Pr
-50	1.584	1.013	2.04	14.6	9.23	0.728
-40	1.515	1.013	2.12	15.2	10.04	0.728
-30	1.453	1.013	2.20	15.7	10.80	0.723
-20	1.395	1.009	2.28	16.2	11.61	0.716
-10	1.342	1.009	2.36	16.7	12.43	0.712
0	1.293	1.005	2.44	17.2	13.28	0.707
10	1.247	1.005	2.51	17.6	14.16	0.705
20	1.205	1.005	2.59	18.1	15.06	0.703
30	1.165	1.005	2.67	18.6	16.00	0.701
40	1.128	1.005	2.76	19.1	16.96	0.699
50	1.093	1.005	2.83	19.6	17.95	0.698
60	1.060	1.005	2.90	20.1	18.97	0.696
70	1.029	1.009	2.96	20.6	20.02	0.694
80	1.000	1.009	3.05	21.1	21.09	0.692
90	0.972	1.009	3.13	21.5	22.10	0.690
100	0.946	1.009	3.21	21.9	23.13	0.688
120	0.898	1.009	3.34	22.8	25.45	0.686
140	0.854	1.013	3.49	23.7	27.80	0.684
160	0.815	1.017	3.64	24.5	30.09	0.682
180	0.779	1.022	3.78	25.3	32.49	0.681
200	0.746	1.026	3.93	26.0	34.85	0.680
250	0.674	1.038	4.27	27.4	40.61	0.677
300	0.615	1.047	4.60	29.7	48.33	0.674
350	0.566	1.059	4.91	31.4	55.46	0.676

续表

温度t /℃	密度ρ /(kg · m^{-3})	比热容c_p /(kJ · kg^{-1} · ℃$^{-1}$)	热导率$\lambda \times 10^2$ /(W · m^{-1} · ℃$^{-1}$)	黏度$\mu \times 10^6$ /(Pa · s)	运动黏度$\nu \times 10^6$ /(m^2 · s^{-1})	普朗特数Pr
400	0.524	1.068	5.21	33.0	63.09	0.678
500	0.456	1.093	5.74	36.2	79.38	0.687
600	0.404	1.114	6.22	39.1	96.89	0.699
700	0.362	1.135	6.71	41.8	115.4	0.706
800	0.329	1.156	7.18	44.3	134.8	0.713
900	0.301	1.172	7.63	46.7	155.1	0.717
1000	0.277	1.185	8.07	49.0	177.1	0.719
1100	0.257	1.197	8.50	51.2	199.3	0.722
1200	0.239	1.210	9.15	53.5	233.7	0.724

附录七 某些气体的重要物理性质

名称	分子式	分子量	密度(0℃, 101.325kPa) /(kg · m^{-3})	定压比热容 (20℃, 101.325kPa) /(kJ · kg^{-1} · K^{-1})	$K=\frac{c_p}{c_u}$	黏度(0℃, 101.325 kPa) /(μPa · s)	沸点 (101.325 kPa) /℃	比汽化热 (101.325 kPa) /(kJ · kg^{-1})	临界点		热导率 (0℃, 101.325 kPa)/ (W · m^{-1} · K^{-1})
									温度 /℃	压力 /kPa	
空气	—	28.95	1.293	1.009	1.40	17.3	-195	197	-140.7	3769	0.0244
氧	O_2	32	1.429	0.653	1.40	20.3	-132.98	213	-118.82	5038	0.0240
氮	N_2	28.02	1.251	0.745	1.40	17.0	-195.78	199.2	-147.13	3393	0.0228
氢	H_2	2.016	0.0899	10.13	1.407	8.42	-252.75	454.2	-239.9	1297	0.163
氦	He	4.00	0.1785	3.18	1.66	18.8	-268.95	19.5	-267.96	229	0.144
氩	Ar	39.94	1.7820	0.322	1.66	20.9	-185.87	163	-122.44	4864	0.0173
氯	Cl_2	70.91	3.217	0.355	1.36	12.9(16°)	-33.8	305	+144.0	7711	0.0072
氨	NH_3	17.03	0.771	0.67	1.29	9.18	-33.4	1373	+132.4	1130	0.0215
一氧化碳	CO	28.01	1.250	0.754	1.40	16.6	-191.48	211	-140.2	3499	0.0226
二氧化碳	CO_2	44.01	1.976	0.653	1.30	13.7	-78.2	574	+31.1	7387	0.0137
二氧化硫	SO_2	64.07	2.927	0.502	1.25	11.7	-10.8	394	+157.5	7881	0.0077
二氧化氮	NO_2	46.01	—	0.615	1.31	—	+21.2	712	+158.2	10133	0.0400
硫化氢	H_2S	34.08	1.539	0.804	1.30	11.66	-60.2	548	+100.4	19140	0.0131
甲烷	CH_4	16.04	0.717	1.70	1.31	10.3	-161.58	511	-82.15	4620	0.0300
乙烷	C_2H_6	30.07	1.357	1.44	1.20	8.50	-88.50	486	+32.1	4950	0.0180
丙烷	C_3H_8	44.1	2.020	1.65	1.13	7.95(18°)	-42.1	427	+95.6	4357	0.0148
丁烷(正)	C_4H_{10}	58.12	2.673	1.73	1.108	8.10	-0.5	386	+152	3800	0.0135
戊烷(正)	C_5H_{12}	72.15	—	1.57	1.09	8.74	-36.08	151	+197.1	3344	0.0128
乙烯	C_2H_4	28.05	1.261	1.222	1.25	9.85	+103.7	481	+9.7	5137	0.0164
丙烯	C_3H_6	42.08	1.914	1.436	1.17	8.35(20℃)	-47.7	440	+91.4	4600	—
乙炔	C_2H_2	26.04	1.171	1.352	1.24	9.35	-83.66 (升华)	829	+35.7	6242	0.0184
氯甲烷	CH_3Cl	50.49	2.308	0.582	1.28	9.89	-24.1	406	+148	6687	0.0085
苯	C_6H_6	78.11	—	1.139	1.1	7.2	+80.2	394	+288.5	4833	0.0088

附录八　水在不同温度下的黏度

温度/℃	黏度/(mPa · s)	温度/℃	黏度/(mPa · s)	温度/℃	黏度/(mPa · s)
0	1.7921	34	0.7371	69	0.4117
1	1.7313	35	0.7225	70	0.4061
2	1.6728	36	0.7085	71	0.4006
3	1.6191	37	0.6947	72	0.3952
4	1.5674	38	0.6814	73	0.3900
5	1.5188	39	0.6685	74	0.3849
6	1.4728	40	0.6560	75	0.3799
7	1.4284	41	0.6439	76	0.3750
8	1.3860	42	0.6321	77	0.3702
9	1.3462	43	0.6207	78	0.3655
10	1.3077	44	0.6097	79	0.3610
11	1.2713	45	0.5988	80	0.3565
12	1.2363	46	0.5883	81	0.3521
13	1.2028	47	0.5782	82	0.3478
14	1.1709	48	0.5683	83	0.3436
15	1.1404	49	0.5588	84	0.3395
16	1.1111	50	0.5494	85	0.3355
17	1.0828	51	0.5404	86	0.3315
18	1.0559	52	0.5315	87	0.3276
19	1.0299	53	0.5229	88	0.3239
20	1.0050	54	0.5146	89	0.3202
20.2	1.0000	55	0.5064	90	0.3165
21	0.9810	56	0.4985	91	0.3130
22	0.9579	57	0.4907	92	0.3095
23	0.9359	58	0.4832	93	0.3060
24	0.9142	59	0.4759	94	0.3027
25	0.8937	60	0.4688	95	0.2994
26	0.8737	61	0.4618	96	0.2962
27	0.8545	62	0.4550	97	0.2930
28	0.8360	63	0.4483	98	0.2899
29	0.8180	64	0.4418	99	0.2868
30	0.8007	65	0.4355	100	0.2838
31	0.7840	66	0.4293		
32	0.7679	67	0.4233		
33	0.7523	68	0.4174		

附录九　液体黏度共线图

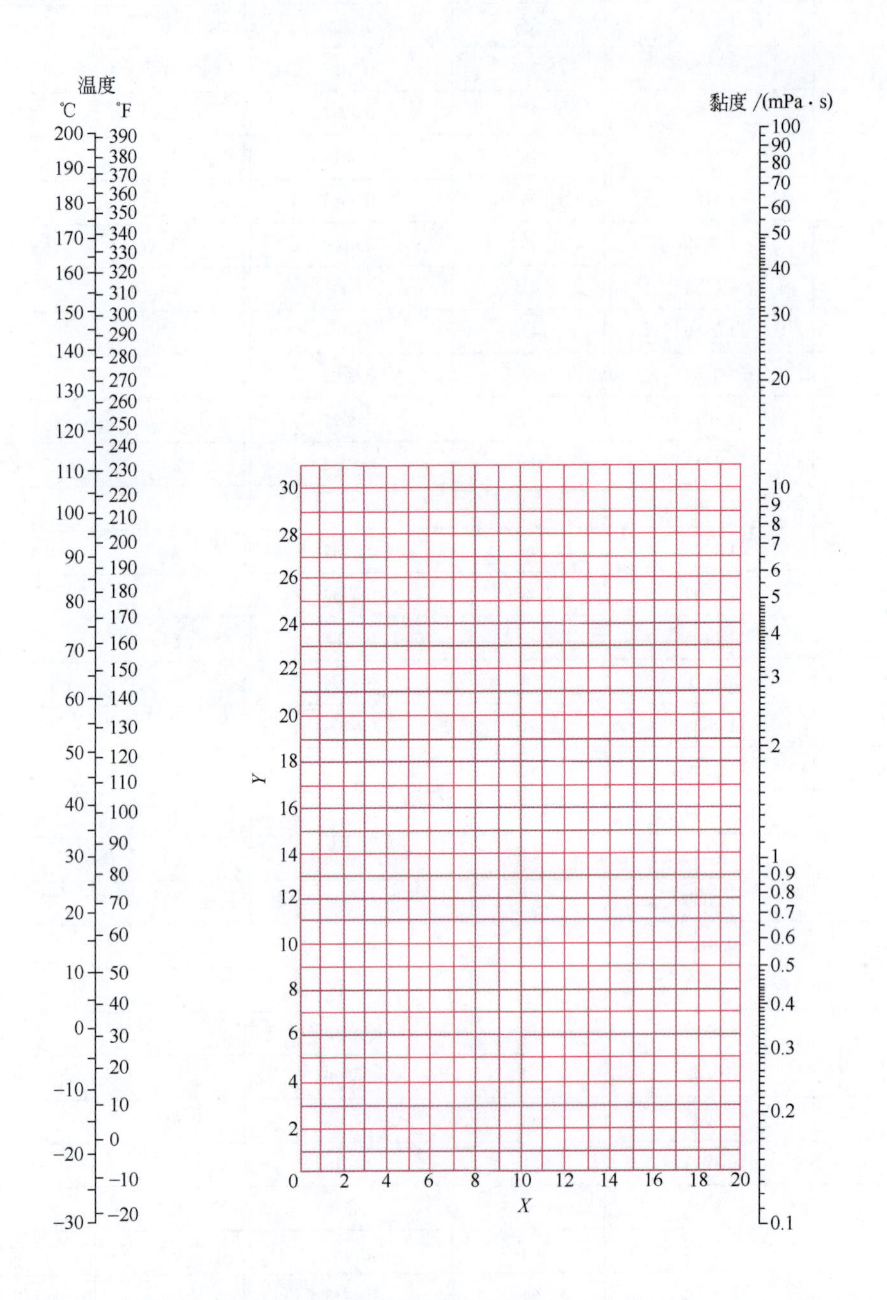

用法举例:求苯在50℃时的黏度,从本表序号15查得苯的X=12.5,Y=10.9。把这两个数值标在共线图的Y-X坐标上得一点,把这点与图中左方温度标尺上50℃的点连成一直线,延长,与右方黏度标尺相交,由此交点定出50℃苯的黏度为0.44mPa · s。

液体黏度共线图坐标值

序号	液体	X	Y
1	乙醛	15.2	14.8
2	醋酸 100%	12.1	14.2
3	70%	9.5	17.0
4	醋酸酐	12.7	12.8
5	丙酮 100%	14.5	7.2
6	35%	7.9	15.0
7	丙烯醇	10.2	14.3
8	氨 100%	12.6	2.0
9	26%	10.1	13.9
10	醋酸戊酯	11.8	12.5
11	戊醇	7.5	18.4
12	苯胺	8.1	18.7
13	苯甲醚	12.3	13.5
14	三氯化砷	13.9	14.5
15	苯	12.5	10.9
16	氯化钙盐水 25%	6.6	15.9
17	氯化钠盐水 25%	10.2	16.6
18	溴	14.2	13.2
19	溴甲苯	20	15.9
20	乙酸丁酯	12.3	11.0
21	丁醇	8.6	17.2
22	丁酸	12.1	15.3
23	二氧化碳	11.6	0.3
24	二硫化碳	16.1	7.5
25	四氯化碳	12.7	13.1
26	氯苯	12.3	12.4
27	三氯甲烷	14.4	10.2
28	氯磺酸	11.2	18.1
29	氯甲苯(邻位)	13.0	13.3
30	氯甲苯(间位)	13.3	12.5
31	氯甲苯(对位)	13.3	12.5
32	甲酚(间位)	2.5	20.8
33	环己醇	2.9	24.3
34	二溴乙烷	12.7	15.8
35	二氯乙烷	13.2	12.2
36	二氯甲烷	14.6	8.9
37	草酸乙酯	11.0	16.4
38	草酸二甲酯	12.3	15.8
39	联苯	12.0	18.3
40	草酸二丙酯	10.3	17.7
41	乙酸乙酯	13.7	9.1
42	乙醇 100%	10.5	13.8
43	95%	9.8	14.3
44	40%	6.5	16.6
45	乙苯	13.2	11.5
46	溴乙烷	14.5	8.1
47	氯乙烷	14.8	6.0
48	乙醚	14.5	5.3
49	甲酸乙酯	14.2	8.4
50	碘乙烷	14.7	10.3
51	乙二醇	6.0	23.6
52	甲酸	10.7	15.8
53	氟利昂-11(CCl_3F)	14.4	9.0
54	氟利昂-12(CCl_2F_2)	16.8	5.6
55	氟利昂-21($CHCl_2F$)	15.7	7.5
56	氟利昂-22($CHClF_2$)	17.2	4.7
57	氟利昂-113(CCl_2F-$CClF_2$)	12.5	11.4
58	甘油 100%	2.0	30.0
59	50%	6.9	19.6
60	庚烷	14.1	8.4
61	己烷	14.7	7.0
62	盐酸 31.5%	13.0	16.6
63	异丁醇	7.1	18.0
64	异丁醇	12.2	14.4
65	异丙醇	8.2	16.0
66	煤油	10.2	16.9
67	粗亚麻仁油	7.5	27.2
68	水银	18.4	16.4
69	甲醇 100%	12.4	10.5
70	90%	12.3	11.8
71	40%	7.8	15.5
72	乙酸甲酯	14.2	8.2
73	氯甲烷	15.0	3.8
74	丁酮	13.9	8.6
75	萘	7.9	18.1
76	硝酸 95%	12.8	13.8
77	60%	10.8	17.0
78	硝基苯	10.6	16.2
79	硝基甲苯	11.0	17.0
80	辛烷	13.7	10.0
81	辛醇	6.6	21.1
82	五氯乙烷	10.9	17.3
83	戊烷	14.9	5.2
84	酚	6.9	20.8
85	三溴化磷	13.8	16.7
86	三氯化磷	16.2	10.9
87	丙酸	12.8	13.8
88	丙醇	9.1	16.5
89	溴丙烷	14.5	9.6
90	氯丙烷	14.4	7.5
91	碘丙烷	14.1	11.6
92	钠	16.4	13.9
93	氢氧化钠 50%	3.2	25.8
94	四氯化锡	13.5	12.8
95	二氧化硫	15.2	7.1
96	硫酸 110%	7.2	27.4
97	98%	7.0	24.8
98	60%	10.2	21.3
99	二氯二氧化硫	15.2	12.4
100	四氯乙烷	11.9	15.7
101	四氯乙烯	14.2	12.7
102	四氯化钛	14.4	12.3
103	甲苯	13.7	10.4
104	三氯乙烯	14.8	10.5
105	松节油	11.5	14.9
106	醋酸乙烯	14.0	8.8
107	水	10.2	13.0

附录十　气体黏度共线图

(101.325kPa)

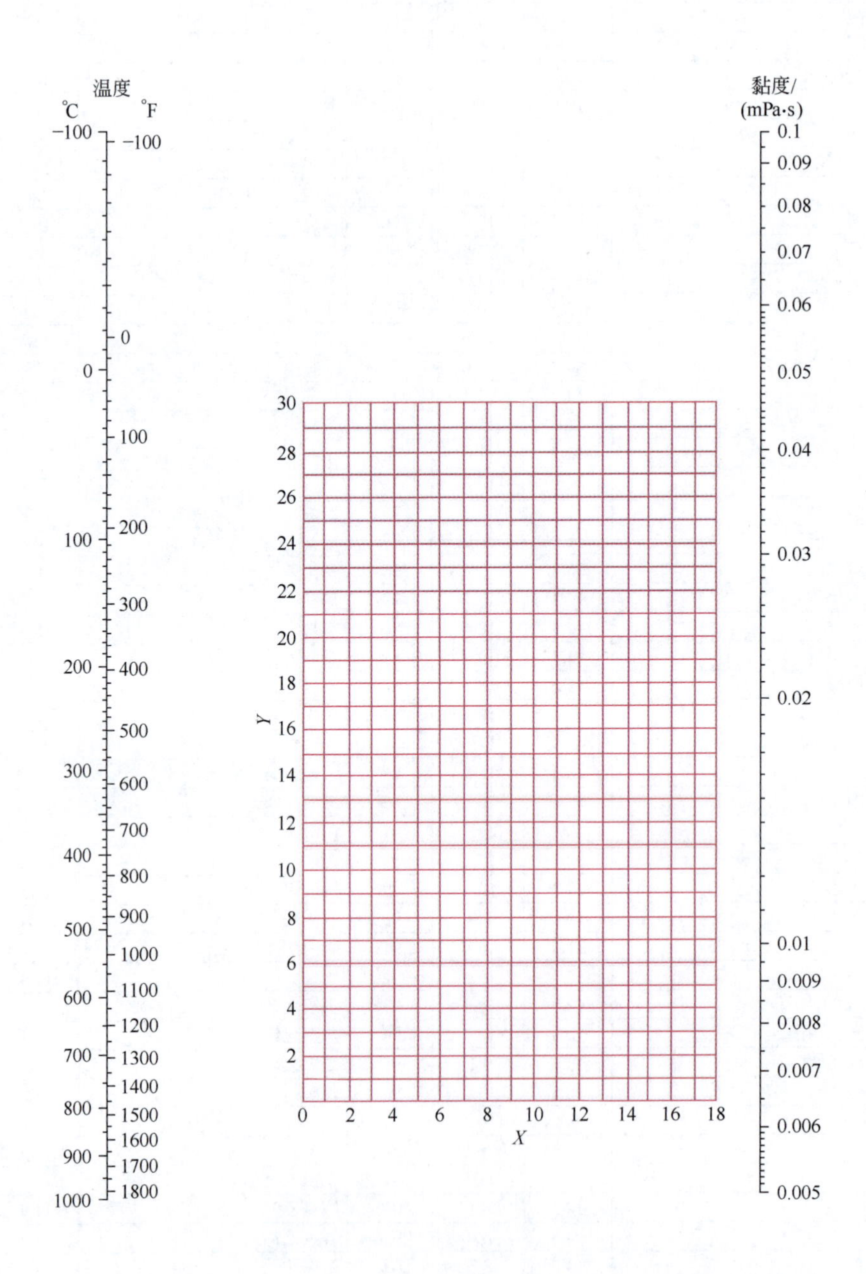

气体黏度共线图坐标值

序号	气　体	X	Y	序号	气　体	X	Y
1	醋酸	7.7	14.3	29	氟利昂-113(CCl_2F-$CClF_2$)	11.3	14.0
2	丙酮	8.9	13.0	30	氦	10.9	20.5
3	乙炔	9.8	14.9	31	己烷	8.6	11.8
4	空气	11.0	20.0	32	氢	11.2	12.4
5	氨	8.4	16.0	33	$3H_2+1N_2$	11.2	17.2
6	氩	10.5	22.4	34	溴化氢	8.8	20.9
7	苯	8.5	13.2	35	氯化氢	8.8	18.7
8	溴	8.9	19.2	36	氰化氢	9.8	14.9
9	丁烯(butene)	9.2	13.7	37	碘化氢	9.0	21.3
10	丁烯(butylene)	8.9	13.0	38	硫化氢	8.6	18.0
11	二氧化碳	9.5	18.7	39	碘	9.0	18.4
12	二硫化碳	8.0	16.0	40	水银	5.3	22.9
13	一氧化碳	11.0	20.0	41	甲烷	9.9	15.5
14	氯	9.0	18.4	42	甲醇	8.5	15.6
15	三氯甲烷	8.9	15.7	43	一氧化氮	10.9	20.5
16	氰	9.2	15.2	44	氮	10.6	20.0
17	环己烷	9.2	12.0	45	五硝酰氯	8.0	17.6
18	乙烷	9.1	14.5	46	一氧化二氮	8.8	19.0
19	乙酸乙酯	8.5	13.2	47	氧	11.0	21.3
20	乙醇	9.2	14.2	48	戊烷	7.0	12.8
21	氯乙烷	8.5	15.6	49	丙烷	9.7	12.9
22	乙醚	8.9	13.0	50	丙醇	8.4	13.4
23	乙烯	9.5	15.1	51	丙烯	9.0	13.8
24	氟	7.3	23.8	52	二氧化硫	9.6	17.0
25	氟利昂-11(CCl_3F)	10.6	15.1	53	甲苯	8.6	12.4
26	氟利昂-12(CCl_2F_2)	11.1	16.0	54	2,3,3-三甲(基)丁烷	9.5	10.5
27	氟利昂-21($CHCl_2F$)	10.8	15.3	55	水	8.0	16.0
28	氟利昂-22($CHClF_2$)	10.1	17.0	56	氙	9.3	23.0

附录十一　固体材料的热导率

（1）常用金属材料的热导率

单位 :$W \cdot m^{-1} \cdot ℃^{-1}$

温度/℃	0	100	200	300	400
铝	228	228	228	228	228
铜	384	379	372	367	363
铁	73.3	67.5	61.6	54.7	48.9
铅	35.1	33.4	31.4	29.8	—
镍	93.0	82.6	73.3	63.97	59.3

续表

温度/℃	0	100	200	300	400
银	414	409	373	362	359
碳钢	52.3	48.9	44.2	41.9	34.9
不锈钢	16.3	17.5	17.5	18.5	—

（2）常用非金属材料的热导率

单位 :W · m^{-1} · ℃$^{-1}$

名　称	温度/℃	热导率	名　称	温度/℃	热导率
石棉绳	—	0.10~0.21	云母	50	0.430
石棉板	30	0.10~0.14	泥土	20	0.698~0.930
软木	30	0.0430	冰	0	2.33
玻璃棉	—	0.0349~0.0698	膨胀珍珠岩散料	25	0.021~0.062
保温灰	—	0.0698	软橡胶	—	0.129~0.159
锯屑	20	0.0465~0.0582	硬橡胶	0	0.150
棉花	100	0.0698	聚四氟乙烯	—	0.242
厚纸	20	0.14~0.349	泡沫塑料	—	0.0465
玻璃	30	1.09	泡沫玻璃	-15	0.00489
	-20	0.76		-80	0.00349
搪瓷	—	0.87~1.16	木材(横向)	—	0.14~0.175

附录十二　某些液体的热导率

单位 :W · m^{-1} · ℃$^{-1}$

液体名称	温度/℃						
	0	25	50	75	100	125	150
甲醇	0.214	0.2107	0.2070	0.205	—	—	—
乙醇	0.189	0.1832	0.1774	0.1715	—	—	—
异丙醇	0.154	0.150	0.1460	0.142	—	—	—
丁醇	0.156	0.152	0.1483	0.144	—	—	—
丙酮	0.1745	0.169	0.163	0.1576	0.151	—	—
甲酸	0.2605	0.256	0.2518	0.2471	—	—	—
乙酸	0.177	0.1715	0.1663	0.162	—	—	—
苯	0.151	0.1448	0.138	0.132	0.126	0.1204	—
甲苯	0.1413	0.136	0.129	0.123	0.119	0.112	—
二甲苯	0.1367	0.131	0.127	0.1215	0.117	0.111	—
硝基苯	0.1541	0.150	0.147	0.143	0.140	0.136	
苯胺	0.186	0.181	0.177	0.172	0.1681	0.1634	0.159
甘油	0.277	0.2797	0.2832	0.286	0.289	0.292	0.295

附录十三　气体热导率共线图

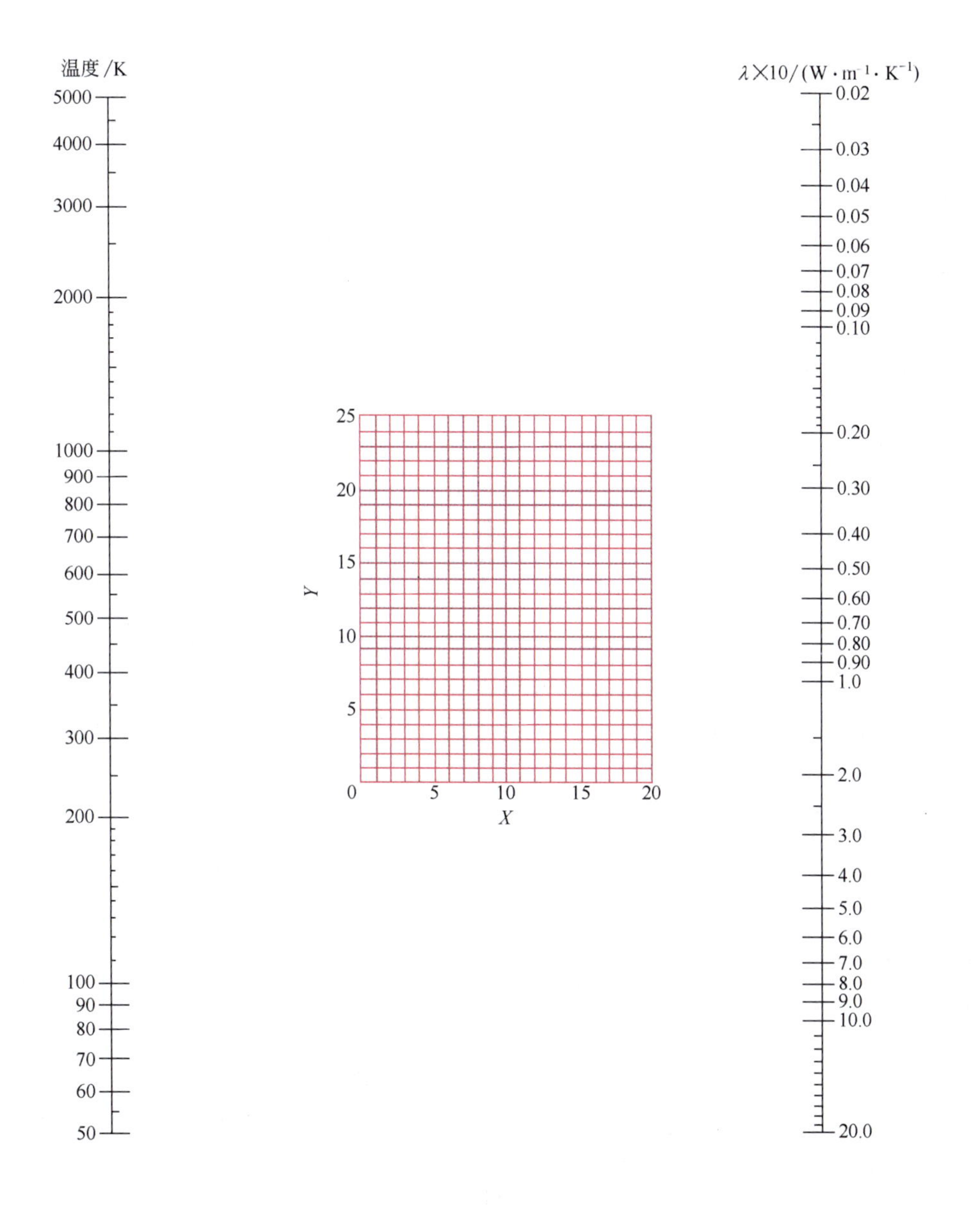

气体的热导率共线图坐标值(常压下用)

气体或蒸气	温度范围/K	X	Y	气体或蒸气	温度范围/K	X	Y
乙炔	200~600	7.5	13.5	氟利昂-113($CCl_2F \cdot CClF_2$)	250~400	4.7	17.0
空气	50~250	12.4	13.9	氦	50~500	17.0	2.5
空气	250~1000	14.7	15.0	氦	500~5000	15.0	3.0
空气	1000~1500	17.1	14.5	正庚烷	250~600	4.0	14.8
氨	200~900	8.5	12.6	正庚烷	600~1000	6.9	14.9
氩	50~250	12.5	16.5	正己烷	250~1000	3.7	14.0
氩	250~5000	15.4	18.1	氢	50~250	13.2	1.2
苯	250~600	2.8	14.2	氢	250~1000	15.7	1.3
三氟化硼	250~400	12.4	16.4	氢	1000~2000	13.7	2.7
溴	250~350	10.1	23.6	氯化氢	200~700	12.2	18.5
正丁烷	250~500	5.6	14.1	氪	100~700	13.7	21.8
异丁烷	250~500	5.7	14.0	甲烷	100~300	11.2	11.7
二氧化碳	200~700	8.7	15.5	甲烷	300~1000	8.5	11.0
二氧化碳	700~1200	13.3	15.4	甲醇	300~500	5.0	14.3
一氧化碳	80~300	12.3	14.2	氯甲烷	250~700	4.7	15.7
一氧化碳	300~1200	15.2	15.2	氖	50~250	15.2	10.2
四氯化碳	250~500	9.4	21.0	氖	250~5000	17.2	11.0
氯	200~700	10.8	20.1	氧化氮	100~1000	13.2	14.8
氘	50~100	12.7	17.3	氮	50~250	12.5	14.0
丙酮	250~500	3.7	14.8	氮	250~1500	15.8	15.3
乙烷	200~1000	5.4	12.6	氮	1500~3000	12.5	16.5
乙醇	250~350	2.0	13.0	一氧化二氮	200~500	8.4	15.0
乙醇	350~500	7.7	15.2	一氧化二氮	500~1000	11.5	15.5
乙醚	250~500	5.3	14.1	氧	50~300	12.2	13.8
乙烯	200~450	3.9	12.3	氧	300~1500	14.5	14.8
氟	80~600	12.3	13.8	戊烷	250~500	5.0	14.1
氩	600~800	18.7	13.8	丙烷	200~300	2.7	12.0
氟利昂-11(CCl_3F)	250~500	7.5	19.0	丙烷	300~500	6.3	13.7
氟利昂-12(CCl_2F_2)	250~500	6.8	17.5	二氧化硫	250~900	9.2	18.5
氟利昂-13($CClF_3$)	250~500	7.5	16.5	甲苯	250~600	6.4	14.8
氟利昂-21($CHCl_2F$)	250~450	6.2	17.5	氟利昂-22($CHClF_2$)	250~500	6.5	18.6

附录十四 液体比热容共线图

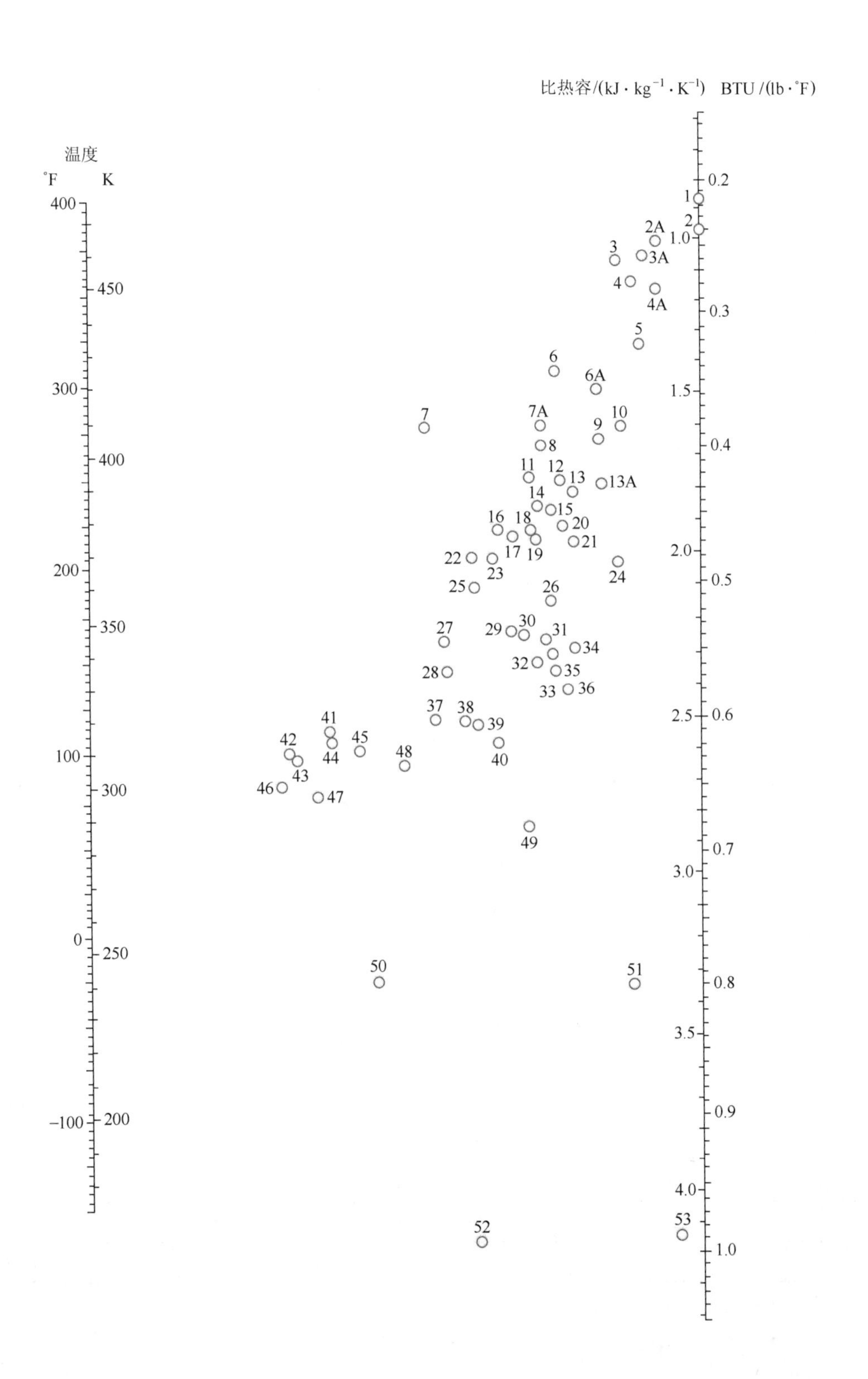

液体比热容共线图中的编号

编号	液　体	温度范围/℃	编号	液　体	温度范围/℃
29	醋酸100%	0~80	7	碘乙烷	0~100
32	丙酮	20~50	39	乙二醇	-40~200
52	氨	-70~50	2A	氟利昂-11(CCl_3F)	-20~70
37	戊醇	-50~25	6	氟利昂-12(CCl_2F_2)	-40~15
26	乙酸戊酯	0~100	4A	氟利昂-21($CHCl_2F$)	-20~70
30	苯胺	0~130	7A	氟利昂-22($CHClF_2$)	-20~60
23	苯	10~80	3A	氟利昂-113(CCl_2F-$CClF_2$)	-20~70
27	苯甲醇	-20~30	38	三元醇	-40~20
10	卡基氧	-30~30	28	庚烷	0~60
49	$CaCl_2$盐水25%	-40~20	35	己烷	-80~20
51	NaCl盐水25%	-40~20	48	盐酸30%	20~100
44	丁醇	0~100	41	异戊醇	10~100
2	二硫化碳	-100~25	43	异丁醇	0~100
3	四氯化碳	10~60	47	异丙醇	-20~50
8	氯苯	0~100	31	异丙醚	-80~20
4	三氯甲烷	0~50	40	甲醇	-40~20
21	癸烷	-80~25	13A	氯甲烷	-80~20
6A	二氯乙烷	-30~60	14	萘	90~200
5	二氯甲烷	-40~50	12	硝基苯	0~100
15	联苯	80~120	34	壬烷	-50~125
22	二苯甲烷	80~100	33	辛烷	-50~25
16	二苯醚	0~200	3	过氯乙烯	-30~140
16	道舍姆A(Dowtherm A)	0~200	45	丙醇	-20~100
24	乙酸乙酯	-50~25	20	吡啶	-51~25
42	乙醇100%	30~80	9	硫酸98%	10~45
46	95%	20~80	11	二氧化硫	-20~100
50	50%	20~80	23	甲苯	0~60
25	乙苯	0~100	53	水	-10~200
1	溴乙烷	5~25	19	二甲苯(邻位)	0~100
13	氯乙烷	-80~40	18	二甲苯(间位)	0~100
36	乙醚	-100~25	17	二甲苯(对位)	0~100

附录十五 气体比热容共线图

(101.325kPa)

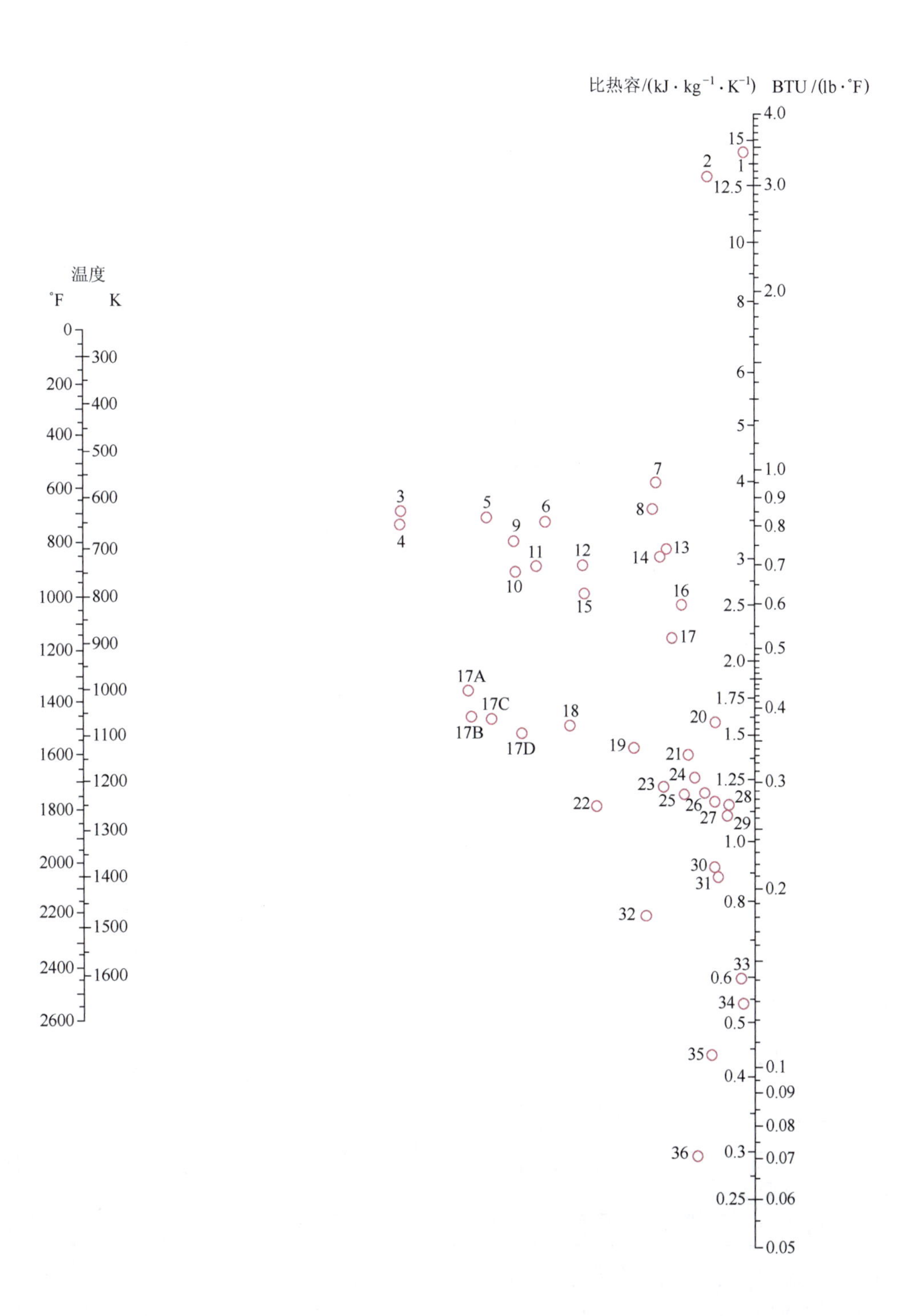

气体比热容共线图中的编号

编号	气　体	温度范围/K	编号	气　体	温度范围/K
10	乙炔	273~473	1	氢	273~873
15	乙炔	473~673	2	氢	873~1673
16	乙炔	673~1673	35	溴化氢	273~1673
27	空气	273~1673	30	氯化氢	273~1673
12	氨	273~873	20	氟化氢	273~1673
14	氨	873~1673	36	碘化氢	273~1673
18	二氧化碳	273~673	19	硫化氢	273~973
24	二氧化碳	673~1673	21	硫化氢	973~1673
26	一氧化碳	273~1673	5	甲烷	273~573
32	氯	273~473	6	甲烷	573~973
34	氯	473~1673	7	甲烷	973~1673
3	乙烷	273~473	25	一氧化氮	273~973
9	乙烷	473~873	28	一氧化氮	973~1673
8	乙烷	873~1673	26	氮	273~1673
4	乙烯	273~473	23	氧	273~773
11	乙烯	473~873	29	氧	773~1673
13	乙烯	873~1673	33	硫	573~1673
17B	氟利昂-11(CCl_3F)	273~423	22	二氧化硫	273~673
17C	氟利昂-21($CHCl_2F$)	273~423	31	二氧化硫	673~1673
17A	氟利昂-22($CHClF_2$)	278~423	17	水	273~1673
17D	氟利昂-113(CCl_2F-$CClF_2$)	273~423			

液体比汽化热共线图中的编号

编号	液　体	t_c/℃	t_c-t/℃	编号	液　体	t_c/℃	t_c-t/℃
30	水	374	100~500	7	三氯甲烷	263	140~270
29	氨	133	50~200	2	四氯化碳	283	30~250
19	一氧化氮	36	25~150	17	氯乙烷	187	100~250
21	二氧化碳	31	10~100	13	苯	289	10~400
4	二硫化碳	273	140~275	3	联苯	527	175~400
14	二氧化硫	157	90~160	27	甲醇	240	40~250
25	乙烷	32	25~150	26	乙醇	243	20~140
23	丙烷	96	40~200	24	丙醇	264	20~200
16	丁烷	153	90~200	13	乙醚	194	10~400
15	异丁烷	134	80~200	22	丙酮	235	120~210
12	戊烷	197	20~200	18	醋酸	321	100~225
11	己烷	235	50~225	2	氟利昂-11	198	70~225
10	庚烷	267	20~300	2	氟利昂-12	111	40~200
9	辛烷	296	30~300	5	氟利昂-21	178	70~250
20	一氯甲烷	143	70~250	6	氟利昂-22	96	50~170
8	二氯甲烷	216	150~250	1	氟利昂-113	214	90~250

用法举例：求水在t=100℃时的比汽化热，从表中查得水的编号为30，又查得水的临界温度t_c=374℃，故得t_c-t=374−100=274℃，在前页共线图的t_c-t标尺上定出274℃的点，与图中编号为30的圆圈中心点连一直线，延长到比汽化热的标尺上，读出交点读数为2260kJ/kg。

附录十六 管子规格

(1) 低压流体输送用焊接钢管规格 (GB 3091—93,GB 3092—93)

公称直径		外径/mm	壁厚/mm		公称直径		外径/mm	壁厚/mm	
mm	in		普通管	加厚管	mm	in		普通管	加厚管
6	⅛	10.0	2.00	2.50	40	1½	48.0	3.50	4.25
8	¼	13.5	2.25	2.75	50	2	60.0	3.50	4.50
10	⅜	17.0	2.25	2.75	65	2½	75.5	3.75	4.50
15	½	21.3	2.75	3.25	80	3	88.5	4.00	4.75
20	¾	26.8	2.75	3.50	100	4	114.0	4.00	5.00
25	1	33.5	3.25	4.00	125	5	140.0	4.50	5.50
32	1¼	42.3	3.25	4.00	150	6	165.0	4.50	5.50

注:1.本标准适用于输送水、煤气、空气、油和取暖蒸汽等一般较低压力的流体。

2.表中的公称直径系近似内径的名义尺寸,不表示外径减去两个壁厚所得的内径。

3.钢管分镀锌钢管(GB 3091—93)和不镀锌钢管(GB 3092—93),后者简称黑管。

(2) 普通无缝钢管 (GB 8163—87)

① 热轧无缝钢管 (摘录)

外径/mm	壁厚/mm		外径/mm	壁厚/mm		外径/mm	壁厚/mm	
	从	到		从	到		从	到
32	2.5	8	76	3.0	19	219	6.0	50
38	2.5	8	89	3.5	(24)	273	6.5	50
42	2.5	10	108	4.0	28	325	7.5	75
45	2.5	10	114	4.0	28	377	9.0	75
50	2.5	10	127	4.0	30	426	9.0	75
57	3.0	13	133	4.0	32	450	9.0	75
60	3.0	14	140	4.5	36	530	9.0	75
63.5	3.0	14	159	4.5	36	630	9.0	(24)
68	3.0	16	168	5.0	(45)			

注:壁厚系列有2.5mm,3mm,3.5mm,4mm,4.5mm,5mm,5.5mm,6mm,6.5mm,7mm,7.5mm,8mm,8.5mm,9mm,9.5mm,10mm,11mm,12mm,13mm,14mm,15mm,16mm,17mm,18mm,19mm,20mm等;括号内尺寸不推荐使用。

② 冷拔 (冷轧) 无缝钢管

冷拔无缝钢管质量好，可以得到小直径管，其外径可为 6~200mm, 壁厚为 0.25~14mm, 其中最小壁厚及最大壁厚均随外径增大而增加，系列标准可参阅有关手册。

③ 热交换器用普通无缝钢管 (摘自 GB 9948—88)

外径/mm	壁厚/mm	外径/mm	壁厚/mm
19	2,2.5	57	4,5,6
25	2,2.5,3	89	6,8,10,12
38	3,3.5,4		

参考文献

[1] 陈敏恒，丛德滋，方图南，等. 化工原理（上下册）. 4版. 北京：化学工业出版社，2015.

[2] 姚玉英，陈常贵，柴诚敬. 化工原理学习指南. 2版. 天津：天津大学出版社，2013.

[3] 王志魁. 化工原理. 第五版. 北京：化学工业出版社，2017.

[4] 柴诚敬，张国亮. 化工流体流动与传热. 2版.北京：化学工业出版社，2007.

[5] 张宏丽，闫志谦，刘冰. 化工单元操作. 3版.北京：化学工业出版社，2020

[6] 蒋维钧，雷良恒，刘茂林，等，化工原理学习指南. 3版.北京：清华大学出版社，2010.